普通高等教育“十三五”土木工程系列规划教材

# 土木工程制图与CAD基础

主　编　施建俊
副主编　谭文辉　刘彩平
参　编　刘　瀛
主　审　高　谦

机 械 工 业 出 版 社

本书分为三篇：第 1 篇房屋建筑图，第 2 篇道桥工程图，第 3 篇 CAD 基础。

第 1 篇主要介绍制图基本知识、房屋建筑工程图概论、建筑施工图和结构施工图，内容均按照国家最新制图规范编写。结构施工图部分引入了近年推广的“平面整体表示方法”，采用当前土木工程中典型的工程实例，内容新颖，图样规范。

第 2 篇内容包括标高投影，道路工程图，桥梁、隧道、涵洞工程图等内容，涵盖了土木工程的各个方面，并按最新道路工程制图标准编写。

第 3 篇详细介绍了 AutoCAD 2014 的基本绘图命令以及利用 CAD 绘制建筑施工图和结构施工图的方法，把传统的土木工程制图与计算机绘图有机结合起来，为学生进一步学习计算机辅助设计打下良好的基础。

本书为高等院校土木工程、道路桥梁与渡河工程、工程管理等专业教材。

本书配有 ppt 电子课件，免费提供给选用本书作为教材的授课教师，需要者请登录机械工业出版社教育服务网（www.cmpedu.com）注册，免费下载。

**图书在版编目（CIP）数据**

土木工程制图与 CAD 基础/施建俊主编. —北京：机械工业出版社，2016.10（2025.7 重印）

普通高等教育“十三五”土木工程系列规划教材

ISBN 978-7-111-55010-5

Ⅰ.①土…　Ⅱ.①施…　Ⅲ.①土木工程-建筑制图-AutoCAD 软件-高等学校-教材　Ⅳ.①TU204-39

中国版本图书馆 CIP 数据核字（2016）第 238135 号

机械工业出版社（北京市百万庄大街 22 号　邮政编码 100037）

策划编辑：刘　涛　责任编辑：刘　涛　郭克学　责任校对：张　征

封面设计：张　静　责任印制：张　博

固安县铭成印刷有限公司印刷

2025 年 7 月第 1 版・第 8 次印刷

184mm×260mm・18.25 印张・1 插页・455 千字

标准书号：ISBN 978-7-111-55010-5

定价：48.00 元

电话服务　　网络服务

客服电话：010-88361066　机　工　官　网：www.cmpbook.com

010-88379833　机　工　官　博：weibo.com/cmp1952

010-68326294　金　书　网：www.golden-book.com

**封底无防伪标均为盗版**　机工教育服务网：www.cmpedu.com

# 前　言

本书是普通高等教育“十三五”土木工程系列规划教材，适用于土木工程、道路桥梁与渡河工程、工程管理等专业。

土木工程制图与土木工程 CAD 是国内土木类专业必修的两门重要基础课程。土木工程制图是研究绘制、阅读土木工程图样的理论和方法的一门传统学科，其目的在于培养具备熟练绘制和阅读工程图样能力的专业技术人才；土木工程 CAD 是土木工程科学中一个比较年轻的分支学科，它的核心内容是研究计算机辅助设计技术在土木工程领域的应用，重点在于学习计算机辅助设计软件 CAD 的各项主要功能和基本操作方法，并能够使用该软件绘制出符合国家标准的土木工程图样。两门课程侧重点不同，前者侧重于原理、方法和手工绘图，后者侧重于计算机绘图，但两者又联系紧密，相辅相成。掌握土木工程图样的阅读和绘制方法并熟练运用 CAD 软件绘制工程图样是土木类工程技术人员必须具备的能力。

从当前国内高等院校课时安排的实际情况来看，大学生专业课程配置趋向于面广而精，课时尽量压缩，教学内容尽可能丰富，在这种背景下，将土木工程制图与土木工程 CAD 相结合的教学改革具有重要的现实意义。为了适应新的教学计划和就业形式，同时改变原来两门课程各自为政的局面，特编写本书——《土木工程制图与 CAD 基础》。本书从实际教学出发，将与学生密切相关的“土木工程制图”和“土木工程 CAD”两门专业必修课内容合并在一本教材里，选用共同的工程实例和背景，前后联系紧密，更有利于知识的理解和掌握。

本书采用最新颁布的国家制图标准，力求用凝练的语言、充实的内容、合理的结构、大量的工程实例和清晰的图样来阐述丰富的专业知识。本书内容除绪论外共分为 3 篇：第 1 篇房屋建筑图，第 2 篇道桥工程图，第 3 篇 CAD 基础。

第 1 篇（房屋建筑图）主要介绍制图基本知识、房屋建筑工程图概论、建筑施工图和结构施工图的内容。本书不包含画法几何（因画法几何知识一般包含在机械制图课程里面，而机械制图是土木工程制图的先修课程）和设备制图（设备制图知识是设备专业重点学习的内容）。本书结构施工图部分引入了近年推广的“平面整体表示方法”，采用当前土木工程中典型的工程实例，内容新颖，图样规范。

第 2 篇（道桥工程图）包括标高投影，道路工程图，桥梁、隧道、涵洞工程图等内容，涵盖道桥工程的各个方面。

第 3 篇（CAD 基础）详细介绍了 AutoCAD 2014 的基本绘图命令以及利用 CAD 绘制建筑施工图的方法，把传统的土木工程制图与计算机绘图有机结合起来，为学生进一步学习计算机辅助设计打下良好的基础。

本书由施建俊任主编，谭文辉、刘彩平任副主编，第 1、5、6、7 章由施建俊编写，

第2章由刘瀛编写，第3、4章由谭文辉编写，第8、9、10章由刘彩平编写。

本书的编写得到了“十二五”期间高等学校本科教育质量与教学改革建设项目和北京科技大学教材建设经费资助。

书中采用的建筑施工图和结构施工图来自建华建筑设计合资有限公司和浙江伟东规划建筑设计有限公司，在此表示诚挚的谢意。

本书由北京科技大学高谦教授主审，他对本书初稿进行了详尽的审阅和修改，提出了许多宝贵意见，在此表示衷心的感谢！

由于编者水平有限，书中缺点和疏漏在所难免，恳请读者批评指正。

**编　者**

# 目　录

# 绪　论

**1. 本课程的学习目的**

土木工程与人类生活密切相关。在日常生活中，人类居住的房屋、行走的道路和桥梁等都属于土木工程建筑物。在土木工程中，即使是对工程对象最详尽的语言说明或文字描述，也不可能使人充分领会而得出关于该工程对象的完整而明确的概念。表述工程对象最有效且适用的方法，莫过于使用图样来表达。根据投影原理、国家标准及有关规定，表示工程对象，并有技术说明的图称为“图样”。图样是按照国家或部门有关标准的统一规定而绘制的，是施工或制造的依据，是工程上必不可少的重要技术文件，被誉为“工程界通用的技术语言”。它是工程技术人员用来表达设计构思，进行技术交流的重要工具。由于图样在工程技术上的重要作用，所以工程技术人员必须具备绘制和阅读工程图样的能力。

计算机辅助设计即 Computer Aided Design，简称 CAD，是计算机应用中的一个重要分支。它具有减小设计绘图量，缩短设计周期，易于建立和使用标准图库，改善绘图质量，提高设计及管理水平等一系列优点。计算机辅助设计广泛应用于土木工程、机械、航空航天、电气等需要设计绘图的所有领域。随着计算机信息工程技术的迅猛发展，在土木工程设计领域，各种计算机辅助设计软件正逐渐被广泛应用，早期的手工绘图设计已经基本被计算机绘图所取代，CAD 应用技术正逐步成为现代工程技术人员必备的基本技能。

因此，掌握土木工程图样的阅读和绘制方法并熟练运用 CAD 绘制工程图样是土木类专业工程技术人员必须具备的能力。

**2. 本课程的性质和任务**

本课程属于土木工程专业的必修课，它主要研究阅读和绘制工程图样的原理、方法和计算机辅助设计技术在土木工程领域的应用，培养学生的空间想象能力、空间分析能力、正确使用绘图工具的能力和熟练使用 CAD 软件绘制工程图样的能力，是一门既有系统理论性又有较强实践性的专业基础课。

本课程的主要任务有：

1）学习投影法（主要是正投影法）的基本理论及其应用。

2）培养绘制和阅读土木工程图样的基本能力。

3）培养空间思维能力和空间分析能力。

4）培养工程意识，贯彻、执行国家制图标准和有关规定。

5）培养利用计算机绘制工程图样的基本能力。

6）培养认真负责的工作态度和严谨细致的工作作风。

**3. 本课程的内容和要求**

本课程分为房屋建筑图、道桥工程图和 CAD 基础三部分，具体内容和要求如下：

1）房屋建筑图。房屋建筑图部分主要学习土木工程制图的基本知识，房屋建筑图的内容和图示特点，重点学习建筑施工图和结构施工图的绘制与阅读。要求通过本部分内容的学习，初步掌握阅读和绘制房屋建筑图的基本理论与方法，为后续专业课程的学习打下良好的基础。

2）道桥工程图。道桥工程图部分主要学习标高投影的原理和方法，道路、桥梁、隧道、涵洞工程图的内容、图示特点、识读方法和绘图步骤等。要求具备识读和绘制一定复杂程度道桥工程图的能力。

3）CAD 基础。计算机绘图是工程技术人员必须掌握的一门现代新技术，也是工程图学发展的一个重要趋势。通过本部分内容的学习，应掌握 AutoCAD 2014 绘图软件的基本使用方法，以及该软件在土木工程制图学科中的具体应用，为今后进一步掌握现代图形技术和学习计算机辅助设计打下必要的基础。

**4. 本课程的学习方法**

本课程包括土木工程制图（房屋建筑图和道桥工程图）和 CAD 基础（计算机辅助设计）两部分内容，这两部分既相互联系又各有特点。土木工程制图既是理论基础，又具有较强的实践性；CAD 基础是计算机辅助设计技术在土木工程领域的具体应用，具有很强的实践性。由此可见，本课程是一门实践性很强的专业基础课，不论学习哪一部分内容，除了理论学习外，都必须耐心完成一系列的绘图作业（包括手工绘图和计算机绘图），才能真正领会其内容实质。

学习过程中应注意以下几个方面：

1）养成认真负责的工作态度和严谨细致的工作作风。

2）养成正确使用绘图仪器和工具的习惯，严格遵守国家标准和规定，遵循正确的作图步骤和方法，不断提高绘图效率。

3）学习土木工程制图时，应透彻理解基本概念、基本理论和基本方法，由浅入深地进行绘图和读图的实践，多画、多读、多想，不断地由物到图、由图到物，逐步提高空间逻辑思维能力和空间想象能力。

4）学习计算机绘图时，应熟练掌握计算机绘图的基本知识，安排足够的上机操作时间，勤加练习，达到能够使用 AutoCAD 绘图软件绘制土木工程图样的能力。

5）因本课程实践性很强，所以学习过程中必须认真完成一定数量的习题和作业，才能学会和掌握运用理论去分析和解决实际问题的能力。

# 第1篇

# 房屋建筑图

# 第 1 章

# 制图基本知识

工程图作为传递工程技术信息的载体，已有千年以上的历史。自从人类社会有了分工以后，就开始出现专业人员，如木工、泥工、铁工等。为了在专门的领域内交流技术的需要，就开始有了图样。传统的方法是使用专门的仪器和工具手工绘制，20 世纪 90 年代以前，手工制图是主要和基本的方式，现在已逐渐被迅速发展起来的计算机绘图 CG（Computer Graphics）所取代。计算机绘图在规格化程度、图形精度、图面质量及绘图速度等方面，都是手工制图所无法比拟的。特别是把制图与设计结合起来的计算机辅助设计 CAD（Computer Aided Design），更显示了计算机应用给工程设计带来的无比优越性。CG 和 CAD 技术使工程制图发生了革命性的变化，而这种变化正以更强劲的势头向前发展着，传统的尺规作业模式已基本退出历史舞台。

但是，犹如要打字必须先学会用手写字一样，学“计算机绘图”必须先学会“手工制图”。手工制图是 CAD 制图的基础，它侧重于工程制图的原理和方法；而计算机绘图是应用，它侧重于绘图软件的操作。只有在具备了一定的手工制图基础之后，计算机绘图的应用才能达到较高的水平，手工绘图训练的潜在功能以及对学生空间思维的培养是计算机所无法替代的。本章主要介绍制图基本规定、常用绘图工具仪器和图形绘制方法等内容。

## 1.1 制图基本规定

土木工程图是表达房屋建筑、道路、桥梁、给水排水工程等土木建筑工程设计的重要技术资料，是施工建造的依据。为了统一制图规则，保证制图质量，提高制图效率，做到图面清晰、简明，符合设计、施工、存档的要求，便于技术交流和适应工程建设的需要，国家制定了一系列的制图标准。这些制图标准对图样的画法、图线的线型线宽及其应用、图上尺寸的标注、图例、字体等都有统一的规定。

### 1.1.1 制图标准

工程图样必须规范、划一，才能起到交流技术思想的作用，这就是制图标准产生的背景。

**1. 制图标准的制定和类别**

标准有国际标准，也有各个国家自行制定的标准。“国际标准化组织”早在 20 世纪 40 年代就开始制定一系列标准，当然也包括制图标准，以“ISO”作为标准的统一代号。在我国，由国家职能部门制定、颁布的标准，称为“国家标准”，简称国标，代号为“GB”。为了区分不同的技术标准，常用一系列代号表示某一标准，代号一般分字母和数字两部分，字母为汉语拼音字头，数字为编号和年号。例如《房屋建筑制图统一标准》（GB/T 50001—2017），其代号“GB/T 50001—2017”的含义是：“GB”为国家标准，“T”为推荐使用，“50001”为标准编号，“2017”为该标准颁布的年号。除此之外，还有依据行业特点和需要制定的部颁标准和地区性标准，其使用范围相对较小。

国家制图标准有技术制图、机械制图和有关房屋建筑制图及道路工程制图方面的标准；行业标准有水利水电工程制图标准、港口工程制图标准、铁路工程制图标准等。

**2. 制图标准的基本内容**

不论哪类制图标准，也不论是地区、部门、国家还是国际标准，其基本内容都包括图幅、字体、图线、比例、尺寸标注、专用符号、代号、图例、图样画法（包括投影法、规定画法、简化画法等）、专用表格等项目，这些都是各类工程图必须分别统一的内容。

**3. 制图标准的发展趋势**

制图标准的制定不是一成不变的，而是随着社会经济、科学技术发展及国际交流等多方面的需要多次进行修订而成的。例如，《房屋建筑制图统一标准》（GB/T 50001—2017）就是在《房屋建筑制图统一标准》（GB/T 50001—2010）的基础上修订而成的。我国制图标准的多次修订以向国际标准靠拢为指导思想，同时兼顾手工制图和计算机绘图两者的需要。

**4. 我国常用的土木工程制图标准**

由于土木工程涉及众多的专业，所以制图标准也较多。因此，在制图和识图时应注意查找有关的标准，以便正确地绘制和阅读工程图。表 1-1 按专业汇总了我国现行的常用土木工程及其相关专业的制图标准。

**表 1-1 我国常用的土木工程制图标准**

| 专业 | 标准名称 | 代号 |
|---|---|---|
| 房屋建筑工程方面 | 《房屋建筑制图统一标准》 | GB/T 50001—2017 |
| | 《总图制图标准》 | GB/T 50103—2010 |
| | 《建筑制图标准》 | GB/T 50104—2010 |
| | 《建筑结构制图标准》 | GB/T 50105—2010 |
| | 《给水排水制图标准》 | GB/T 50106—2010 |
| | 《暖通空调制图标准》 | GB/T 50114—2010 |
| 道路工程方面 | 《道路工程制图标准》 | GB 50162—1992 |
| 水利工程方面 | 《水利水电工程制图标准》 | SL 73—1995 |
| 城市规划方面 | 《城市规划制图标准》 | CJJ/T 97—2003 |

### 1.1.2 图纸幅面和标题栏

**1. 图纸幅面和图框格式**

图纸幅面是指图纸本身的大小规格。图纸上限定绘图范围的边线称为图框，图框线用粗实线绘制。图纸幅面和图框尺寸见表 1-2。图 1-1 表示其格式和尺寸代号的意义。图纸形式分为横式和立式两种，以短边作为垂直边的称为横式，以短边作为水平边的称为立式。一般 A0 ~ A3 图纸宜采用横式，必要时也可采用立式。

**表 1-2　图纸幅面和图框尺寸**　（单位：mm）

| 幅面代号 | A0 | A1 | A2 | A3 | A4 |
|---|---|---|---|---|---|
| $B \times L$ | 841×1189 | 594×841 | 420×594 | 297×420 | 210×297 |
| $c$ | 10 | | | 5 | |
| $a$ | 25 | | | | |

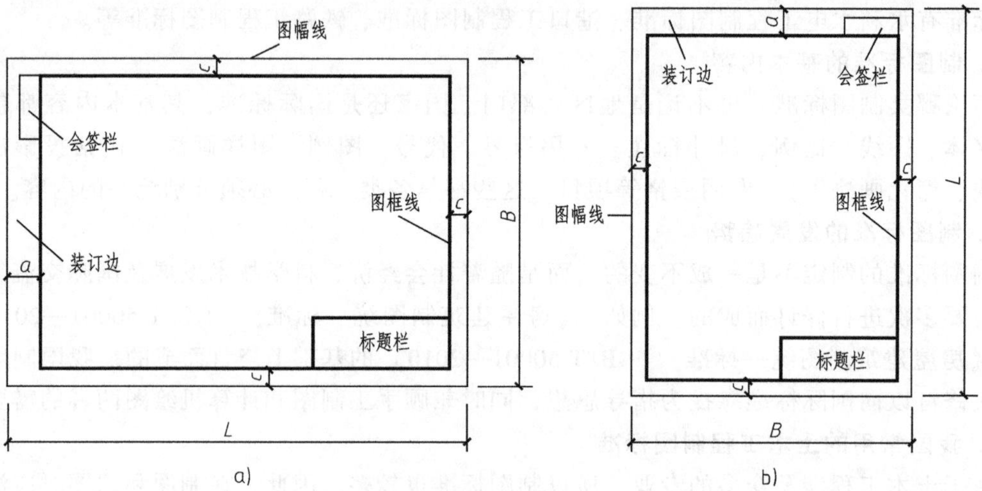


图 1-1　图纸幅面和图框格式

a）横式　b）立式

同一项工程的图纸不宜多于两种幅面。必要时可按规定加长幅面，短边一般不应加长，长边可加长，但加长的尺寸应符合表 1-3 的规定。

**表 1-3　图纸长边加长尺寸**　（单位：mm）

| 幅面代号 | 长边尺寸 | 长边加长后尺寸 |
|---|---|---|
| A0 | 1189 | 1486　1635　1783　1932　2080　2230　2378 |
| A1 | 841 | 1051　1261　1471　1682　1892　2102 |
| A2 | 594 | 743　891　1041　1189　1338　1486　1635　1783　1932　2080 |
| A3 | 420 | 630　841　1051　1261　1471　1682　1892 |

在特殊情况下，如需较大的近乎方形的图纸，可以采用 $B \times L$ 为 841mm×891mm 与 1189mm×1261mm 的幅面。

**2. 标题栏与会签栏**

在每张正式的工程图纸上都应有工程名称、设计单位、图名、图纸编号、比例以及设计人、绘图人、审核人的签名和日期等，把这些集中列表放在图纸的右下角，称为图纸的标题栏，简称图标。标题栏应按图 1-2 所示，根据工程需要选择、确定尺寸、格式及分区。

学生学习阶段推荐使用图 1-3 所示的图标。其中，图名用 10 号字，校名用 10 号字或 7 号字，其余汉字除签名外均用 5 号字，数字则用 3.5 号字书写。

会签栏是各工种负责人签字签署专业、姓名、日期用的表格，会签栏画在图纸左上角的图框线外（图 1-1）。

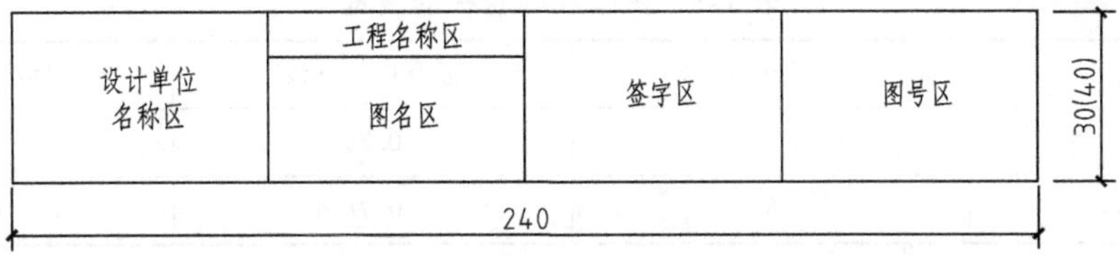


图 1-2　标题栏

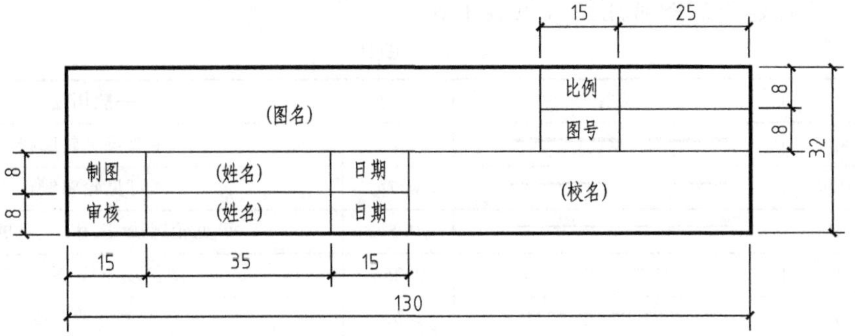


图 1-3　学习阶段作业用图标

图纸标题栏与会签栏的具体格式和内容没有统一规定，可根据需要自行拟定。不需会签的图可不设会签栏。

## 1.1.3　图线

图纸上的线条统称为图线。绘制工程图样时，为了能清楚地表示出图中不同的内容，分清主次，必须使用不同的线型和不同粗细的图线。

**1. 线宽**

国标规定图线宽度有粗、中粗、中和细之分，其宽度比例为 4:3:2:1。绘图时，粗线宽度 $b$ 宜从 0.13mm、0.18mm、0.25mm、0.35mm、0.5mm、0.7mm、1.0mm、1.4mm 线宽系列中选取，图线宽度不应小于 0.1mm，通常优先采用 1.0mm、0.7mm、0.5mm。

每个图样应根据复杂程度与比例大小，先选定基本线宽 $b$，再选用表 1-4 中相应的线宽组。同一张图纸内，相同比例的各图样，应选用相同的线宽组。一张图纸中的同一种线型图线宽度应保持一致。

**表 1-4　线宽组**　（单位：mm）

| 线宽比 | 线宽组 | | | |
|---|---|---|---|---|
| $b$ | 1.4 | 1.0 | 0.7 | 0.5 |
| $0.7b$ | 1.0 | 0.7 | 0.5 | 0.35 |
| $0.5b$ | 0.7 | 0.5 | 0.35 | 0.25 |
| $0.25b$ | 0.35 | 0.25 | 0.18 | 0.13 |

注：1. 需要缩微的图纸，不宜采用 0.18mm 及更细的线宽。
2. 同一张图纸内，各不同线宽中的细线，可统一采用较细的线宽组的细线。

图纸的图框和标题栏线可采用表 1-5 所示的线宽。

表 1-5 图框和标题栏的线宽 （单位：mm）

| 幅面代号 | 图框线 | 标题栏外框线 | 标题栏分格线 |
|---|---|---|---|
| A0、A1 | *b* | 0.5*b* | 0.25*b* |
| A2、A3、A4 | *b* | 0.7*b* | 0.35*b* |

**2. 线型**

《房屋建筑制图统一标准》（GB/T 50001—2017）中规定了 16 种基本线型，供各专业工程制图选用。工程建设制图常用图线见表 1-6。

表 1-6 图线

| 名称 | | 线型 | 线宽 | 一般用途 |
|---|---|---|---|---|
| 实线 | 粗 | | *b* | 主要可见轮廓线 |
| | 中粗 | | 0.7*b* | 可见轮廓线 |
| | 中 | | 0.5*b* | 可见轮廓线、尺寸线、变更云线 |
| | 细 | | 0.25*b* | 图例填充线、家具线 |
| 虚线 | 粗 | | *b* | 见各有关专业制图标准 |
| | 中粗 | | 0.7*b* | 不可见轮廓线 |
| | 中 | | 0.5*b* | 不可见轮廓线、图例线 |
| | 细 | | 0.25*b* | 图例填充线、家具线 |
| 单点长画线 | 粗 | | *b* | 见各有关专业制图标准 |
| | 中 | | 0.5*b* | 见各有关专业制图标准 |
| | 细 | | 0.25*b* | 中心线、对称中心线、轴线等 |
| 双点长画线 | 粗 | | *b* | 见各有关专业制图标准 |
| | 中 | | 0.5*b* | 见各有关专业制图标准 |
| | 细 | | 0.25*b* | 假想轮廓线、成型前原始轮廓线 |
| 折断线 | 细 | | 0.25*b* | 断开界线 |
| 波浪线 | 细 | | 0.25*b* | 断开界线 |

**3. 图样画法**

图纸上的图线应做到清晰整齐、均匀一致、粗细分明、交接正确。具体画图时，应注意以下几点：

1）相互平行的图例线，其净间隙或线中间隙不宜小于 0.2mm。

2）基本线型应恰当地相交于“画”处，虚线、单（双）点长画线的线段长度和间隔宜各自相等，线两端不应是“点”，如图 1-4 所示。

3）除非另有规定，两条平行线之间的最小间隙不得小于 0.7mm。

4）当虚线用来表示不可见的轮廓时，虚线的粗度为中粗线。虚线每小节宜取 4～6mm，间隙为 1mm。当点画线用作中心线、对称中心线时，点画线的粗度为细线。点画线的每节长画宜取 15～20mm，间隙和点约占 2～3mm。

5）图线不得与文字、数字或符号重叠、混淆，不可避免时，应首先保证文字的清晰。

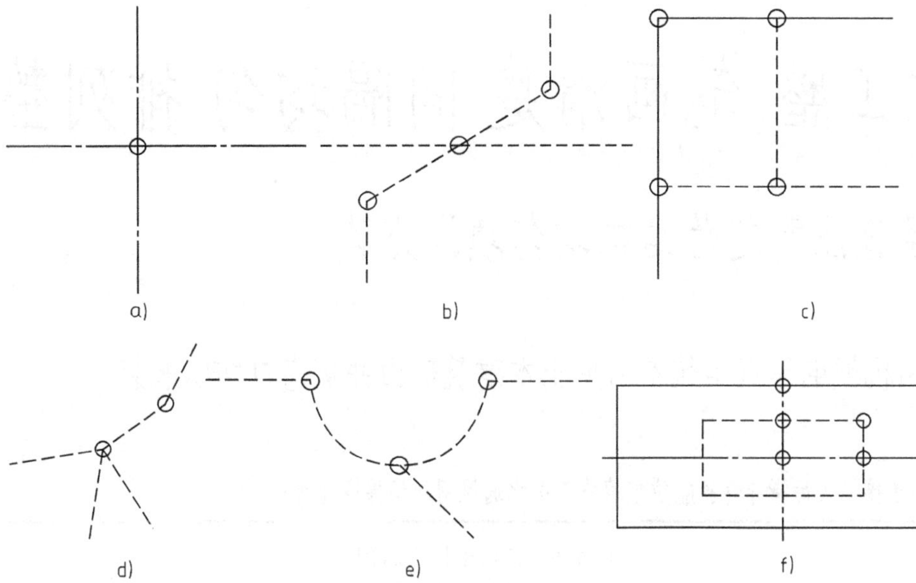


图 1-4　图线的交接

### 1.1.4　字体

工程图中的字体包括汉字、字母、数字和书写符号等。国标规定，工程图中书写的字体应做到字体端正、笔画清晰、排列整齐、间隔均匀，标点符号应清楚、正确。

**1. 汉字**

图样及说明中的汉字宜采用长仿宋体（也称“工程字”）或黑体，其字高不应小于 3.5mm。长仿宋体字的字高与字宽的比例为 $1:(1/\sqrt{2})$，约为 1:0.7，笔画宽度约为字高的 1/20（图 1-5）。大标题、图册封面、地形图等的汉字，也可书写成其他字体，但应易于辨认。常用长仿宋体字的字高和字宽见表 1-7。黑体字的宽度和高度应相同。

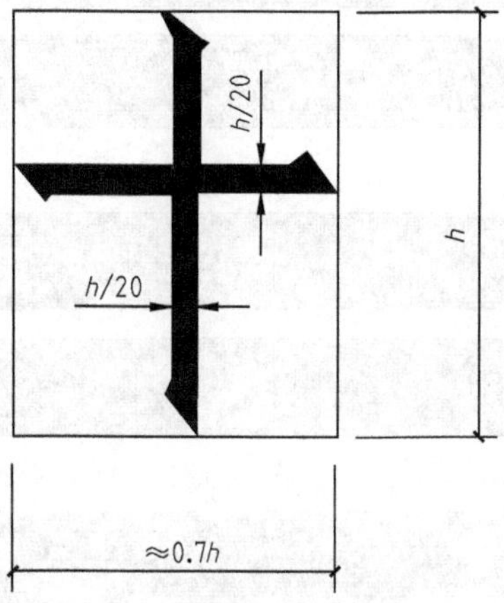


图 1-5　长仿宋体字的比例

**表 1-7　常用长仿宋体字的字高和字宽**　（单位：mm）

| 字高 | 20 | 14 | 10 | 7 | 5 | 3.5 |
|---|---|---|---|---|---|---|
| 字宽 | 14 | 10 | 7 | 5 | 3.5 | 2.5 |

书写长仿宋体字的要领是：横平竖直、注意起落、结构均匀、填满方格。其示例文字如图 1-6 所示。

**2. 字母和数字**

图样及说明中的拉丁字母、阿拉伯数字与罗马数字，宜采用单线简体或 ROMAN 字体。字母和数字可写成直体和斜体。斜体字母字头向右倾斜，与水平线成 75°；与汉字写在一起时，宜写成直体。字母和数字的高度应不小于 2.5mm，如图 1-7 所示。

10 号字

字体工整 笔画清楚 间隔均匀 排列整齐

7 号字

横平竖直注意起落结构均匀填满方格

5 号字

技术制图机械电子汽车航空船舶土木建筑矿山井坑港口纺织服装

3.5 号字

螺纹齿轮端子接线飞行指导驾驶舱位挖填施工引水通风闸阀坝棉麻化纤

图 1-6　长仿宋体字示例

图 1-7　字母和数字书写示例

a）大写拉丁字母（斜体）　b）小写拉丁字母（斜体）　c）大写拉丁字母（直体）
d）小写拉丁字母（直体）　e）阿拉伯数字（斜体）　f）罗马数字（斜体）
g）阿拉伯数字（直体）　h）希腊字母（斜体）

**3. 字号**

字体的大小用字号表示，字号就是字体的高度。制图标准规定，图样中的字号分为

2.5mm、3.5mm、5mm、7mm、10mm、14mm、20mm 等几种。表 1-8 推荐了各种字号的使用范围。

**表 1-8　各种字号的使用范围**

<table>
<tr><td>字号/mm</td><td>2.5</td><td>3.5</td><td>5</td><td>7</td><td>10</td><td>14</td><td>20</td></tr>
<tr><td rowspan="2">使用范围</td><td></td><td colspan="2">①详图的数字标题<br>②标题的比例数字<br>③剖视、断面名称代号<br>④图标中部分文字<br>⑤一般文字说明</td><td colspan="2">各种图的标题</td><td colspan="2" rowspan="2">大标题或封面标题</td></tr>
<tr><td colspan="2">尺寸、高程及其他数字</td><td colspan="3">① 表格的名称<br>② 详图及附注标题</td></tr>
</table>

## 1.1.5　比例

比例为图中图形与其实物相应要素的线性尺寸之比。比例的符号为“:”，应以阿拉伯数字表示，如 1:1、1:2、1:100 等。

比值为 1 的比例，即 1:1，称为原始比例；比值大于 1 的比例，如 2:1 等，称为放大比例；比值小于 1 的比例，如 1:2 等，称为缩小比例。

比例宜注写在图名的右侧，字的基准线应取平；比例的字高宜比图名的字高小一号或二号，如图 1-8 所示。

绘图所用的比例应根据图样的用途与被绘制对象的复杂程度，从表 1-9 中选取，并应优先选用表中的常用比例。一般情况下，一个图样应选用一种比例。根据专业制图需要，同一图样可选用两种比例。

图 1-8　比例的注写

**表 1-9　绘图所用比例**

| | |
|---|---|
| 常用比例 | 1:1、1:2、1:10、1:20、1:30、1:50、1:100、1:150、1:200、1:500、1:1000、1:2000 |
| 可用比例 | 1:3、1:4、1:6、1:15、1:25、1:40、1:60、1:80、1:250、1:300、1:400、1:600、1:5000、1:10000、1:20000、1:50000、1:100000、1:200000 |

## 1.1.6　尺寸标注

图样除了画出形体的形状外，还必须准确、详尽、清晰地标注尺寸，以确定其大小，作为施工时的依据。

**1. 尺寸的组成**

一个完整的尺寸由尺寸界线、尺寸线、尺寸起止符号和尺寸数字四部分组成，如图 1-9 所示。

1）尺寸界线是被注长度的界限线，它表示尺寸度量的范围。尺寸界线应用细实线绘制，并与被注长度垂直，其一端应离开图样轮廓线，不应小于 2mm，另一端宜超出尺寸线 2 ~ 3mm。必要时，图样轮廓线可用作尺寸界线，如图 1-10 所示。

2）尺寸线为被注长度的度量线，表示被注线段的长度。尺寸线应用细实线绘制，并与被标注长度平行。图样本身的任何图线均不得用作尺寸线。画在图样外围的尺寸线，与图样最外轮廓线的距离不宜小于 10mm；平行排列的尺寸线的间距为 7 ~ 10mm，且应保持一致；

互相平行的尺寸线，应从被注轮廓线按小尺寸近、大尺寸远的顺序排列，如图 1-11 所示。

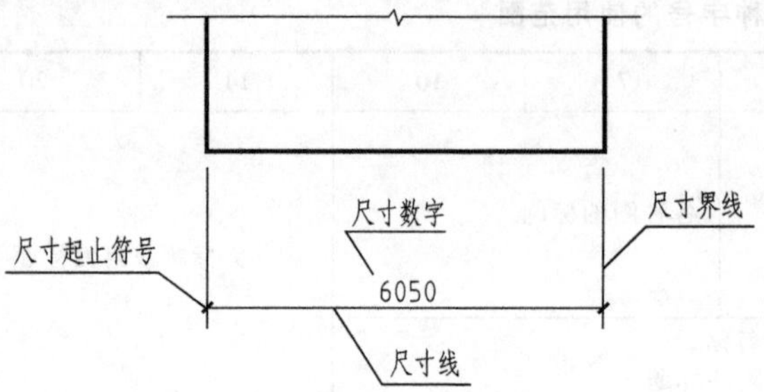


图 1-9　尺寸的组成

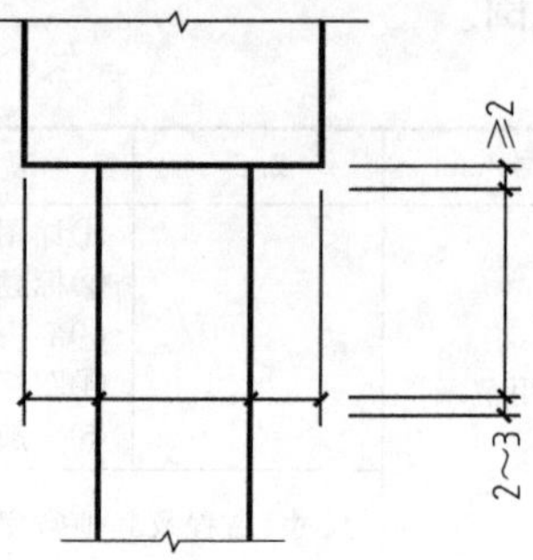


图 1-10　尺寸界线

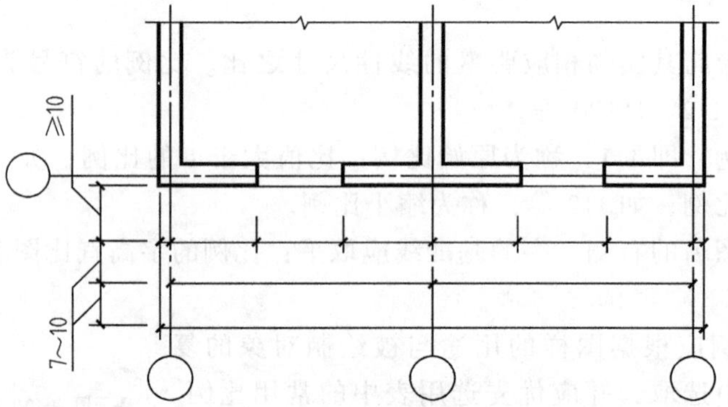


图 1-11　尺寸排列

3）尺寸起止符号是尺寸线起、止处所画的符号。尺寸起止符号一般用中粗斜短线绘制，其倾斜方向应与尺寸界线成顺时针 45°角，长度宜为 2 ~ 3mm（图 1-12a）。半径、直径、角度、弧长的尺寸起止符号宜用箭头表示，如图 1-12b 所示。

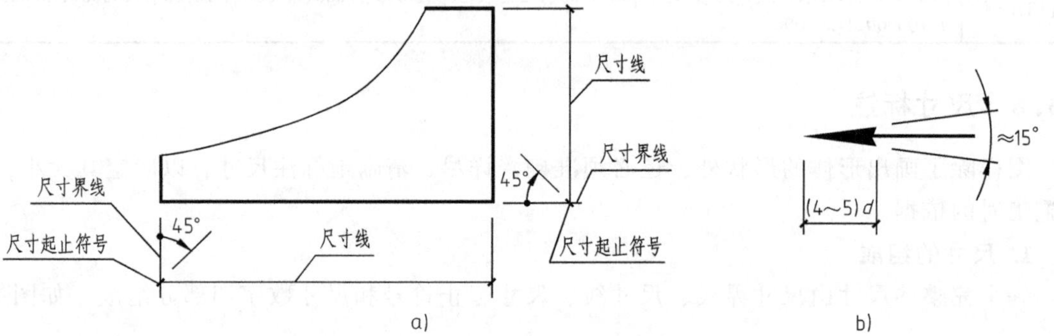


图 1-12　尺寸起止符号

4）尺寸数字表示被注长度的实际大小，与绘图采用的比例、图形的大小及准确度无关。图样上的尺寸应以尺寸数字为准，不得从图上直接量取。尺寸的单位除标高和总平面图以米（m）为单位外，其他都以毫米（mm）为单位，图样上的尺寸数字不再注写单位。

线性尺寸的尺寸数字应按图 1-13a 所示的方向注写，即水平方向的尺寸数字写在尺寸线上方中部，字头朝上；竖直方向的尺寸数字写在尺寸线左侧，字头朝左；倾斜方向的尺寸数字顺尺寸线注写，字头趋向上。尽量避免在30°阴影范围内注写尺寸，无法避免时，可按图1-13b所示的形式注写。

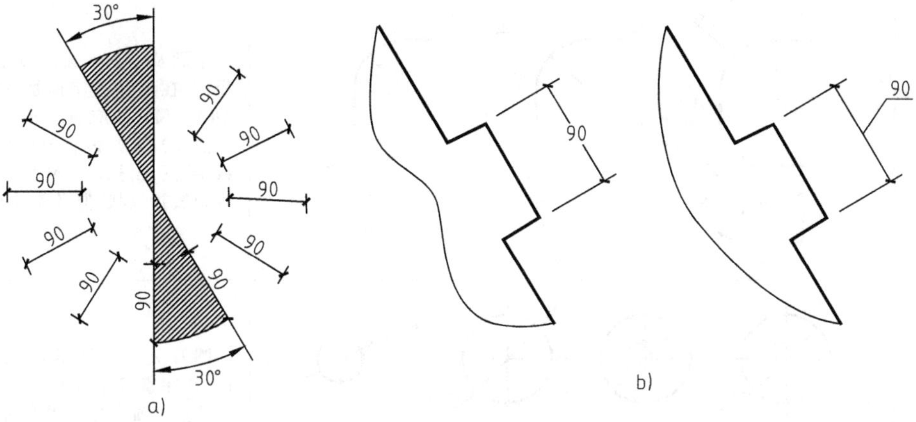


图1-13 尺寸数字的注写

a）尺寸数字的注写方向 b）30°范围内的尺寸数字标注

任何图线不得穿过尺寸数字，不可避免时，应将尺寸数字处的图线断开（图1-14）。尺寸数字不得贴靠在尺寸线或其他图线上，一般应离开约0.5mm（图1-15）。若尺寸界线较密，以致注写尺寸数字的空隙不够时，最外边的尺寸数字可注写在尺寸界线外侧，中间相邻的尺寸数字可错开或用引出线引出注写，如图1-16所示。

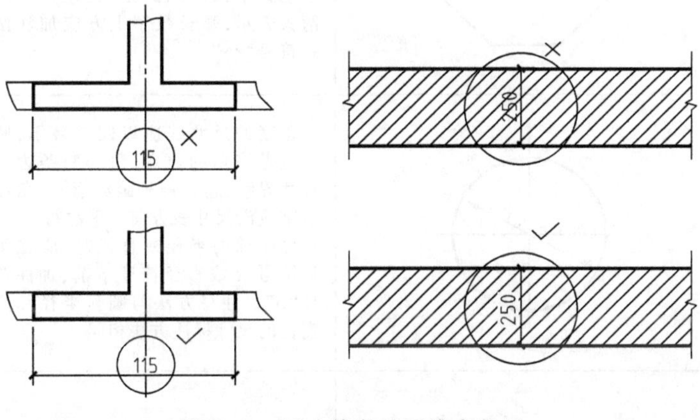


图1-14 尺寸数字处图线应断开

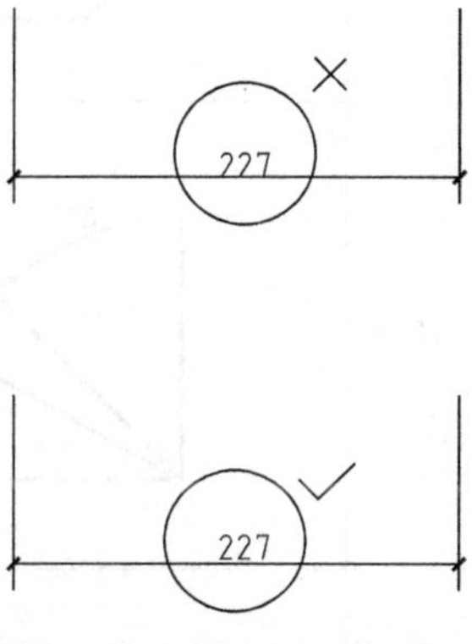


图1-15 尺寸数字不要贴靠尺寸线

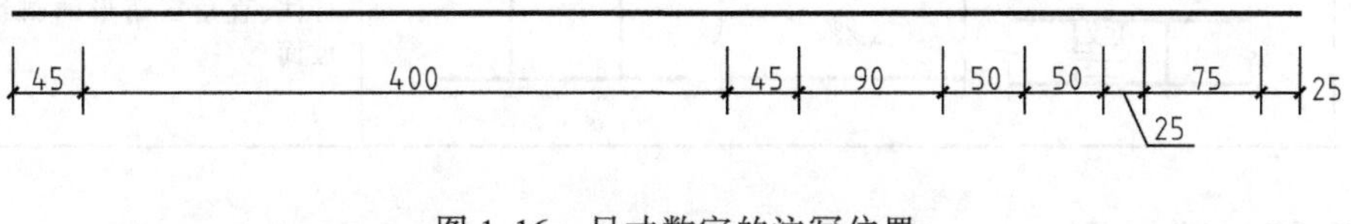


图1-16 尺寸数字的注写位置

**2. 特殊情况的尺寸标注示例**

表1-10列出了半径、直径、球径、角度、弧长、弦长、坡度的尺寸标注示例。

**表 1-10 半径、直径、球径、角度、弧长、弦长、坡度的尺寸标注示例**

| 标注内容 | 标注示例 | 说明 |
| --- | --- | --- |
| 半径 | 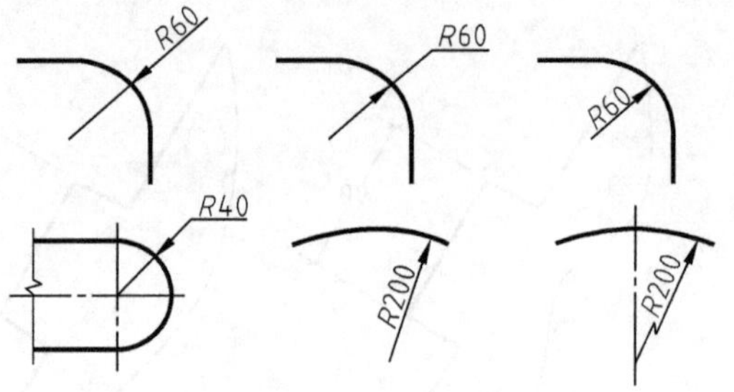 | 半圆及小于半圆的圆弧应标注半径,并在半径数字前加注半径符号“*R*”。尺寸线应通过圆心,另一端画成箭头指至圆弧。较小圆弧的半径数字可引出标注。较大圆弧的尺寸线画成折线状,但必须对准圆心 |
| 直径 | 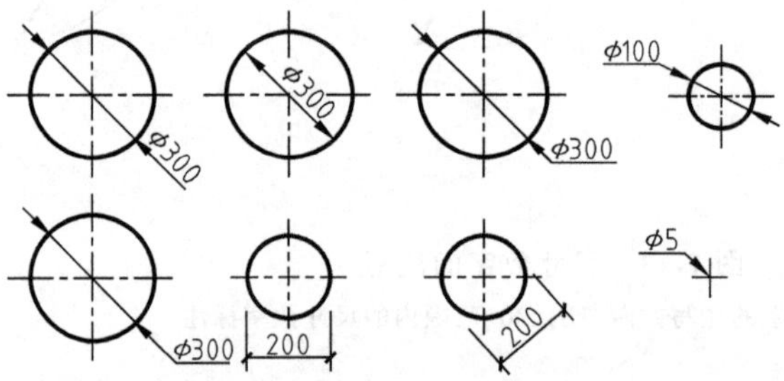 | 圆及大于半圆的圆弧应标注直径,并在直径数字前加注直径符号“ϕ”。在圆内标注的尺寸线应为通过圆心的倾斜直径(但不能与中心线重合),两端画成箭头指至圆弧。较小圆的直径尺寸可标注在圆外 |
| 弦长、弧长 | 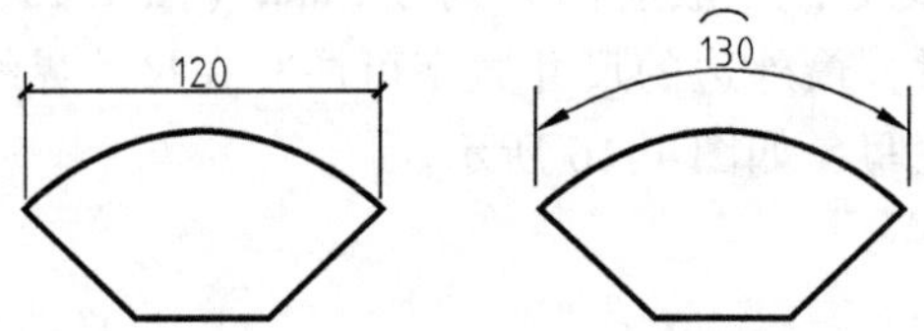 | 弦长的尺寸线为平行于该圆弧的弦的细实线,起止符号用中粗斜短线表示<br>弧长的尺寸线为圆弧,尺寸界线应垂直于该圆弧的弦,起止符号用箭头表示,弧长数字上方应加注圆弧符号“⌒” |
| 角度、球径 | 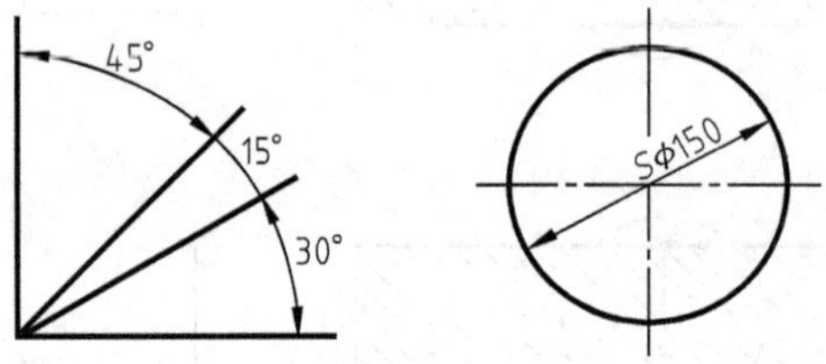 | 角度的尺寸线应以圆弧表示,圆心应是该角的顶点,角的两条边为尺寸界线,起止符号画成箭头,角度数字应沿尺寸线方向水平注写<br>标注球的半径或直径时,应在半径符号 *R* 或直径符号 ϕ 前,加注符号“*S*”。注写方法与圆弧半径和圆直径的尺寸标注方法相同 |
| 坡度 | 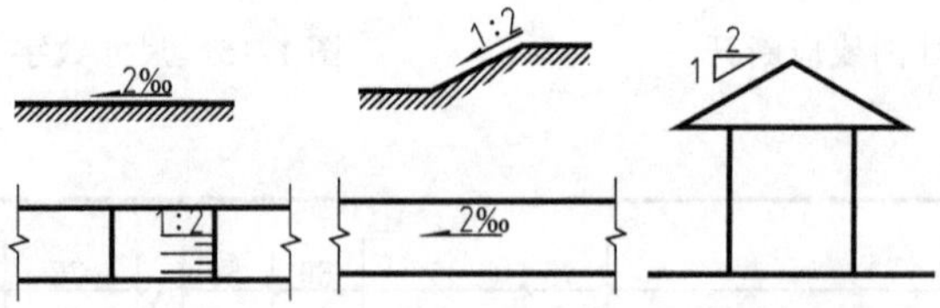 | 标注坡度时,应加注坡度符号,该符号为单面箭头,箭头应指向下坡方向。坡度也可用直角三角形形式标注,直角三角形的斜线应平行于坡面 |

## 1.1.7 建筑材料图例

工程中所使用的建筑材料多种多样。为了在图上明显地把它们表现出来，在构件的断面区域应画上相应的建筑材料图例。常用建筑材料图例见表 1-11。

**表1-11　常用建筑材料图例**

| 名称 | 图例 | 说明 | 名称 | 图例 | 说明 |
|---|---|---|---|---|---|
| 自然土壤 |  | 包括各种自然土壤，徒手绘制 | 耐火砖 | 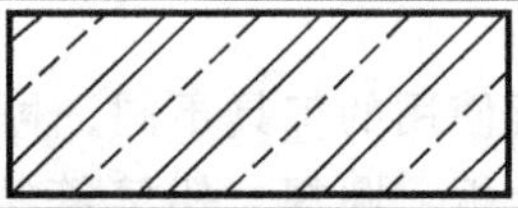 | 斜线为45°细实线，用尺画 |
| 夯实土壤 |  | 斜线为45°细实线，用尺画 | 空心砖 | 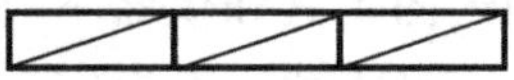 | 指非承重砖砌体 |
| 砂、灰土 | 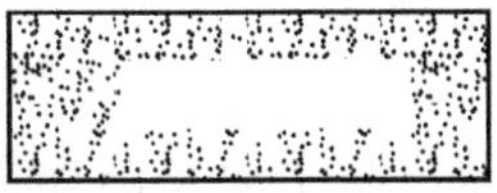 | 靠近轮廓线绘制较密不均匀的点 | 饰面砖 | 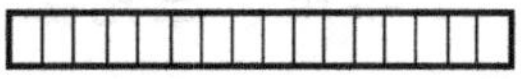 | 包括铺地砖、马赛克、陶瓷锦砖、人造大理石等 |
| 普通砖 | 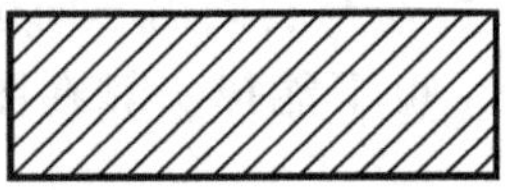 | 包括实心砖、多孔砖、砌块等砌体。断面较窄不易绘出图例线时，可涂红。斜线为45°细实线，用尺画 | 金属 | 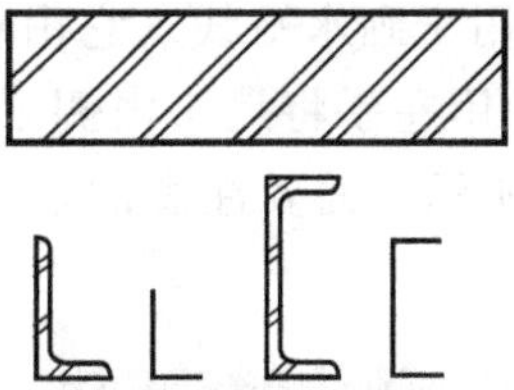 | 包括各种金属。斜线为45°细实线，用尺画（水工图中金属用普通砖的图例来表示），断面较小时可涂黑 |
| 混凝土 |  | 石子为封闭三角形。断面较小时，可涂黑 | 多孔材料 | 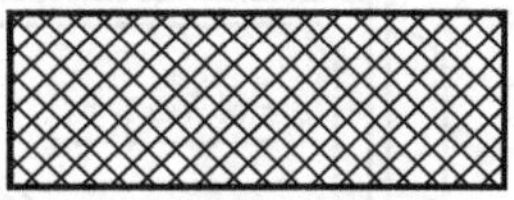 | 包括水泥珍珠岩、泡沫混凝土、蛭石制品等。斜线为45°细实线，用尺画 |
| 钢筋混凝土 | 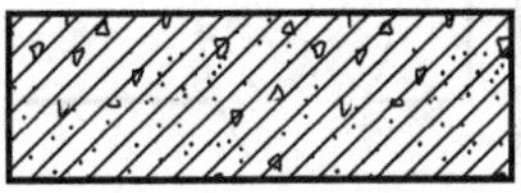 | 斜线为45°细实线，用尺画，断面较小时可涂黑 | 木材 |  | 上图为横断面，左上图为垫木、木砖或木龙骨；下图为纵断面 |
| 岩基 | 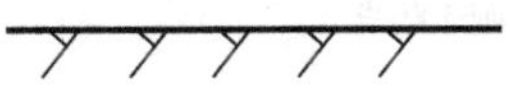 | 徒手绘制 | 干砌块石 | 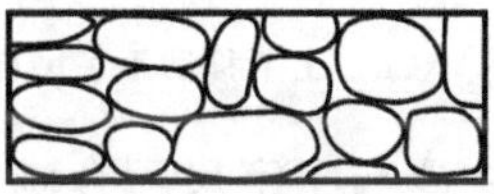 | 石缝要错开，空隙不涂黑 |
| 玻璃、透明材料 | 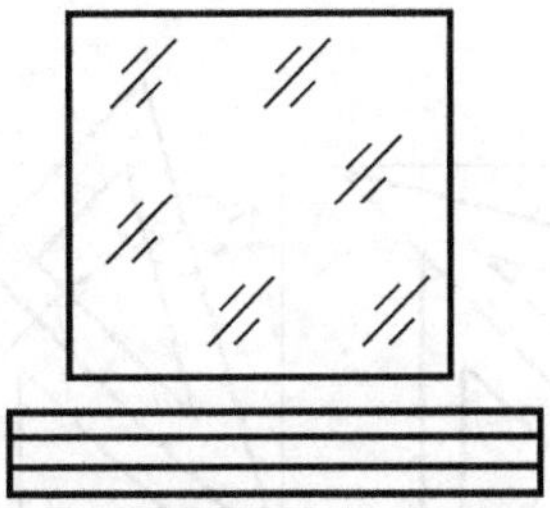 | 包括平板玻璃、钢化玻璃、夹层玻璃等各种玻璃 | 浆砌块石 | 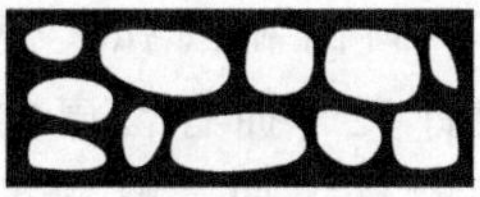 | 石块之间空隙要涂黑 |
| 防水材料 |  | 构造层次多或比例较大时采用上面的图例 | 纤维材料 | 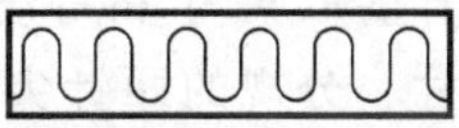 | 包括矿棉、岩棉麻丝、纤维板等 |

## 1.2 常用绘图工具及其使用

绘制图样按所使用的工具不同，可分为尺规绘图、徒手绘图和计算机绘图。尺规绘图是借助丁字尺、三角板、圆规、铅笔等绘图工具和仪器在图板上进行手工操作的一种绘图方法。正确使用各种绘图工具和仪器不仅能保证绘图质量、提高绘图速度，还能为计算机绘图奠定基础。徒手绘图见本章 1.6 内容，计算机绘图见本书第 3 篇内容。本节简要介绍常用的绘图工具和仪器及其使用方法。

### 1.2.1 绘图板、丁字尺、三角板

1）绘图板：用于铺放、固定图纸。板面应平整、光洁，左边是丁字尺的导边，必须平直。

2）丁字尺：用于画水平线。它由相互垂直的尺头和尺身组成，尺身带有刻度的一边为工作边。作图时，用左手将尺头内侧紧靠图板导边，上下移动，由左至右画出不同位置的水平线，如图 1-17 所示。需要注意的是，不能用尺身的下边画线，也不能掉头靠在图板的其他边缘画线。

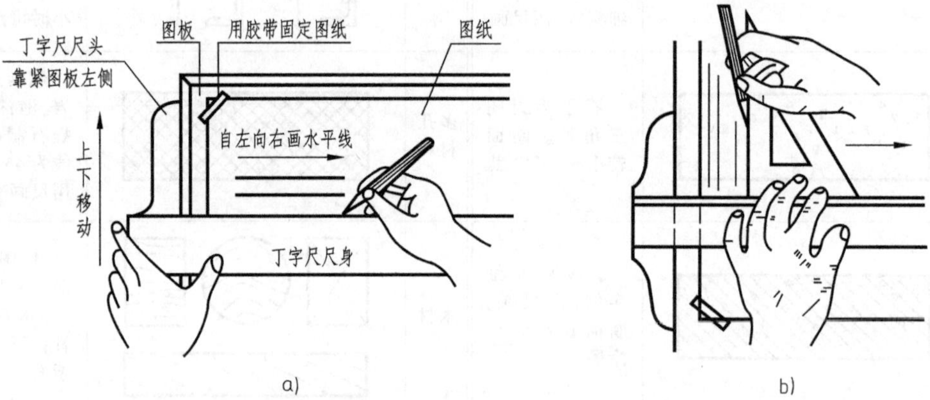


图 1-17 丁字尺的用法

a）上下移动丁字尺自左至右画水平线 b）自下至上画竖直线

3）三角板：主要与丁字尺配合画铅垂线（图 1-17b）及 15°倍角的斜线（图 1-18）。

### 1.2.2 圆规和分规

1）圆规：用于画圆和圆弧。使用时，应先调整针脚，使针尖（拥有台肩的一端）略长于铅芯，按顺时针方向、略向前倾斜、用力均匀地一笔画出圆或圆弧。画大圆弧时，可加上延伸杆，如图 1-19 所示。

2）分规：用于量取尺寸和等分线段。为了准确地度量尺寸，分规的两针尖应调整到平齐。采用试分法等分直线段或圆弧时，

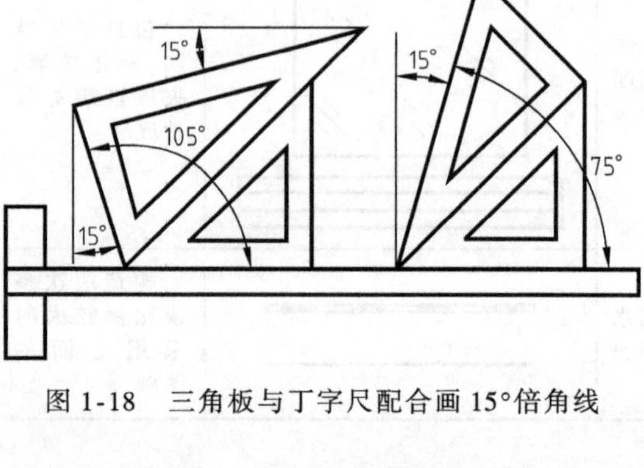


图 1-18 三角板与丁字尺配合画 15°倍角线

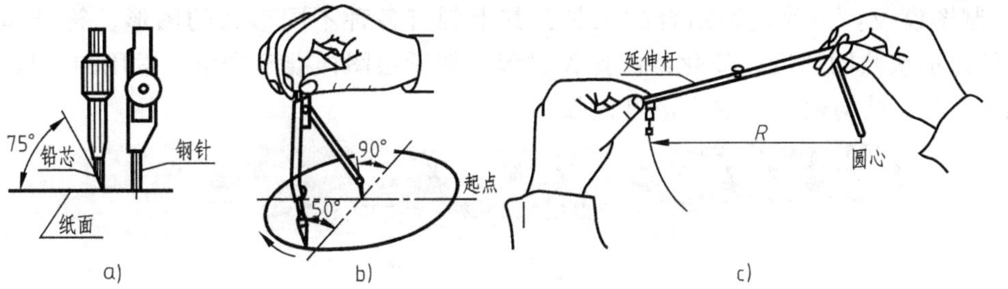


图 1-19 圆规的用法

a) 针尖应比铅芯稍长 b) 顺时针画圆 c) 用延伸杆画大圆

分规的用法如图 1-20 所示。

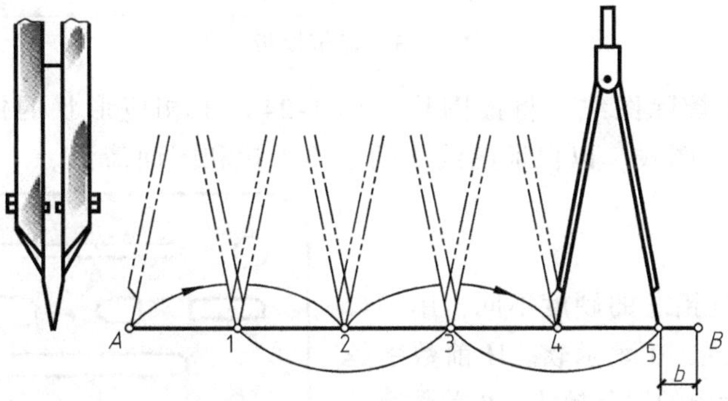


图 1-20 分规的用法

## 1.2.3 比例尺

比例尺是按比例画图度量尺寸的工具。常用的比例尺是三棱尺（图 1-21），其三个尺面上分别刻有 1:100、1:200、1:300、1:400、1:500 和 1:600六种比例，供度量时选用。若绘图比例与尺上比例不同，则选取尺上最相近的比例折算。

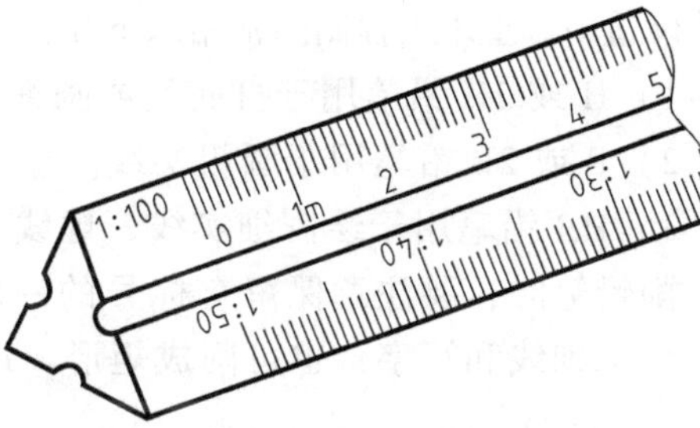


图 1-21 三棱尺

## 1.2.4 曲线板、制图模板、擦图片

1）曲线板：用于绘制非圆曲线。作图时应先求出非圆曲线上的一系列点，然后用曲线板按“首尾重叠”“连四画三”（连接四个点画三个点）的方法逐步、光滑地连接出整条曲线，如图 1-22 所示。

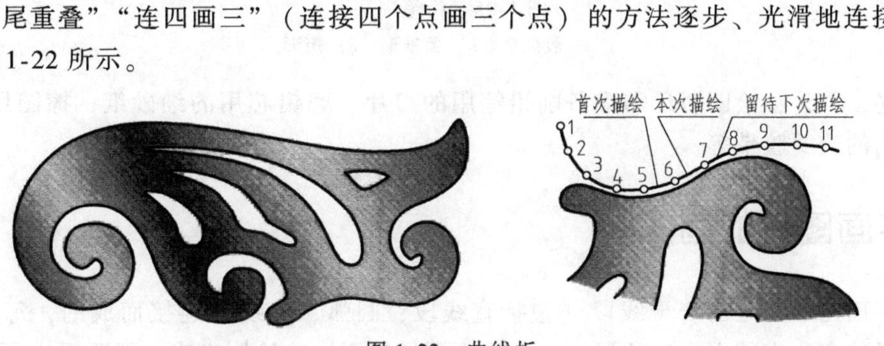


图 1-22 曲线板

2）制图模板：一种量画结合的工具，其上刻有各种不同形状的图形、符号和比例尺，使用它可以加快绘图速度，简化绘图操作过程，使所绘图样准确到位。常用的模板有建筑模板（图 1-23）、结构模板、卫生洁具模板等。

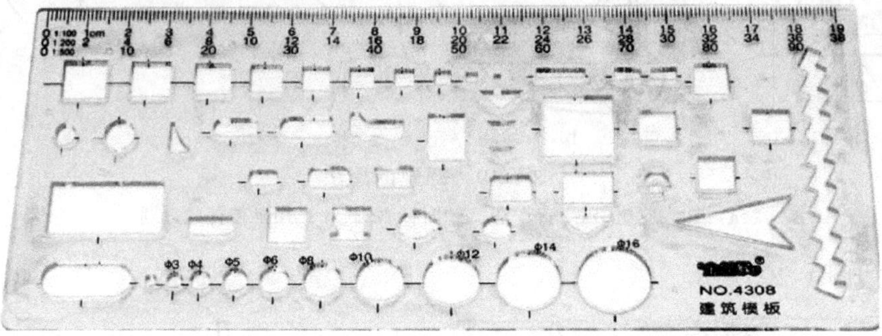


图 1-23　建筑模板

3）擦图片：用来擦除图线。将擦图片（图 1-24）上相应形状的镂孔对准不需要的图线，然后用橡皮擦去该图线，以保证图线之间互不干扰和图面清洁。

## 1.2.5　铅笔

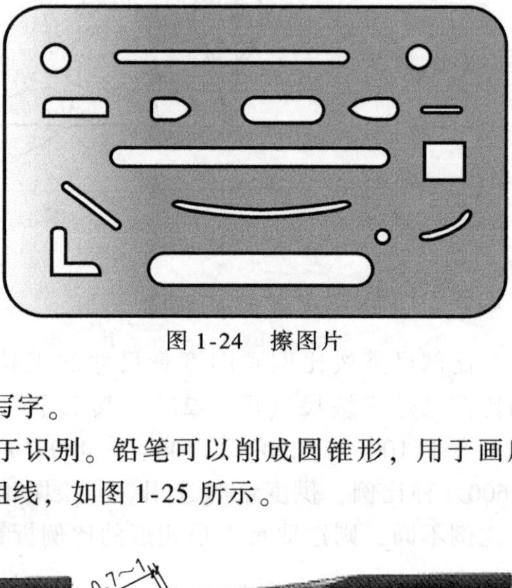

图 1-24　擦图片

绘图用的铅笔，其铅芯的硬度不同，用字母 H 和 B 表示，H 表示硬，B 表示软。H 前数字越大，表示铅芯越硬，画出的线条越淡；B 前数字越大，表示铅芯越软，画出的线条越黑；HB 表示铅芯软硬适中。土木工程制图常用以下几种铅笔：

1）H 或 2H 铅笔用于打底稿或画细线。

2）B 或 2B 铅笔用于画粗实线。

3）HB 铅笔用于绘制细实线、虚线、箭头和写字。

削铅笔时，要注意保留有标号的一端，以便于识别。铅笔可以削成圆锥形，用于画底稿、加深细线和写字；也可削成矩形，用于加深粗线，如图 1-25 所示。

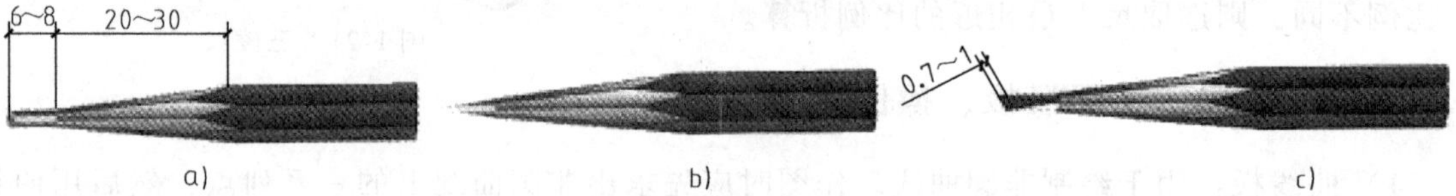


图 1-25　铅笔削法

a）一般削法　b）圆锥形　c）矩形

除上述工具外，绘图时还需准备削铅笔用的刀片、磨铅芯用的细砂纸、擦图用的橡皮、固定图纸用的透明胶带等。

# 1.3　平面图形的画法

任何平面图形都是由若干线段（包括直线段、圆弧、曲线）连接而成的，每条线段又由相应的尺寸来决定其大小和位置。一个平面图形能否正确绘制出来，要看图中所给的尺寸是否齐全和正确。因此，为了正确绘制平面图形，必须对平面图进行尺寸分析和线段分析，从而确定平面图形的绘图步骤。现以图1-26所示扶手为例予以说明。

### 1.3.1 平面图形的尺寸分析

平面图形中的尺寸按其作用可分为定形尺寸和定位尺寸。

**1. 定形尺寸**

用来确定平面图形各部分形状大小的尺寸称为定形尺寸，如直线的长度、角度的大小、圆及圆弧的直径或半径等。图1-26中的*R*98、*R*16、6均为定形尺寸。

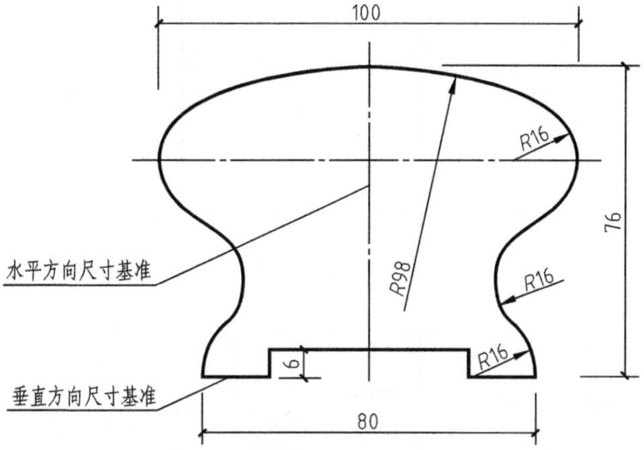

图1-26 木扶手断面图

**2. 定位尺寸**

用来确定平面图形各部分之间相对位置的尺寸称为定位尺寸。图1-26中的80、76、100均为定位尺寸。

**3. 尺寸基准**

标注定位尺寸的起点称为定位基准。平面图形的水平、垂直两个方向都应有一个尺寸基准，通常以图形的主轴线、对称线、中心线及较长的直轮廓边线作为尺寸基准。图1-26中分别以竖直对称线和图形的底边作为水平方向和垂直方向的尺寸基准。

### 1.3.2 平面图形的线段分析

平面图形的线段，通常根据其尺寸完整与否分为以下三类。

**1. 已知线段**

定形尺寸和定位尺寸齐全的线段，即根据给出的尺寸可以直接画出的线段称为已知线段。如图1-27b中的*R*98圆弧，作图时只要在图形对称线上定出圆心，即可绘制出该圆弧。此外，图1-27b中下部分的*R*16圆弧也是已知线段。

**2. 中间线段**

已知定形尺寸和一个方向的定位尺寸，还需根据与相邻线段的一个连接关系才能画出的线段称为中间线段。如图1-27c上方的*R*16圆弧只有一个水平方向100的定位尺寸，另一个方向的定位尺寸需根据其与*R*98圆弧内切来确定。

**3. 连接线段**

只有定形尺寸，两个方向定位尺寸均未给出的线段称为连接线段。如图1-27d中间部分的*R*16圆弧，其圆心的位置需根据其与两个*R*16圆弧均外切来确定。

由以上分析可知，对于一个有圆弧连接的图形，其画图顺序为：基准线→已知线段→中间线段→连接线段，如图1-27所示。

### 1.3.3 平面图形的尺寸标注

**1. 尺寸标注要求**

平面图形尺寸标注的要求有：正确、完整、清晰。

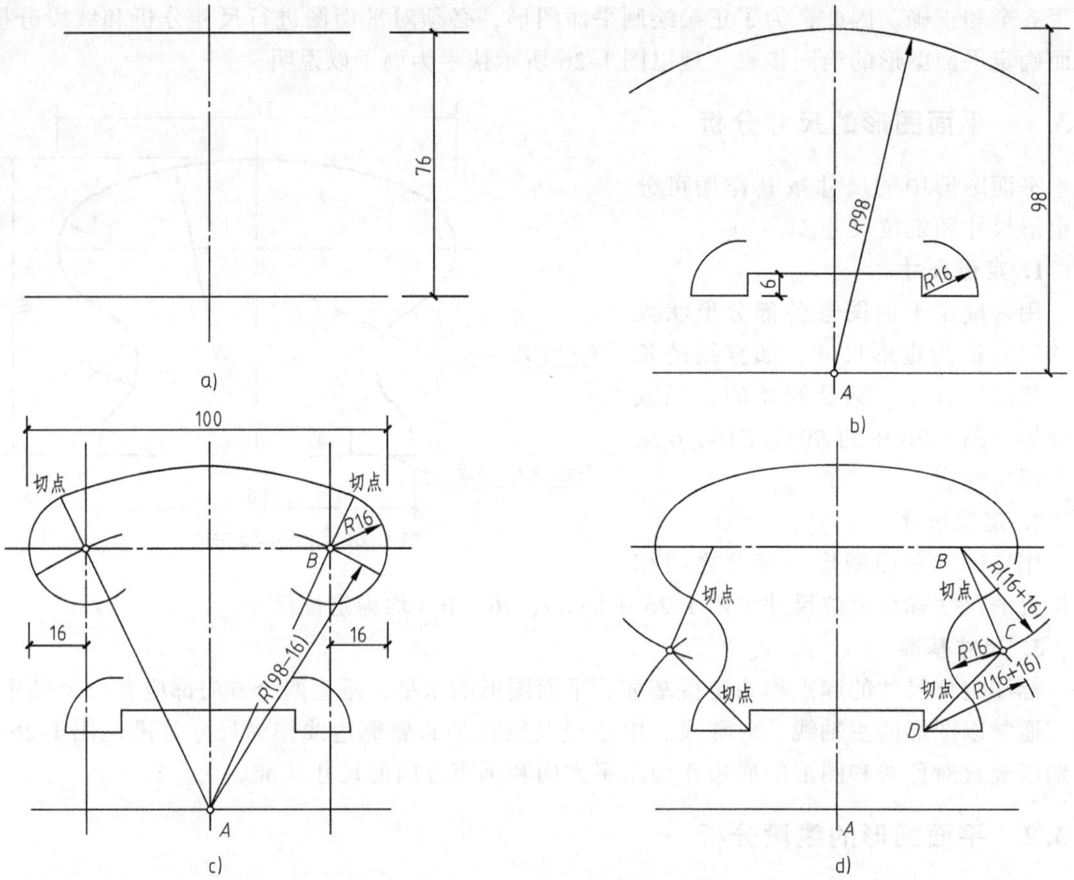


图 1-27 平面图形的画图顺序

a）画基准线 b）画已知线段 c）画中间线段 d）画连接线段

1）正确：平面图形的尺寸标注应严格遵守国家标准规定，尺寸数值不能写错和出现矛盾。

2）完整：平面图形的尺寸标注要齐全。既不遗漏各组成部分的定型尺寸和定位尺寸，又没有多余的尺寸。

3）清晰：尺寸标注的位置要恰当、明显、排列有序。

**2. 平面图形尺寸标注的一般步骤**

1）分析图形，选择尺寸基准，确定已知线段、中间线段和连接线段。

2）标注已知线段尺寸，注写已知线段的定型尺寸和两个定位尺寸。

3）标注中间线段尺寸，注写中间线段的定型尺寸和一个定位尺寸。

4）标注连接线段尺寸，即注写连接线段的定型尺寸。

5）检查、调整、补遗删多。

# 1.4 绘图的一般方法和步骤

## 1.4.1 准备工作

1）准备绘图工具和仪器，擦净图板、三角板、丁字尺，削好铅笔，调整好分规和圆规。

2）根据图形的大小和复杂程度，确定绘图比例尺。

3）鉴别图纸正面，并将图纸按图1-28所示固定在图板左下方适当位置。固定图纸时，应使图纸的上、下边与丁字尺的尺身平行，图纸与图板边应留有适当空隙，然后用透明胶带固定。

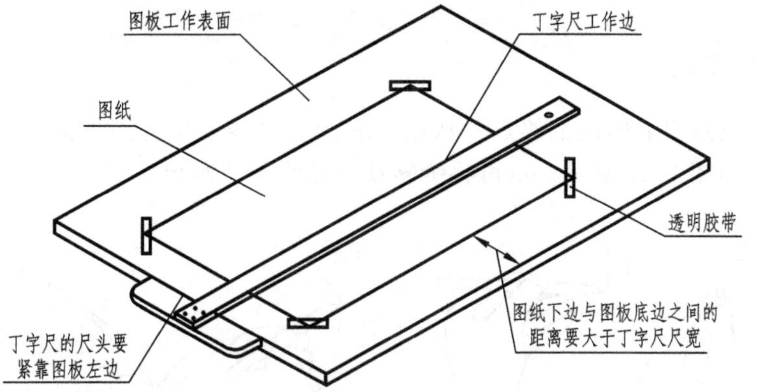


图1-28　图纸的固定

### 1.4.2　画底稿

1）画图框和标题栏。

2）布图，使各图形在图纸上的位置疏密均匀，既节约图面又不拥挤。

3）先画图形的基准线、对称线、中心线及主要轮廓线，然后按照由整体到局部、先大后小、先实后虚（挖去的孔、槽等）、先外（轮廓）后内（细部）、先下后上、先曲后直的顺序画出其他所有图线。

底稿一般用H或2H的铅笔绘制，要求线条轻而细，但应清晰可见。底稿画完检查无误后，擦除多余线条。

### 1.4.3　图线加深

图线加深应做到线型正确、粗细分明、连接光滑、接头准确、图面整洁。

用B或2B铅笔加深粗线，用HB铅笔加深中粗线，用2H或H铅笔加深细线。加深的顺序一般是先粗后细、先曲后直、先图形后尺寸、先图线后符号和文字，自上而下、由左至右进行，提倡细线一次画成。

### 1.4.4　标注尺寸、注写文字

图形完成后，遵照制图标准标注尺寸，书写图名，标出各种符号，注写文字说明，填写标题栏，完成图样。

## 1.5　徒手绘图

徒手绘图是指不用绘图仪器，凭目测比例，徒手画出图样，这种图样称为草图或徒手图。

草图主要用于现场测绘、设计方案讨论、技术交流和构思创作，是工程技术人员必备的基本技能之一。

徒手绘图的基本要求是快、准、好，即画图速度要快，目测比例要准，图线要清晰，图面质量要好。徒手绘图最好用较软的铅笔，如 HB、B、2B，笔杆要长，笔尖要圆，不要太尖锐。

### 1.5.1 直线的画法

画直线时，眼睛看着图线的终点，从左向右画水平线，自上而下画竖直线。画斜线时，从上左端开始，如图 1-29 所示，也可将纸转动，按水平线画出。

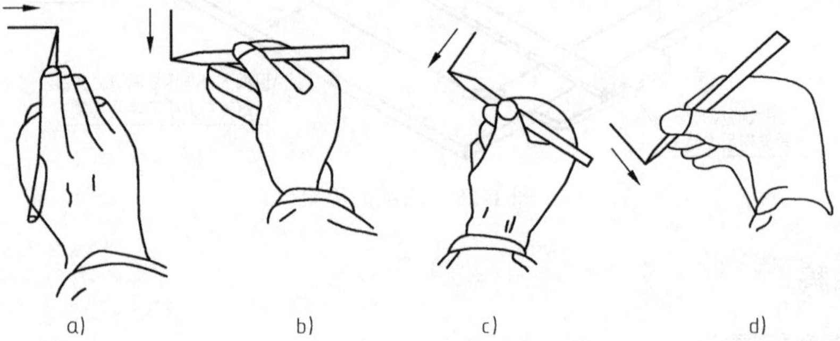


图 1-29 徒手画线
a) 画水平线 b) 画竖直线 c) 向左画斜线 d) 向右画斜线

### 1.5.2 圆的画法

画小圆时，一般只画出垂直相交的中心线，并在其上按半径定出四个点，然后勾画成圆（图 1-30a）。画较大圆时，可加画两条 45°斜线，并按半径在斜线上再定四个点，连成一个圆（图 1-30b）。画更大的圆时，可先画出圆的外切正方形，并将任一对角线的一半三等分，在 2/3 点处定出圆周上的另外四点，再将这八点连成圆（图 1-30c）。

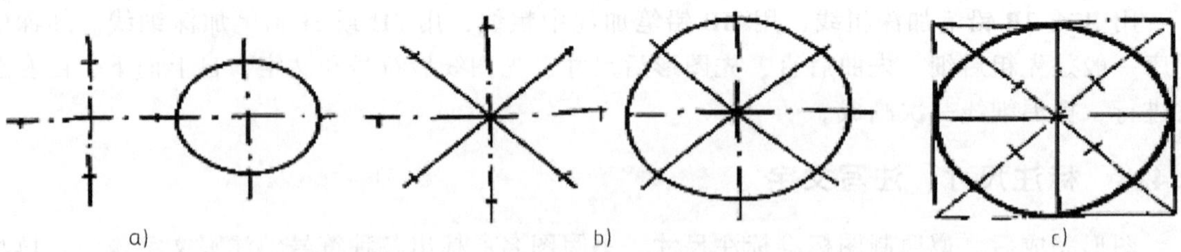


图 1-30 徒手画圆

### 1.5.3 椭圆的画法

如图 1-31 所示，先画出椭圆的长轴、短轴，并目测定出端点的位置，过这四点画一矩形或外切平行四边形，然后根据椭圆轴对称和中心对称的特点，以顶点为基础就势光滑地画出，同时控制不在顶点处出现尖点。

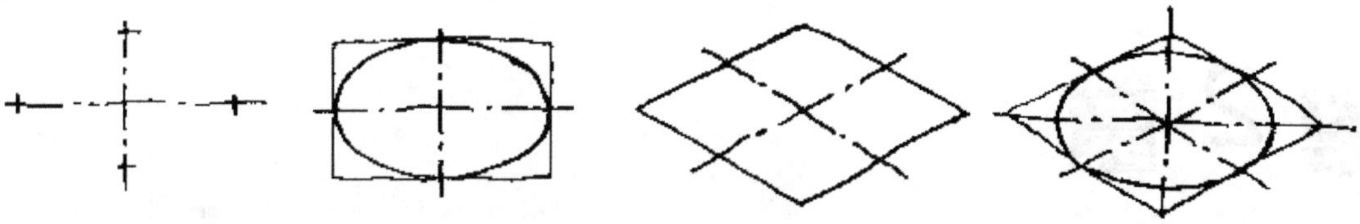

图 1-31　徒手画椭圆

### 1.5.4　常见角度的画法

画线时，对于一些特殊角，可根据两直角边的近似比例关系，先定出两个端点，然后画线，如图 1-32 所示。

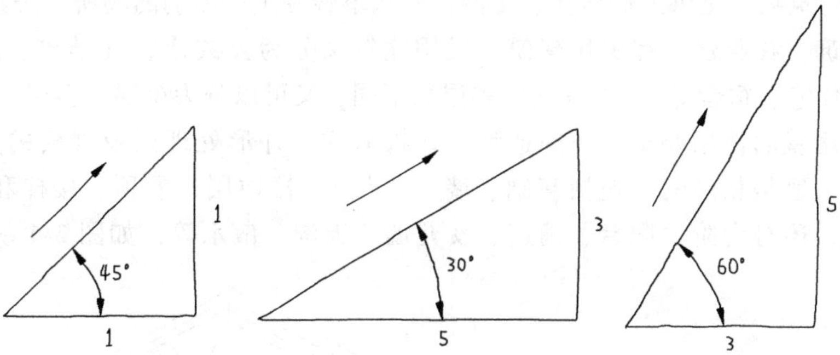


图 1-32　徒手画角度

**本 章 小 结**

本章主要介绍了土木工程制图的基本规定，常用绘图工具及其使用方法，平面图形的画法，绘图的一般步骤和方法以及徒手绘图。要求重点掌握制图基本规定，平面图形的画法，绘图的步骤和方法。

**复习思考题**

1. 什么是“工程字”？
2. 工程图中常用字号有哪些？适用范围是什么？
3. 什么是标题栏？位于图纸的哪个部位？
4. 常用线型及其宽度有哪些？
5. 什么是图样比例？包括哪几种？
6. 工程图中的尺寸标注由哪四部分组成？其各自的定义及绘制要求是什么？
7. 什么是定型尺寸和定位尺寸？

# 第 2 章

# 房屋建筑工程图概论

## 2.1 房屋的组成及其作用

房屋也称建筑物，是供人们居住、生活以及从事各种生产活动的场所，按其使用功能不同可分为工业建筑、农业建筑和民用建筑，民用建筑又分为公共建筑（学校、医院、会堂等）和居住建筑（住宅、宿舍等）；按其高度和层数不同，又可以分为单层、多层、高层和超高层。

尽管各类房屋的使用要求、空间造型、结构形式、外形处理以及规模的大小各不相同，但其组成部分大致是相同的，包括基础、墙（或柱）、楼地层、屋顶、楼梯和门窗等六大基本部分，此外，还有台阶、阳台、雨篷、女儿墙、天沟、散水等，如图 2-1 所示。

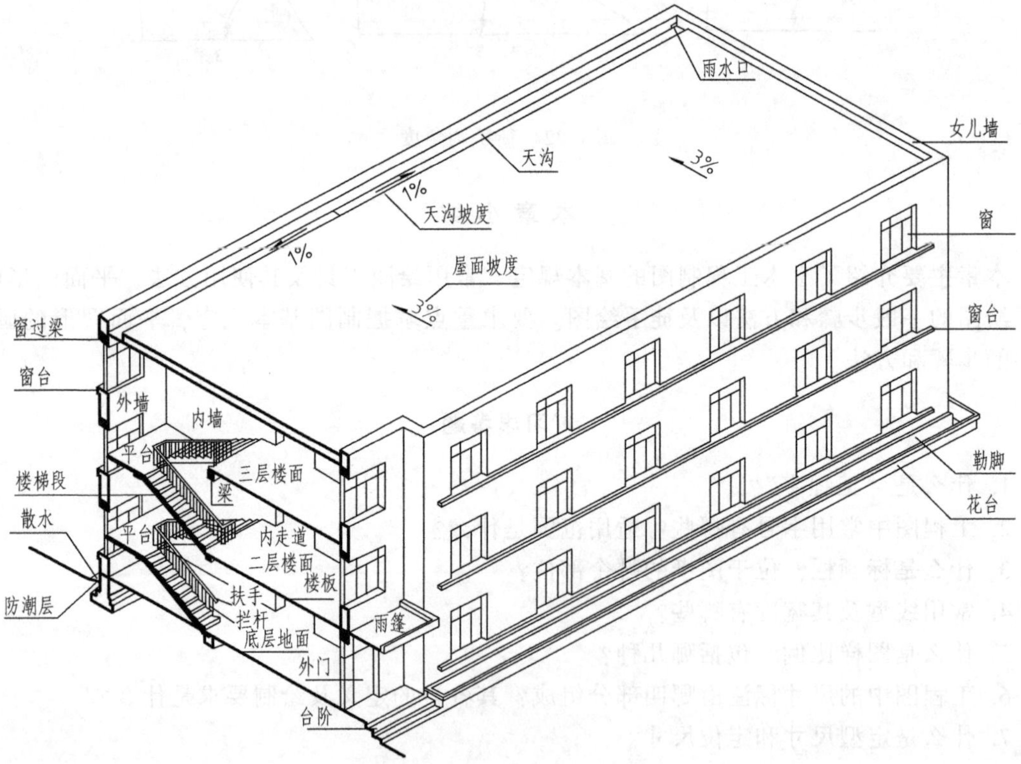


图 2-1 房屋的组成

房屋各组成部分在房屋中起着不同的作用。

1）基础：是房屋最下面的结构部分，它的作用是将房屋承受的全部荷载传给地基，其状况既与其上部的建筑状况有关，又与其下部的地基状况有关。

2）墙或柱：是房屋的竖向承重构件。屋盖、楼层等构件所承受的活荷载及其自重，分别通过支撑它们的墙或柱传递到基础上，再传给地基。墙体是房屋的承重、围护及分隔构件，同时又兼有保温、隔声、隔热等作用，按照位置不同可分为内墙、外墙。外墙起承重、保护及围护作用，内墙起承重及分隔空间的作用。当房屋的内部空间较大时，根据结构的需要，常用柱子来承受上部荷载，墙只起到围护和分隔的作用。

3）楼地面：是房屋中水平方向的承重构件，提供使用者在房屋中活动所需要的各种平面，同时将由此而产生的各种荷载（如家具、设备、人体自重等荷载）传递到支撑它们的垂直构件上去。楼面一般由楼板（或由梁和楼板）构成，除提供活动平面并传递水平荷载外，还沿建筑物的高度分隔空间。在高层建筑中，楼面是对抗风荷载等侧向水平力的有效支撑。

4）屋面：是房屋顶部围护和承重的构件，承受由雨雪或屋面上人所引起的荷载，并主要起围护作用，抵御自然界中风、雨、雪、太阳辐射等的侵蚀。根据屋面坡度的不同，有平屋面和坡屋面之分。

5）楼梯：是解决房屋上下楼层之间联系的垂直交通工具，供人们上下楼层和紧急疏散之用。楼梯的形式很多，有单跑式、双跑式、剪刀式、螺旋楼梯、弧形楼梯等。除楼梯外，电梯、自动扶梯、坡道等也是垂直交通工具。

6）门窗：是非承重构件，供交通及通风采光之用。由于门窗均安装在墙上，因此也和墙一样起着分隔和围护的作用。

## 2.2　房屋建筑工程图的产生

房屋的建成需要经历设计和施工两个过程，房屋建筑工程图是考虑建筑功能、工程技术和建筑艺术而进行设计的产物，是施工的依据。

一般房屋的设计过程包括两个阶段：初步设计阶段和施工图设计阶段。根据《建筑工程设计文件编制深度规定》（2008 年版）的要求，民用建筑工程一般应分为方案设计、初步设计和施工图设计三个阶段。对于技术要求相对简单的民用建筑工程，经有关主管部门同意，且合同中没有做初步设计的约定，可在方案设计审批后直接进入施工图设计。对于大型的、比较复杂的工程，也应采用三个设计阶段，即在初步设计阶段之后增加一个技术设计阶段，来解决各工种之间的协调等技术问题。

各阶段需要提供的设计文件如下：

1）方案设计文件主要有：①设计说明书，包括各专业设计说明以及投资估算等内容，对于涉及建筑节能设计的专业，其设计说明应有建筑节能设计专门内容；②总平面图以及建筑设计图样（若为城市区域供暖或区域煤气调压站，应提供暖能动力专业的设计图样）；③设计委托或设计合同中规定的透视图、鸟瞰图、模型等。

2）初步设计文件主要有：①设计说明书，包括设计总说明、各专业设计说明，对于涉及建筑节能设计的专业，其设计说明应有建筑节能设计的专项内容；②有关专业的设计图样；③主要设备或材料表；④工程概算书；⑤有关专业计算书（计算书不属于必须交付的设计文件，但应按规定的相关条款要求编制）。

3）施工图设计文件主要有：①合同要求所涉及的所有专业的设计图样（含图样目录、说明和必要的设备、材料表）以及图样总封面，对于涉及建筑节能设计的专业，其设计说明应有建筑节能设计的专项内容；②合同要求的工程预算书（对于方案设计后直接进入施工图设计的项目，若合同未要求编制工程预算书，施工图设计文件应包括工程概算书）；③各专业计算书（计算书不属于必须交付的设计文件，但应按规定的相关条款要求编制并归档保存）。

各阶段设计文件编制深度应达到如下要求：

1）方案设计文件应满足编制初步设计文件的需要。

2）初步设计文件应满足编制施工图设计文件的需要。

3）施工图设计文件应满足设备材料采购、非标准设备制作和施工的需要。

4）对于将项目分别发包给几个设计单位或实施设计分包的情况，设计文件相互关联处的深度应满足各承包或分包单位设计的需要。

初步设计图和施工图在图示原理和方法上是一致的，它们仅在表达内容的深度上有所区别。初步设计图是设计过程中用来研究、审批的图样，因此比较简略；施工图是直接用来指导施工的图样，要求表达完整、尺寸齐全、统一无误。

## 2.3 房屋建筑工程图的分类

一套房屋工程图，根据其内容和作用不同，一般分为：

1）施工首页图（简称首页图）：包括图样封面、图样目录和设计总说明。

2）建筑施工图（简称建施）：包括建筑设计说明、总平面图、平面图、立面图、剖面图和构造详图等。

3）结构施工图（简称结施）：包括结构设计说明、结构布置平面图和各种结构构件的结构详图。

4）设备施工图（简称设施）：包括建筑电气、给水排水、供暖通风与空气调节、热能动力等的平面布置图、系统图和详图。

## 2.4 绘制房屋建筑工程图的有关规定

为了使房屋施工图简明、清晰、规范、统一，满足设计、施工、存档等的要求，国家制定了如下规范：

①《房屋建筑制图统一标准》（GB/T 50001—2017）。

②《总图制图标准》（GB/T 50103—2010）。

③《建筑制图标准》（GB/T 50104—2010）。

④《建筑结构制图标准》（GB/T 50105—2010）。

⑤《给水排水制图标准》（GB/T 50106—2010）。

⑥《暖通空调制图标准》（GB/T 50114—2010）。

⑦《建筑电气制图标准》（GB/T 50786—2012）。

在绘制房屋施工图的各类图样时，除了遵守各相应专业制图标准的规定外，还必须遵守《房屋建筑制图统一标准》的规定。这些规定主要包括以下内容。

**1. 定位轴线**

定位轴线是用来确定建筑物主要结构及构件位置的尺寸基准线。凡承重构件（如墙、柱、梁、屋架等位置）都要画定位轴线并进行编号，施工时以此作为定位的基准。

定位轴线用细单点长画线绘制，端部画细实线圆，直径为 8 ~ 10mm，圆内注明编号。定位轴线圆的圆心应在定位轴线的延长线上或延长线的折线上。

建筑平面图上，定位轴线的编号宜标注在图样的下方或左侧。横向编号应用阿拉伯数字，从左至右顺序编写；竖向编号应用大写拉丁字母，从下至上顺序编写（图 2-2）。大写拉丁字母中的 I、O、Z 三个字母不得用为轴线编号，以免与数字 1、0、2 混淆。

组合较复杂的平面图中，定位轴线也可采用分区编号。编号的注写应为“分区号—该分区编号”（图 2-3），分区号采用阿拉伯数字或大写拉丁字母。

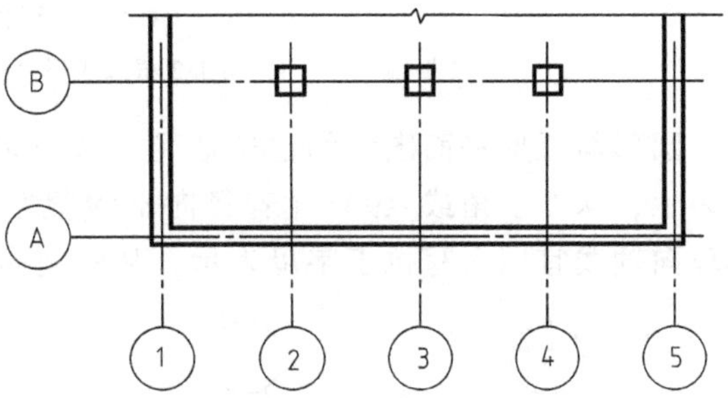

图 2-2　定位轴线的编号顺序

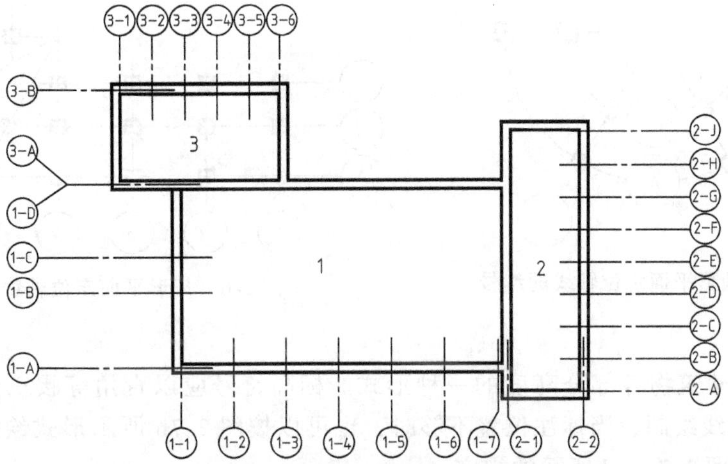

图 2-3　定位轴线的分区编号

在两定位轴线之间，如需附加定位轴线，其编号可用分数表示，并应按下列规定编写：

1）两根轴线间的附加轴线，应以分母表示前一轴线的编号，分子表示附加轴线的编号，编号宜用阿拉伯数字顺序编号，如：(1/2)表示 2 号轴线之后附加的第一根轴线；(3/C)表示 C 号轴线之后附加的第三根轴线。

2）1 号轴线或 A 号轴线之前的附加轴线，其分母应以 01 或 0A 表示，如：(1/01)表示 1 号轴线之前附加的第三根轴线；(3/0A)表示 A 号轴线之前附加的第三根轴线。

3）一个详图适用几根轴线时，应同时注明各有关轴线的编号（图 2-4）。通用详图中的定位轴线应只画圆，不注写轴线编号。

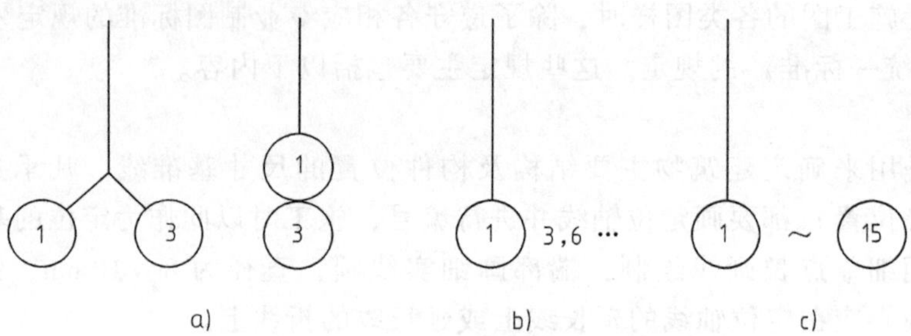


图 2-4　详图的轴线编号

a）用于 2 根轴线时　b）用于 3 根或 3 根以上轴线时　c）用于 3 根以上连续编号的轴线时

圆形与弧形平面图中的定位轴线，其径向轴线应以角度进行定位，其编号宜用阿拉伯数字表示，从左下角或 −90°（若径向轴线很密，角度间隔很小）开始，按逆时针顺序编写；其环向轴线宜用大写拉丁字母表示，从外向内顺序编写（图 2-5、图 2-6）。

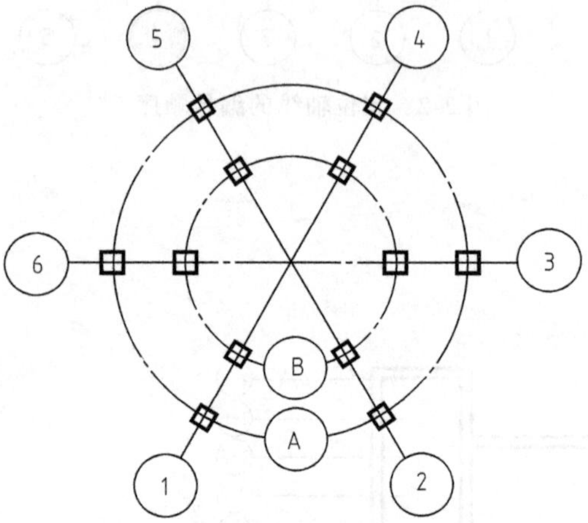


图 2-5　圆形平面定位轴线的编号

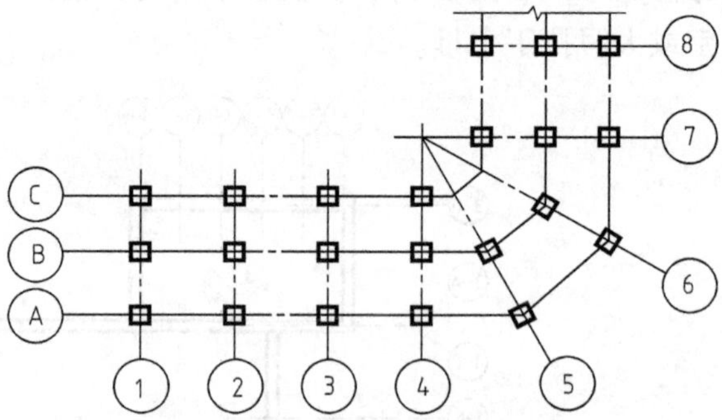


图 2-6　环形平面定位轴线的编号

**2. 标高标注**

标高是标注建筑物各部分高度的一种形式。标高符号应以直角等腰三角形表示，按图 2-7a 所示用细实线绘制，当标注位置不够时，也可以按图 2-7b 所示形式绘制，标高符号的具体画法应符合图 2-7c、d 所示的规定。

总平面图室外地坪标高符号宜用涂黑的三角形表示（图 2-8）。

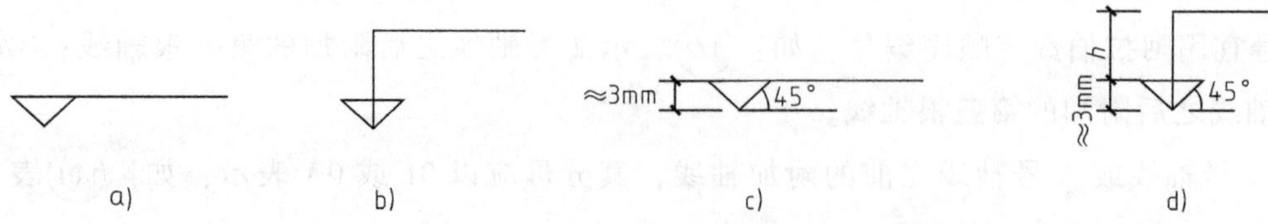


图 2-7　标高符号

*l*—取适当长度注写标高数字　*h*—根据需要取适当高度

标高符号的尖端应指至被注高度的位置。尖端宜向下，也可向上。标高数字应注写在标高符号的上侧或下侧，如图 2-9 所示。

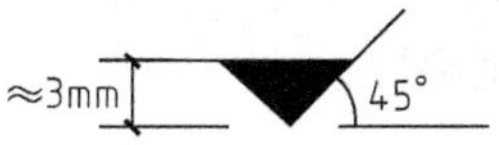


图 2-8 总平面图室外地坪标高符号

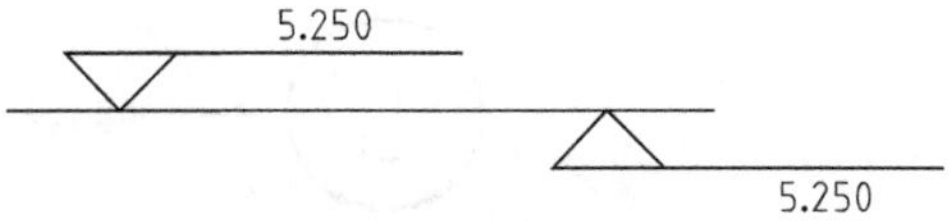


图 2-9 标高的指向

标高数字应以米（m）为单位，注写到小数点以后第三位。在总平面图中，可注写到小数字点以后第二位。零点标高应注写成 ±0.000，正数标高不注“+”，负数标高应注“-”，例如 3.000、-0.600。在图样的同一位置需表示几个不同标高时，标高数字可按图 2-10 的形式注写。

**3. 索引符号与详图符号**

图样中的某一局部或构件，如需另见详图，应以索引符号索引。索引符号用细实线绘制，由直径为 8~10mm 的圆和水平直径组成，圆及水平直径用细实线绘制（图 2-11a）。索引符号应按下列规定编写：

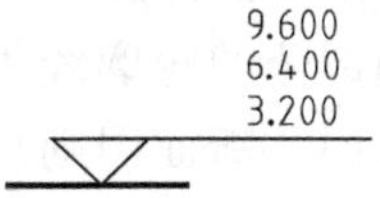


图 2-10 同一位置注写多个标高数字

1）索引出的详图，如与被索引的详图同在一张图纸内，应在索引符号的上半圆中用阿拉伯数字注明该详图的编号，并在下半圆中间画一段水平细实线（图 2-11b）。

2）索引出的详图，如与被索引的详图不在同一张图纸内，在索引符号的上半圆中用阿拉伯数字注明该详图的编号，在索引符号的下半圆中用阿拉伯数字注明该详图所在图纸的编号（图 2-11c）。数字较多时，可加文字标注。

3）索引出的详图，如采用标准图，应在索引符号水平直径延长线上加注该标准图集的编号（图 2-11d 表示第 5 号详图在标准图册 J103 的第 2 页）。需要标注比例时，文字在索引符号右侧或延长线下方，与符号下对齐。

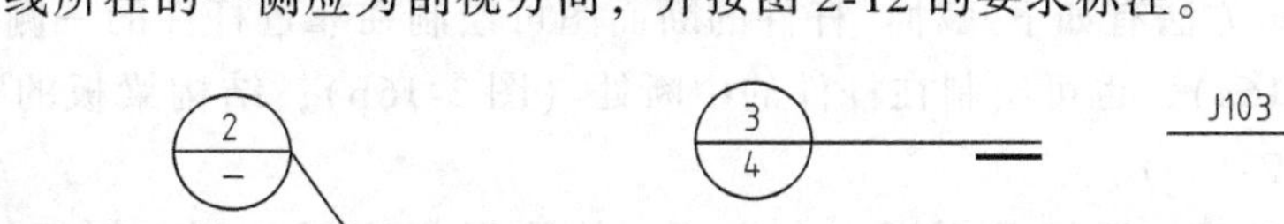


图 2-11 索引符号

索引符号如用于索引剖面详图时，应在被剖切的部位绘制剖切位置线，并以引出线引出索引符号，引出线所在的一侧应为剖视方向，并按图 2-12 的要求标注。

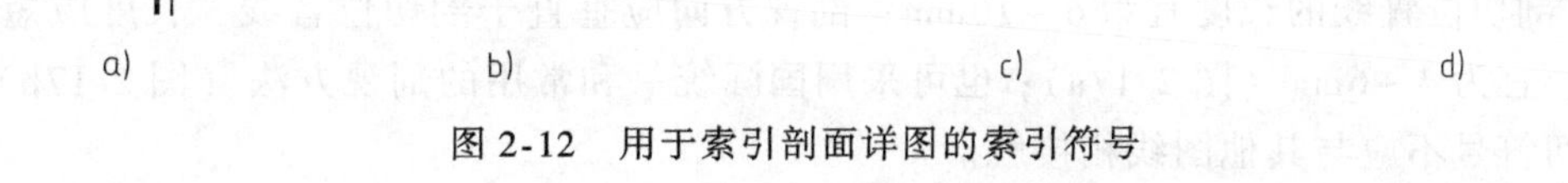


图 2-12 用于索引剖面详图的索引符号

详图的位置和编号应以详图符号表示。详图符号为一直径14mm的粗实线圆。详图符号应符合图2-13所示的要求。

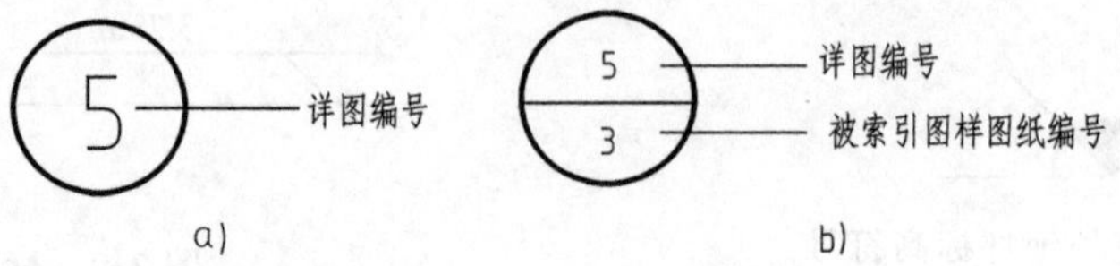


图2-13 详图符号

图2-13a表示详图与被索引的图样在同一张图纸内，图2-13b表示详图与被索引的图样不在同一张图纸内，上半圆中注明详图编号，下半圆中注明被索引的图纸编号。

**4. 剖面图和断面图**

剖面图除应画出剖切面切到部分的图形外，还应画出沿投射方向看到的部分，被剖切面切到部分的轮廓线用粗实线绘制，剖切面没有切到，但沿投射方向可以看到的部分，用中实线绘制。断面图则只需用粗实线画出被剖切面切到部分的图形（图2-14）。

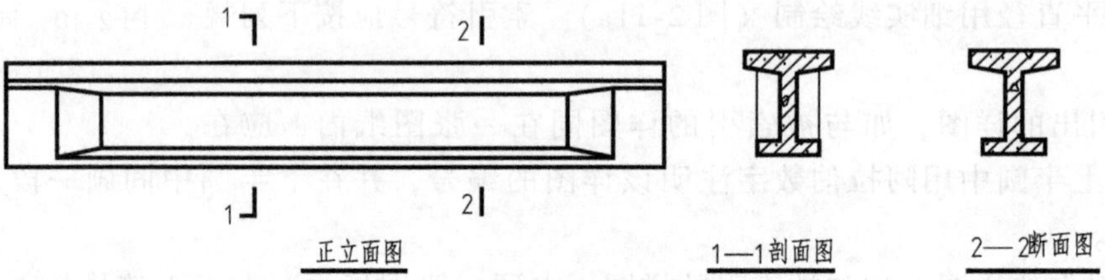


图2-14 剖面图与断面图的区别

剖面图的剖切方式可以有如下三种：用一个剖切面剖切（图2-15a）；用两个平行的剖切面剖切（图2-15b）；用两个相交的剖切面剖切（图2-15c）。

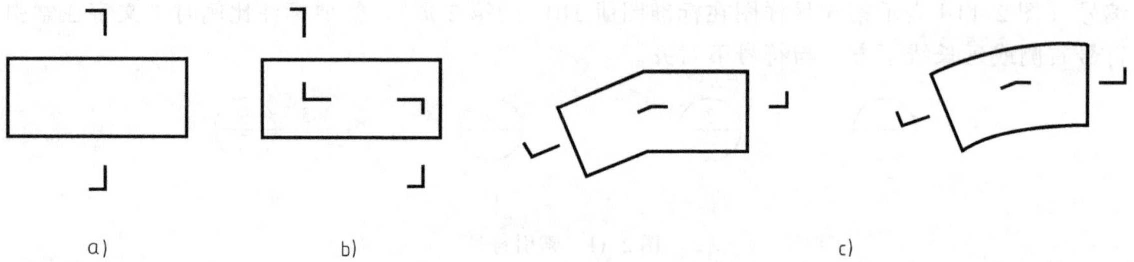


图2-15 剖面图的剖切方式

断面图的表示方法有如下几种：杆件的断面图可绘制在靠近杆件的一侧或端部并按顺序依次排列（图2-16a），也可绘制在杆件的中断处（图2-16b）；结构梁板的断面图可画在结构布置图上（图2-16c）。

剖切符号由剖切位置线及剖视方向组成，均应以粗实线绘制，剖切符号应符合下列规定：

1）剖切位置线的长度宜为6～10mm；剖视方向应垂直于剖切位置线，长度应短于剖切位置线，宜为4～6mm（图2-17a）；也可采用国际统一和常用的剖视方法（图2-17b）；绘制时，剖切符号不应与其他图线相接触。

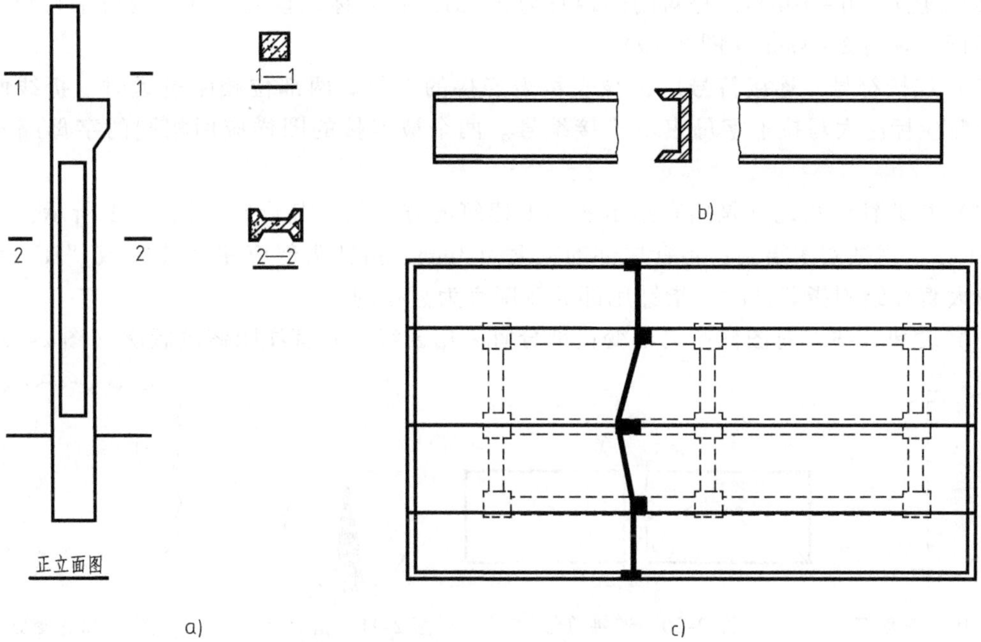


图 2-16 断面图的几种表示方法

2）剖视剖切符号的编号宜采用粗阿拉伯数字，按剖切顺序由左至右、由下向上连续编排，并应注写在剖视方向线的端部。

3）需要转折的剖切位置线，应在转角的外侧加注与该符号相同的编号。

4）建（构）筑物剖面图的剖切符号应注在 ±0.000 标高的平面图或首层平面图上。

5）局部剖面图（不含首层）的剖切符号应注在包含剖切部位的最下面一层的平面图上。

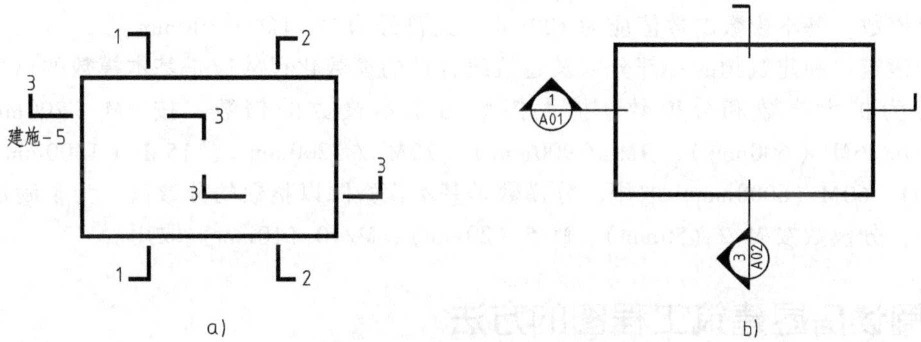


图 2-17 剖视的剖切符号

断面剖切符号的编号宜采用阿拉伯数字，按顺序连续编排，并应注写在剖切位置线的一侧；编号所在的一侧应为该断面的剖视方向（图 2-18）。

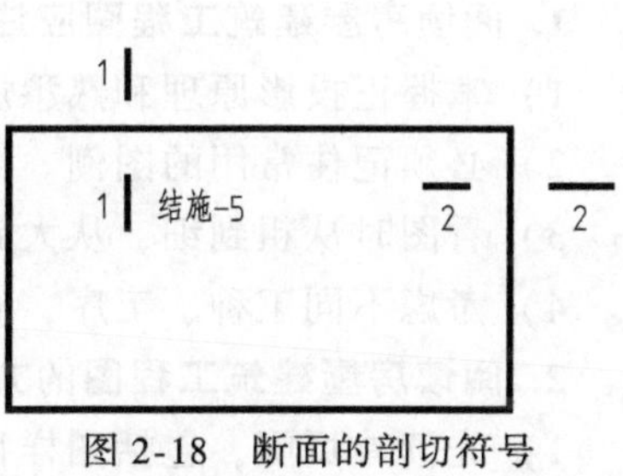


图 2-18 断面的剖切符号

**5. 其他常用符号**

（1）对称符号 对称符号由对称线和两端的两对平行线组成。对称线用细单点长画线绘制；平行线用细实线绘制，其长度宜为 6～10mm，每对的间距宜为 2～3mm；对称线垂直平分于两对平行线，两端超出平行线宜为 2～3mm（图 2-19）。

（2）连接符号　连接符号以折线表示需连接的部位。两部位相距过远时，折线两端靠图样一侧应标注大写拉丁字母表示连接编号。两个被连接的图样应用相同的字母编号（图 2-20）。

（3）指北针　指北针是用来指示图样上建筑的方位的，其形状如图 2-21 所示，圆的直径为 24mm，用细实线绘制；指针尾部的宽度为 3mm，指针头部应注“北”或“N”字。需要用较大直径绘制指北针时，指针尾部的宽度宜为直径的 1/8。

（4）变更云线　对图样中局部变更部分宜采用云线，并宜注明修改版次（图 2-22）。

图 2-19　对称符号

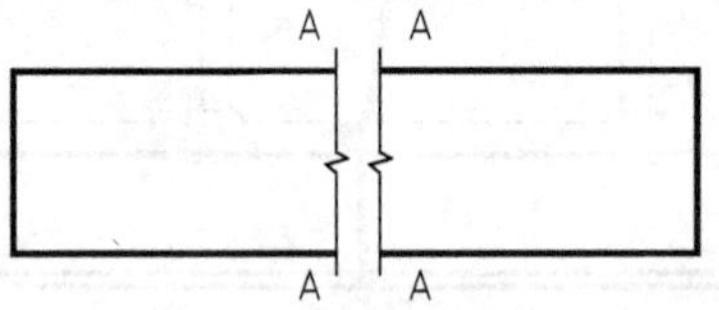


图 2-20　连接符号

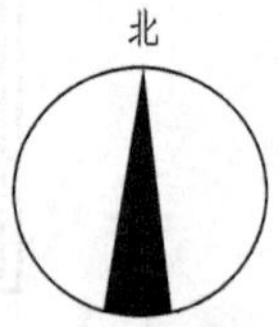


图 2-21　指北针

图 2-22　变更云线

注：1 为修改次数。

**6. 建筑模数协调**

建筑物是由建筑构件、配件、组合件按一定方式组合而成的。为了使建筑制品、建筑构配件和组合件实现工业化大规模生产，使不同材料、不同形式和不同制造方法的建筑构配件组合件符合模数，并具有较大的通用性和互换性，以加快设计速度、提高施工质量和效率、降低建筑造价，国家颁布了《建筑模数协调标准》（GB/T 50002—2013）。

建筑部件尺寸规格化需要统一建筑模数。模数是选定的标准尺度单位，模数分为基本模数和导出模数。基本模数的数值应为 100mm，其符号为 M，1M ＝100mm。

整个建筑物和建筑物的一部分以及建筑组合件的模数化尺寸应是基本模数的倍数。导出模数又分为扩大模数和分模数，扩大模数为基本模数的倍数，按 2M（200mm）、3M（300mm）、6M（600mm）、9M（900mm）、12M（1200mm）、15M（1500mm）、30M（3000mm）、60M（6000mm）取用。分模数是基本模数除以整数的分数值。为了满足细小尺寸的需要，分模数按 M/2（50mm）、M/5（20mm）、M/10（10mm）取用。

## 2.5　阅读房屋建筑工程图的方法

**1. 阅读房屋建筑工程图应注意的问题**

1）掌握正投影原理和熟悉房屋建筑的基本构造。

2）必须记住常用的图例。

3）看图时从粗到细，从大到小。

4）考虑不同工种、工序，有联系、综合地看图。

**2. 阅读房屋建筑工程图的方法**

1）先读首页图，包括图样目录、设计总说明、门窗表，以及经济技术指标等。

2）读总平面图，包括地形特点、周围环境、坐标、材料、尺寸等。

3）读建筑施工图，从标题栏开始，依次读平面形状及尺寸和内部组成，建筑物的内部构造形式、分层情况及各部位连接情况等，了解立面造型、装修、标高等，了解细部构造、大小、材料、尺寸等。

4）读结构施工图，从结构设计说明开始，包括结构设计的依据、材料标号及要求、施工要求、标准图选用等。

5）读设备施工图，包括管道平面布置图、管道系统图、设备安装图、工艺设备图等。

## 本 章 小 结

本章主要介绍了房屋建筑工程图的基本知识，绘制房屋建筑工程图的有关规定和阅读建筑工程图的方法。应该重点掌握绘制房屋建筑工程图的有关规定。

## 复习思考题

1. 房屋是由哪些部分构成的？
2. 房屋建筑工程图有哪些类别？
3. 绘制房屋建筑工程图有哪些规范要遵守？
4. 剖面图和断面图有什么区别？
5. $\frac{3}{4}$表示什么意思？

# 第3章

# 建筑施工图

建筑施工图是表示房屋的总体布局、外部形状、内部布置以及细部构造、内外装修、施工要求等情况的图样，是房屋施工放线、砌墙、安装门窗、室内外装修以及概预算和编制施工组织设计等的主要依据。

建筑施工图一般包括建筑首页图、总平面图、平面图、立面图、剖面图和建筑详图等。

## 3.1 施工图首页

建筑施工图首页是建筑施工图的第一张图样，其主要内容包括图样目录、设计说明、工程做法和门窗表。

### 3.1.1 图样目录

图样目录说明工程由哪几类专业图样组成，各专业图样的名称、张数和图样顺序，以便查阅图样。表3-1所示为某四层住宅楼图样目录。从表中可知，本套施工图共有64张图样，其中，建筑施工图19张，结构施工图18张，给水排水施工图9张，供暖施工图8张，电气施工图10张。看图前应首先检查整套施工图的图样与目录是否一致，防止缺页给识图和施工造成不必要的麻烦。

### 3.1.2 设计说明

设计说明是对图样中无法表达清楚的内容用文字加以详细说明。建筑设计说明的主要内容有：建设工程概况、建筑设计依据、所选用的标准图集的代号、建筑装修、构造的要求，以及设计人员对施工单位的要求等。

以图3-1所示的某住宅楼为例，其建筑设计说明包括以下内容。

图3-1 某住宅楼效果图

1. 设计依据

1）城市建设规划管理部门对本工程方案、初步设计的审批意见。

2）消防、人防、园林等有关主管部门对本工程初步设计或方案设计的审批意见。

**表 3-1 某四层住宅楼图样目录**

| 专业 | 建筑 | | 专业 | 结构 | | 专业 | 设备 | |
|---|---|---|---|---|---|---|---|---|
| 序号 | 图号 | 图名 | 序号 | 图号 | 图名 | 序号 | 图号 | 图名 |
| 1 | 建施 1 | 设计说明、装修做法表 | 1 | 结总 1 | 结构设计总说明(一) | 1 | 水施 1 | 设计说明、图样目录、图例 |
| 2 | 建施 2 | 门窗表及门窗详图 | 2 | 结总 2 | 结构设计总说明(二) | 2 | 水施 2 | 地下一层给水排水平面图 |
| 3 | 建施 3 | 地下车库平面图 | 3 | 结总 3 | 结构设计总说明(三) | 3 | 水施 3 | 给水系统图　排水系统图　集水坑 2 系统图 |
| 4 | 建施 4 | 首层平面图 | 4 | 结施 1 | 桩基平面布置图 | 4 | 水施 4 | 一层给水排水平面图<br>卫生间垫层内管道敷设大样图 |
| 5 | 建施 5 | 二层平面图 | 5 | 结施 2 | 地下室底板平面配筋图(一) | 5 | 水施 5~6 | 二层给水排水平面图　三层给水排水平面图 |
| 6 | 建施 6 | 三层平面图 | 6 | 结施 3 | 地下室底板平面配筋图(一) | 6 | 水施 7 | 四层给水排水平面图 |
| 7 | 建施 7 | 四层平面图 | 7 | 结施 4 | 基础详图 | 7 | 水施 8 | 屋顶平面图 |
| 8 | 建施 8 | 屋顶平面图 | 8 | 结施 5 | 地下一层墙柱配筋图 | 8 | 水施 9 | 一层给水系统图　四层给水系统图<br>一层排水系统图　四层排水系统图 |
| 9 | 建施 9 | ①—⑬轴立面图⑬—①轴立面图 | 9 | 结施 6 | 一层~屋面墙柱配筋图 | 9 | 暖施 1 | 设计说明、设备表、图样目录 |
| 10 | 建施 10 | Ⓐ—Ⓙ轴立面图Ⓙ—Ⓐ轴立面图 | 10 | 结施 7 | 首层梁、板平面配筋图 | 10 | 暖施 2 | 地下车库供暖平面图(二)电梯机房排风剖面图 |
| 11 | 建施 11 | 1—1 剖面图 | 11 | 结施 8 | 二层梁、板平面配筋图 | 11 | 暖施 3 | 一层供暖平面图 |
| 12 | 建施 12 | 厨卫生大样图 | 12 | 结施 9 | 三层梁、板平面配筋图 | 12 | 暖施 4~5 | 二层供暖平面图　三层供暖平面图 |
| 13 | 建施 13 | 楼梯间大样图(一) | 13 | 结施 10 | 四层梁平面配筋图 | 13 | 暖施 6 | 四层供暖平面图 |
| 14 | 建施 14 | 楼梯间大样图(二) | 14 | 结施 11 | 四层板平面配筋图 | 14 | 暖施 7 | 管井大样图(一)(二)(三)1—1　2—2　3—3　4—4 剖面图 |
| 15 | 通施 1 | 节点详图(一) | 15 | 结施 12 | 四层顶梁、板平面配筋图 | 15 | 暖施 8 | 四层管井平面大样图<br>四层管井剖面大样图　供暖立管图 |
| 16 | 通施 2 | 节点详图(二) | 16 | 结施 13 | 屋面梁平面配筋图 | 16 | 电施 1 | 设计说明、目录和图例 |
| 17 | 通施 3 | 节点详图(三) | 17 | 结施 14 | 屋面板平面配筋图 | 17 | 电施 2~5 | 一层、楼层、四层照明平面图 屋顶防雷平面图 |
| 18 | 通施 4 | 节点详图(四) | 18 | 结施 15 | 楼梯详图 | 18 | 电施 6~8 | 一层、楼层、四层插座平面图 |
| 19 | 总施 1 | 总平面图(局部) | | | | 19 | 电施 9~10 | 系统图　弱电系统图 |

3）建设方的设计任务书。

4）现行的国家有关建筑设计规范、规程和规定。

2. 项目概况

1）本工程为某房地产开发公司开发的住宅。

2）本工程总建筑面积：1360.81$m^2$，其中地下 271.03$m^2$，地上 1089.78$m^2$（含 1/2 阳台面积 41.39$m^2$）。

3）建筑层数、层高：地下一层，层高 3.0m，地上四层，一～二层层高 3.0m，三层 3.4m，四层 3.0m，建筑檐口高度 13.56m，室内外高差 0.45m。

4）建筑结构形式为异形柱框架结构，民用建筑等级分类为二级，建筑结构的抗震类别为丙类，设计使用年限为 50 年。

5）地下部分耐火等级为一级，地上部分耐火等级为二级，抗震设防烈度为 7 度。

3. 设计标高

1）本工程 ±0.000 详见总平面图。

2）各层标注标高为完成面标高（建筑面标高），屋面标高为结构面标高。

4. 墙体工程

1）墙体的基础部分见结施图。

2）非承重的外围护墙采用 200mm 厚陶粒混凝土砌块，建筑物的内隔墙为 100mm 厚陶粒混凝土条板隔墙。

3）排风道。

① 厨房排风道选用 <辽 2002J802—1> PCA6，断面尺寸：300mm×240mm，楼板预留洞尺寸：380mm×320mm。

② 卫生间排风道选用 <辽 2002J802—1> PWB12，断面尺寸：280mm×240mm，楼板预留洞尺寸：360mm×320mm。

4）墙体留洞及封堵。

① 钢筋混凝土墙上的预留洞见结施图和设备专业图，如有与结施图预留洞不符处，以结施图为准。

② 砌筑墙预留洞见建施图和设备图。

③ 砌筑墙体预留洞过梁见结施图说明。

④ 预留洞的封堵：混凝土墙预留洞的封堵见结施图，其余砌筑墙预留洞待管道设备安装完毕后，用 C15 细石混凝土填实。

5. 屋面工程

1）本工程的屋面防水等级为二级，防水层合理使用年限为 15 年，防水二道设防，详见工程做法。

2）屋面做法及屋面节点索引见建施墙身详图，露台、雨篷等见各层平面图及有关详图。

3）屋面排水组织见屋顶平面图，外排雨水斗、雨水管采用 60mm×80mm 方形铝合金管。

6. 门窗工程

1）建筑外门窗应采用气密性较高的外窗（包括阳台门），气密性等级应按照国家标准

《建筑外窗气密性能分级及检测方法》（GB/T 7107—2002）选用，其等级不应低于4级水平。

2）门窗玻璃的选用应遵照《建筑玻璃应用技术规程》（JGJ113）和《建筑安全玻璃管理规定》发改运行［2003］2116号及地方主管部门的有关规定。

3）门窗立面均表示洞口尺寸，门窗加工尺寸要按照装修面厚度由承包单位予以调整。

4）门窗立樘：外门窗立樘详见墙身节点图，内门窗立樘除图中另有注明者外，均立樘墙中，管道竖井门设门槛高100mm。

5）外窗窗台高度小于900mm的，均设防护栏杆，栏杆除特别标注外，高度为从楼地面起1050mm高，首层设900mm高防撞栏杆。

7. 防火疏散设计

1）本工程设一部疏散楼梯，为非封闭楼梯，户门符合乙级防火门要求，首层直接对外的疏散出口宽1800mm，相邻套房之间采用200mm厚陶粒混凝土砌块墙防火分隔。

2）楼梯间休息平台跨窗中横梃与楼板做防火封堵处理。

3）电缆井、管道井在每层楼板处应预留套管，楼板与其他部位同时浇筑，套管处做防火封堵，其井壁上的检查门采用丙级防火门。

8. 保温节能

1）本工程执行辽宁省地方标准《居住建筑节能设计标准》(DB21/T 1476—2006，J 10922—2007)。

2）建筑物体型系数为0.29，外墙传热系数为0.49W/($m^2\cdot K$)，外保温采用阻燃80mm厚型挤塑聚苯板；屋顶传热系数0.33W/($m^2\cdot K$)，采用120mm厚阻燃挤塑聚苯板；供暖房间与非供暖房间之间的楼板与墙体采用35mm厚阻燃挤塑聚苯板，各朝向的窗墙比分别为东西0.14，南0.40，北0.29，外门窗（包括阳台门）采用断桥铝合金双层中空玻璃，传热系数小于2.3W/($m^2\cdot K$)。

9. 外装修工程

1）外装修设计和做法索引见立面图及外墙详图。

2）承包商进行二次设计轻钢结构、装饰物等，经确认后，向建筑设计单位提供预埋件的设置要求。

3）设有外墙外保温的建筑构造详见索引标准图集及外墙详图。

4）所有可能接触到外墙外保温的建筑构件均应做好保温层的保护，并且构件做防腐防锈处理。

5）主体外墙面选用砖红色面砖，首层勒脚部分及门头部分贴石材，部分选用白色涂料，具体见立面图，石材分格详见二次装修设计。

6）外装修选用的各项材料其材质、规格、颜色等，均由施工单位提供样板，经建设和设计单位确认后进行封样，并据此验收。

7）所选用材料均应为当地政府有关主管部门认可的合格产品。

10. 内装修工程

1）内装修工程执行《建筑内部装修设计防火规范》(GB 50222)，楼地面部分执行《建筑地面设计规范》(GB 50037)。

2）楼地面构造交接处和地坪高度变化处，除图中另有注明者外，均位于齐平门扇开启面处。

3）凡设有地漏房间应做防水层，图中未注明整个房间做坡度者，均在地漏周围1m范围内做1%～2%坡度坡向地漏；有水房间的楼地面应低于相邻房间20mm，有大量排水的应设排水沟和集水坑。

4）内装修选用的各项材料，均由施工单位制作样板和选样，经确认后进行封样，并据此进行验收。

11. 油漆涂料工程

1）室内装修采用油漆涂料部位见《装修做法表》。

2）室内外各项露、明金属件的油漆为刷防锈漆2道后再做同室内外部位相同颜色的外部面层。

3）各项油漆均由施工单位制作样板，经确认后进行封样，并据此进行验收。

12. 室外工程（室外设施）

外挑檐、雨篷、室外台阶、坡道、散水、窗井、排水明沟或散水详见各部位墙身详图。

13. 设备设施

1）卫生洁具由用户自理，成品隔断由建设单位与设计单位商定，并应与施工单位配合。

2）灯具、空调装饰板等影响美观的器具须经建设单位与设计单位确认样品后，方可批量加工安装。

14. 其他施工中注意事项

1）图中所选用标准图中如有涉及结构工种的预埋件、预留洞，如楼梯、平台钢栏杆等，本图所标注的各种预留洞与预埋件应与各工种密切配合后，确认无误方可施工。

2）两种材料的墙体交接处，应根据饰面材质在做饰面前加钉金属网或在施工中加贴玻璃丝网格布，防止裂缝。

3）预埋木砖及贴邻墙体的木质面均做防腐处理，露、明铁件均做防锈处理。

4）施工中应严格执行国家各项施工质量验收规范。

5）本工程标高以m为单位，总平面尺寸以m为单位，其他尺寸以mm为单位。

6）本工程施工图应与12号楼地库图样配合使用，应注意其连接部位的防水处理、外墙保温等处理。

15. 本图注意事宜

所有施工中所遇未尽事宜均应由施工单位提出，并由设计单位、甲方及监理单位协商处理解决；所有施工图，应报请相应的政府主管部门审批的，一律待政府主管部门审批通过后方可生效。

16. 工程做法

1）外墙1（适用于石材墙面）图集选用05J909外墙23E21～6，做法详见图集。

① 加强玻纤网一道，锚栓在砌块砖缝内固定。

② 80mm厚阻燃挤塑聚苯板。

③ 20mm厚1:3水泥砂浆找平。

④ 陶粒混凝土砌块墙体。

2）外墙2（适用于彩色釉面砖墙面）图集选用05J909外墙20E1～6，做法详见图集。

① 加强玻纤网一道，锚栓在砌块砖缝内固定。

② 80mm 厚阻燃挤塑聚苯板。

③ 20mm 厚 1:3 水泥砂浆找平。

④ 陶粒混凝土砌块墙体。

3）外墙3（适用于涂料墙面）。

① 外墙涂料，颜色详见立面图。

② 6mm 厚聚合物水泥砂浆。

③ 加强玻纤网一道，锚栓在砌块砖缝内固定。

④ 80mm 厚阻燃挤塑聚苯板。

⑤ 陶粒混凝土砌块墙体。

4）外墙4（适用于涂料墙面）。

① 外墙涂料，颜色详见立面图。

② 聚合物水泥砂浆修补平整。

③ 加强玻纤网一道，锚栓在钢筋混凝土内固定。

④ 80mm 厚阻燃挤塑聚苯板。

⑤ 钢筋混凝土墙面。

5）屋1（油毡瓦屋面）图集参见 05J909 坡屋 17。

① 油毡瓦用 $\phi$3mm 的专用钢钉固定，钉入找平层≥6mm。

② 空铺防水卷材一层。

③ 35mm 厚 C15 细石混凝土找平层（内配 $\phi$6@500×500 钢筋网，与屋面板预埋 $\phi$10 钢筋头绑牢）。

④ 120mm 厚阻燃挤塑聚苯板。

⑤ (3+3)mm 厚双层 SBS 改性沥青防水卷材。

⑥ 15mm 厚 1:3 水泥砂浆找平层。

⑦ 钢筋混凝土屋面板，预埋 $\phi$10 钢筋头，间距双向 900mm，伸出保温隔热层 30mm。

6）屋2（适用于露台，[ ] 内为下部无房间）。

① 铺块材（防滑地砖，仿石砖，水泥砖等），干水泥擦缝。

② 10mm 厚低标号砂浆隔离层。

③ (3+3)mm 厚双层 SBS 改性沥青防水卷材。

④ 20mm 厚 1:3 水泥砂浆找平层。

⑤ 120 [30]mm 厚阻燃挤塑聚苯板。

⑥ 最薄处 30mm 厚 LC5.0 轻集料混凝土 2% 找坡层。

⑦ 钢筋混凝土屋面板。

7）屋3（适用于空调板）。

① 20mm 厚 1:3 水泥砂浆找 2% 坡向泄水口。

② 30mm 厚阻燃挤塑聚苯板。

③ 100mm 厚钢筋混凝土结构板。

④ 30mm 厚阻燃挤塑聚苯板。

⑤ 20mm 厚 1:3 水泥砂浆找平。

8）散 1（适用于室外散水）做法详见《辽 92J101（一）》第 14 页节点 4。

9）台 1（适用于室外台阶）做法详见《辽 92J101（一）》第 10 页节点 3，面层选用 25mm 厚花岗岩。

以上设计说明，第 1 条是设计依据，第 2 条和第 3 条是工程概况，第 4 条至第 13 条是房屋各部分构造、防火保温、装修、设备要求，第 14 条至 15 条是注意事项，第 16 条是外墙、屋顶、散水、台阶的工程做法。由于我国建设部门提出了建筑节能设计要求，因此，设计说明中应有节能设计说明，如上面第 8 条。

### 3.1.3 工程做法表

工程做法表主要是对建筑各部位构造做法用表格的形式加以详细说明，上例中室内楼层装修做法见表 3-2。工程做法表中对各施工部位的名称、做法等应表达详细、清楚，如采用标准图集中的做法，应注明所采用标准图集的代号、做法编号，如有改变，应在备注中说明。

**表 3-2 室内楼层装修做法表**

| 楼层 | 项目<br>房间名称 | 楼（地）面 | | 内墙 | 顶棚 | 踢脚板 | | 备注 |
|---|---|---|---|---|---|---|---|---|
| | | 厚度/mm | 做法 | | | 高度/mm | 做法 | |
| 地上一层至四层 | 楼梯间 | 30 | 楼 3A | 内墙 4C1/4E | 棚 3A—2 | 120 | 踢 1A/1E | 楼梯间每层入户处楼面做法：楼 12B 改：60mm 厚 LC7.5 轻集料混凝土改为 100mm 厚 |
| | 门厅、玄关 | 130 | 楼 17B 改 | 内墙 12E | 棚 3A—2 | 120 | 踢 1A/1E | 楼 17B 改：60mm 厚 LC7.5 轻集料混凝土改为 90mm 厚 |
| | 客厅 | 130 | 楼 71A | 内墙 4C1、4E、4F | 棚 3A—2 | 用户自理 | | 楼面做法：面层 30mm 厚，用户自理 |
| | 卧室 | 130 | 楼 71A | 内墙 4C1、4E、4F | 棚 3A—2 | 用户自理 | | 楼面做法：面层 30mm 厚，用户自理 |
| | 餐厅 | 130 | 楼 71A | 内墙 4C1、4E、4F | 棚 3A—2 | 用户自理 | | 楼面做法：面层 30mm 厚，用户自理 |
| | 厨房 | 130 | 楼 72A 改 | 内墙 4C1、4E、4F | 棚 3A—1 | 用户自理 | | 楼 72 改：60mm 厚细石混凝土改为 80mm 厚 |
| | 卫生间 | 110 | 楼 72A | 内墙 16C1/16、E/16G | 棚 3A—1 | | | |
| 以上材料做法选用《工程做法》图集 05J909。 | | | | | | | | |

注：1. 本工程室内装修为初装修设计，地面面层、住宅户内踢脚板不做，二次装修处理。
2. 卫生间向地漏方向找坡。
3. 地供暖地面，厨房、卫生间按设计规范做地面防水处理。
4. 甲方及监理单位、施工单位如有未明确或其他详细要求，须在装饰工程开展前，与设计单位协商解决。

### 3.1.4 门窗表

门窗表是对建筑物上所有不同类型的门窗统计后列成的表格，以备施工、预算需要。表 3-3 是上例四层住宅楼的门窗表。在门窗表中应反映门窗的类型、大小、数量、开启方式、所选用的标准图集及其类型编号，如有特殊要求，应在备注中加以说明。

表 3-3　门窗表

| 门窗类型 | 门窗名称 | 洞口尺寸/mm × mm | 门窗数量 | | | | | 图集名称 | 开启方式 | 备注 |
|---|---|---|---|---|---|---|---|---|---|---|
| | | | 首层 | 二层 | 三层 | 四层 | 合计 | | | |
| 铝合金窗 | C1 | 800 × 1500 | 4 | 4 | | | 8 | 分隔见大样图 | 外平开 | |
| | C1A | 800 × 1500 | | | 4 | | 4 | 分隔见大样图 | 外平开 | |
| | C2 | 900 × 1000 | 4 | 6 | 6 | | 16 | 分隔见大样图 | | |
| | C3 | 1200 × 1500 | 2 | 2 | | 4 | 8 | 分隔见大样图 | 外平开 | |
| | C3A | 1200 × 1900 | | | 2 | | 2 | 分隔见大样图 | 外平开 | |
| | C4 | 900 × 1500 | 2 | 2 | | 2 | 6 | 分隔见大样图 | 外平开 | |
| | C4A | 900 × 1900 | | | 2 | | 2 | 分隔见大样图 | 外平开 | |
| | C5 | 2100 × 1950 | | 2 | | | 2 | 分隔见大样图 | 外平开 | |
| | C5A | 2100 × 2350 | | | 2 | | 2 | 分隔见大样图 | 外平开 | |
| | C6 | 2500 × 1950 | | 2 | | 2 | 4 | 分隔见大样图 | 外平开 | |
| | C6A | 7500 × 2200 | | | 2 | | 2 | 分隔见大样图 | 外平开 | |
| | C7 | 1800 × 1500 | | 2 | | | 2 | 分隔见大样图 | 外平开 | |
| | C7A | 1800 × 1900 | | | 2 | | 2 | 分隔见大样图 | 外平开 | |
| | C8 | 510 × 7195 | | 2 | | | 2 | 分隔见大样图 | 外上悬 | |
| | C9 | 510 × 7254 | | 2 | | | 2 | 分隔见大样图 | 外上悬 | |
| | CC1 | 2400 × 2100 | 2 | 0 | 0 | | 2 | 分隔见大样图 | 外平开 | |
| | CC2 | 2500 × 2100 | 2 | 0 | 0 | | 2 | 分隔见大样图 | 外平开 | |
| | CC3 | 2100 × 1500 | 2 | 0 | 0 | | 2 | 分隔见大样图 | 外平开 | |
| 门 | M1A | 1800 × 2367 | 1 | | | | 1 | 分隔见大样图 | 外平开 | |
| | M1B | 1800 × 960 | 1 | | | | 1 | 分隔见大样图 | | |
| | M2 | 1200 × 2100 | 2 | 2 | 2 | 1 | 7 | | 外平开 | 三防护门 |
| | M3 | 800 × 2100 | 4 | 4 | 4 | 4 | 16 | | 平开 | 卫生间门 |
| | M4 | 900 × 2100 | 6 | 6 | 6 | 3 | 21 | 分隔见大样图 | 平开 | |
| | M5 | 1500 × 2400 | 2 | 2 | 2 | | 6 | 分隔见大样图 | 推拉 | |
| | MLC1 | 2000 × 2400 | 2 | 2 | 2 | | 6 | 分隔见大样图 | 推拉 | |
| | MLC2 | 4500 × 2550 | | | | 1 | 1 | 分隔见大样图 | 推拉 | |
| | MLC3 | 2500 × 2550 | | | | 1 | 1 | 分隔见大样图 | 推拉 | |
| 防火门 | FM <丙>1 | 600 × 1800 | 2 | 2 | 2 | 2 | 8 | 详见厂家图样 | | 下槛 100mm |

## 3.2　建筑总平面图

### 3.2.1　总平面图的用途及图示内容

建筑总平面图是较大范围内的建筑群和其他工程设施的水平投影图，主要表示新建、拟建建筑物的具体位置、朝向、高程、占地面积与周围环境（如原有建筑物、道路、绿化等）

之间的关系，以及给水、排水、供电条件等方面的情况等，如图 3-2 所示。它是整个建筑工程的总体布局图，是新建建筑物施工定位、土方施工、设备管网平面布置，安排施工时进入现场的材料和构件、配件堆放场地、构件预制的场地以及运输道路的依据。

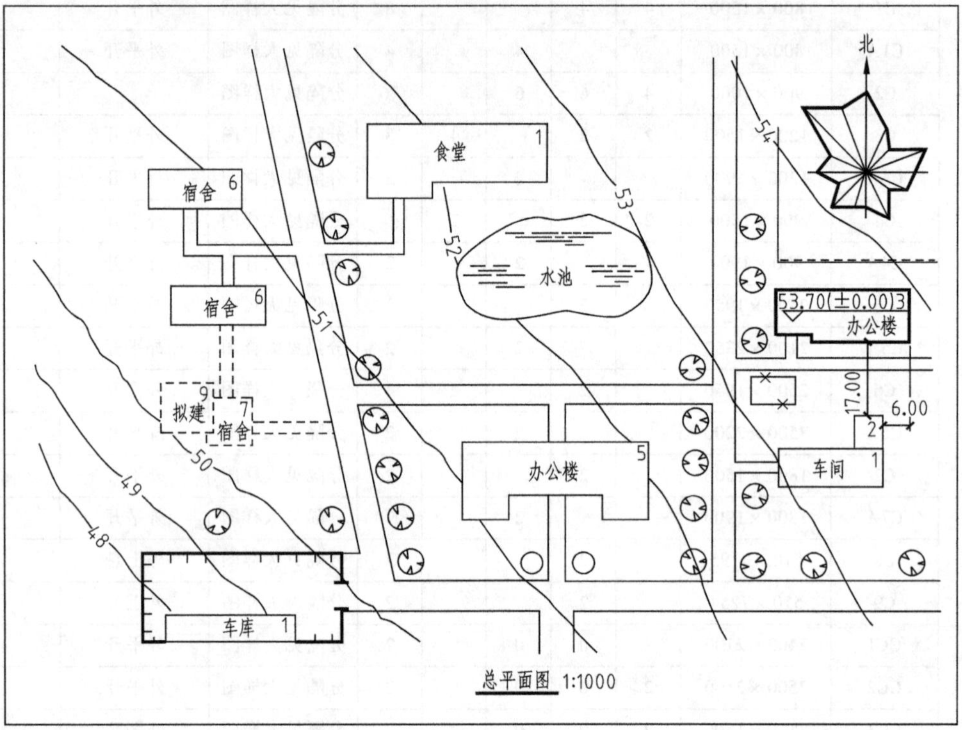


图 3-2　总平面图

总平面图中一般应表示如下内容：

1）新建建筑物所处的地形。当地形复杂时要画出等高线，表明地形的高低起伏变化。

2）新建建筑物的位置。新建建筑物的定位方式有三种：第一种是利用新建建筑物和原有建筑物之间的距离定位；第二种是利用施工坐标确定新建建筑物的位置；第三种是利用新建建筑物与周围道路之间的距离确定新建建筑物的位置。一般情况下，建筑物的定位需标注其角点的坐标，也可利用原有建筑物或道路定位。

3）相邻原有建筑物、拆除建筑物的位置或范围。

4）附近的地形、地物等，如道路、河流、水沟、池塘、土坡等。应注明道路的起点、变坡、转折点、终点以及道路中心线的标高、坡向等。

5）指北针或风向频率图（又称风玫瑰图）。在总平面图中通常画有带指北方向的风向频率图，用来表示该地区常年的风向频率和建筑物的朝向，如图 3-3 所示。风玫瑰图是根据当地多年平均统计的各个方向吹风次数的百分数，按一定比例绘制的，风的吹向是指从外吹向中心。实线表示全年风向频率，虚线表示按 6、7、8 三个月统计的风向频率。明确风向有助于建筑构造的选用及材料的堆场，如有粉尘污染的材料应堆放在

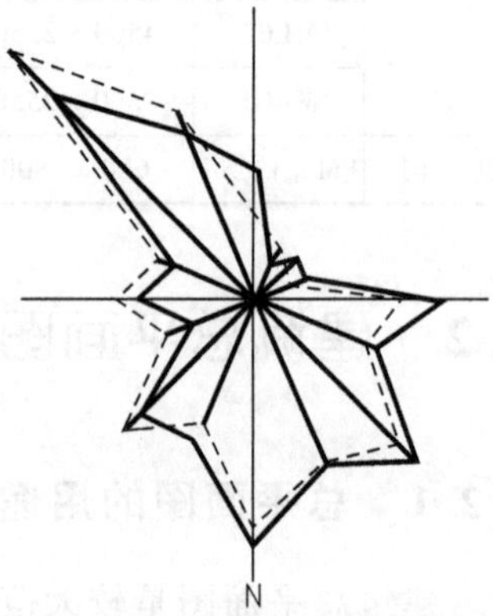


图 3-3　风向频率图

下风位。

6）绿化规划和管道布置。

### 3.2.2 总平面图的图示方法

总平面图应按上北下南方向绘制，根据场地形状或布局，可向左或向右偏转，但不宜超过45°。坐标网格以细实线表示，测量坐标的坐标网应画成交叉十字线，坐标代号宜用“*X*、*Y*”表示；建筑坐标网格应画成网格通线，自设坐标代号用“*A*、*B*”表示。

由于总平面图所表示的范围大，所以一般都采用较小的比例绘图，常用的比例有1:500，1:1000，1:2000等。由于比例小，所绘制图样常采用图例表示。图3-2所示就是用1:1000的比例绘制的总平面图。

根据《总图制图标准》（GB/T 50103—2010）的规定，总平面图的线型选用见表3-4，部分常用图例见表3-5，管线图例见表3-6，园林景观绿化图例见表3-7。总平面图的坐标、标高、距离以米（m）为单位，坐标标注到小数点后三位，不足以“0”补齐；标高、距离以小数点后两位数标注，不足以“0”补齐。

建筑物应以接近地面处的+0.00标高的平面作为总平面，字符平行于建筑长边书写。总图中标注的标高应为绝对标高时，当标注相对标高时，应注明相对标高与绝对标高的换算关系。总平面图上的建筑物、构筑物应注写其名称，当图样比例小或图面无足够位置时，可编号列表标注；当图形过小时，可标注在图形外侧附近。

根据建筑总平面图可以绘制其他专业的总平面布置图，如给水排水、供暖、电气等总平面图。

**表3-4 总平面图的线型选用**

| 名称 | | 线型 | 线宽 | 用途 |
|---|---|---|---|---|
| 实线 | 粗 | ———————— | $b$ | 1. 新建建筑物±0.00高度可见轮廓线<br>2. 新建铁路、管线 |
| | 中 | ———————— | $0.7b$<br>$0.5b$ | 1. 新建建筑物、道路、桥涵、边坡、围墙、运输设施的可见轮廓线<br>2. 原有标准轨距铁路 |
| | 细 | ———————— | $0.25b$ | 1. 新建建筑物±0.00高度以上的可见建筑物、构筑物轮廓线<br>2. 原有建筑物、构筑物、原有窄轨、铁路、道路、桥涵、围墙的可见轮廓线<br>3. 新建人行道、排水沟、坐标线、尺寸线、等高线 |
| 虚线 | 粗 | - - - - - - - - - | $b$ | 新建建筑物、构筑物地下轮廓线 |
| | 中 | - - - - - - - - - | $0.5b$ | 计划预留扩建的建筑物、构筑物、铁路、道路、运输设施、管线、建筑红线及预留用地各线 |
| | 细 | - - - - - - - - - | $0.25b$ | 原有建筑物、构筑物、管线的地下轮廓线 |
| 单点长画线 | 粗 | —·——·— | $b$ | 露天矿开采界限 |
| | 中 | —·——·— | $0.5b$ | 土方填挖区的零点线 |
| | 细 | —·——·— | $0.25b$ | 分水线、中心线、对称线、定位轴线 |

（续）

| 名称 | | 线型 | 线宽 | 用途 |
|---|---|---|---|---|
| 双点长画线 | 粗 | | $b$ | 用地红线 |
| | 中 | | $0.5b$ | 地下开采区塌落界限 |
| | 细 | | $0.25b$ | 建筑红线 |
| 折断线 | | | $0.5b$ | 断线 |
| 不规则曲线 | | | $0.5b$ | 新建人工水体轮廓线 |

**表 3-5　总平面图部分常用图例**

| 序号 | 名称 | 图例 | 备注 |
|---|---|---|---|
| 1 | 新建建筑物 | 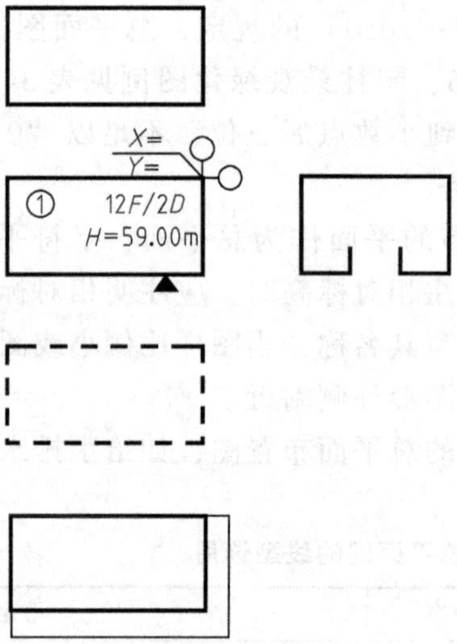 | 新建建筑物以粗实线表示与室外地坪相接处±0.00 外墙定位轮廓线<br>建筑物一般以±0.00 高度处的外墙定位轴线交叉点坐标定位。轴线用细实线表示，并标明轴线号<br>根据不同设计阶段标注建筑编号，地上、地下层数，建筑高度，建筑出入口位置（两种表示方法均可，但同一图样采用一种表示方法）<br>地下建筑物以粗虚线表示其轮廓<br>建筑上部（±0.00 以上）外挑建筑用细实线表示<br>建筑物上部连廊用细虚线表示并标注位置 |
| 2 | 原有建筑物 | 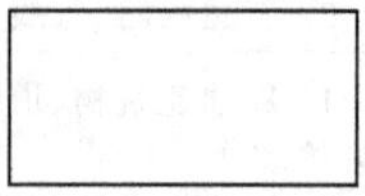 | 用细实线表示 |
| 3 | 计划扩建的预留地或建筑物 |  | 用中粗虚线表示 |
| 4 | 拆除的建筑物 | 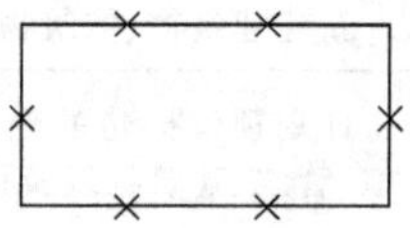 | 用细实线表示 |
| 5 | 建筑物下面的通道 | 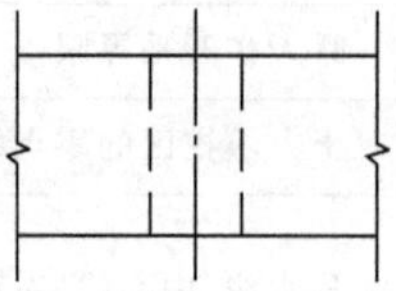 | — |

（续）

| 序号 | 名称 | 图例 | 备注 |
| --- | --- | --- | --- |
| 6 | 散状材料露天堆场 | 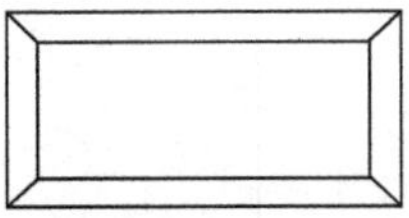 | 需要时可注明材料名称 |
| 7 | 其他材料露天堆场或露天作业场 | 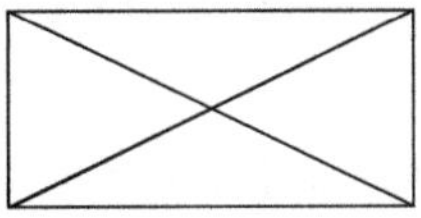 | 需要时可注明材料名称 |
| 8 | 围墙及大门 | 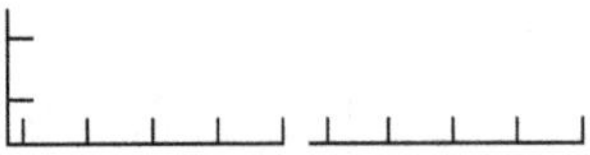 | — |
| 9 | 挡土墙 | 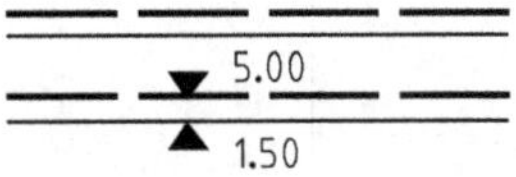 | 挡土墙根据不同设计阶段的需要标注 $\frac{\text{墙顶标高}}{\text{墙底标高}}$ |
| 10 | 台阶及无障碍坡道 | 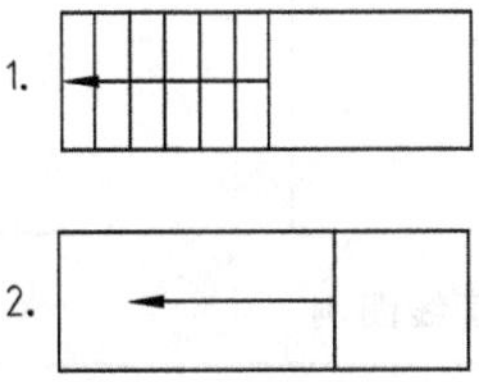 | 1. 表示台阶（级数仅为示意）<br>2. 表示无障碍坡道 |
| 11 | 坐标 | 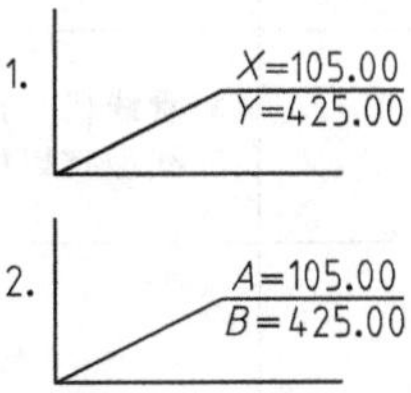 | 1. 表示地形测量坐标系<br>2. 表示自设坐标系<br>坐标数字平行于建筑标注 |
| 12 | 填挖边坡 | 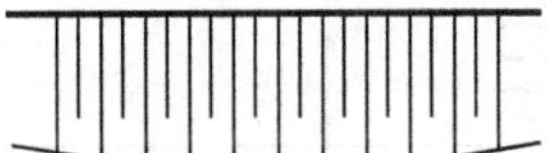 | — |
| 13 | 消火栓井 |  | — |
| 14 | 室内地坪标高 | 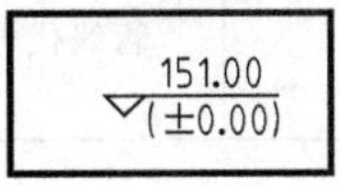 | 数字平行于建筑物书写 |
| 15 | 室外地坪标高 | 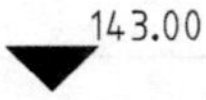 | 室外标高也可采用等高线 |
| 16 | 地下车库入口 | 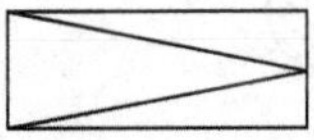 | 机动车停车场 |

（续）

| 序号 | 名称 | 图例 | 备注 |
| --- | --- | --- | --- |
| 17 | 地面露天停车场 | 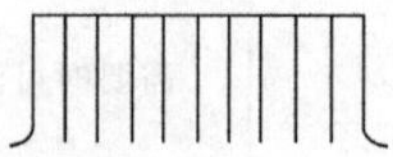 | — |
| 18 | 原有道路 | 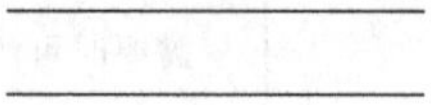 | — |
| 19 | 计划扩建的道路 |  | — |
| 20 | 拆除的道路 | 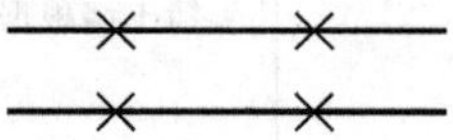 | — |
| 21 | 人行道 | 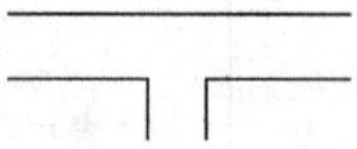 | — |

**表 3-6　管线图例**

| 序号 | 名称 | 图例 | 备注 |
| --- | --- | --- | --- |
| 1 | 管线 | 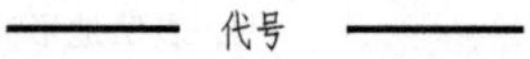 | 管线代号按国家现行有关标准的规定标注<br>线型宜以中粗线表示 |
| 2 | 地沟管线 | 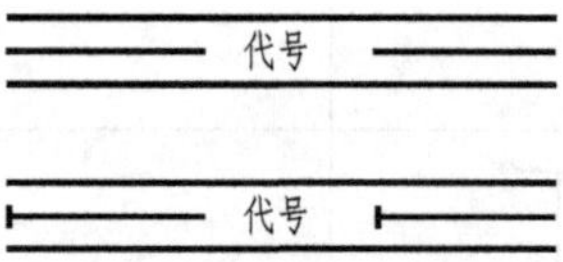 | — |
| 3 | 管桥管线 | 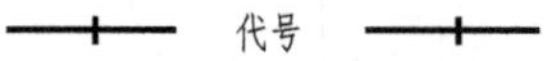 | 管线代号按国家现行有关标准的规定标注 |
| 4 | 架空电力 | 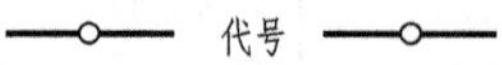 | “○”表示电杆<br>管线代号按国家现行有关标准的规定标注 |

**表 3-7　园林景观绿化图例**

| 序号 | 名称 | 图例 | 备注 |
| --- | --- | --- | --- |
| 1 | 常绿针叶乔木 | 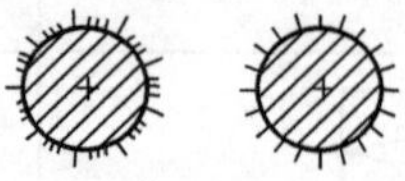 | — |

（续）

| 序号 | 名称 | 图例 | 备注 |
|---|---|---|---|
| 2 | 落叶针叶乔木 | 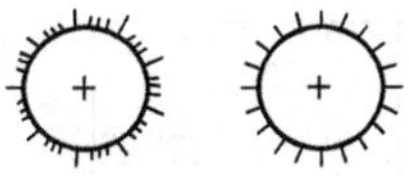 | — |
| 3 | 常绿阔叶乔木 | 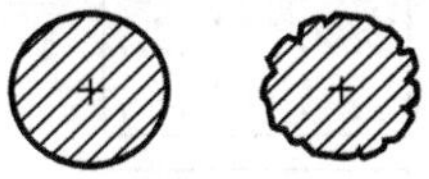 | — |
| 4 | 落叶阔叶乔木 | 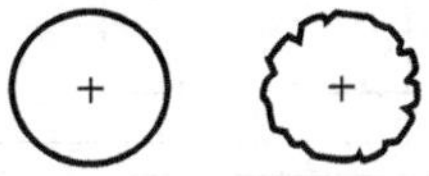 | — |
| 5 | 常绿阔叶灌木 |  | — |
| 6 | 落叶阔叶灌木 |  | — |
| 7 | 落叶阔叶乔木林 |  | — |
| 8 | 常绿阔叶乔木林 |  | — |
| 9 | 常绿针叶乔木林 |  | — |
| 10 | 落叶针叶乔木林 | 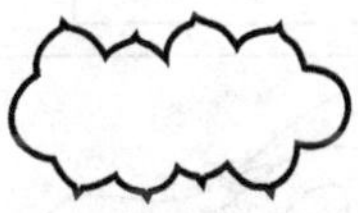 | — |
| 11 | 针阔混交林 | 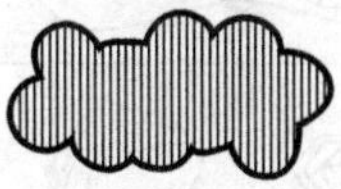 | — |
| 12 | 落叶灌木林 | 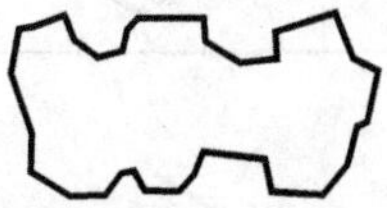 | — |
| 13 | 整形绿篱 |  | — |

（续）

| 序号 | 名称 | 图例 | 备注 |
|---|---|---|---|
| 14 | 草坪 | 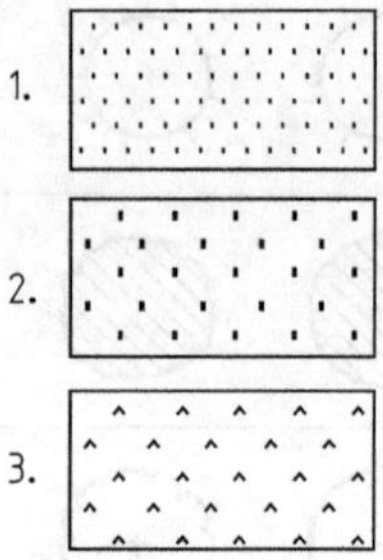 | 1. 草坪<br>2. 表示自然草坪<br>3. 表示人工草坪 |
| 15 | 花卉 |  | — |
| 16 | 竹丛 |  | — |
| 17 | 棕榈植物 |  | — |
| 18 | 水生植物 | 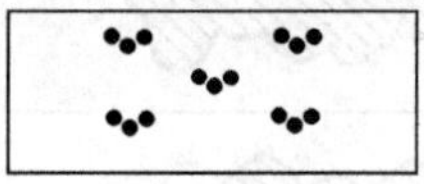 | — |
| 19 | 植草砖 | 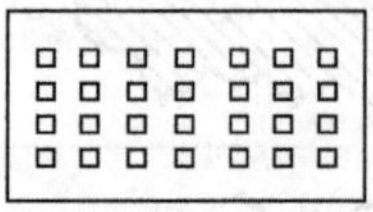 | — |
| 20 | 土石假山 | 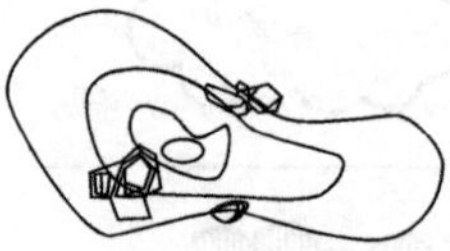 | 包括“土包石”<br>“石抱土”及假山 |
| 21 | 独立景石 | 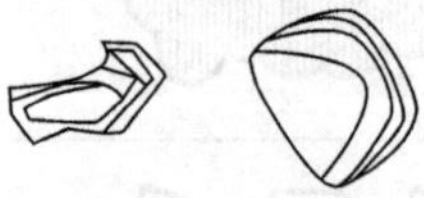 | — |
| 22 | 自然水体 |  | 表示河流，以箭头<br>表示水流方向 |

（续）

| 序号 | 名称 | 图例 | 备注 |
|---|---|---|---|
| 23 | 人工水体 |  | — |
| 24 | 喷泉 | 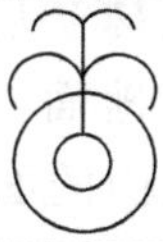 | — |

### 3.2.3 建筑总平面图的识读

下面以实际工程广泰二期总平面图（图 3-4，见书后插页）为例说明总平面图的识读方法。

1）了解图名、比例。该施工图为总平面图，比例为 1:500。

2）了解工程性质、用地范围、地形地貌和周围环境情况。

从图中可知，本次新建一栋 25 层的办公综合楼和一个最高 4 层的幼儿园（粗实线表示，地下轮廓线用虚线表示），新建建筑的西边和南边主要为 6 层的已有建筑，幼儿园的南面是孩子们的游戏场所。用地范围用双点画线表示，其每个拐点都标有由 $X$、$Y$ 表示的测量坐标，图中的“+”表示测量 。L 形的虚粗线是办公楼下的地下室。从图上标高可知，地势北低南高。用地范围东边和北边是市政道路，新建建筑周边都有树木和草地的绿化。

3）了解建筑的朝向和风向。图 3-4 所示的右上方有带指北针的风玫瑰图，表示该地区全年以东南风为主导风向。从图中可知，新建幼儿园的方向坐北朝南，办公楼的方向坐西朝东。

4）了解新建建筑的准确位置。图 3-4 中新建建筑采用建筑周边拐角交点坐标定位方法，坐标网格为 50m×50m，所有建筑拐角处全部用测量坐标定位，新建建筑的长度和宽度以及新建建筑与原有建筑和道路的距离可以直接从图中读出。

## 3.3 建筑平面图

用一个假想的水平剖切平面沿略高于窗台的位置剖切房屋，移去上面部分，剩余部分向水平面做正投影所得的水平剖面图称为建筑平面图（简称平面图）。

建筑平面图主要反映建筑物的平面形状和大小、房间布局、门窗位置、楼梯和走道安排、墙体厚度及承重构件的尺寸等，是施工时放线、砌墙、安装门窗、室内外装修及编制工程预算的重要依据。

### 3.3.1 建筑平面图的产生方法与视图名称

原则上，一栋房屋有多少层，就应画多少个建筑平面图，当有若干层楼层完全相同时，这些相同的楼层可只画一个平面图，它称为标准层平面图，并在图下方加以注明。因此，多层建筑的平面图一般由底层平面图、标准层平面图和顶层平面图组成。另外，还有屋顶平面图。屋顶平面图是从建筑物上方向下所做的平面投影，主要表明建筑物屋顶上的布置情况和屋顶排水方式。

建筑平面图实质上是剖面图，因此应按剖面图的图示方法绘制，即被剖切平面剖切到的墙、柱等轮廓线用粗实线表示，未被剖切到的部分（如室外台阶、散水、楼梯）及尺寸线等用细实线表示，门的开启线用中粗实线表示。

建筑平面图常用的比例是1:50、1:100或1:200，其中1:100使用最多。在建筑施工图中，比例小于1:50的平面图、剖面图可不画抹灰层，但宜画楼地面、屋面的面层线；比例大于1:50的平面图、剖面图应画抹灰层、楼地面、屋面的面层线，并宜画材料图例；比例等于1:50的平面图、剖面图宜画楼地面、屋面的面层线，抹灰层的面层线应根据需要而定；比例为1:100～1:200的平面图、剖面图可画简化的材料图例（如砌体墙涂红、钢筋混凝土涂黑等)，但宜画楼地面、屋面的面层线。

### 3.3.2 建筑平面图的内容及图示特点

**1. 图示内容**

建筑平面图的主要内容有：

1）所有轴线及其编号，以及墙、柱、墩的位置、尺寸。

2）所有房间的名称及其门窗的位置、编号与大小。

3）室内外的有关尺寸及室内楼地面的标高。

4）电梯、楼梯的位置及楼梯上下行方向及主要尺寸。

5）阳台、雨篷、台阶、斜坡、烟道、通风道、管井、消防梯、雨水管、散水、排水沟、花池等的位置及尺寸。

6）室内设备，如卫生器具、水池、工作台、隔断及重要设备的位置、形状。

7）地下室、地坑、地沟、墙上预留洞、高窗等位置尺寸。

8）标注有关部位的详图索引符号。

9）在底层平面图上还应画剖面图的剖切符号及编号，以及指北针。

10）屋顶平面图上一般应表示：女儿墙、檐沟、屋面坡度、分水线与雨水口、变形缝、楼梯间、水箱间、天窗、上人孔、消防梯及其他构筑物、索引符号等。

**2. 图示特点**

（1）比例　平面图常用比例为1:100、1:200，有时根据需要也可采用1:50、1:150等。

（2）图线　图线的宽度$b$应根据图样的复杂程度和比例，并按现行国家标准《房屋建筑制图统一标准》（GB/T 5001—2017）和《建筑制图标准》（GB/T 50104—2010）的有关规定选用，如图3-5所示。绘制比较简单的

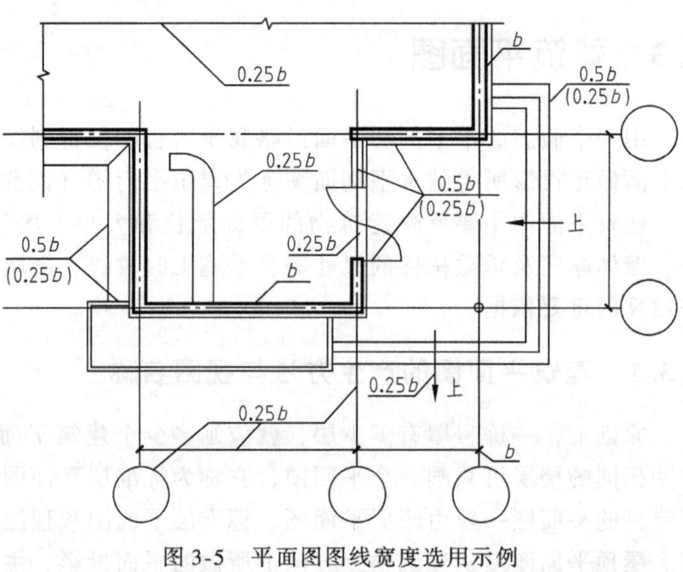


图3-5　平面图图线宽度选用示例

图样时，可采用两种线宽的线宽组，其线宽比宜为 $b$:0.25$b$。表 3-8 所示为各种图线的用法。

一般地，在平面图中，被剖切到的墙、柱轮廓线画粗实线，没有剖切到的可见轮廓（如窗台、台阶、楼梯等）画中粗实线；尺寸线、标高符号、图例线、轴线等用细线画出。如果需要表示高窗、通气孔、槽、地沟及起重机等不可见部分，则应以虚线绘制。

**表 3-8 图线的用法**

| 名称 | | 线型 | 线宽 | 用途 |
|---|---|---|---|---|
| 实线 | 粗 | | $b$ | 1. 平、剖面图中被剖切的主要建筑构造（包括构配件）的轮廓线<br>2. 建筑立面图和室内立面图的外轮廓线<br>3. 建筑构造详图中被剖切的主要部分的轮廓线<br>4. 建筑构配件详图中的外轮廓线<br>5. 平、立、剖面的剖切符号 |
| | 中粗 | | 0.7$b$ | 1. 平、剖面图中被剖切的次要建筑构造（包括构配件）的轮廓线<br>2. 建筑平、立、剖面图中建筑构配件的轮廓线<br>3. 建筑构造详图及建筑构配件详图中的一般轮廓线 |
| | 中 | | 0.5$b$ | 小于 0.7$b$ 的图形线、尺寸线、尺寸界线、索引符号、标高符号、详图材料做法引出线、粉刷线、保温层线、地面、墙面的高差分界线等 |
| | 细 | | 0.25$b$ | 图例填充线、家具线、纹样线等 |
| 虚线 | 中粗 | | 0.7$b$ | 1. 建筑构造详图及建筑构配件不可见的轮廓线<br>2. 平面图中的起重机（吊车）轮廓线<br>3. 拟建、扩建建筑物轮廓线 |
| | 中 | | 0.5$b$ | 投影线、小于 0.5$b$ 的不可见轮廓线 |
| | 细 | | 0.25$b$ | 图例填充线、家具线等 |
| 单点长画线 | 粗 | | $b$ | 起重机（吊车）轨道线 |
| | 细 | | 0.25$b$ | 中心线、对称线、定位轴线 |
| 折断线 | 细 | | 0.25$b$ | 部分省略表示的断开界限 |
| 波浪线 | 细 | | 0.25$b$ | 部分省略表示时的断开界限，曲线形构件断开界限<br>构造层次的断开界限 |

注：地平线宽可用 1.4$b$。

（3）尺寸标注　平面图中标注的尺寸有外部尺寸和内部尺寸两类。外部尺寸主要有三道，第一道是最外面的尺寸，为总体尺寸（即建筑物外包尺寸），表示建筑物的总长、总宽；中间第二道为轴线间尺寸，它是承重构件的定位尺寸，一般也是房间的“开间”和“进深”尺寸；第三道是细部尺寸；表明门窗洞、洞间墙的尺寸，应与轴线联系起来标注。内部尺寸反映房屋中房间室内的净空大小，内墙上门窗洞的位置及宽度，内墙厚度以及室内的楼地面标高和室外地坪标高。

（4）代号及图例　平面图中门、窗用图例表示，并在图例旁注写其代号和编号，“M”表示门，“C”表示窗，编号可用阿拉伯数字顺序编写。

钢筋混凝土断面在小比例（如1:100，1:150）图上可涂黑表示，砖墙一般不画图例。

常用构造及配件图例应符合表3-9所示的规定，常用垂直交通运输装置图例应符合表3-10的规定。

**表3-9　常用构造及配件图例**

| 序号 | 名称 | 图例 | 备注 |
|---|---|---|---|
| 1 | 墙体 | 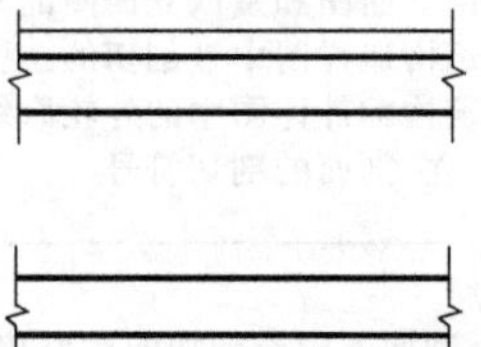 | 1. 上图为外墙，下图为内墙<br>2. 外墙细线表示有保温层或有幕墙<br>3. 应加注文字、涂色或图案填充表示各种材料的墙体<br>4. 在各层平面图中，防火墙宜着重以特殊图案填充表示 |
| 2 | 隔墙 | 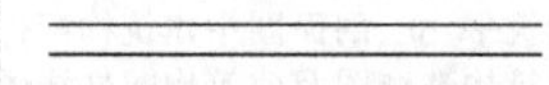 | 1. 加注文字、涂色或图案填充表示各种材料的轻质隔断<br>2. 适用于到顶与不到顶隔断 |
| 3 | 玻璃幕墙 |  | 幕墙龙骨是否表示由项目设计决定 |
| 4 | 栏杆 |  | — |
| 5 | 楼梯 | 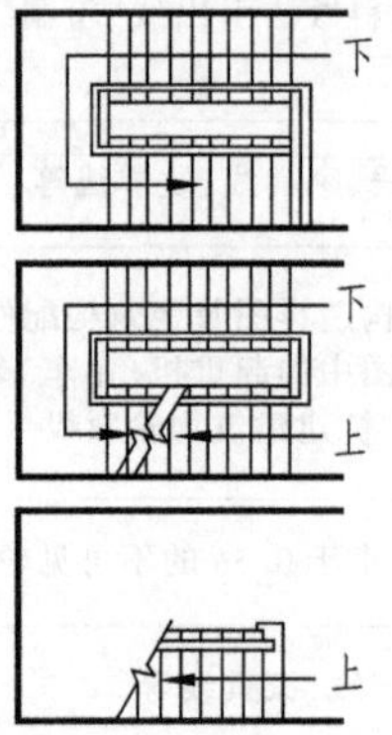 | 1. 上图为顶层楼梯平面，中图为中间层楼梯平面，下图为底层楼梯平面<br>2. 需设置靠墙扶手或中间扶手时，应在图中表示 |
| 6 | 坡道 | 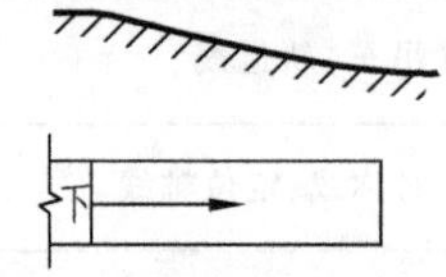 | 长坡道 |
| | | 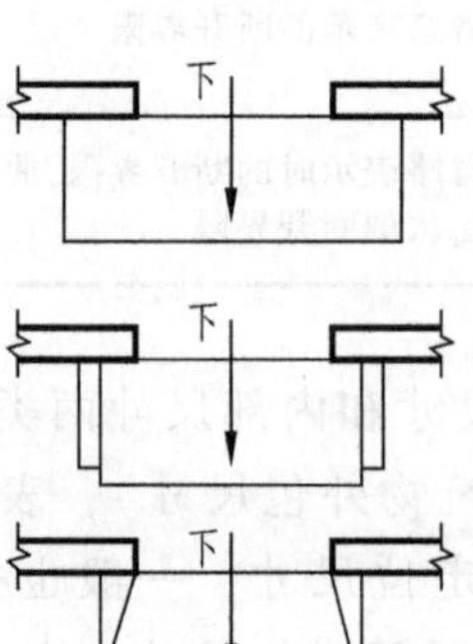 | 上图为两侧垂直的门口坡道<br>中图为有挡墙的门口坡道<br>下图为两侧找坡的门口坡道 |

（续）

| 序号 | 名称 | 图例 | 备注 |
| --- | --- | --- | --- |
| 7 | 台阶 | 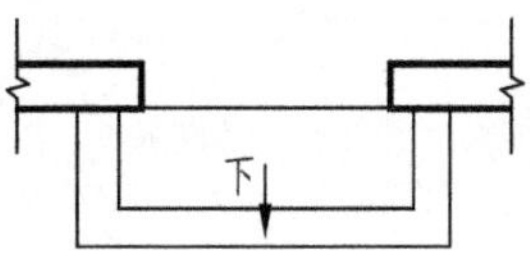 | — |
| 8 | 平面高差 | 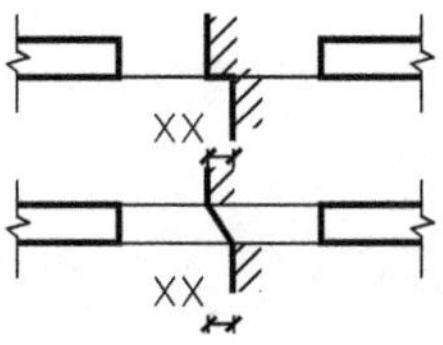 | 用于高差小的地面或楼面交接处，并应与门的开启方向协调 |
| 9 | 检查口 | 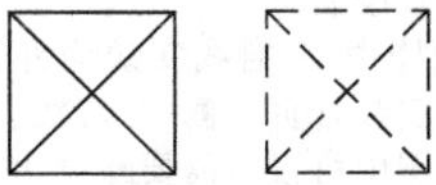 | 左图为可见检查口，右图为不可见检查口 |
| 10 | 孔洞 |  | 阴影部分也可填充灰度或涂色代替 |
| 11 | 坑槽 | 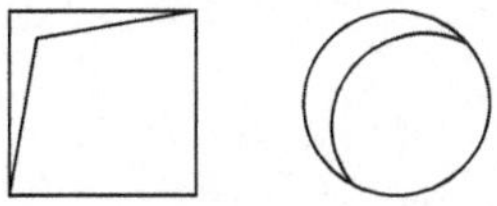 | — |
| 12 | 新建的墙和窗 | 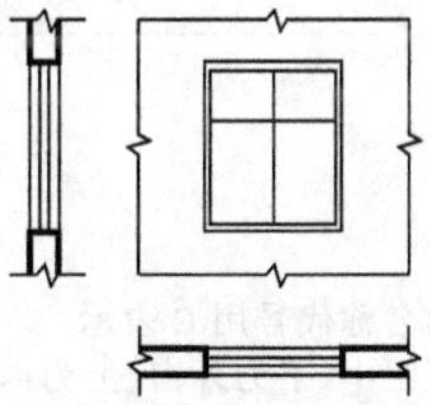 | — |
| 13 | 空门洞 | 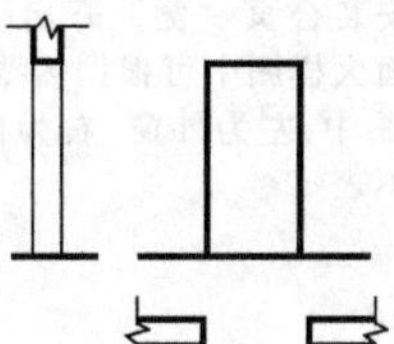 | $h$ 为门洞高度 |

（续）

| 序号 | 名称 | 图例 | 备注 |
|---|---|---|---|
| 14 | 单面开启单扇门（包括平开或单面弹簧） | 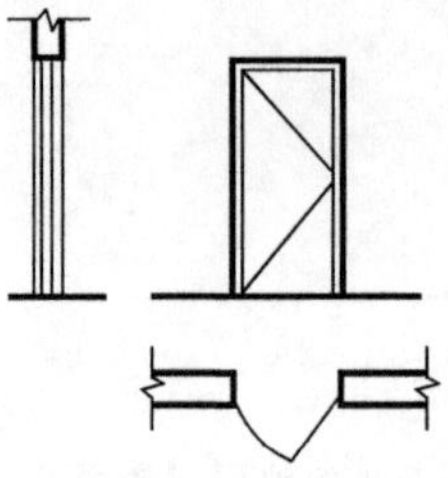 | 1. 门的名称代号用 M 表示<br>2. 平面图中，下为外门，上为内门开启线为 90°、60°或 45°，开启弧线宜绘制出<br>3. 立面图中，开启线实线为外开，虚线为内开，开启线交角的一侧为安装合页一侧，开启线在建筑立面图中可不表示，在立面大样图中可根据需要绘制出<br>4. 剖面图中，左为外门，右为内门<br>5. 附加纱扇应以文字说明，在平、立、剖面图中均不表示<br>6. 立面形式应按实际情况绘制 |
| 15 | 双面开启单扇门（包括双面平开或双面弹簧 | 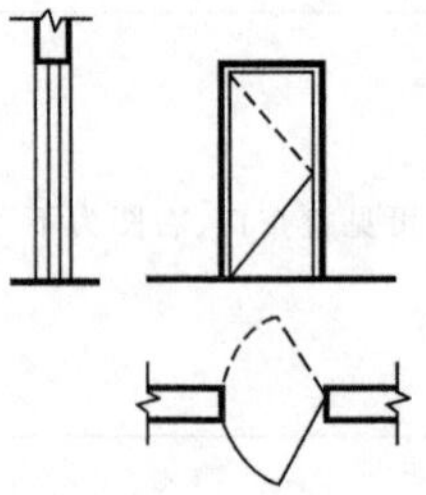 | |
| 16 | 双层单扇平开门 | 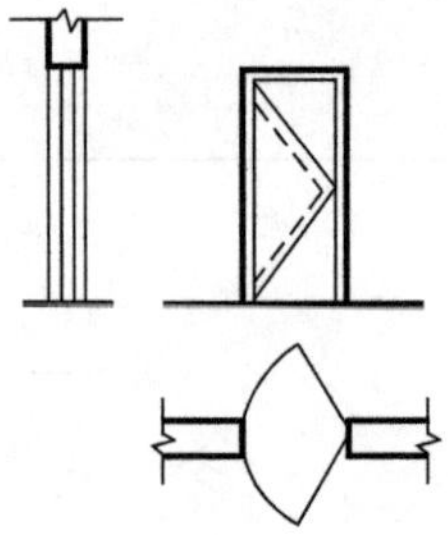 | |
| 17 | 固定窗 | 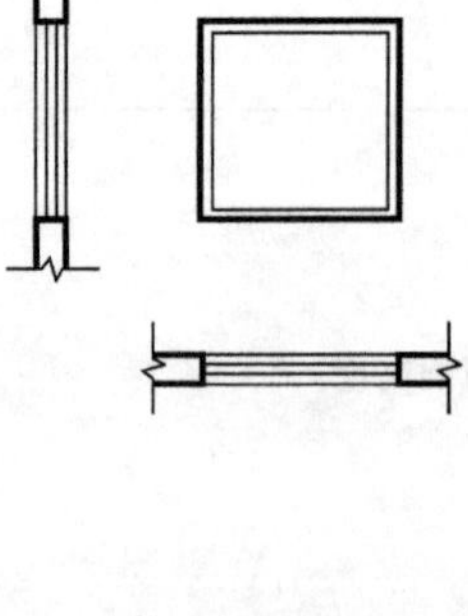 | 1. 窗的名称代号用 C 表示<br>2. 平面图中，下为外窗，上为内窗<br>3. 立面图中，开启线实线为外开，虚线为内开。开启线交角的一侧为安装合页一侧。开启线在建筑立面图中可不表示，在门窗立面大样图中可根据需要绘制<br>4. 剖面图中，左为外窗，右为内窗。虚线仅表示开启方向，项目设计不表示 |

**表 3-10 常用垂直交通运输装置图例**

| 序号 | 名称 | 图例 | 备注 |
| --- | --- | --- | --- |
| 1 | 电梯 | 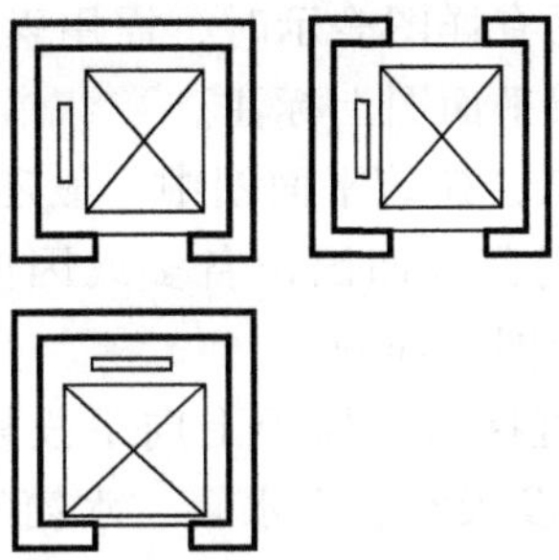 | 1. 电梯应注明类型,并按实际绘制出门和平衡锤或导轨的位置<br>2. 其他类型电梯应参照本图例按实际情况绘制 |
| 2 | 杂物梯、食梯 | 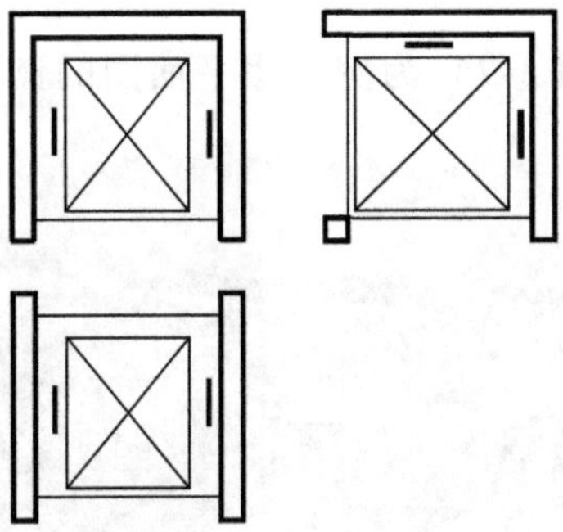 | |
| 3 | 自动扶梯 | 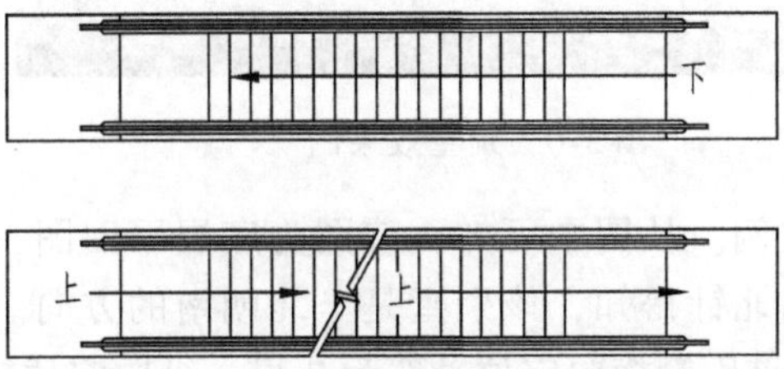 | 箭头方向为设计运行方向 |
| 4 | 自动人行道 | 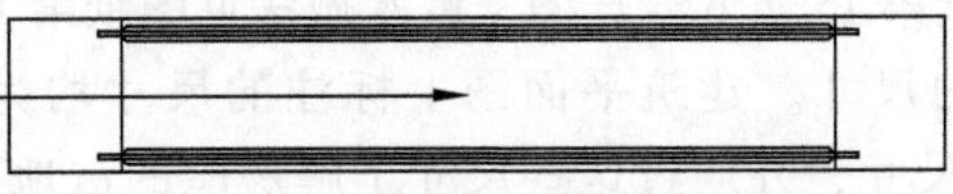 | |
| 5 | 自动人行坡道 | 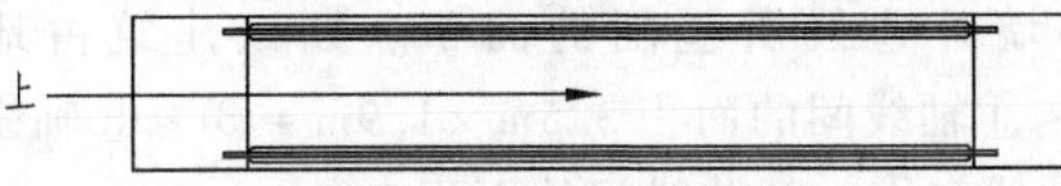 | 箭头方向为设计运行方向 |

（5）投影要求　一般来说，各层平面图按投影方向能看到的部分均应画出，但通常将重复之处省略，如散水、明沟、台阶等只在底层平面图中表示，而其他层平面图则不画出，雨篷也只在二层平面图中表示。必要时在平面图中还应画出卫生器具、水池、橱、柜、隔断等。

（6）其他标注　在平面图中宜注写各房间的名称或编号，在底层平面图中应画出指北针。当平面图上某一部分或某一构件另有详图表示时，需用索引符号在图上表明。此外，建筑剖面图的剖切符号也应在房屋的底层平面图上标注。

（7）门窗表　为了方便订货和加工，建筑平面图中一般还附有门窗表。

（8）局部平面图和详图　当某些局部平面因设备多或因内部组合复杂、比例小而表达不清楚时，可画出较大比例的局部平面图或详图。

（9）屋面平面图　屋面平面图是直接从房屋顶上向下投影所得，主要表示屋面排水的情况（用箭头、坡度或泛水表示），以及天沟、雨水管、水箱等的位置。

### 3.3.3 建筑平面图的识读

以三层砖混结构的别墅为例介绍建筑平面图的识读，别墅效果图如图 3-6 所示。

**1. 底层平面图的识读**

下面以图 3-6 的底层平面图（图 3-7）为例说明平面图的读图方法。

图 3-6　别墅效果图

1）了解平面图的图名、比例。从图中可知，该图为底层平面图，比例为 1:100。

2）了解建筑的朝向。从指北针得知，该别墅是坐北朝南的方向。

3）了解建筑的平面布置。该别墅横向定位轴线为 7 根，纵向定位轴线为 10 根，底层有卧室、客厅、餐厅、娱乐室、厨房、2 个卫生间、楼梯、工具间等；室外有台阶、散水、雨水管。主入口台阶的做法见图纸第 15 页 6 号详图，散水做法见图纸第 15 页 1 号详图。

4）了解建筑平面图上的尺寸。建筑平面图上标注的尺寸均为未经装饰的结构表面尺寸。了解平面图所注的各种尺寸，并通过这些尺寸了解房屋的占地面积、建筑面积、房间的使用面积，平均面积利用系数 $K$。

建筑占地面积为底层外墙外边线所包围的面积。如该建筑占地面积为 11.74m × 10.34m －（①～②轴线和Ⓗ～Ⓙ轴线间的面积 3.5m × 1.9m ＋③～⑤轴线和Ⓐ～Ⓒ轴线间的面积 3.96m × 0.9m ＋⑤～⑦轴线和Ⓐ～Ⓑ轴线间的面积 3.74m × 0.4m）＝109.68m²。

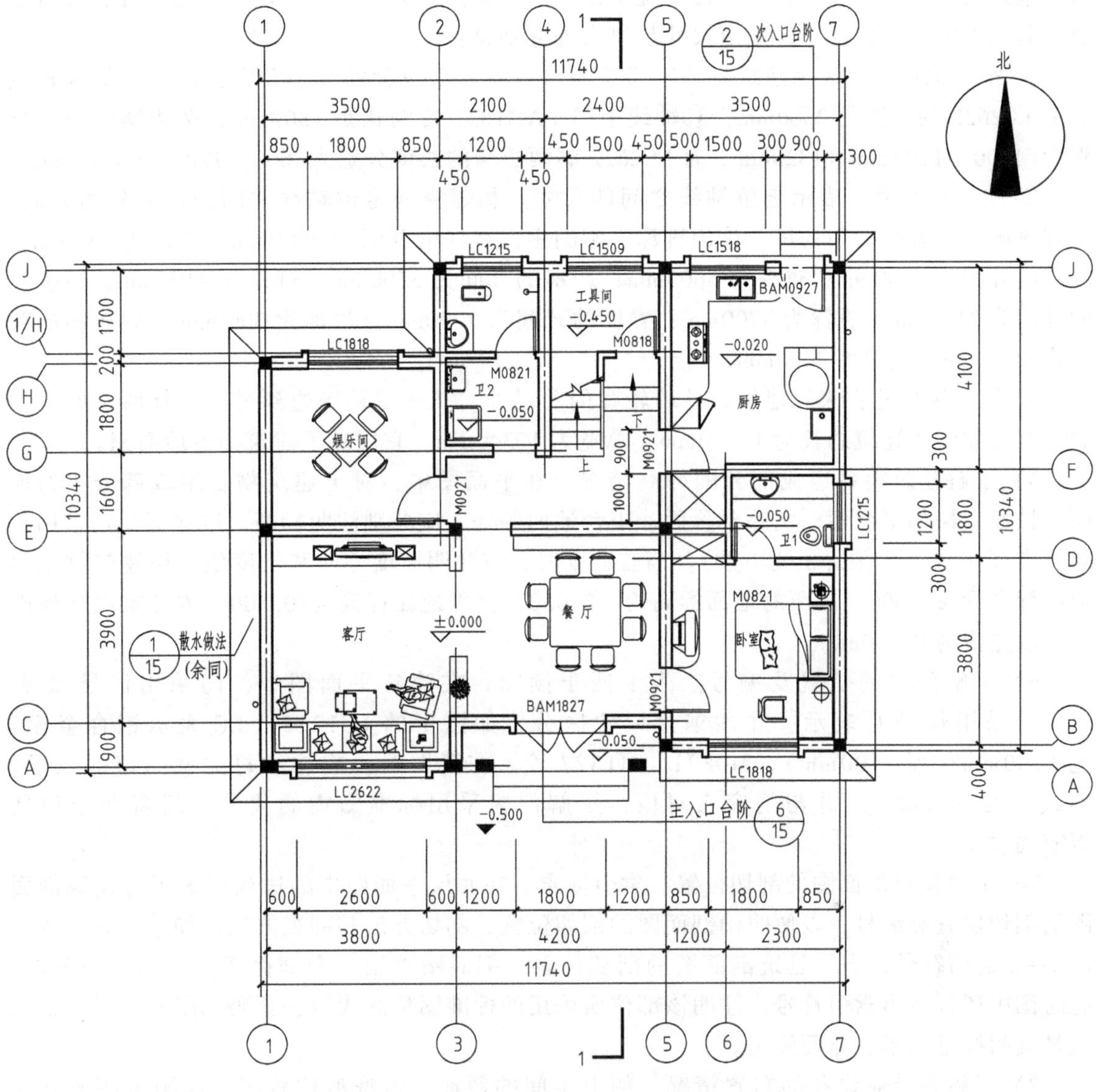


底层平面　1:100

说明：

1. 本工程除特别注明外，门垛均为 60、0 或居中。

2. 本层建筑面积=109.68m²。

图 3-7　底层平面图

使用面积是指建筑物各层平面布置中可直接为生产或生活使用的净面积总和。

建筑面积是指各层建筑外墙结构的外围水平面积之和，包括使用面积、辅助面积和结构面积。平面面积利用系数 $K=$(使用面积/建筑面积)$\times 100\%$。

建筑平面图上的尺寸分为内部尺寸和外部尺寸。内部尺寸：说明房间的净空大小和室内的门窗洞、孔洞、墙厚和固定设备（如厕所、盥洗室等）的大小位置。如图中厨房门 M0921 距离Ⓔ轴线 1000mm，这是定位尺寸，其他详细尺寸在后面的详图（单元平面图）中将详细地反映。外部尺寸：为了便于施工读图，平面图下方及左侧应注写三道尺寸，如有需要，其他方向也应标注。这三道尺寸从里向外分别是：

① 第一道尺寸：表示建筑物外墙门窗洞口等各细部位置的大小及定位尺寸。如Ⓐ轴线墙上 LC2622 的洞宽是 2600mm，Ⓒ轴线上门 BAM1827 的洞宽是 1800mm，两边墙的长度分别为(1200 + 120) mm = 1320mm，而 LC2622 洞两边墙的长度分别为(600 + 120) mm = 720mm。

② 第二道尺寸：表示定位轴线之间的尺寸。相邻横向定位轴线之间的尺寸称为开间，相邻纵向定位轴线之间的尺寸称为进深。本图中，客厅的开间为 3800mm，进深为 4800mm；卧室的开间为 3500mm，进深为 5600mm；厨房的开间为 3500mm，进深为 4100mm；卫生间的开间为 2100mm，进深为 3700mm；餐厅的开间为 4200mm，进深为 3900mm；娱乐间的开间为 3500mm，进深为 3400mm。

③ 第三道尺寸：表示建筑物外墙轮廓的总尺寸，从一端外墙边到另一端外墙边的总长和总宽，如图中建筑总长为 11740mm，总宽为 10340mm。它反映了建筑的占地面积。

5）了解建筑中各组成部分的标高情况。在平面图中，对于建筑物各组成部分，如地面、楼面、楼梯平台面、室外台阶面、阳台地面等处，应分别注明标高，这些标高均采用相对标高（小数点后保留 3 位小数）。当有坡度时，应注明坡度方向和坡度值。该建筑物室内地面标高为 ±0.000，厕所的地面标高为 -0.050，室外地面标高为-0.500，因此室内外地面的高度差值为 0.500m。

6）了解门窗的位置及编号。为了便于读图，在建筑平面图中，门采用代号 M 表示，窗采用代号 C 表示，并加编号以便区分。如图中的 LC1215（LC 表示铝合金窗，宽 1200mm，高 1500mm）、M0821、M1827 等。在读图时，应注意每类型门窗的位置、形式、大小和编号，并与门窗表对应，了解门窗采用标准图集的代号、门窗型号和是否有备注。

7）了解建筑剖面图的剖切位置、索引标志。在底层平面图中的适当位置画有建筑剖面图的剖切位置和编号，以便明确剖面图的剖切位置、剖切方法和剖视方向。如④、⑤轴线间的 1—1 剖切符号，表示建筑剖面图的剖切位置，剖面图类型为全剖面图，剖视方向向左。有时图中还标注出索引符号，注明该部位所采用的标准图集的代号、页码和图号，以便施工人员查阅标准图集，方便施工。

8）了解各专业设备的布置情况，如卫生间的便池、盥洗池位置等，读图时注意其位置、形式及相应尺寸。

**2. 标准层平面图和顶层平面图的识读**

标准层平面图和顶层平面图的形成与底层平面图的形成相同。为了简化作图，已在底层平面图上表示过的内容，在标准层平面图和顶层平面图上不必再表示，如不再画散水、明沟、室外台阶等；顶层平面图上不再画二层平面图上表示过的雨篷等。识读标准层平面图和顶层平面图重点应与底层平面图对照异同，如平面布置如何变化、墙体厚度有无变化；楼面标高的变化、楼梯图例的变化等。

图 3-8、图 3-9 所示分别为二、三层平面图，从图中可知，该建筑物平面布置有些许改变，卧室增多了，厨房已改成卧室，娱乐室也改成了卧室。楼层标高分别为 3.600、6.600，表示该楼的层高分别为 3.600m、3.000m。在底层平面图的入户门上方有雨篷，二层阳台上方也有雨篷，雨篷上排水坡度为 1:2，楼梯图例发生变化。

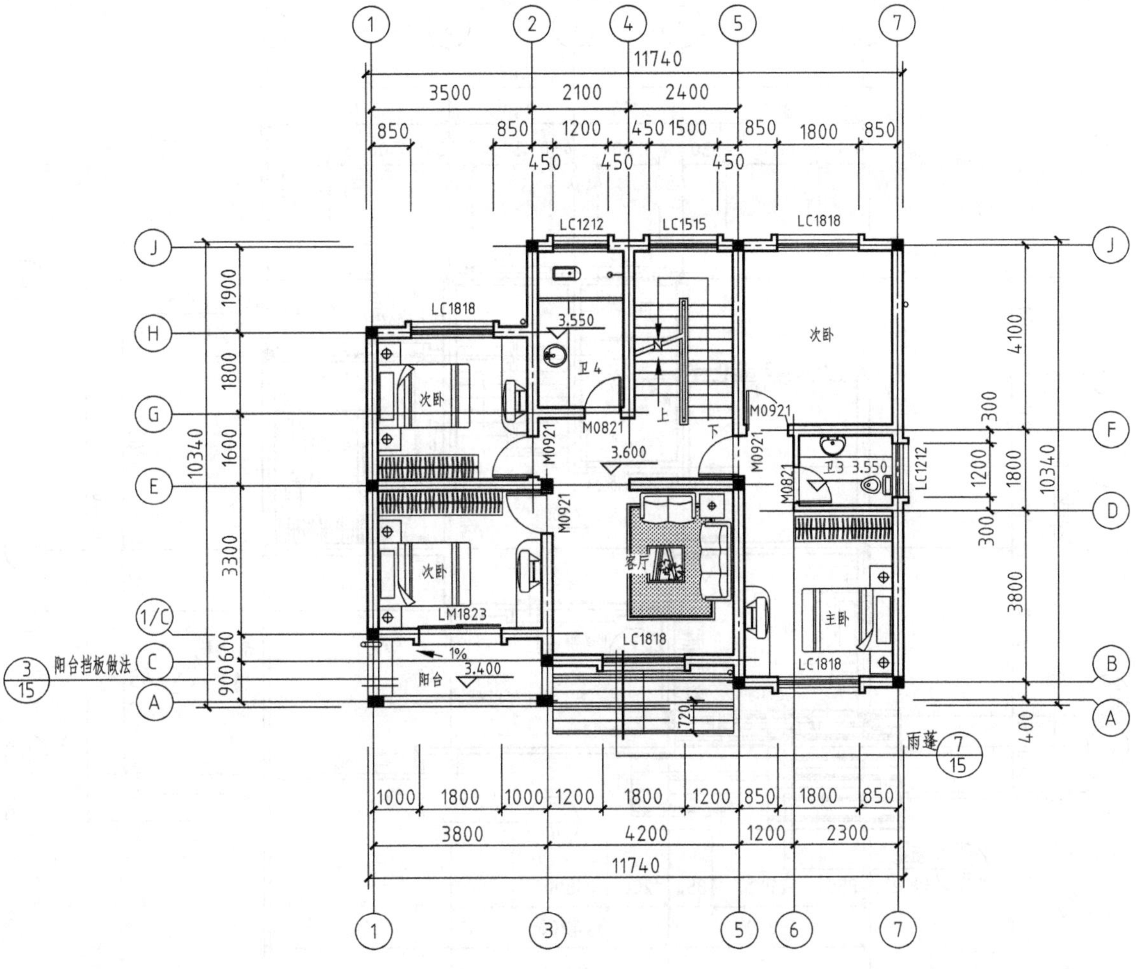


二层平面　1:100

说明：
1. 本工程除特别注明外，门垛均为100、0或居中。
2. 本工程屋面坡度为1:2。
3. 本层建筑面积=106.61m²。

图 3-8　二层平面图

**3. 屋顶平面图的识读**

屋顶平面图主要反映屋面上天窗、水箱、铁爬梯、通风道、女儿墙、变形缝等的位置以及采用标准图集的代号、屋面排水分区、排水方向、坡度、雨水口的位置、尺寸等内容。如图 3-10 所示，屋面坡度为 1:2，天沟排水坡度为 1%。正屋脊做法参见 2005 浙建筑图集第 15 本第 25 页详图②，斜屋脊做法参见 2005 浙建筑图集第 15 本 27 页详图④，斜天沟做法参见 2005 浙建筑图集第 15 本 19 页详图①，保温屋面檐口做法见图纸第 16 张详图①。

## 3.3.4　建筑平面图的绘图步骤

1）确定平面图的比例和图幅。首先根据建筑的长度、宽度和复杂程度，以及尺寸标注所占用的位置和必要的文字说明的位置确定图纸的幅面。

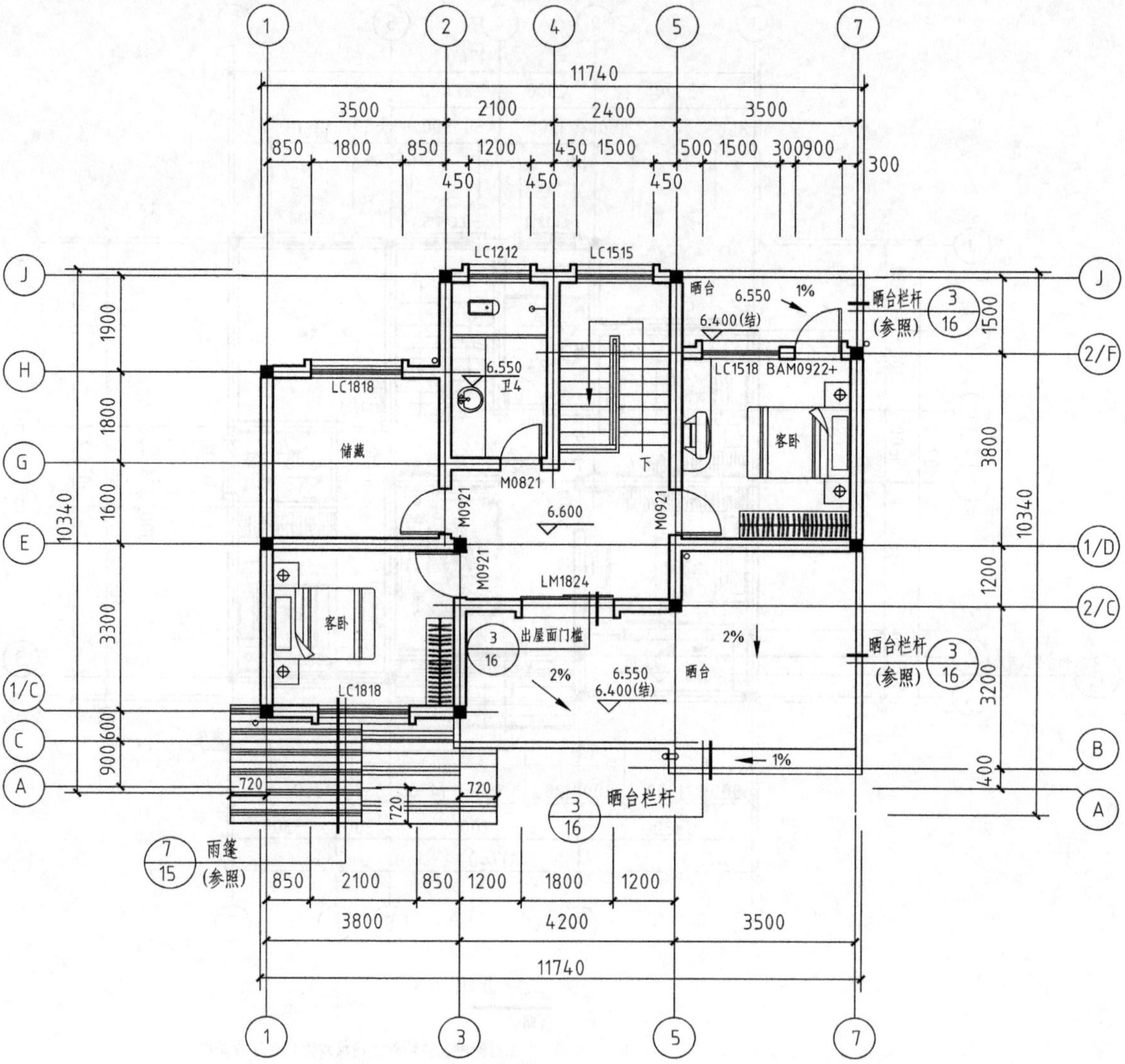


三层平面 1:100

说明：

1. 本工程除特别注明外，门垛均为100、0或居中。
2. 本工程屋面坡度为1：2。
3. 本层建筑面积：71.53m²。

图 3-9　三层平面图

2）画底图。画底图主要是为了确定图在图纸上的具体形状和位置，因此应用较硬的铅笔（如 H 或 2H）画底图。

① 画图框线和标题栏。

② 布置图面，画基准线（即定位轴线），墙身线，如图 3-11a 所示。

③ 在墙体上确定门窗洞口的位置，如图 3-11b 所示。

④ 画楼梯、散水等细部及尺寸标注。

3）检查底图，加深线型，完成平面图，如图 3-11c 所示。

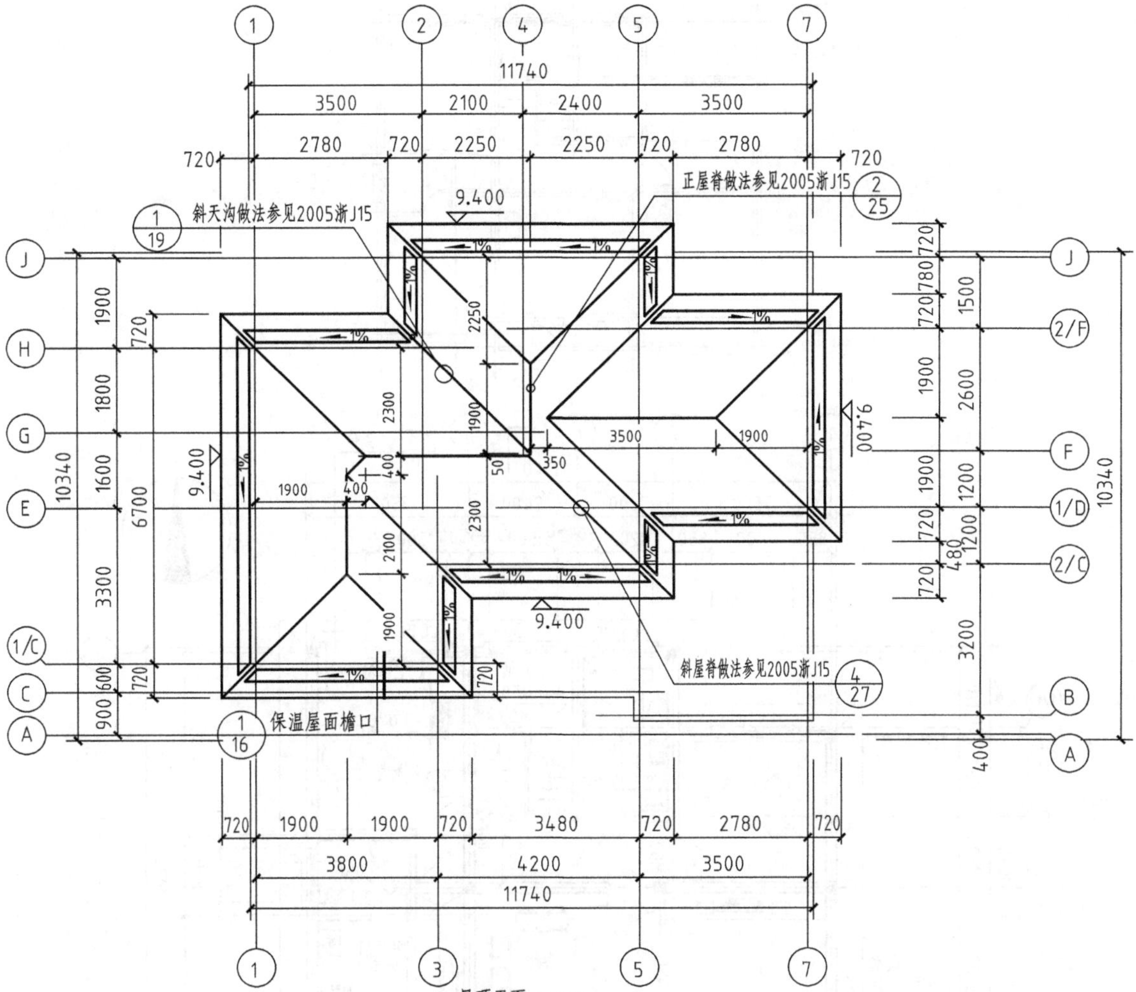


屋顶平面 1:100

说明：

1. 本工程屋面坡度为 1:2。

图 3-10　屋顶平面图

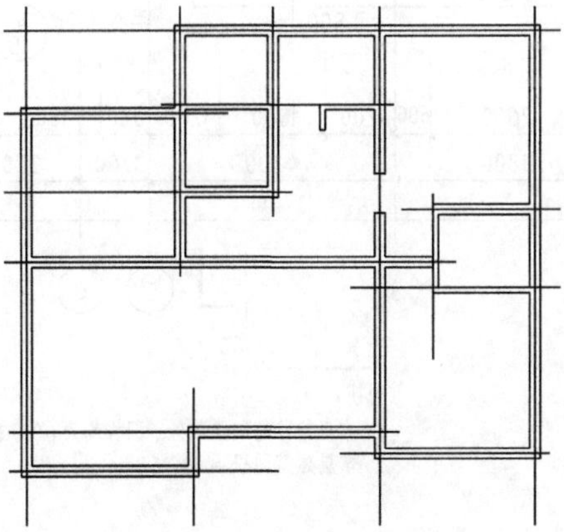

a)

图 3-11　平面图的绘制方法

a）画基准线，墙身线

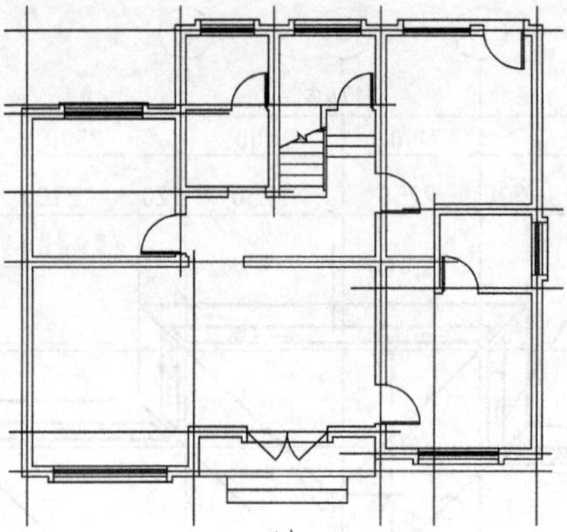

b)

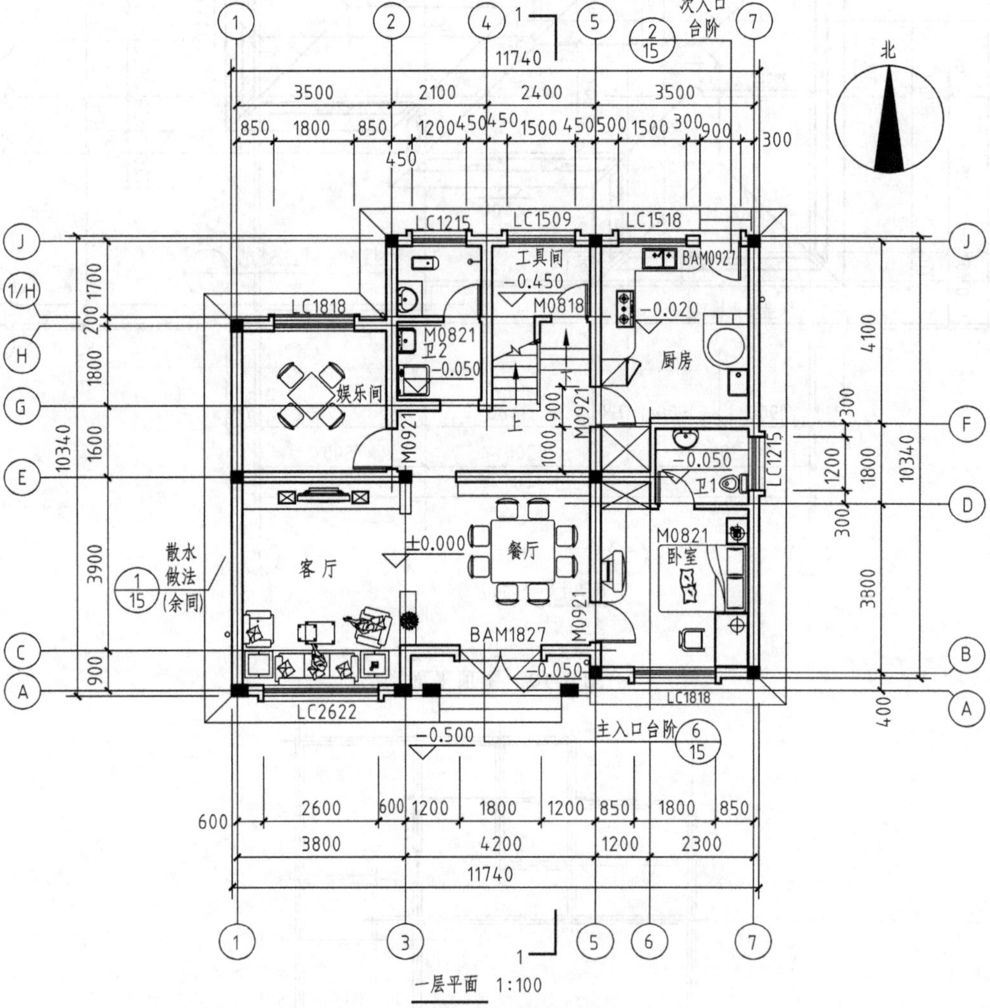


说明：

1. 本工程除特别注明外、门垛均为60.0或居中。
2. 本层建筑面积＝109.68m$^2$。

c)

图 3-11 平面图的绘制方法（续）

b）确定门窗洞口位置 c）画细部，尺寸标注，加深线型，完成平面图

4）写图名、比例等其他内容。汉字宜写成长仿宋字体，图名一般10~14号字，图内说明文字一般为5号字。

## 3.4 建筑立面图

### 3.4.1 建筑立面图的形成与命名方式

建筑立面图是建筑物不同方向的立面正投影图，简称立面图。建筑物是否美观，是否与周围环境协调，很大程度上取决于建筑物立面的艺术处理，包括建筑造型与尺度、装饰材料的选用、色彩的选用等内容，在施工图中，立面图主要反映房屋各部位的高度、外貌和装修要求，是建筑外装修的主要依据。

一幢建筑的立面一般有四个，每个立面都应有自己的名称。立面图的命名方式有以下三种：

1）用朝向命名。建筑物的某个立面面向哪个方向，就称为那个方向的立面图，如建筑物的立面面向南面，则该立面称为南立面图；面向北面，就称为北立面图等。

2）按外貌特征命名。将建筑物反映主要出入口或比较显著地反映外貌特征的那一面称为正立面图，其余立面图依次为背立面图、左立面图和右立面图。

3）用建筑平面图中的首尾轴线命名。按照观察者面向建筑物从左到右的轴线顺序命名，如①~⑦轴立面图，⑦~①轴立面图等。如图3-12所示为上述建筑的①~⑦轴立面图。

施工图中，这三种命名方式都可使用，但每套施工图只能采用其中的一种方式命名，不论采用哪种命名方式，第一个立面图都应反映建筑物的外貌特征。

### 3.4.2 建筑立面图的图示内容和画法

**1. 建筑立面图的图示内容**

建筑立面图主要表明建筑物的体型和外貌，以及外墙面的面层材料、色彩，女儿墙的形式，线脚、腰线、勒脚等饰面做法，阳台的形式及门窗布置，雨水管位置等。建筑立面图的图示内容主要有：

1）从建筑物外可以看见的室外地面线、房屋的勒脚、台阶、花池、门、窗、雨篷、阳台、室外楼梯、墙体外边线、檐口、屋顶、雨水管、墙面分格线等内容。

2）建筑物立面上的主要标高。如室外地面的标高，台阶表面的标高，各层门窗洞口的标高，阳台、雨篷、女儿墙顶、屋顶水箱间及楼梯间屋顶的标高。

3）建筑物两端的定位轴线及其编号。

4）需要详图表示的索引符号。

5）外墙面装修的材料及其做法。如立面图局部需画详图时应标注详图的索引符号。

**2. 建筑立面图画法特点**

建筑立面图应画出可见的建筑外轮廓线，建筑构造和构配件的投影，并注写墙面做法及必要的尺寸和标高。建筑立面图的画法要求如下：

1）比例：通常与平面图相同。

2）定位轴线：一般只画两端的定位轴线及编号，以便与平面图对照。

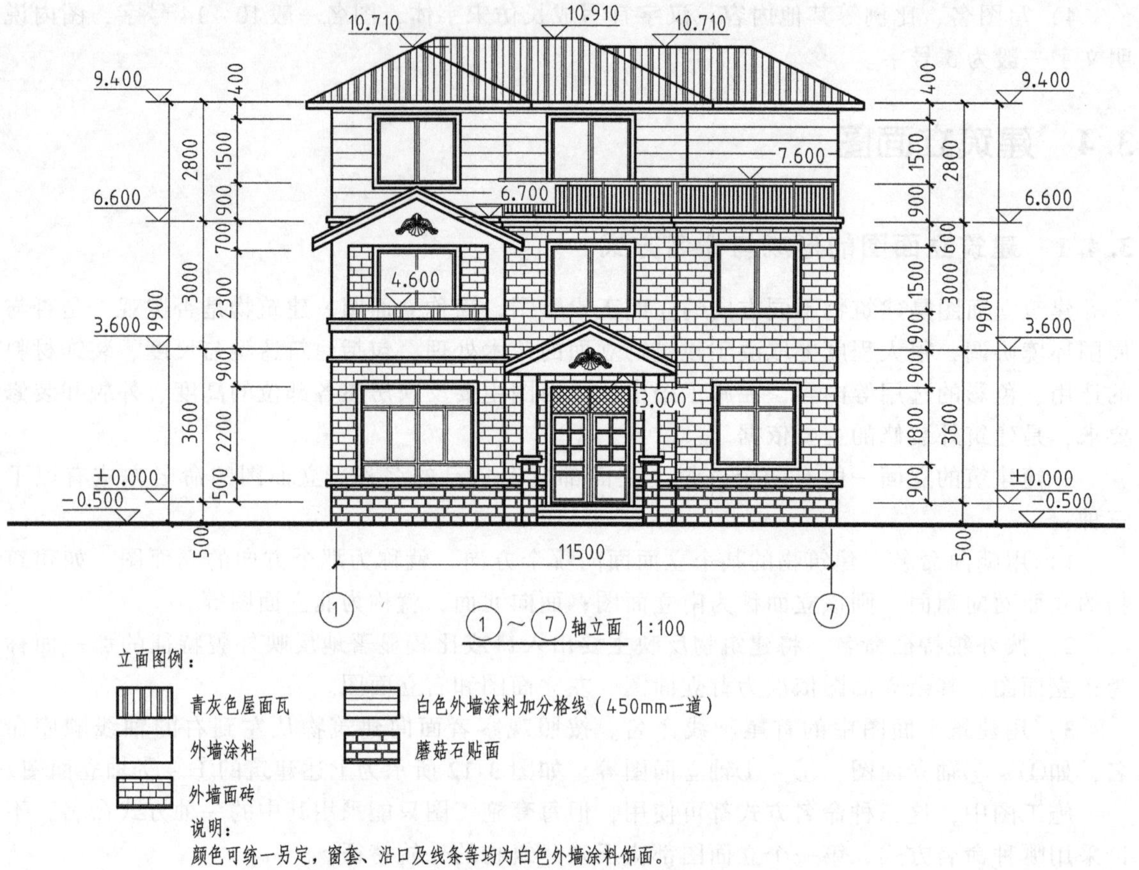


图 3-12 ①～⑦轴立面图

3）图线：通常将建筑物外轮廓和较大转折处轮廓的投影用粗实线用（$b$）表示；所有凸出部位（如阳台、雨篷、窗台、楣线、挑檐、线脚、门窗洞等）用中实线（$0.5b$ 或 $0.7b$）表示；室外地坪线用加粗实线（$1.4b$）表示；其他部分用细实线（$0.25b$）表示。门、窗的细部分格在立面图上每层的不同类型只需画一个详细图样，其他均可简化画出，即只需画出它们的轮廓和主要分格。阳台栏杆和墙面复杂的装修，往往难以详细表示清楚，一般只画一部分，剩余部分简化表示即可。

4）投影要求：只画按投影方向可见的部分，不可见的部分一律不表示。房屋立面如有部分不平行于投影面，例如部分立面呈弧形、折线形、曲线形等，可将该部分展开至与投影面平行，再用投影法画出其立面图，但应在该立面图图名后注写“展开”二字。

5）图例：由于比例小，按投影很难将所有细部都表达清楚，如门、窗等都是根据图例来绘制的，且只画出主要轮廓及分格线，注意门窗框宜用双线画出。

6）尺寸标注：高度尺寸用标高的形式标注，主要包括建筑物室内外地坪，出入口地面，窗台、门窗洞顶部、檐口、阳台底部、女儿墙压顶及水箱顶部等处的标高。

7）其他标注：房屋外墙面的各部分装饰材料、做法、色彩等用文字说明。

### 3.4.3 建筑立面图的识读

下面以图 3-12 所示正立面图为例说明立面图的读图方法。

1）从正立面图上了解该建筑的外貌形状，并与平面图对照，深入了解屋面、入口、雨篷、台阶等细部形状及位置。从图中可知，该住宅楼为三层，一层入口有坡屋顶雨篷，二层有阳台，阳台上也有坡屋顶雨篷，三层有一大晒台，屋顶为坡屋顶。

2）从立面图上了解建筑的高度。从图中看到，在立面图的左侧和右侧都注有标高，从左侧标高可知，室外地面标高为-0.500，室内标高为±0.000，室内外高差0.5m，一层客厅窗台标高为0.500，窗洞高度为2.2m，则窗顶标高应为2.700；一层卧室窗台标高为0.900，窗洞高度为1.8m，则窗顶标高为2.700；大门雨篷檐口标高为3.000。二层次卧、客厅、主卧窗台标高为4.500，二层的窗洞高度为1.5m，表明窗顶标高为6.000，二层阳台扶手标高为4.600；三层客卧窗台标高为7.500，窗洞高度为1.5m，则窗顶标高为9.000，三层晒台扶手标高为7.600，檐口标高为9.400，坡屋顶最高屋脊标高为10.910，表示该建筑的总高为(10.91+0.5)m=11.41m。

3）了解建筑物的装修做法。从图中可知，建筑外墙一层0.5m以下为蘑菇石贴面，其他部位和二层为外墙面砖，三层为白色外墙涂料加分格线，屋面为青灰色屋面瓦。大门上雨篷和二层阳台都刷外墙涂料。

4）了解立面图上的索引符号的意义。

5）了解其他立面图。如图3-13所示为背立面图，从图中可知，该立面上主要反映各阴面房间的窗户和厨房、卫生间的外窗以及楼梯间的外窗及其造型。

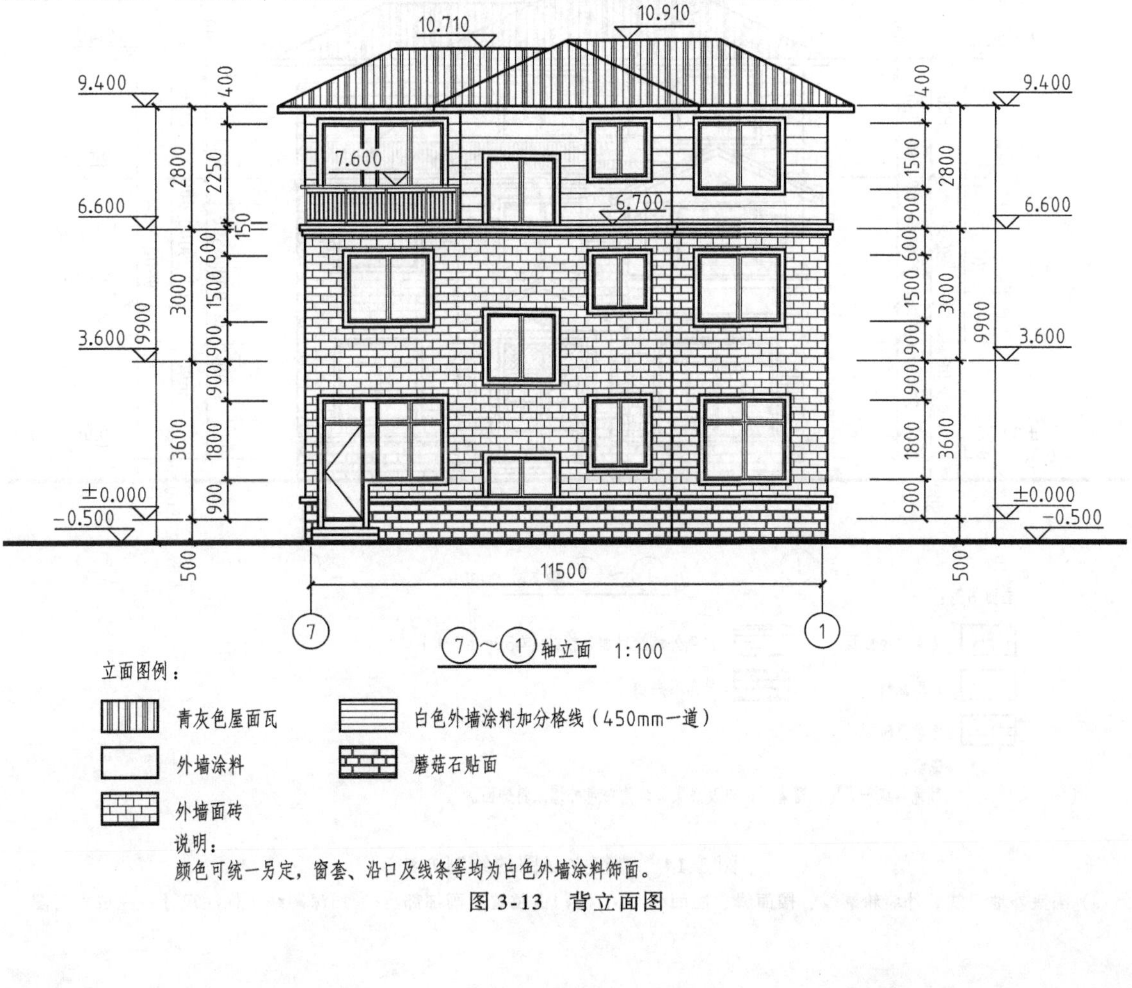


图3-13 背立面图

6）建立建筑物的整体形状。通过阅读平面图和立面图，应建立该别墅的整体形状，包括形状、高度、装修的颜色、质地等。

### 3.4.4 建筑立面图的绘图步骤

建筑立面图的画法与建筑平面图基本相同，同样先选定比例和图幅，经过画底图和加深两个步骤，如图 3-14 所示。

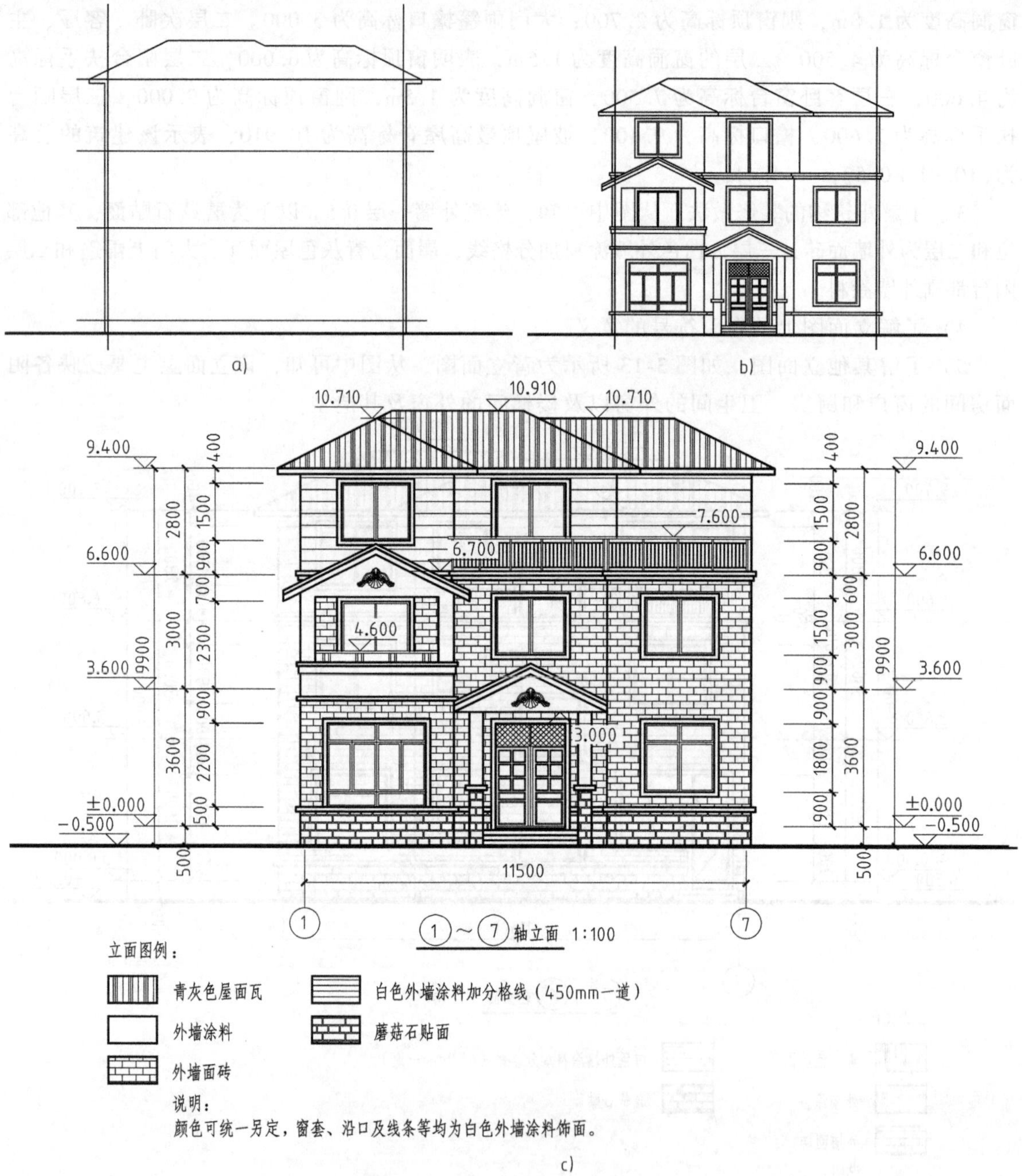


图 3-14 建筑立面图的绘制方法

a）画室外地平线、外墙轮廓线、楼面线、屋面线 b）定门窗位置、画细部 c）加深图线、标注尺寸、完成立面图

1）第一步：画室外地平线、横向定位轴线、室内地坪线、楼面线、屋顶线和建筑物外轮廓线，如图 3-14a 所示。

2）第二步：画各层门窗洞口线。

3）第三步：画墙面细部，如阳台、窗台、楣线、门窗细部分格、壁柱、室外台阶、花池等，如图 3-14b 所示。

4）第四步：检查无误后，按立面图的线型要求进行图线加深。

5）第五步：标注标高、首尾轴线，书写墙面装修文字、图名、比例等，说明文字一般用 5 号字，图名用 10～14 号字，如图 3-14c 所示。

# 3.5　建筑剖面图

## 3.5.1　建筑剖面图的形成和名称

建筑剖面图是假想用一个或一个以上的铅垂剖切平面剖切建筑物，对剖切后的建筑物正投影得到的图样，简称剖面图。建筑剖面图主要用来表示建筑内部的结构构造，垂直方向的分层情况，各层楼地面、屋顶的构造及相关尺寸、标高等。

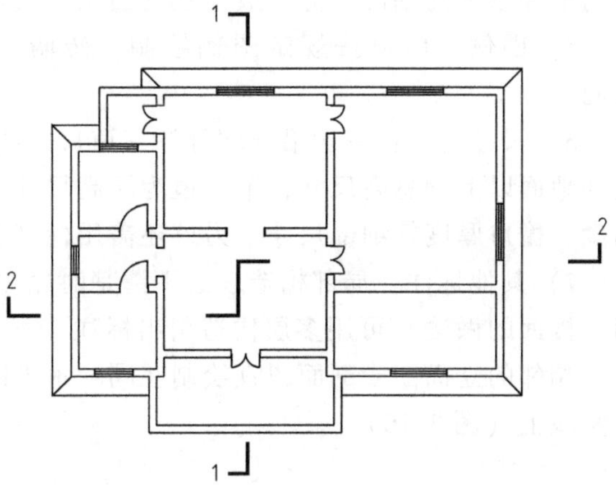

图 3-15　剖切符号

剖面图应根据图样的用途或设计深度，在平面图上选择能反映全貌、构造特征以及有代表性的部位剖切。一般剖切位置选择房屋的主要部位或构造较为典型的部位，如楼梯间等，并应尽量使剖切平面通过门窗洞口。剖切符号可用阿拉伯数字、罗马数字或拉丁字母编号（图 3-15）。剖面图的图名应与建筑底层平面图的剖切符号一致。

## 3.5.2　建筑剖面图的内容及图示方法

### 1. 建筑剖面图的内容

建筑剖面图应包括如下内容：

1）被剖切到的墙、梁及其定位轴线。

2）室内底层地面，各层楼面、屋顶、门窗、楼梯、阳台、雨篷、防潮层、踢脚板、室外地面、散水、明沟及室内外装修等剖切到和可见的内容。

3）楼地面、屋顶各层的构造。一般用引出线说明楼地面、屋顶的构造做法。如果另画详图或已有说明，则在剖面图中用索引符号引出说明。

剖面图的比例与平面图、立面图的比例一致时，因为比例较小，剖面图中一般不画材料图例符号，被剖切平面剖切到的墙、梁、板等轮廓线用粗实线表示，没有被剖切到但可见的部分用细实线表示，被剖切断的钢筋混凝土梁、板涂黑。

4）尺寸和标高。剖面图中应标注相应的标高与尺寸，标高包括被剖切到的外墙门窗口的标高，室外地面的标高，檐口、女儿墙顶的标高，以及各层楼地面的标高。尺寸包括门窗洞口高度、层间高度和建筑总高度三道尺寸，室内还应注出内墙体上门窗洞口的高度以及内部设施的定位和定形尺寸。

**2. 建筑剖面图的图示方法**

1）比例：通常与建筑平面图一致。

2）定位轴线：一般只画两端的定位轴线及编号，以便与平面图对照。

3）图线：剖切到的墙身轮廓画粗实线，楼层、屋顶层在 1:100 的剖面图中只画两条粗实线，在 1:50 的剖面图中宜在结构层上方画一条作为面层的中粗线。室外地坪线用加粗线（$1.4b$）表示；可见部分的轮廓线（如门窗洞口、踢脚板、楼梯扶手等）画中实线（$0.5b$），其他部分画细实线（$0.25b$）。

4）投影要求：剖面图中除了要画被剖切到的部分，还应画出投影方向能看到的部分。室内地坪以下的基础部分一般不在剖面图中表示，而在结构施工图中表达。

5）图例：门窗按规定图例绘制，砖墙、钢筋混凝土构件的材料图例与建筑平面图相同。

6）尺寸标注：一般沿外墙标注三道尺寸线，最外面一道从室外地坪到女儿墙压顶，是室外地面以上的总高尺寸，第二道为层高尺寸，第三道为勒脚高度、门窗洞口高度、洞间墙高度、檐口厚度等细部尺寸。另外还需用标高符号标出各层楼面、楼梯休息平台等的标高。

7）其他标注：局部构造表达不清楚时用索引符号引出，另绘制详图；细部做法（如地面、楼面的做法）可用多层构造引出标注。

相邻的立面图或剖面图宜绘制在同一水平线上，图内相互有关的尺寸及标高宜标注在同一竖线上（图 3-16）。

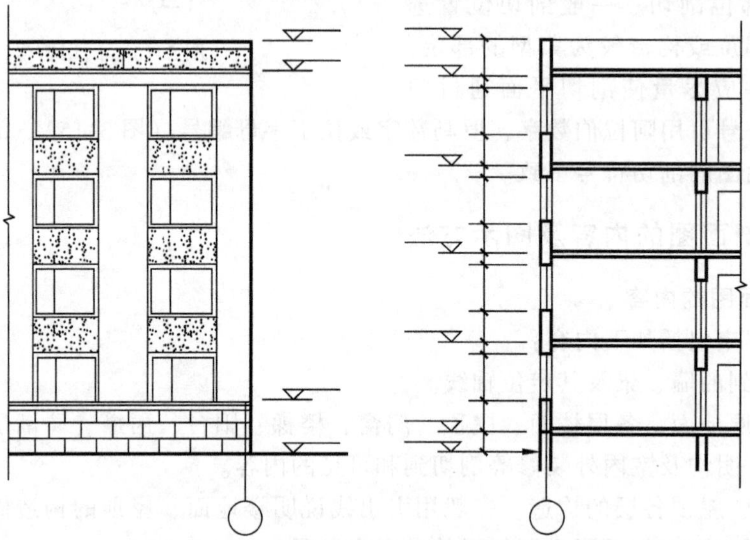

图 3-16 相邻立面图、剖面图的位置关系

## 3.5.3 建筑剖面图的识读

现以图 3-17 为例说明剖面图的识读方法，图 3-17 所示是该别墅的 1－1 剖面图。

1）先了解剖面图的剖切位置与编号。从底层平面图（图 3-7）中可以看到 1—1 剖面图的剖切位置在④～⑤轴线之间，断开位置从餐厅、楼梯间到工具间，切断了餐厅的大门和工具间的外窗。

2）了解被剖切的墙体、楼板和屋顶。从图 3-17 中看到，被剖切的墙体有Ⓒ轴线墙体、Ⓔ轴线墙体和Ⓙ轴线的墙体及其上的门窗洞口，门高 2700mm，门宽在平面图上表示，为 1800mm。窗高 900mm，宽为 1500mm。还有三层的晒台和扶手。屋面坡度为 1∶2，排水坡度为 1%。此外，剖面图中还显示出挑檐的形状。

3）了解可见的部分。1—1 剖面图中可见部分主要是二层南向次卧的阳台及其雨篷，三层客卧墙体、屋顶及一层餐厅墙体。

4）了解剖面图上的尺寸标注。从左侧的标高可知一层堂前大门的高度，二层客厅窗户的高度；从右侧的标高可知工具间外窗的高度，二、三层楼梯平台窗户的高度。建筑物的层高分别为 3600mm、3000mm、2800mm，从地面到屋顶檐口的高度为 9.90m。

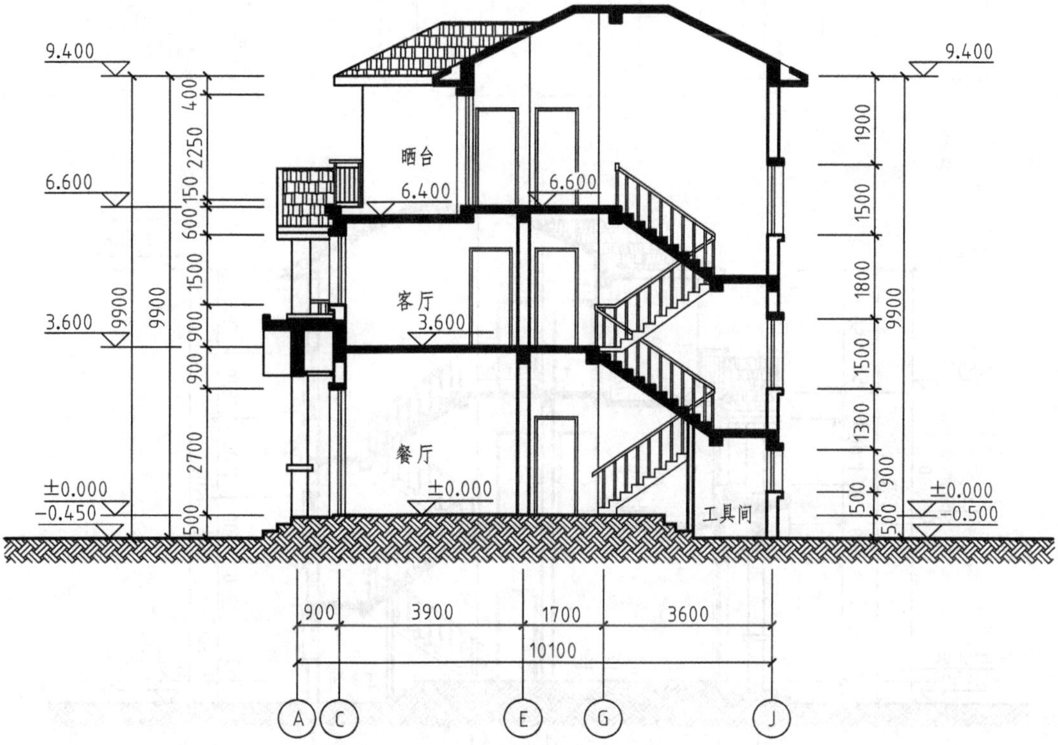


1—1剖面　1:100

图 3-17　图 3-7 的 1—1 剖面图

### 3.5.4 建筑剖面图的绘图步骤

画剖面图时，应根据首层平面图上的剖切位置确定剖面图的图示内容，做到心中有数。比例、图幅的选择与建筑平面图、立面图相同。剖面图的绘制方法和步骤如下：

1）第一步：画定位轴线、室内外地坪线、楼面线、内外墙线等，如图 3-18a 所示。

2）第二步：画出内外墙身厚度，楼板、屋顶构造厚度，再画出门窗洞口高度，防潮层、檐口宽度等，如图 3-18b 所示。

3）第三步：画未剖切到的可见轮廓，如墙、阳台、雨篷、门、窗等。

4）第四步：按建筑剖面图的图示方法加深图线，标注标高与尺寸，注写定位轴线编号，书写图名和比例，如图 3-18c 所示。

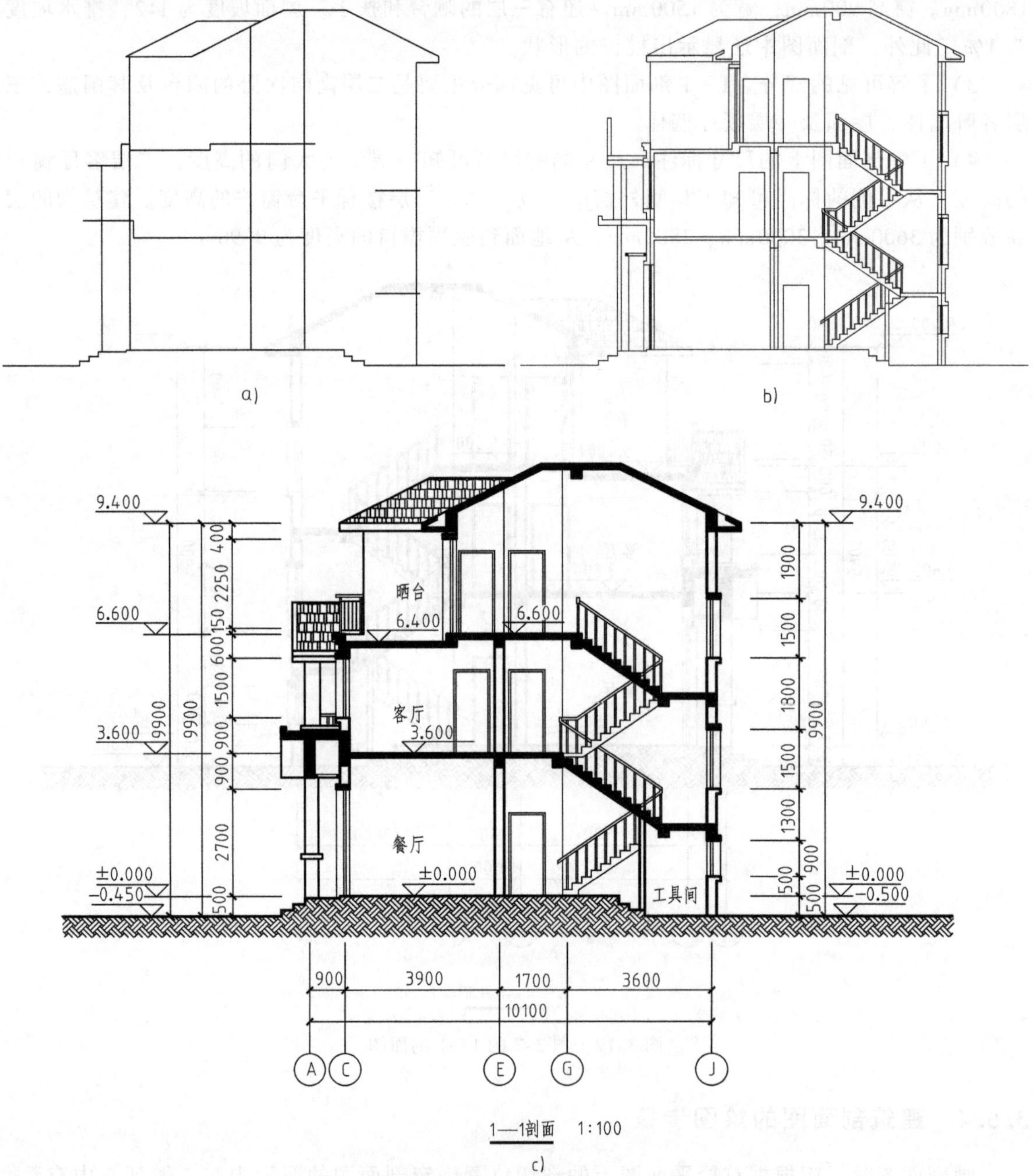


图 3-18 建筑剖面图的绘制方法

a）画定位轴线、室内外地坪线、楼面线、墙身线等 b）画出门窗洞口、阳台、雨篷、檐口等细部 c）按要求加深图线，标注标高与尺寸，完成剖面图

# 3.6 建筑详图

建筑平面图、立面图、剖面图主要表达建筑的平面布置、外部形状和主要尺寸，但因反映的内容范围大，比例小，难以对建筑的细部构造表达清楚，为了满足施工要求，必须用较大的比例详细地表达建筑的细部构造，这样的图称为建筑详图，有时也称为大样图。详图的特点是比例大，图示详尽，常用的比例有 1：50、1:20、1：10、1：5、1：2、1：1等，详图所用比例视图形本身复杂程度而定。图线宽度应按《建筑制图标准》（GB/T 50104—2010）的有关规定选用，如图3-19和图3-20所示。

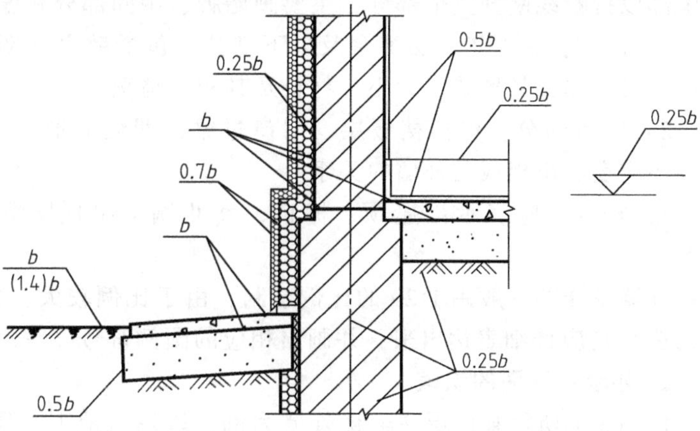


图3-19　墙身剖面图图线宽度选用示例

详图分为建筑详图与结构详图，建筑详图一般有局部构造详图（楼梯详图、墙身详图等）、构件详图（门窗详图、阳台详图等）以及装饰构造详图（墙裙构造详图、门窗套装饰构造详图等）三大类。本节主要介绍建筑施工图中的局部构造详图——外墙身详图和楼梯间详图。

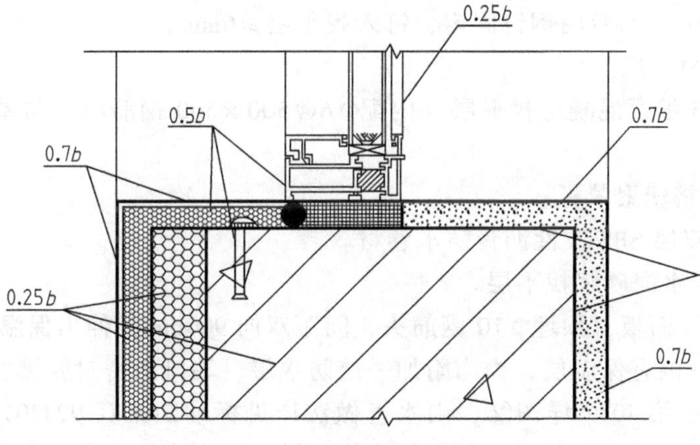


图3-20　详图图线宽度选用示例

## 3.6.1 外墙身详图

外墙身详图也称外墙大样图，是建筑外墙剖面图的放大图样。外墙身详图表达外墙身从基础以上到屋顶各节点（如地面、楼面、屋面）的构造连接情况以及檐口、门窗顶、窗台、踢脚板、勒角、防潮层、散水、明沟的尺寸、材料、做法等构造情况，是砌墙、室内外装修、门窗安装、编制施工预算以及材料估算等的重要依据。

**1. 外墙身详图的内容**

在多层房屋中，各层构造情况基本相同，为了简化作图，通常采用省略方法画图，在窗洞中部以折断线断开其他部分，主要画墙脚、中间部分和檐口三个节点：

1）墙脚：主要指一层窗台及以下部分，包括散水（明沟）、防潮层、踢脚板、一层地面、勒脚等部分的形状、大小、材料及其构造情况。

2）中间部分：包括楼板层、门窗过梁、圈梁的形状、大小、材料及其构造情况。此外，还应表示出楼板与外墙的关系。

3）檐口：应表示出屋顶、檐口、女儿墙、屋顶圈梁的形状、大小、材料及其构造情况。

外墙身详图一般用 1:20 的比例绘制，由于比例较大，各部分的构造（如结构层、面层的构造）均应详细表达出来，并画出相应的图例符号。

**2. 外墙身详图的识读**

以图 3-1 所示某四层住宅楼外墙为例，该建筑地下一层，层高 3.0m，地上四层，一～二层层高 3.0m，三层 3.4m，四层 3.0m，建筑檐口高度为 13.71m，室内外高差 0.45m；该建筑非承重的外围护墙采用 200mm 厚陶粒混凝土砌块，内隔墙为 100mm 厚陶粒混凝土条板隔墙。下面以从左边数第 2 个窗户处的外墙身为例进行介绍（图 3-21）。

墙身详图的识读应按如下顺序进行：

1）了解墙身详图的图名和比例。该图为住宅楼④～⑤轴线间外墙的大样图。比例为1:20。

2）了解檐口部位。从图中可知檐口的具体形状及尺寸，屋顶的做法：屋 1（油毡瓦屋面）参见《工程做法》图集 05J909 坡屋 17，具体为：

① 油毡瓦用 $\phi$3mm 的专用钢钉固定，钉入找平层≥6mm。

② 空铺防水卷材一层。

③ 35mm 厚 C15 细石混凝土找平层（内配Φ6@500×500 钢筋网，与屋面板预埋Φ10 钢筋头绑牢）。

④ 120mm 阻燃挤塑聚苯板。

⑤ (3+3)mm 双层 SBS 改性沥青防水卷材。

⑥ 15mm 厚 1:3 水泥砂浆找平层。

⑦ 钢筋混凝土屋面板，预埋Φ10 钢筋头，间距双向 900mm，伸出保温隔热层 30mm。

檐沟处靠外墙一侧有保温层，檐沟附加一层防水层，端口用密封胶填实。雨水口做法详见标准图集辽 92J201 第 40 页详图②，雨水管做法详见标准图集辽 92J201 第 38 页详图①。外挑檐做法见建通施 4 的详图⑨。窗外顶部墙体上做半圆形滴水，窗框和窗顶梁交接处用密封胶填实。

3）了解中间节点。从图中可知，窗台高 450mm，6A详图上是 900 mm 高；窗户内的防撞栏杆竖向为高 600mm、中距 125mm、$\phi$19×1.6 的不锈钢管，横向为 $\phi$50×1.5 的不锈钢管，6A详图上无防撞栏杆。室外窗台为 40mm 厚真石窗台板，与窗框用密封胶填实。9.40m 处楼板的做法为 71A，见《工程做法》图集 05J909，楼板厚度为 130mm，面层为 30mm，楼

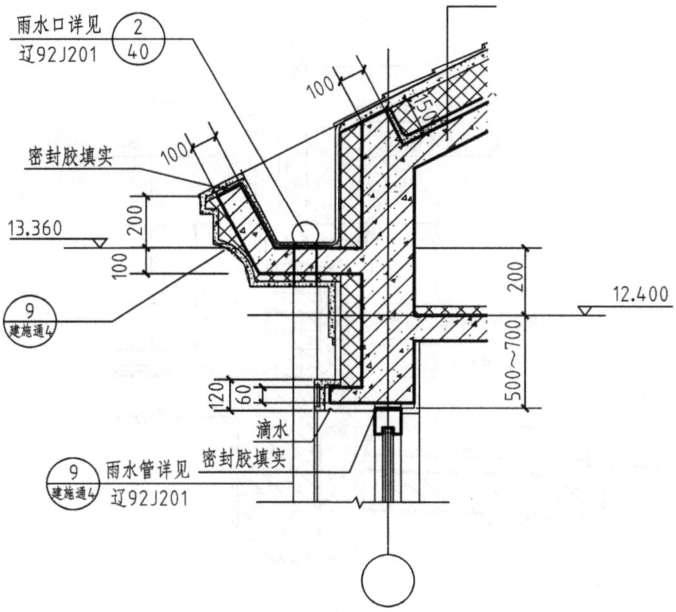


a)

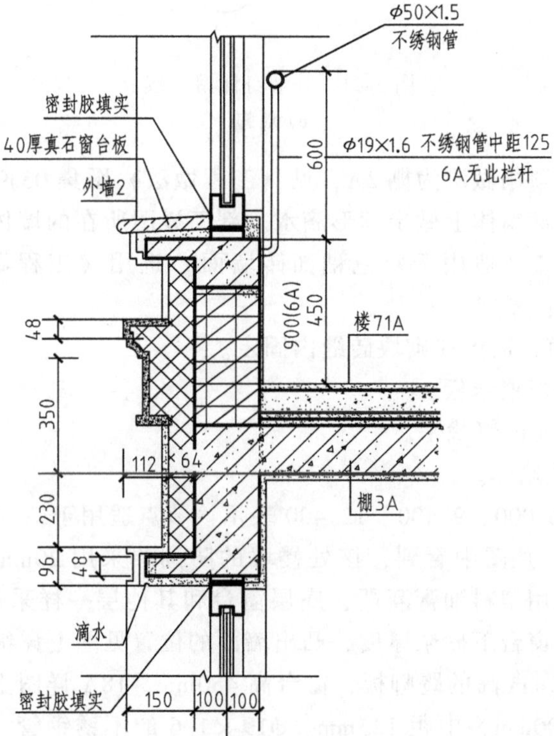


b)

图 3-21　外墙身详图

a）檐口　b）中间部分

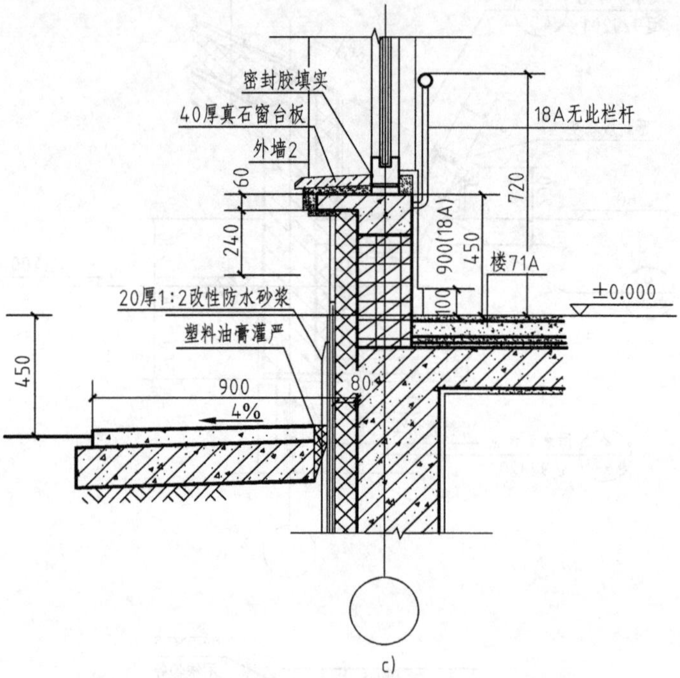


图 3-21 外墙身详图（续）

c）墙脚

面做法用户自理。楼下顶棚做法为棚 3A，见《工程做法》图集 05J909。立面造型的尺寸标注很详细，下层窗外顶部墙体上做半圆形滴水。剖面详图所在的墙体为墙 2，其做法在建筑总说明中有说明，外墙 2（适用于彩色釉面砖墙面）选用《工程做法》图集 05J909 外墙 20E1 ~ 6 做法，具体为：

① 加强玻纤网一道，锚栓在砌块砖缝内固定。

② 80mm 厚阻燃挤塑聚苯板。

③ 20mm 厚 1:3 水泥砂浆找平。

④ 陶粒混凝土砌块墙体。

楼板标高 3.000、6.000、9.400、12.400 表示该节点适用于二 ~ 四层的相同部位。

4）了解墙脚构造。从图中看到，该处楼墙的防潮层采用 20mm 厚 1:2 改性防水砂浆，泛水与外墙的连接处采用塑料油膏灌严，底层窗台和其他层一样采用 40mm 厚真石窗台板，与窗框用密封胶填实。窗台下砂浆厚度，凸出墙面的位置见图上详细标注。室内地面标高为 +0.000，墙脚处有 100mm 高的踢脚板，窗台高 450mm，18A 详图上是 900 mm 高；窗户内的防撞栏杆竖向为高 600mm、中距 125mm、$\phi$19 × 1.6 的不锈钢管，横向为 $\phi$50 × 1.5 的不锈钢管，18A 详图上无防撞栏杆。底层楼板的做法为 71A，见《工程做法》图集 05J909。由于目前通用标准图集中有散水、地面、楼面的做法，因而，在墙身大样图中一般不再表示散水楼地面的做法，而是将这部分做法放在工程做法表中具体反映。楼地面部分执行《建筑地面设计规范》（GB 50037）。室外散水做法见《辽 92J101（一）》第 14 页节点 4。墙身大样图的图线选择可参照图 3-19。

## 3.6.2 楼梯详图

楼梯是建筑上下层之间的主要垂直交通工具，一般由三大部分组成：楼梯段、休息平台、栏杆（或扶手），另外还有楼梯梁、预埋件等。

楼梯按形式分为单跑楼梯、双跑楼梯、三跑楼梯、转折楼梯、弧形楼梯、螺旋楼梯等。因双跑楼梯具有构造简单、施工方便、节省空间等特点，故比较常见。双跑楼梯是指每层楼由两个梯段连接。楼梯按传力途径分为板式楼梯和梁板式楼梯，板式楼梯的传力途径是荷载由板传至平台梁，由平台梁传至墙或梁，再传给基础或柱；梁板式楼梯的荷载由梯段传至支撑梯段的斜梁，再由斜梁传至平台梁。

由于楼梯构造复杂，建筑平面图、立面图和剖面图的比例比较小，楼梯中的许多构造无法反映清楚，因此，建筑施工图中一般均应绘制楼梯详图。楼梯详图包括楼梯平面图、楼梯剖面图、踏步和栏板（栏杆）节点详图三部分，主要用来表示楼梯的类型、结构、尺寸、梯段的形式和栏杆的材料及做法。

**1. 楼梯平面图**

楼梯平面图就是将建筑平面图中的楼梯间按比例放大后画出的图样，比例通常为1:50。它包含楼梯底层平面图、楼梯标准层平面图和楼梯顶层平面图等。底层平面图是从第一个平台下方剖切的，将第一跑楼梯段断开（用倾斜30°、45°的折断线表示），因此只画半跑楼梯，用箭头表示上或下的方向，以及一层和二层之间的踏步数量，如上20，表示一层至二层有20个踏步。楼梯标准层平面图是从中间层房间窗台上方剖切，既应画出被剖切的上行部分梯段，还要画出由该层下行的部分梯段以及休息平台，一般在标准层的平台面、楼面以括号形式加注中间省略的各层相应部位的标高。楼梯顶层平面图是从顶层房间窗台上剖切的，没有剖切到楼梯段（出屋顶楼梯间除外），因此平面图中应画出完整的两跑楼梯段及中间休息平台，并在梯口处注写“下”及箭头。

（1）楼梯平面图表达的内容　楼梯平面图需要表达如下内容：

1）楼梯间的位置。一般用定位轴线表示。

2）楼梯间的开间、进深、墙体的厚度。

3）梯段的长度、宽度以及楼梯段上踏步的宽度和数量。通常把梯段长度尺寸和每个踏步宽度尺寸合并写在一起，如10×250mm=2500mm，表示该梯段上有10个踏面，每个踏面的宽度为250mm，整跑梯段的水平投影长度为2500mm。

4）休息平台的形状和位置。

5）楼梯井的宽度。

6）各层楼梯段的起步尺寸。

7）各楼层的标高、各平台的标高。

8）在底层平面图中还应标注出楼梯剖面图的剖切符号。

（2）楼梯平面图的识读　现以图3-22所示楼梯平面图为例说明其识读方法。

1）了解楼梯间在建筑物中的位置。从图中可知，该楼梯位于Ⓔ~Ⓙ轴线和④~⑤轴线的范围内。

2）了解楼梯间的开间、进深、墙体的厚度、门窗的位置。由图3-22可知，该楼梯间开间为2400mm，进深为5300mm，墙体的厚度为240mm，窗居外墙中，洞宽1500mm。侧门

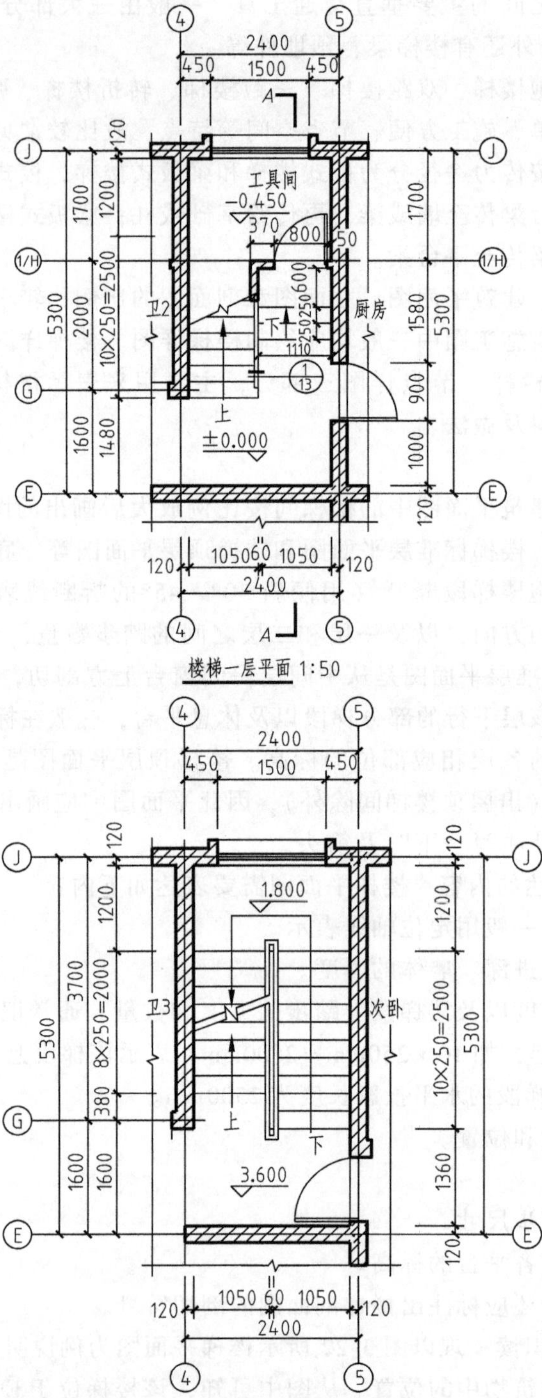
2400
450
1500
450
A
工具间
−0.450
370
800
50
1700
1200
2000
10×250=2500
5300
600
250
250
1110
1580
卫2
下
厨房
1
13
900
上
±0.000
1600
1480
1000
120
1050
60
1050
120
2400
楼梯一层平面 1:50
2400
450
1500
450
120
1.800
1200
3700
8×250=2000
卫3
次卧
10×250=2500
5300
380
上
下
1600
1600
3.600
1360
120
1050
60
1050
120
2400
楼梯二层平面 1:50

图 3-22　楼梯平面图

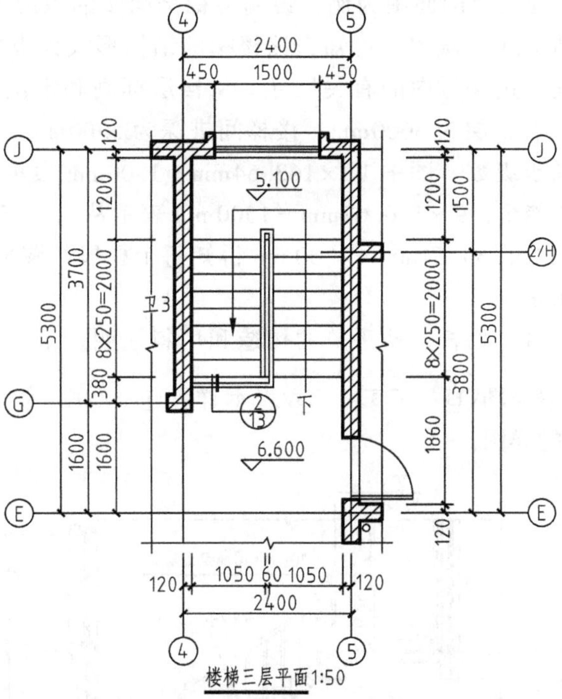


图 3-22 楼梯平面图（续）

宽 900mm，楼梯间过道宽 1360mm。

3）了解楼梯段、楼梯井和休息平台的平面形式、位置以及踏步的宽度和数量。该楼梯为双跑式，梯段的宽度为 1050mm，一层至二层楼梯段有 11 个踏步，二层至三层梯段有 9 个踏步，所有踏步宽度都为 250mm，梯井的宽度为 60mm，平台的宽度为 1200mm。

4）了解楼梯的走向以及上下行的起步位置。该楼梯走向如图中箭头所示，各梯段起步尺寸分别为：一楼到工具间第一个踏步离Ⓖ轴 780mm，二层上楼第一个踏步离Ⓖ轴 380mm，三楼下楼梯段第一个踏步距Ⓖ轴 380mm。

5）了解楼梯段各层平台的标高。图中工具间地面标高为 -0.450，其余平台高度分别为 1.8m、5.1m。楼层标高为 +0.000、3.600、6.600。

6）在底层平面图中了解楼梯剖面图的剖切位置及剖视方向。由图可知，*A—A* 剖面剖切各层的第二个梯段，向左投影。

**2. 楼梯剖面图**

楼梯剖面图是用假想的铅垂剖切平面剖切各层的一个梯段和门窗洞口，向另一未剖到的梯段方向投影所作的图。楼梯剖面图主要表达楼梯踏步、平台的构造、栏杆的形状以及相关尺寸，比例一般为 1:50、1:30 或 1:40，习惯上如果各层楼梯构造相同，且踏步尺寸和数量相同，楼梯剖面图可只画底层、中间层和顶层剖面图，其余部分用折断线将其省略。楼梯间的屋面无特殊之处，一般可折断不画；未被剖到的梯段，画出其可见轮廓线。

楼梯剖面图应注明各楼楼层面、平台面、楼梯间窗洞的标高、踢面的高度、踏步的数量以及栏杆的高度；标注楼梯间的轴线及其编号、轴线间距等，还应画出扶手、栏杆、踏步等详图的索引符号。

下面以图 3-23 所示的楼梯剖面图为例，说明楼梯剖面图的识读方法。

1）了解楼梯的构造形式。从图中可知，该楼梯的结构形式为板式楼梯，双跑。

2）了解楼梯在竖向和进深方向的有关尺寸。从楼层标高和定位轴线间的距离可知，该楼层高：一层为 3000mm，二层为 3600mm，楼梯间进深为 5300mm。

3）被剖切梯段的踏步级数。图中 11×163.64mm=1800mm 表示从一、二层间的休息平台到二层楼面需上 11 个踏步，9×166.67mm=1500mm 表示从二、三层间的休息平台到三层楼面需上 9 个踏步，从 11×163.64mm=1800mm 得知每个梯段的踢面高 163.64mm，整跑楼梯段的垂直高度为 1800mm。

4）了解楼梯段、平台、栏杆、扶手等的构造和用料说明。了解图中的索引符号，从而知道楼梯细部做法。图中详图$\frac{1}{13}$、$\frac{2}{13}$、$\frac{b/c}{13}$表示详图①、②、ⓑ、ⓒ在建施 13 上，分别为楼梯扶手、踏步踢面的详图。

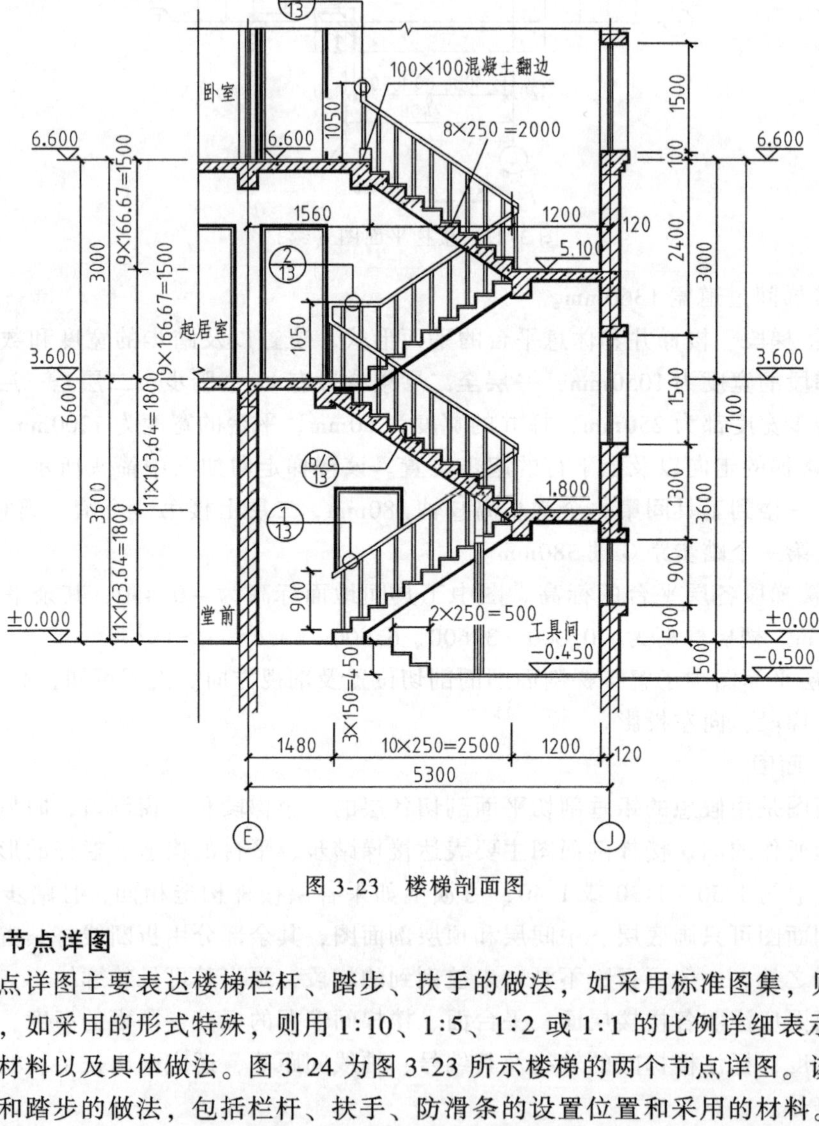


图 3-23 楼梯剖面图

### 3. 楼梯节点详图

楼梯节点详图主要表达楼梯栏杆、踏步、扶手的做法，如采用标准图集，则直接引注标准图集代号，如采用的形式特殊，则用 1:10、1:5、1:2 或 1:1 的比例详细表示其形状、大小、所采用材料以及具体做法。图 3-24 为图 3-23 所示楼梯的两个节点详图。该详图主要表示楼梯栏杆和踏步的做法，包括栏杆、扶手、防滑条的设置位置和采用的材料。

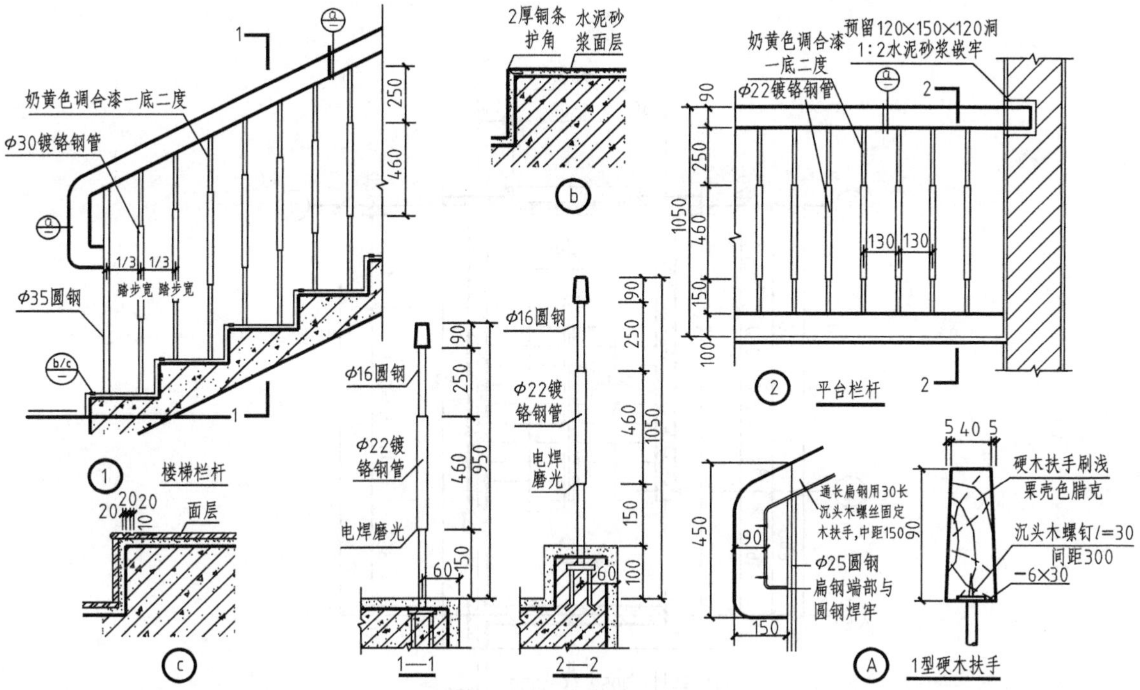

图 3-24　楼梯节点详图

**4. 楼梯详图的画法**

(1) 楼梯平面图的画法

1) 画出楼梯间的定位轴线，确定楼梯段的长度、宽度及其起止线，以及平台的宽度(图 3-25a)。注意楼梯段上踏面的数量为踏步数量减 1。

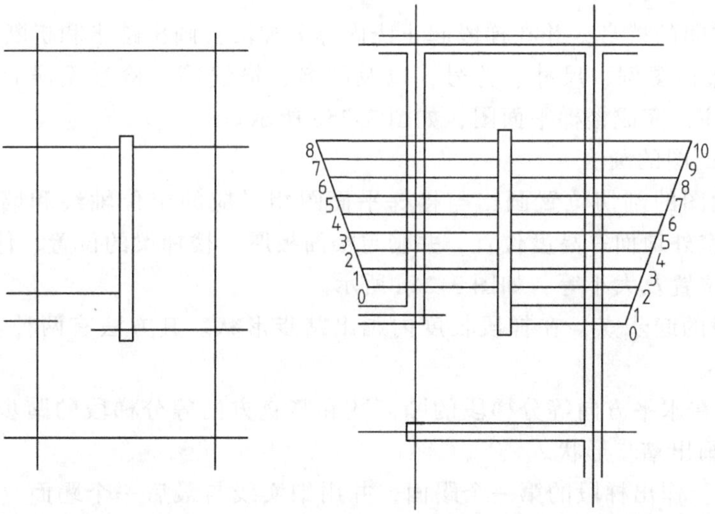

a)　　b)

图 3-25　楼梯平面图的画法

a) 画定位轴线、确定楼梯位置　b) 画墙身线、等分梯段板

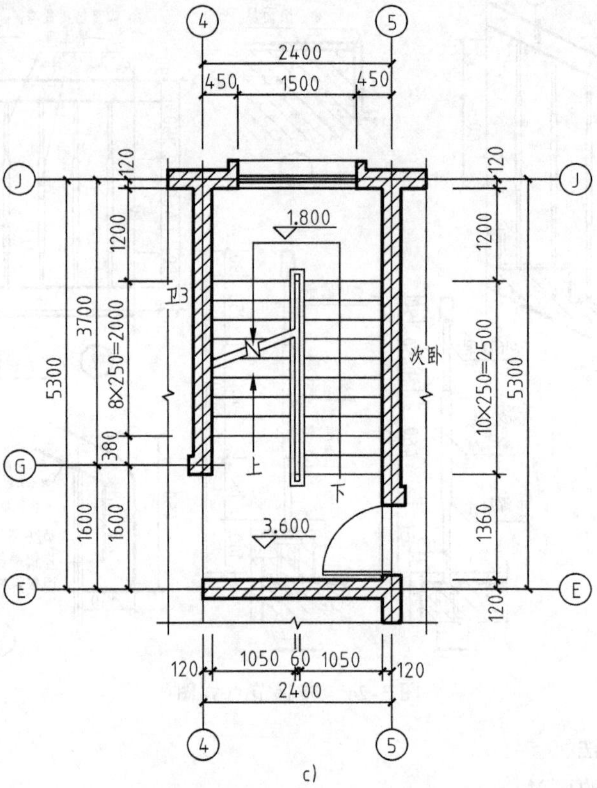


图 3-25 楼梯平面图的画法（续）
c）加深图线、标注尺寸、完成平面图

2）画出楼梯间的墙身，并在梯段起止线内等分梯段，画出踏步和折断线（图 3-25b）。

3）画出细部和图例、尺寸、符号，以及图名、横线等。检查无误后，按要求加深图线，进行尺寸标注，完成楼梯平面图，如图 3-25c 所示。

（2）楼梯剖面图的画法

1）根据剖面图的剖切位置画出与楼梯平面图相对应的定位轴线和墙厚，确定各层楼面、休息平台、室外地面等高度位置，并确定楼面板厚、楼梯梁的位置、休息平台宽、平台板厚、平台梁的位置及大小等，如图 3-26a 所示。

2）确定梯段的起步点，在梯段长度内画出踏步形状。其方法有两种：一种是网格法，另一种是辅助线法。

① 网格法：在水平方向等分梯段的踏面数和竖直方向等分梯段的踏步数后，形成网格状，沿网格图线画出踏步形状。

② 辅助线法：作出梯段的第一个踢面，并用细实线与最后一个踢面（即平台板边线或楼面板边线）相连，然后用踏面数等分所作的辅助线，过辅助线上的等分点向下作垂线和向右（左）作水平线，得到踢面和踏面的投影，形成踏步。

3）画楼梯板厚度，栏杆、扶手等轮廓（图 3-26b）。

4）加深图线，画材料图例；标注标高和各部分尺寸；写图名、比例、索引符号、有关说明等，完成楼梯剖面图（图 3-26c）。

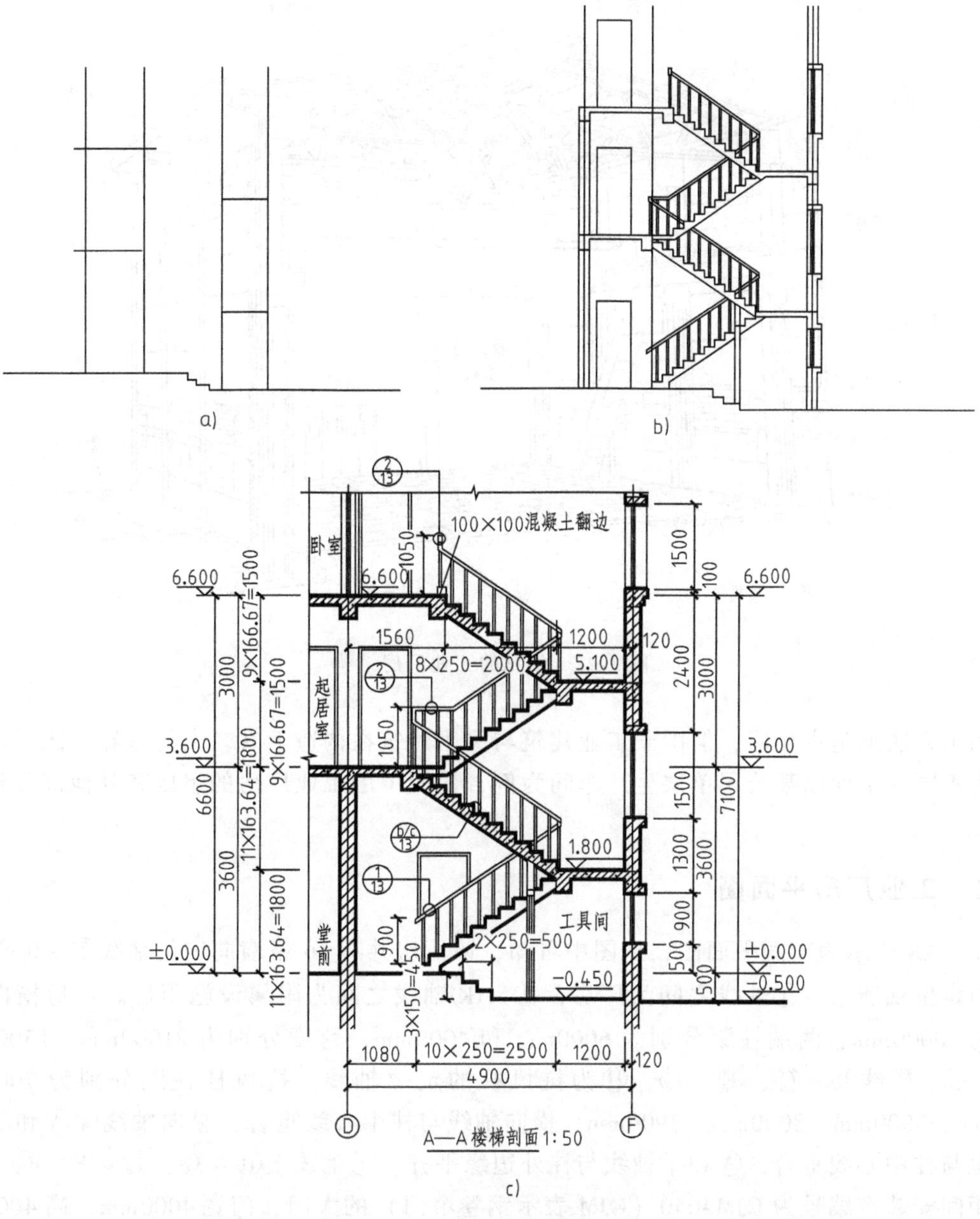


图 3-26 楼梯剖面图的画法

a）画墙身轴线，定楼地面、平台、梯段的位置 b）画墙身线、梁，定踏步位置和栏杆高度

c）加深图线，标注标高和各部分尺寸等，完成楼梯剖面图

## 3.7 工业厂房建筑施工图

常见的工业厂房结构如图 3-27 所示。工业厂房建筑施工图与民用建筑施工图在图示原

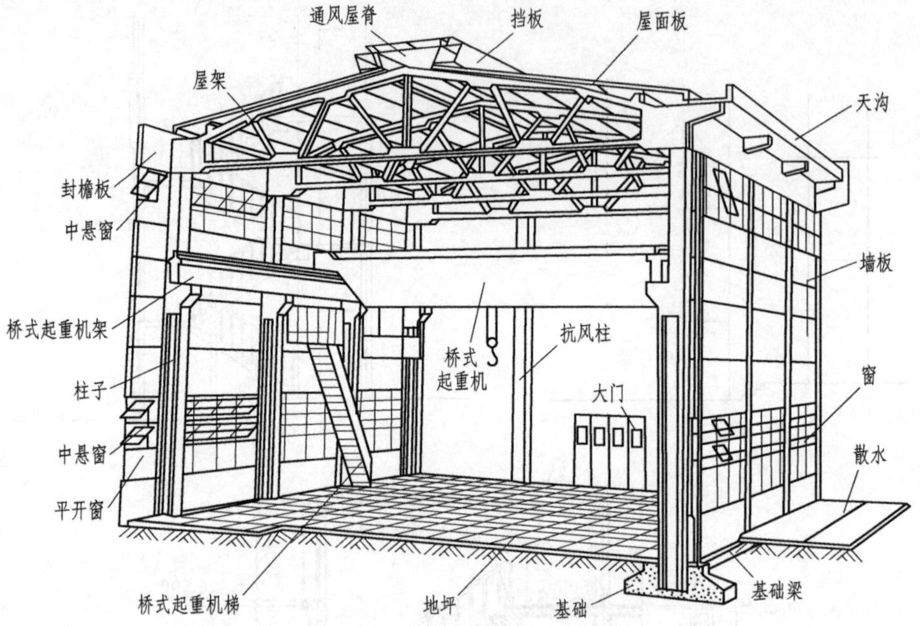


图 3-27 常见的工业厂房结构

理和图示方法上基本相同，但由于工业建筑与民用建筑在构造上有较大的差异，图样形式也有一些不同。下面以某公司单层生产车间为例，说明单层工业厂房的组成和其他部分建筑施工图。

### 3.7.1 工业厂房平面图

图 3-28 所示为车间平面图，从图中可知，该厂房共有 16 条横向定位轴线①~⑯轴，10 条纵向定位轴线Ⓐ~Ⓙ轴线之间为厂房，Ⓙ~Ⓚ轴线之间为附属设施用房。厂房横向中间柱距为 10000mm，两端柱距分别为 6000mm 和 4000mm，跨度分别为 21000mm、15000mm、25000mm。轴线Ⓑ、Ⓒ、Ⓔ、Ⓖ、Ⓗ为抗风柱的定位轴线，抗风柱柱距分别为 7000mm、7500mm、8500mm、8000mm、7900mm。横向轴线与柱中心线重合，纵向轴线除Ⓐ和Ⓙ轴线外，也与柱中心线重合，Ⓐ和Ⓙ轴线与柱外边缘平齐。①轴线上Ⓑ~Ⓒ、Ⓔ~Ⓕ、Ⓖ~Ⓗ轴线柱距间安装有编号为 GJM4040（GJM 表示钢卷帘门）的大门，门宽 4000mm，高 4000mm，为了方便运输，门外设坡率为 6% 的坡道，坡道宽 7200mm，坡道长 6600mm 和 5800mm。⑯轴线上Ⓐ~Ⓑ、Ⓒ~Ⓓ、Ⓔ~Ⓕ、Ⓕ~Ⓖ、Ⓗ~Ⓙ轴线柱距间也安装有编号为 GJM4040 的大门，门外坡道坡率为 5%，坡道宽分别为 5200mm 和 7200mm，坡道长 3000mm。Ⓙ和Ⓚ轴线的⑥~⑦、⑭~⑮轴线柱距间，Ⓐ和Ⓙ轴的②~③、⑧~⑨轴线柱距间也安装有编号为 GJM4040 的大门。

在南北两侧Ⓐ、Ⓚ轴线外有低于室内地面 50mm 的平台，两端设坡道便于运输。没门的柱距间均设有窗户，Ⓐ轴线上的窗户基本是宽 7000mm、高 2800mm 的高窗，编号为 LC7028；①和⑯轴线上为宽 4500mm、高 2800mm 的高窗，编号为 LC4528；Ⓚ轴线上除生活用房处窗户较低外，其他都是不同宽度的高窗。

厂房内设梁式和桥式起重机，梁式起重机有6.3t（4台）和5t（2台）两种，桥式起重机的最大起重吨位为20t（$Q = 20t$）。柱内侧的粗长线表示起重机轨道的位置，也是起重机梁的位置（图3-29）。厂房的柱截面为矩形，尺寸为600mm × 700mm，抗风柱尺寸为700mm × 600mm，Ⓚ轴线上柱子尺寸为500mm × 500mm，索引符号$\frac{室外平台做法参见}{08BJ1-1}\frac{地2}{D5}$表示室外平台做法参考华北系列标准《08BJ1-1》中D部分第5页的地2做法。室内标高为±0.000，室外标高为-0.500。厂房两个剖面图的剖切符号分别在⑩～⑪轴线间和Ⓔ～Ⓕ轴线间。

## 3.7.2　工业厂房立面图

图3-30和图3-31所示为厂房正立面图和西立面图，从正立面图可知门GJM4040、窗LC7028及其上部天窗的形状，还可以看到厂房东西两侧高度分别为2.7m和4.3m的雨篷，5.4m高处为室外平台上部的雨篷梁。LC7028标高为1.200和4.000，表示窗洞高2.8m；天窗标高为8.500和9.700，表示窗洞高1.2m；门标高为+0.000和4.000，表示门洞高4.8m。室外地坪标高分别为-0.500和-0.250，女儿墙顶标高为14.615，表示厂房高度为14.615m。外装修为白色釉面砖墙，索引符号$\frac{1}{10}$和$\frac{2}{10}$表示屋顶不同部位的做法见第10张施工图的1号和2号详图。

图3-31所示为该厂房的西立面图，从图上可知门GJM4040、门GM1021、窗LC4528及其上部天窗的形状和门上的雨篷及门外的坡道，还可以看到厂房北侧高度分别为2.7m和4.3m的雨篷及南侧室外平台上部的雨篷形状。屋顶的形状也可以从山墙的形状看出。厂方北侧的附属用房高度为6.2m。附属用房和室外平台的室内标高都为-0.050，附属用房室外地坪标高为-0.400。索引符号$\frac{4}{11}$表示山墙屋顶的做法见第11张施工图的4号详图。

## 3.7.3　工业厂房剖面图

图3-32所示是该厂房的1—1剖面图，其剖切位置从平面图3-28上可知在⑩～⑪轴线中间，将Ⓐ轴线上的窗和Ⓙ、Ⓚ轴线上的门，以及厂房地面、屋面天窗全部剖开，剖视方向向左。从图中可看到带牛腿柱子的侧面，T形桥式起重机和梁式起重机梁放在柱子牛腿的轨道上；还能看到山墙上的两个抗风柱，屋架及上面布置的槽形屋面板，两端有天沟板，Ⓐ轴线外的钢雨篷形状及尺寸，雨篷梁的底高度为5.4m。Ⓙ、Ⓚ轴线间的电气用房高度为6.2m，屋顶梁高度为5.0m，室外雨篷的高度为3.0m。

剖面图中的主要尺寸（如柱顶标高、室内外地面的标高、门窗洞口的标高、女儿墙顶的标高、天窗的标高等）都在图中详细标出了。

## 3.7.4　工业厂房建筑施工图详图

图3-33所示为厂房⑯轴线外墙详图，该详图比例为1∶20。其中，外墙厚300mm，厂房屋面为压型钢板复合保温屋面，山墙做法参考标准图集06J925-2第32页的18详图。窗上下口的做法参考标准图集10J121第A-10部分的1、2详图。宽1.5m、高0.3m的雨篷做法参考03J930-1第247页的1号详图。室外散水的做法也在图中进行了详细说明。室外地坪标高为-0.200，雨篷顶标高为4.800，高窗高1.2m，即从8.500到9.700。上下圈梁顶高分别为12.825m和4.80m。

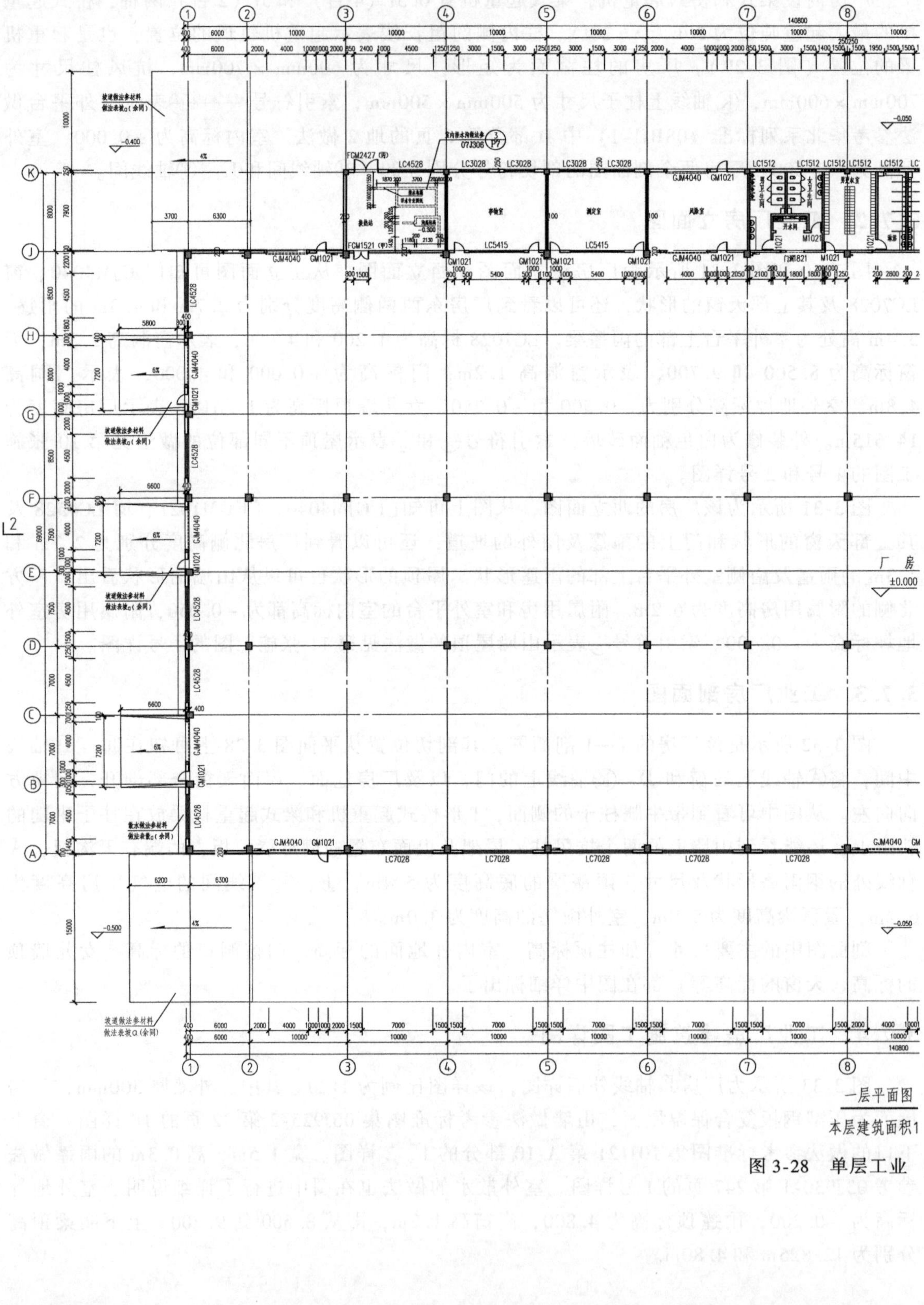


图 3-28 单层工业

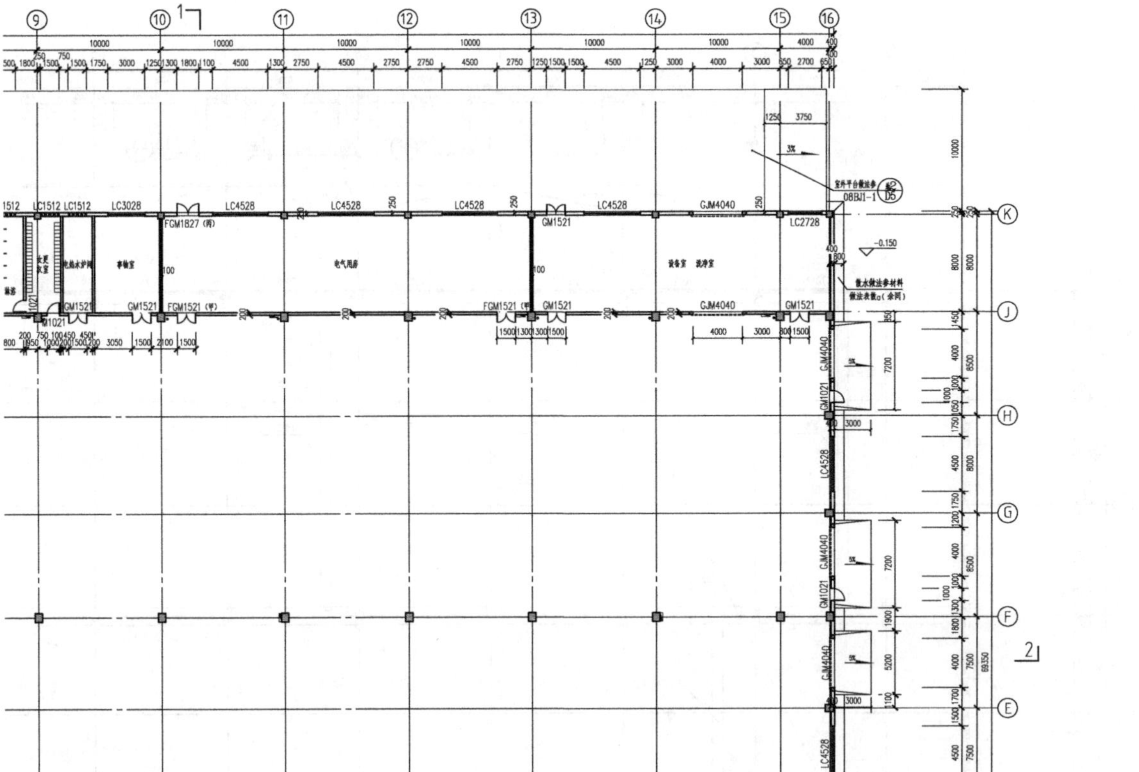


1:200

0613m$^2$

厂房平面图

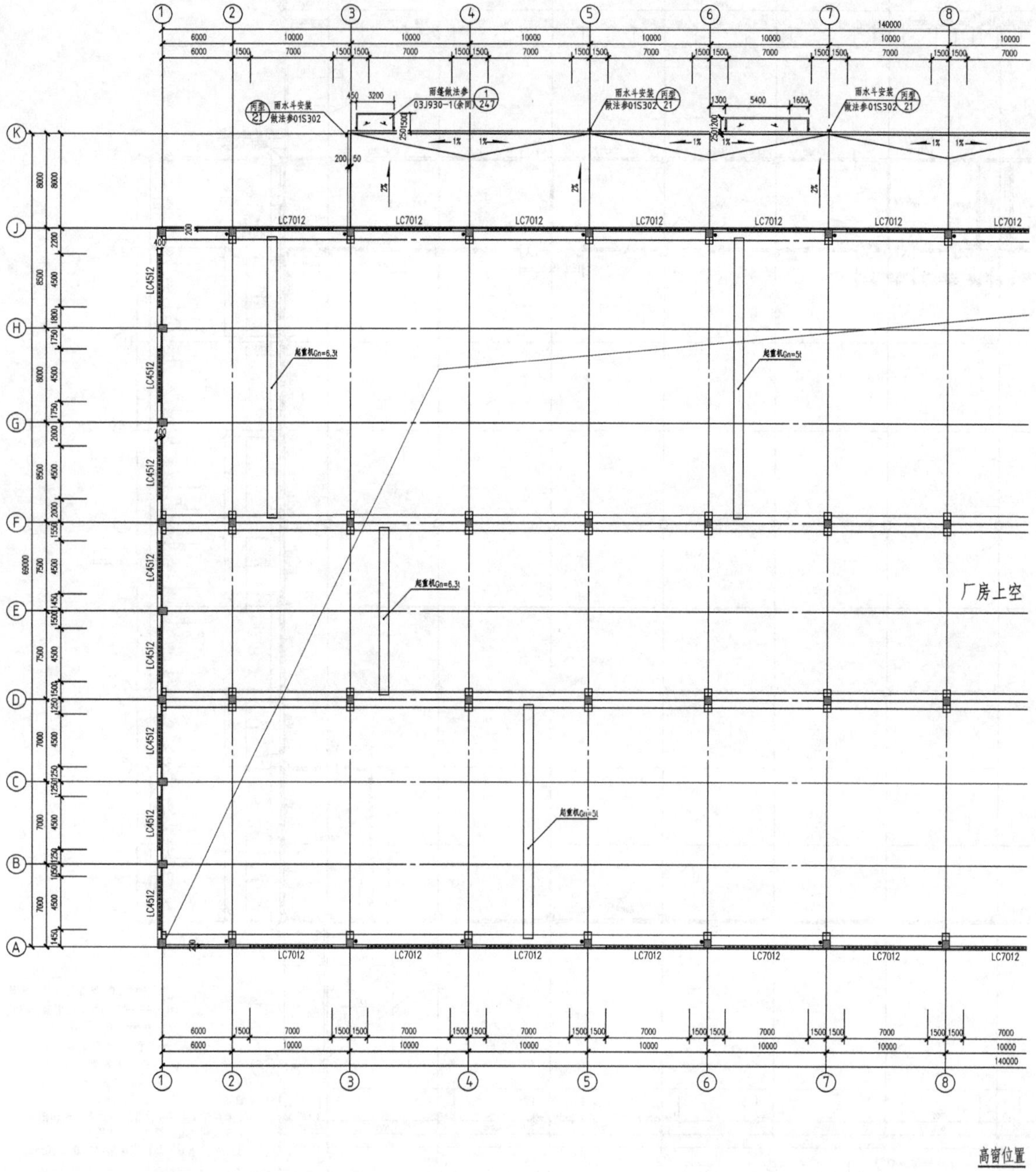


图 3-29　高窗位

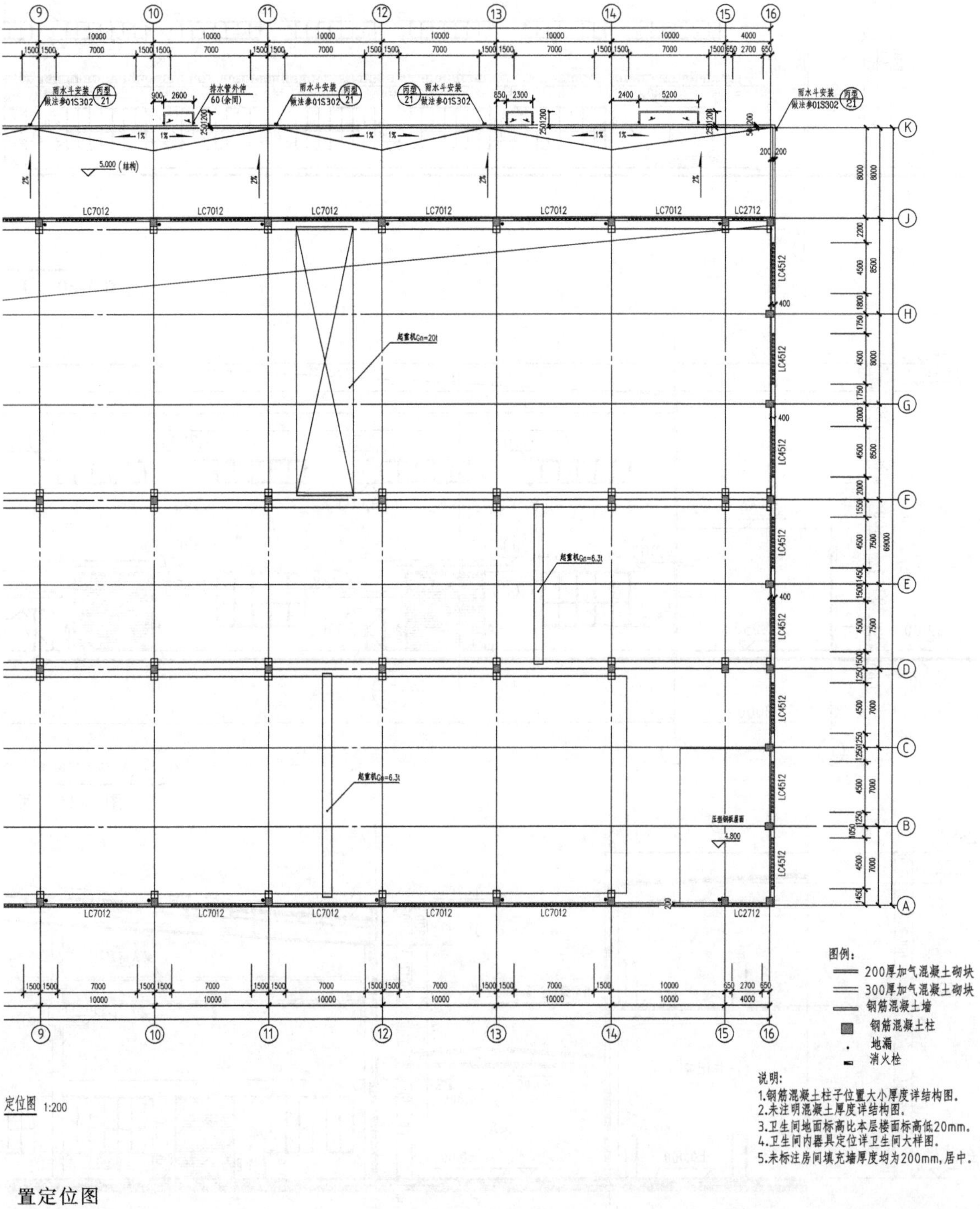
雨水斗安装 做法参01S302
丙型 21
排水管外伸 60(余同)
5.000 (结构)
LC7012
LC2712
LC4512
起重机Gn=20t
起重机Gn=6.3t
压型钢板屋面
4.800
68000
定位图 1:200
图例:
200厚加气混凝土砌块
300厚加气混凝土砌块
钢筋混凝土墙
钢筋混凝土柱
地漏
消火栓
说明:
1.钢筋混凝土柱子位置大小厚度详结构图.
2.未注明混凝土厚度详结构图.
3.卫生间地面标高比本层楼面标高低20mm.
4.卫生间内器具定位详卫生间大样图.
5.未标注房间填充墙厚度均为200mm,居中.

置定位图

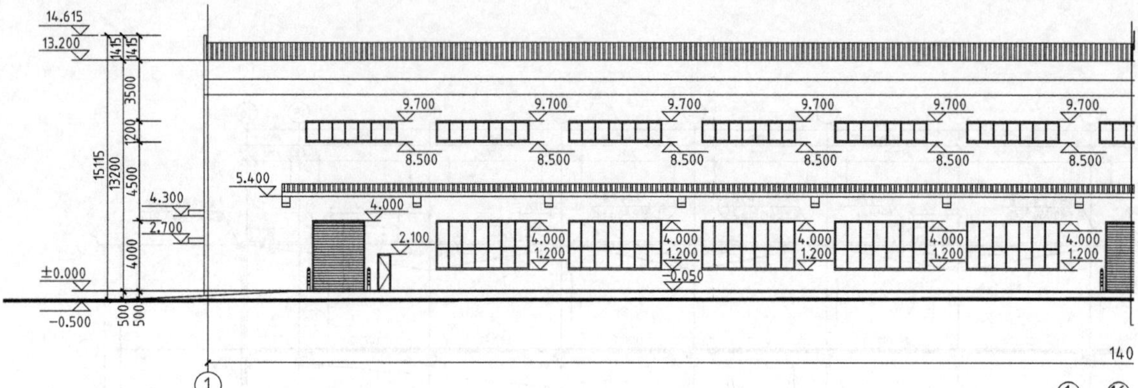


①—⑯

图 3-30 正

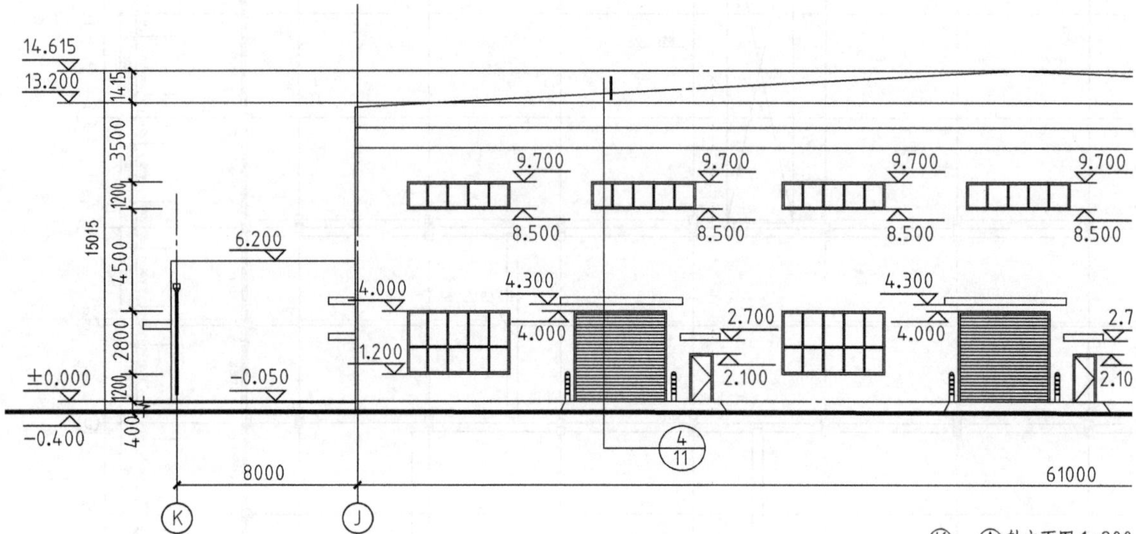


Ⓚ—Ⓐ轴立面图 1:200

图 3-31 西

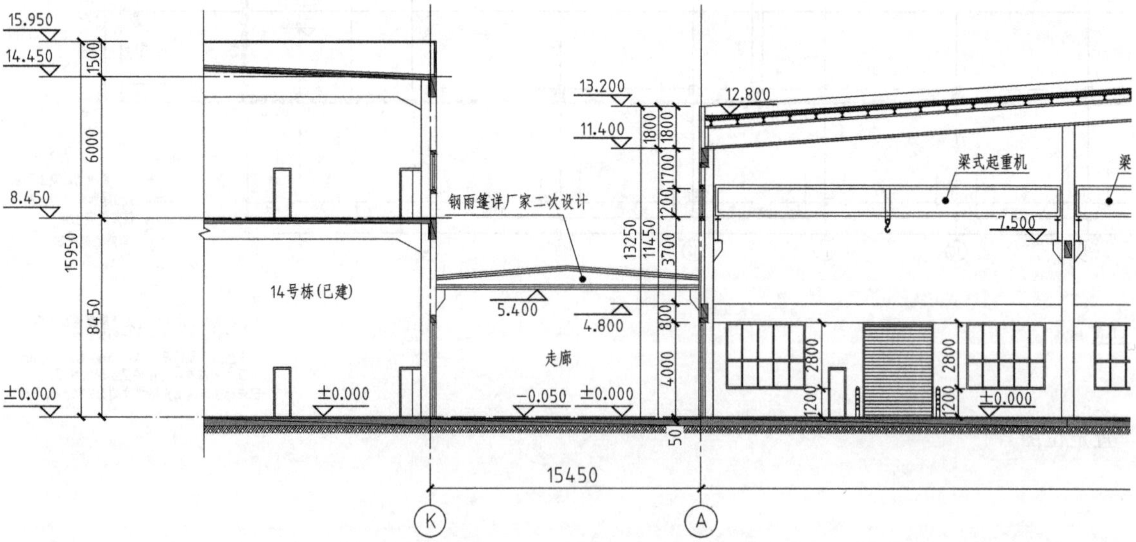


图 3-32 1—1

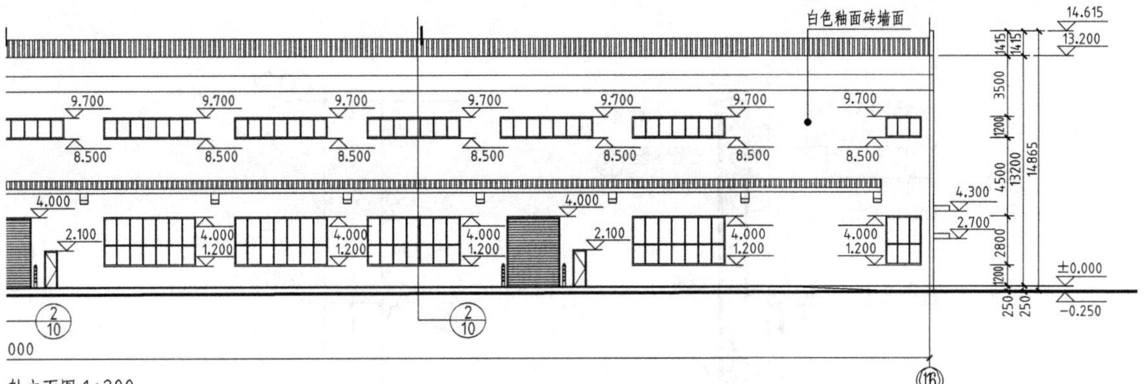

轴立面图 1:200

立面图

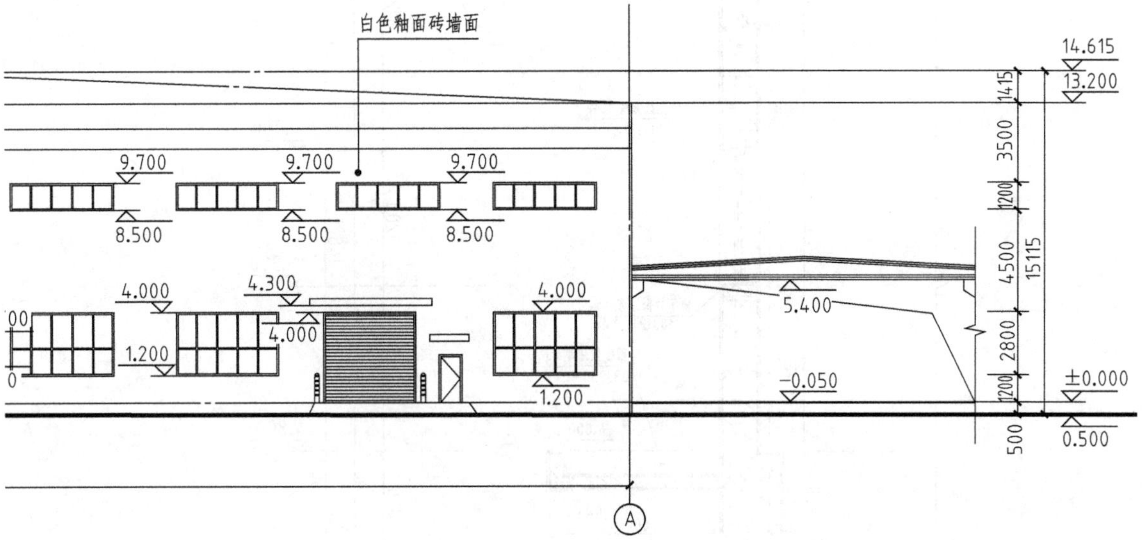

立面图

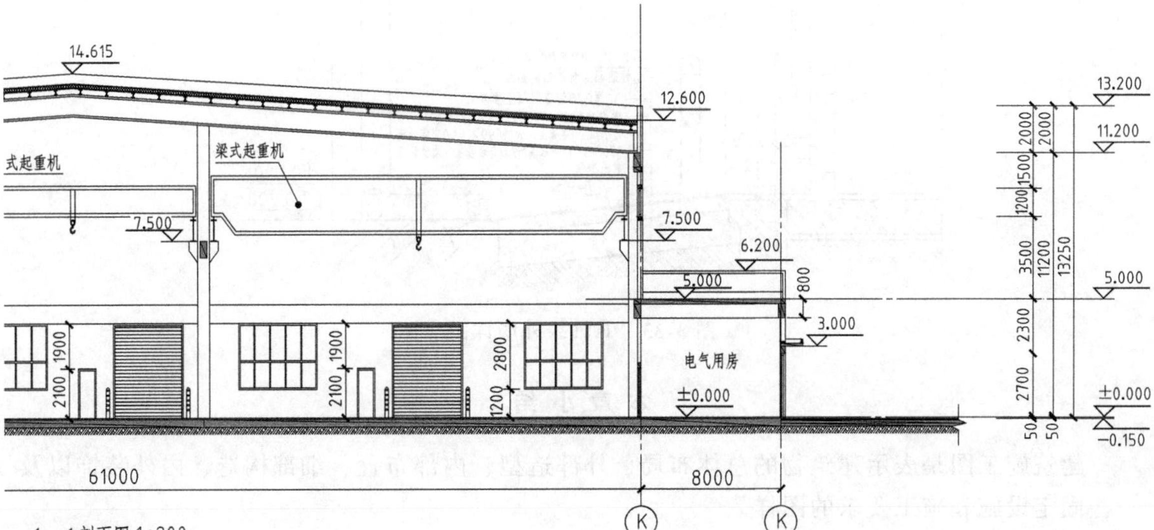

1—1剖面图 1:200

剖面图

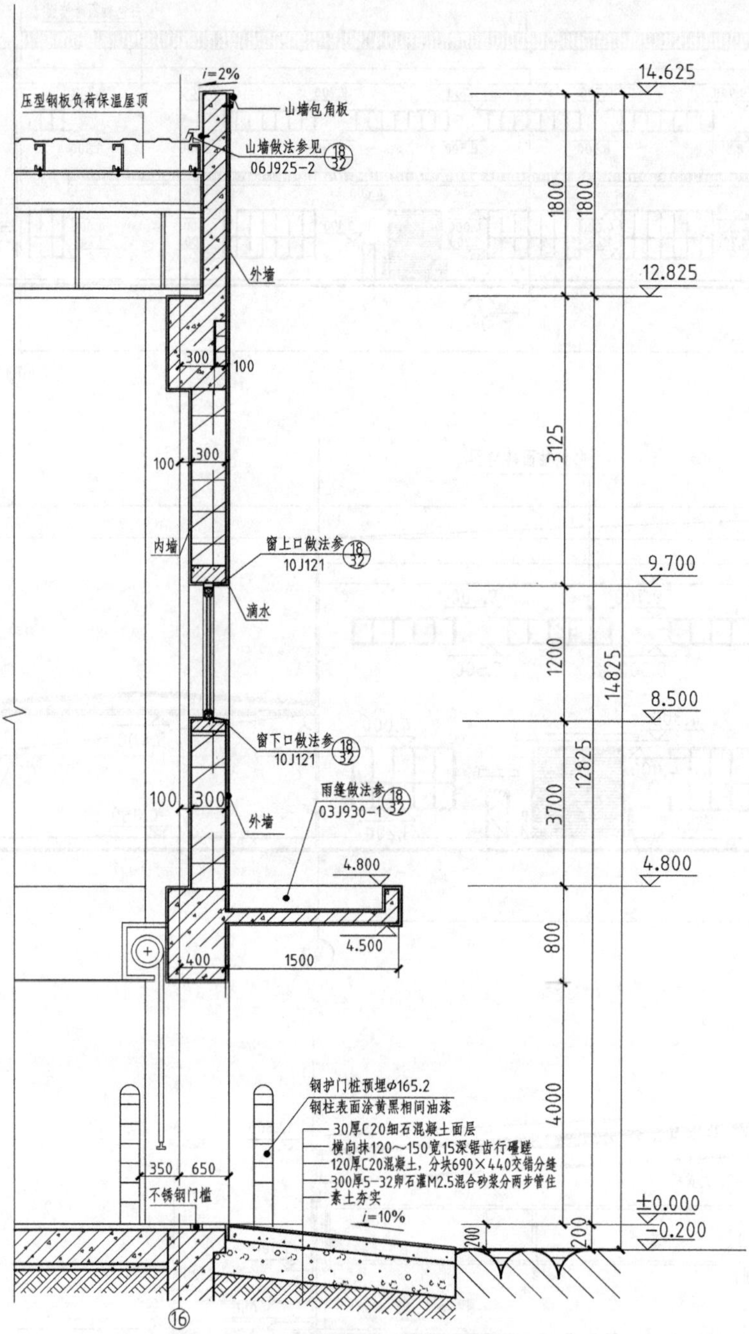


图 3-33　⑯轴线外墙详图

## 本章小结

建筑施工图是表示建筑物的总体布局、外部造型、内部布置、细部构造、内外装饰以及一些固定设施和施工要求的图样。

通过本章的学习，要求掌握民用与工业建筑建筑施工图的内容、图示方法、识读方法和绘图步骤，能够进行各种图的识读与绘制。

## 复习思考题

1. 建筑总平面图有什么作用？应包括哪些内容？
2. 建筑平面图一般有哪些？三道外部尺寸是指哪三道？
3. 立面图的命名方式有哪些？
4. 建筑剖面图有什么作用？
5. 建筑详图有哪些？楼梯由哪些部位组成？
6. 工业厂房的建筑施工图有哪些？

# 第 4 章 结构施工图

## 4.1 概述

### 4.1.1 结构施工图的用途和内容

不管建筑物的外部造型如何，建筑物都需要依靠承重构件组成的骨架体系将其支撑起来，这种承重骨架体系称为建筑结构，组成这种承重骨架体系的各个部件称为结构构件，如梁、板、柱、屋架、支撑、基础等（图 4-1）。在建筑设计的基础上，对房屋各承重构件的布置、形状、大小、材料、构造及相互关系等进行设计，画出来的图样称为结构施工图（又称结构图），简称“结施”。结施图是构件制作、安装和编制施工计划及其预算的重要依据。

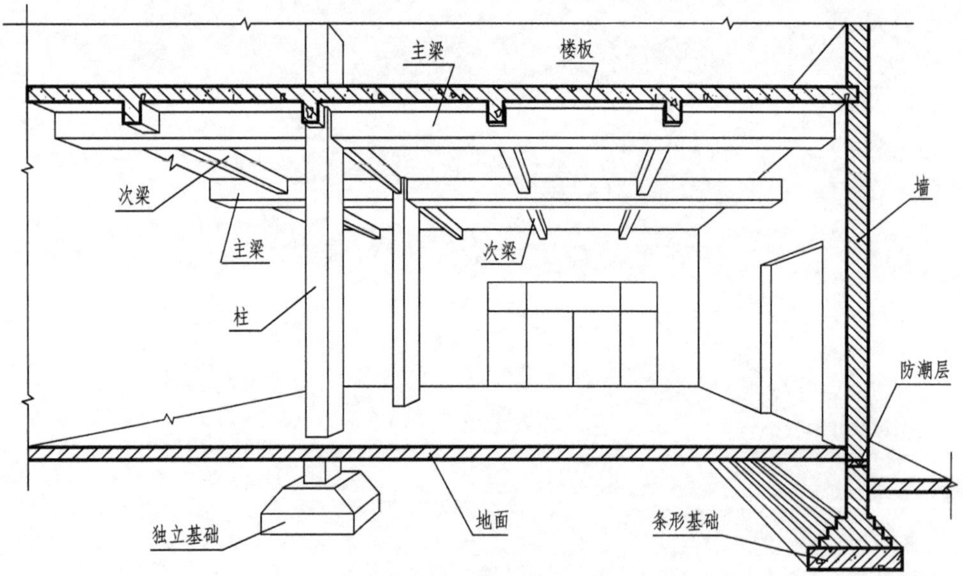


图 4-1　一般建筑的承重结构

结施图一般包括结构设计说明、结构布置图和构件详图三部分。

结构设计说明以文字叙述为主，主要说明设计的依据，如地基情况、风雪荷载、抗震情况；选用结构材料的类型、规格、强度等级等；施工要求；标准图或通用图的使用等。如下所示为第3章别墅的结构设计说明。

1. 总则

1）本工程为三层砖混结构，结构的安全等级为二级，重要性系数为1.0，设计使用年限为50年。基础设计等级为丙级。

2）本工程抗震设防为6度，设计地震加速度为0.05g，设计地震分组为第一组。场地特征周期为0.35s，场地类型为Ⅱ类，场区内地基土无地震液化可能。

3）本工程所有尺寸以所注数字为准，除标高以米（m）为单位外，其余尺寸以毫米（mm）为单位。

4）本工程室内地坪设计标高±0.000为34.6m。

5）本工程设计依据如下设计规范和规程：

①《建筑结构可靠度设计统一标准》（GB 50068—2001）。

②《建筑结构制图标准》（GB/T 50105—2010）。

③《建筑结构荷载规范》（GB 50009—2012）。

④《砌体结构设计规范》（GB 50003—2010）。

⑤《混凝土结构设计规范》（GB 50010—2010）。

⑥《建筑地基与基础设计规范》（GB 50007—2010）。

6）本工程施工应执行如下规范和规程：

①《砌体工程施工质量验收规范》（GB 50203）。

②《钢筋混凝土工程施工施工质量验收规范》（GB 50204）。

2. 荷载

1）本工程各主要部位使用活荷载见表4-1，施工及使用过程中不得超过表中数值，否则应采取临时加固措施。

**表4-1 各主要部位使用活荷载**

| 楼面用途 | 卧室 | 起居室 | 卫生间 | 楼梯 | 走道 | 上人/不上人屋面 |
|---|---|---|---|---|---|---|
| 活荷载/($kN/m^2$) | 2.0 | 2.0 | 2.0(不带浴缸) | 2.5 | 2.5 | 2.0/2.5 |

2）本工程基本风压为0.45$kN/m^2$，基本雪压为0.45$kN/m^2$。

3. 混凝土结构耐久性要求

1）本工程所有基础、地下室外墙、无上部结构的地下室顶板及地上外露部分属于二a类环境类别，其余室内环境属于一类环境类别。混凝土耐久性应符合表4-2的规定。

**表4-2 混凝土耐久性**

| 环境类别 | 最大水灰比 | 最低混凝土强度等级 | 最大氯离子含量(%) | 最大碱含量/($kg/m^3$) |
|---|---|---|---|---|
| 一 | 0.60 | C20 | 0.3 | 不限制 |
| 二a | 0.55 | C25 | 0.2 | 3.0 |

2）在施工及使用过程中未经设计人员同意，不得改变结构的用途及使用环境。

3）本工程混凝土构件裂缝控制等级为三级，在一类环境下裂缝宽度应小于0.3mm，在二类环境下裂缝宽度小于0.2mm。

4. 钢筋混凝土部分

(1) 材料

1) 本工程各部位混凝土构件强度等级见表4-3。

**表4-3 各部位混凝土构件强度等级**

| 结构部位 | 基础 | 基础垫层 | 框架柱 | 梁、板 | 其余 |
|---|---|---|---|---|---|
| 混凝土等级 | C25 | C15 | C25 | C25 | 见施工图特殊注明 |
| 备注 | 同一结构层应采用同一厂家、同一品种的水泥，不得混用 | | | | |

2) 本工程采用HPB300 ($\Phi$)、HRB335 ($\underline{\Phi}$) 钢筋，其抗拉强度设计值分别为：270N/mm$^2$，300N/mm$^2$。

3) 最外层钢筋保护层最小厚度见表4-4。

**表4-4 最外层钢筋保护层最小厚度**

| 环境类别 | 板、墙 | 梁 | 柱 |
|---|---|---|---|
| 一 | 20mm | 25mm | 25mm |
| 二a | 25mm | 30mm | 30mm |
| 备注 | 基础中纵向受力钢筋保护层厚度不小于40mm | | |

4) 钢筋连接采用搭接，钢筋的搭接长度和锚固长度按如下要求：本工程受拉钢筋的锚固长度 $l_a$、$l_{aE}$ (mm) 及搭接长度 $l_l$、$l_{lE}$ (mm) 详见《混凝土结构施工图平面整体表示方法制图规则和构造详图》(11G101-1) 页次53、55。

(2) 楼板

1) 板短跨大于3.8m的板角处均需正交放置长度为1/3短跨、直径为10mm且不小于该板负筋、间距为100mm的双向面筋。

2) 板配筋图中，边支座板负筋所标长度指负筋水平段长度；中间支座负筋所标长度指钢筋混凝土梁柱中线到端头长度，见结-02详图一。

3) 边支座负筋的锚固长度为 $l_a$，详见《混凝土结构施工图平面整体表示方法制图规则和构造详图》(11G101-1) 页次53及结-02详图二。

4) 楼板上的孔洞应预留，当孔洞尺寸小于300mm时，板钢筋沿洞边绕过，不得截断；当洞孔尺寸大于300mm时，除图中特别注明外，应按结-02详图三所示在洞口四周板底设置附加钢筋。

5) 楼板上小于250mm的洞均未在结构图上表示，施工时应与相关专业图样配合预留。

6) 同一连接区段内，钢筋的搭接接头面积百分率不得大于钢筋总截面面积的1/4。

7) 配有双层钢筋的楼板均需设支撑钢筋，可用“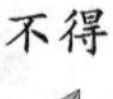”形式，其直径为8mm，每平方米不小于1个。

8) 跨度大于4m的板要求板跨中起拱不小于 $L/400$。

9) 楼板中的线管必须布置于钢筋网片上（双层双向时布置在二层钢筋中间），交叉布线处可采用线盒，线管不宜立体交叉穿越，预埋管线处应采取增设钢筋网加强，见结-02详图四。

10) 管道井在管道安装验收后，按结-02详图五封堵严密。

(3) 梁、柱

1）主次梁相交处，次梁筋放置在主梁上。当主次梁等高时，次梁主筋应弯折后放置在主梁上。次梁纵筋在主梁上的锚固长度详见《混凝土结构施工图平面整体表示方法制图规则和构造详图》（11G101-1）页次55及结-02详图六。

2）当梁边与柱边平齐时，梁纵筋应弯折后穿过柱纵筋内侧，见结-02详图七。

3）当相邻梁高度不同或标高不同时，钢筋布置见结-02详图八。

4）跨度>4m的普通梁应按跨度0.2%起拱，悬臂梁应按跨度0.5%起拱，且起拱高不小于20。

5）除特别注明外，梁上洞口直径或宽度不得大于梁高的1/3，且应放置在梁高中部，洞口应预留，见结-02详图九。

6）除特别注明外，梁上部纵筋应在跨中1/3处接头，下部纵筋应在支座处接头。

7）梁纵向受力钢筋搭接范围内，箍筋间距为纵筋较小直径的5倍，且不大于100mm。

8）梁箍筋加密区长度为自柱边起1.5倍梁高；柱箍筋加密区长度为1/6层高、柱长边尺寸及500mm中的大值。

9）柱内纵筋采用搭接接头时，当柱每侧钢筋多于4根时，应在两个水平面上搭接，且相邻主筋应错开搭接，单层柱主筋应通长。柱纵筋搭接务必避开加密区，柱纵向受力钢筋搭接范围内，箍筋间距为纵筋较小直径的5倍，且不大于100mm。

10）当梁柱混凝土强度等级相差5MPa时，梁柱节点区混凝土强度等级按梁混凝土强度等级施工；相差超过5MPa时，按柱混凝土强度等级施工。

11）悬臂梁底模需在混凝土强度达到设计强度标准值的100%后方可撤除，其余梁需在达到设计强度标准值的75%时才能撤除；且拆模后施工荷载不得大于楼板以及梁上的设计荷载。

12）折梁的内折角配筋构造除施工图注明外，按结-02详图十处理。

（4）基础　基础部分详见基础说明。

5. 砌体部分

1）±0.000以下墙体采用MU15烧结页岩实心砖及M10水泥砂浆砌。其余砌体采用MU10烧结页岩多孔砖及M7.5混合砂浆砌，砌体施工质量控制等级为B级。

2）当建筑图未注明时，卫生间、厨房、阳台、露台四周墙体部位混凝土上翻180mm高，宽度同墙厚。

3）柱沿墙高每500设2Φ6钢筋，伸入每边墙中不少于1000mm，见结-02详图十一。

4）构造柱施工时，应先砌墙，留马牙槎，后浇构造柱。

5）除特别注明外，门窗过梁见表4-5。

**表4-5　门窗过梁**

| 配筋 | 洞宽 | <1000 | 1000~1500 | 1500~2100 | 2100~2700 | 2700~3600 |
| --- | --- | --- | --- | --- | --- | --- |
| 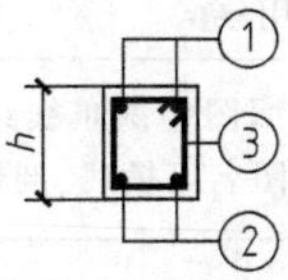 | 梁高(h) | 100 | 120 | 180 | 250 | 350 |
| | ① | — | — | 2Φ12 | 2Φ14 | 3Φ14 |
| | ② | 2Φ8 | 2Φ12 | 2Φ14 | 3Φ14 | 3Φ16 |
| | ③ | Φ6@200箍筋 | | Φ6@200 | | |

6）过梁在每边墙中的支撑长度不得小于250mm。

7）当过梁与上部梁重合时，过梁按结-02 详图十二施工。

8）当女儿墙或窗台长度超过 3.6m 时，应每隔 3.6m 设一个构造柱（窗台两边或女儿墙转角处必须设置）。构造柱纵筋锚入压顶或窗台板中 $l_a$。当建筑图中未注明压顶时，压顶采用 60mm 厚 C20 细石混凝土浇筑，内配 3Φ6 纵筋，Φ6@250 箍筋。

9）门窗洞口一边为混凝土柱或洞边距柱边小于 240mm 时，过梁纵筋应在柱上预留。

10）墙表面在墙顶与梁底接触部位处，设 300mm 宽通长成品纤维网（在粉刷层里）。

6. 其他

1）本设计内容未考虑雨期施工，当雨期施工时，必须采取相应的措施确保施工质量；冬期施工时，应按规范采取防冻措施。

2）除特别注明外，结构平面图中梁中线同轴线或梁边同柱边平。

3）柱应根据电施防雷接地要求，部分纵筋上下焊接。

4）施工时应密切与总图、建筑、给水排水、暖通及电气等各工种配合，以防错漏。

5）施工时除按本说明要求外，尚应执行各项规范及规程要求；发现问题应及时通知设计人员。

6）未经设计或者其他专业部门许可，不得改变建筑的用途，不得移动或增加墙体。

7）施工中应严格按国内现行有关工程施工验收规范进行施工验收，并做好隐蔽工程的检查与验收记录。

8）施工图中未注明的结构构造要求，应按《混凝土结构施工图平面整体表示方法制图规则和构造详图》（11G101-1）有关要求执行。

结构布置图是建筑物承重构件的整体布置图，主要表示结构构件的位置、数量、型号及相互关系。常见的结构平面布置图有：基础布置平面图、楼层结构平面图、屋面结构平面图、柱网平面图等。构件详图是表示单个构件形状、尺寸、材料、构造及工艺的图样，如梁、板、柱、基础等详图。

结施图按承重构件使用材料的不同还可分为钢筋混凝土结构图、砌体结构图、钢结构图、木结构图等。

### 4.1.2 结构施工图的一般规定

绘制结构施工图时应遵守《房屋建筑制图统一标准》（GB/T 50001—2017）和《建筑结构制图标准》（GB/T 50105—2010）的基本规定，其具体要求如下。

**1. 图线**

结构图中图线的表示见表 4-6。

**表 4-6 图线**

| 名称 | | 线型 | 线宽 | 一般用途 |
|---|---|---|---|---|
| 实线 | 粗 | ———— | $b$ | 螺栓，钢筋线，结构平面图中的单线结构构件，钢木支撑及系杆线，图名下横线，剖切线 |
| | 中粗 | ———— | $0.7b$ | 结构平面图及详图中剖到或可见的墙身轮廓线、基础轮廓线，钢、木结构轮廓线，钢筋线 |

（续）

| 名称 | | 线型 | 线宽 | 一般用途 |
|---|---|---|---|---|
| 实线 | 中 | | 0.5b | 结构平面图及详图中剖到或可见的墙身轮廓线、基础轮廓线，可见的钢筋混凝土构件轮廓线，钢筋线 |
| | 细 | | 0.25b | 标注引出线、标高符号线、索引符号线、尺寸线 |
| 虚线 | 粗 | | b | 不可见的钢筋线、螺栓线，结构平面图中不可见的单线结构构件线及钢、木支撑线 |
| | 中粗 | | 0.7b | 结构平面图中不可见构件、墙身轮廓线及不可见钢、木构件线，不可见的钢筋线 |
| | 中 | | 0.5b | 结构平面图中不可见构件、墙身轮廓线及不可见钢、木构件线，不可见的钢筋线 |
| | 细 | | 0.25b | 基础平面图中的管沟轮廓线、不可见的钢筋混凝土构件轮廓线 |
| 单点长画线 | 粗 | | b | 柱间支撑、垂直支撑、设备基础轴线图中的中心线 |
| | 细 | | 0.25b | 定位轴线、对称中心线、中心线、重心线 |
| 双点长画线 | 粗 | | b | 预应力钢筋线 |
| | 细 | | 0.25b | 原有结构轮廓线 |
| 折断线 | | | 0.25b | 断开界线 |
| 波浪线 | | | 0.25b | 断开界线 |

### 2. 比例

常用比例见表4-7，特殊情况下也可选用可用比例。当构件的纵、横向断面尺寸相差悬殊时，可以在同一详图中的纵、横向选用不同的比例绘制。轴线尺寸与构件尺寸也可选用不同比例绘制。

**表4-7 结构图常用比例**

| 图名 | 常用比例 | 可用比例 |
|---|---|---|
| 结构平面图，基础平面图 | 1:50，1:100，1:150 | 1:60，1:200 |
| 圈梁平面图，总图中管沟、地下设施等 | 1:200，1:500 | 1:300 |
| 详图 | 1:10，1:20，1:50 | 1:5，1:25，1:30 |

### 3. 构件代号

为方便阅读，简化标注，构件的名称可用代号表示，代号后应用阿拉伯数字标注该构件的型号或编号，也可为构件的顺序号。构件的顺序号采用不带角标的阿拉伯数字连续编排。常用的构件代号应符合《建筑结构制图标准》（GB/T 50105—2010）中的规定，见表4-8。

### 4. 定位轴线

结构施工图上的定位轴线及编号应与建筑施工图一致。

### 5. 尺寸标注

结构施工图上的尺寸应与建筑施工图相符合，但也不完全相同。结构施工图中所注尺寸

表 4-8　常用构件代号

| 序号 | 名　称 | 代号 | 序号 | 名　称 | 代号 | 序号 | 名　称 | 代号 |
|---|---|---|---|---|---|---|---|---|
| 1 | 板 | B | 19 | 圈梁 | QL | 37 | 承台 | CT |
| 2 | 屋面板 | WB | 20 | 过梁 | GL | 38 | 设备基础 | SJ |
| 3 | 空心板 | KB | 21 | 连系梁 | LL | 39 | 桩 | ZH |
| 4 | 槽形板 | CB | 22 | 基础梁 | JL | 40 | 挡土墙 | DQ |
| 5 | 折板 | ZB | 23 | 楼梯梁 | TL | 41 | 地沟 | DG |
| 6 | 密肋板 | MB | 24 | 框架梁 | KL | 42 | 柱间支撑 | ZC |
| 7 | 楼梯板 | TB | 25 | 框支梁 | KZL | 43 | 垂直之城 | CC |
| 8 | 盖板或沟盖板 | GB | 26 | 屋面框架梁 | WKL | 44 | 水平支撑 | SC |
| 9 | 挡雨板或檐口板 | YB | 27 | 檩条 | LT | 45 | 梯 | T |
| 10 | 吊车安全走道板 | DB | 28 | 屋架 | WJ | 46 | 雨篷 | YP |
| 11 | 墙板 | QB | 29 | 托架 | TJ | 47 | 阳台 | YT |
| 12 | 天沟板 | TGB | 30 | 天窗架 | TJ | 48 | 梁垫 | LD |
| 13 | 梁 | L | 31 | 框架 | KJ | 49 | 预埋件 | M |
| 14 | 屋面梁 | WL | 32 | 刚架 | GJ | 50 | 天窗端壁 | TD |
| 15 | 吊车梁 | DL | 33 | 支架 | ZJ | 51 | 钢筋网 | W |
| 16 | 单轨吊车梁 | DDL | 34 | 柱 | Z | 52 | 钢筋骨架 | G |
| 17 | 轨道链接 | DGL | 35 | 框架柱 | KZ | 53 | 基础 | J |
| 18 | 车档 | CD | 36 | 构造柱 | GZ | 54 | 暗柱 | AZ |

是结构的实际尺寸，一般不包括结构表面粉刷层或面层的厚度。在桁架式结构的单线图中，几何尺寸可直接注写在杆件的一侧，而不需画尺寸界线，对称桁架可在左半边标注尺寸，右半边标注内力。

**6. 投影方式**

结构图应用正投影法绘制。

# 4.2　钢筋混凝土结构图

## 4.2.1　钢筋混凝土的基本知识

混凝土是由水泥、砂、石料和水按一定比例混合，经搅拌、浇筑、凝固、养护而制成的。混凝土构件抗压强度较高，但是抗拉强度低，因此在构件的受拉区配置一定数量的钢筋，这种由钢筋和混凝土两种材料组成的构件称为钢筋混凝土构件。

**1. 混凝土的等级和钢筋的直径符号**

混凝土按其立方体抗压强度分为：C15、C20、C25、C30、C35、C40、C45、C50、C55、C60、C65、C70、C75、C80 等 14 级。钢筋混凝土结构的混凝土强度等级不应低于 C20。

钢筋的直径、符号见表 4-9。

表 4-9　钢筋的直径、符号

| 钢筋品种 | 符号 | 公称直径 $d$/mm | 钢筋品种 | 符号 | 公称直径 $d$/mm |
|---|---|---|---|---|---|
| HPB300（Ⅰ级钢筋） | Φ | 6～22 | HRB400（Ⅲ级钢筋） | Φ | 6～50 |
| HRB335（Ⅱ级钢筋） | Φ | 6～50 | HRB500（Ⅳ级钢筋） | Φ | 6～50 |

**2. 钢筋的种类及作用**

钢筋按其在构件中所起的作用不同可分为以下三类（图 4-2）：

1）受力筋：也称主筋，承受拉力或压力（其中在近梁端斜向弯起的弯起筋承受剪力），钢筋面积根据受力大小由计算决定，并配置在各种钢筋混凝土构件中。

2）箍筋：用以固定受力筋的位置并承受部分剪力或扭力，多用于梁和柱。

3）构造筋：因构造要求或钢筋骨架需要配置的钢筋，如架立筋、分布筋。架力筋用于固定梁内箍筋位置，构成梁内的钢筋骨架；分布筋多配置于板中，与板的受力筋垂直布置，将承受的荷载均匀地传给受力筋、固定受力筋的位置，并承担抵抗各种原因引起的混凝土开裂的任务。还有其他因构造要求或施工安装需要而配置的构造筋，如腰筋、预埋锚固筋、吊环等。

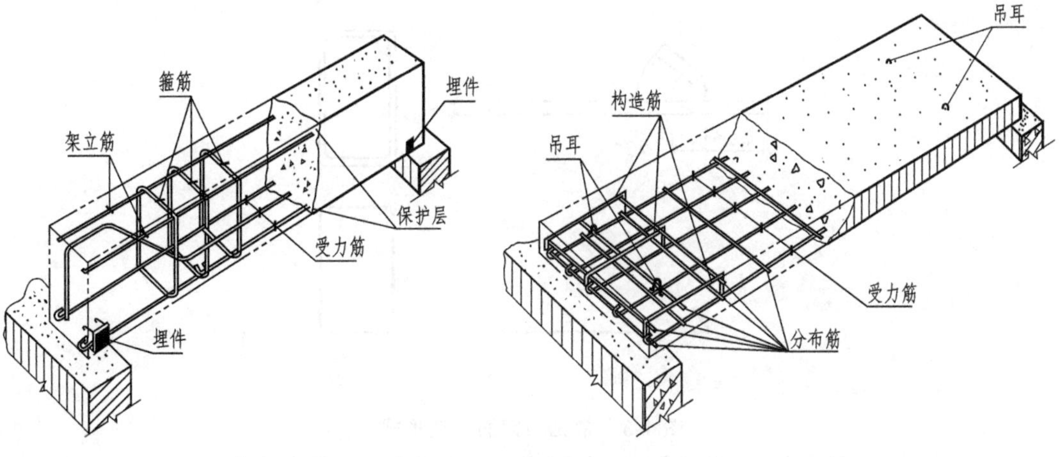


a)　　b)

图 4-2　混凝土构件的内部结构

**3. 钢筋的保护层和弯钩**

为了保护钢筋，防蚀、防火及加强钢筋与混凝土的粘结力，位于构件中的钢筋，其外面要留有保护层。根据《混凝土结构设计规范》（GB 50010—2010）的规定，设计年限为 50 年的混凝土结构，各种构件最外层钢筋的保护层厚度应按表 4-10 采用。

表 4-10　钢筋的保护层厚度　（单位：mm）

| 环境类别 | | 板、墙、壳 | 梁、柱、杆 |
|---|---|---|---|
| 一 | | 15 | 20 |
| 二 | a | 20 | 25 |
| | b | 25 | 35 |

（续）

| 环境类别 | | 板、墙、壳 | 梁、柱、杆 |
|---|---|---|---|
| 三 | a | 30 | 40 |
| | b | 40 | 50 |

注：1. 混凝土强度等级不大于 C25 时，表中保护层厚度数值应增加 5mm。

2. 钢筋混凝土基础宜设置混凝土垫层，基础中钢筋的混凝土保护层厚度应从垫层顶面算起，且不应小于 40mm。

为了加强光圆钢筋与混凝土的粘结力，钢筋端部常做成弯钩。常见的几种钢筋弯钩形式如图 4-3 所示。

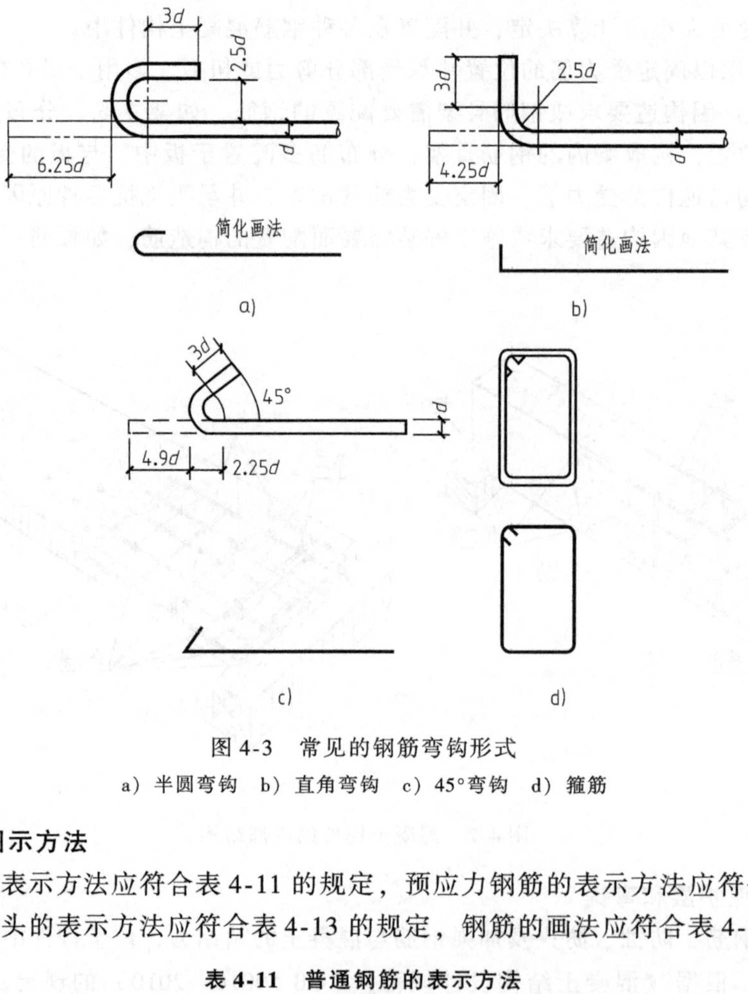


图 4-3 常见的钢筋弯钩形式

a）半圆弯钩 b）直角弯钩 c）45°弯钩 d）箍筋

**4. 钢筋的图示方法**

普通钢筋的表示方法应符合表 4-11 的规定，预应力钢筋的表示方法应符合表 4-12 的规定，钢筋焊接接头的表示方法应符合表 4-13 的规定，钢筋的画法应符合表 4-14 的规定。

**表 4-11 普通钢筋的表示方法**

| 序号 | 名称 | 图例 | 说明 |
|---|---|---|---|
| 1 | 钢筋横断面 | • | — |
| 2 | 无弯钩的钢筋端部 | | 下图标示长、短钢筋投影重叠时，短钢筋的端部用 45°斜画线表示 |
| 3 | 带半圆形弯钩的钢筋端部 | | — |
| 4 | 带直钩的钢筋端部 | | — |

（续）

| 序　号 | 名　称 | 图　例 | 说　明 |
|---|---|---|---|
| 5 | 带螺纹的钢筋端部 |  | — |
| 6 | 无弯钩的钢筋搭接 |  | — |
| 7 | 带半圆形弯钩的钢筋搭接 |  | — |
| 8 | 带直钩的钢筋搭接 |  | — |
| 9 | 花篮螺钉钢筋接头 | 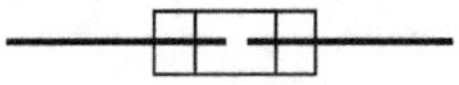 | — |
| 10 | 机械连接的钢筋接头 | 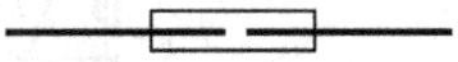 | 用文字说明机械连接的方式(如冷挤压或直螺纹等) |

**表 4-12　预应力钢筋的表示方法**

| 序号 | 名　称 | 图　例 |
|---|---|---|
| 1 | 预应力筋或钢绞线 |  |
| 2 | 后张法预应力钢筋断面<br>无粘结预应力钢筋断面 |  |
| 3 | 预应力钢筋断面 |  |
| 4 | 张拉端锚具 |  |
| 5 | 固定端锚具 |  |
| 6 | 锚具的端视图 |  |
| 7 | 可动连接件 | 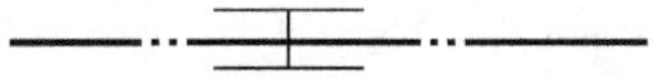 |
| 8 | 固定连接件 | 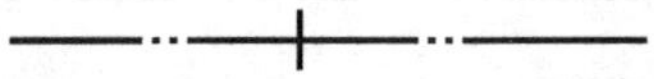 |

**表 4-13　钢筋焊接接头的表示方法**

| 序号 | 名　称 | 接 头 形 式 | 标 注 方 法 |
|---|---|---|---|
| 1 | 单面焊接的钢筋接头 | 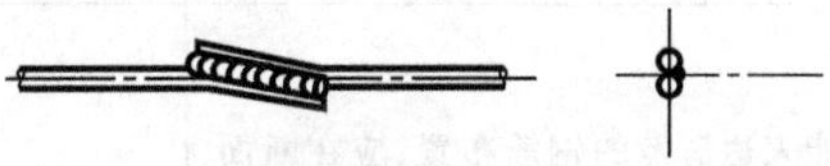 |  |
| 2 | 双面焊接的钢筋接头 | 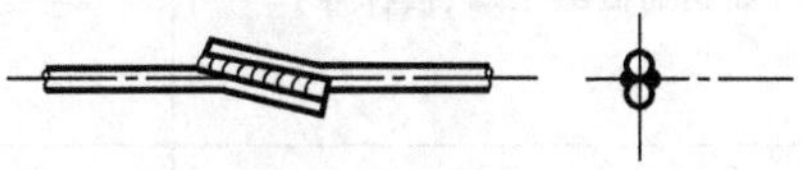 |  |
| 3 | 用帮条单面焊接的钢筋接头 | 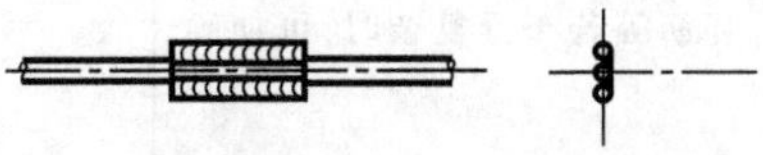 | 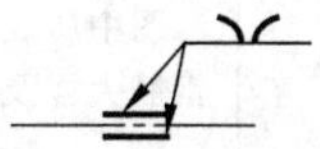 |
| 4 | 用帮条双面焊接的钢筋接头 | 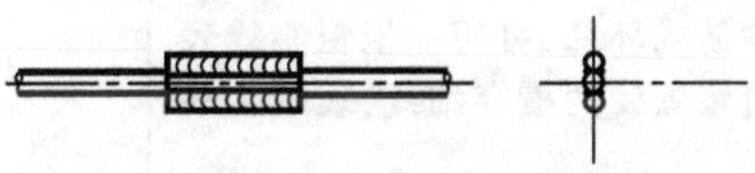 | 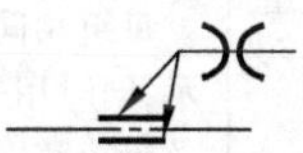 |

（续）

| 序号 | 名　称 | 接头形式 | 标注方法 |
|---|---|---|---|
| 5 | 接触对焊的钢筋接头（闪光焊、压力焊） |  | 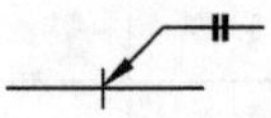 |
| 6 | 坡口平焊的钢筋接头 | 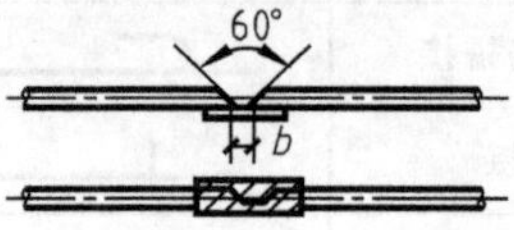 | 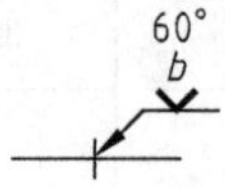 |
| 7 | 坡口立焊的钢筋接头 | 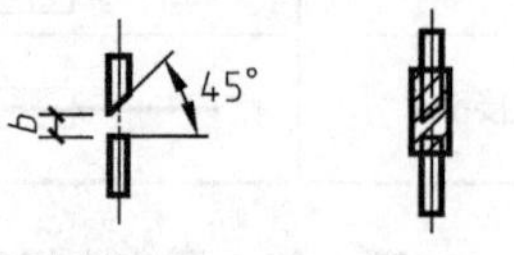 | 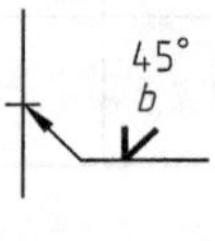 |
| 8 | 用角钢或扁钢做连接板焊接的钢筋接头 | 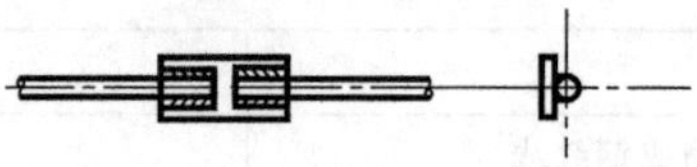 | 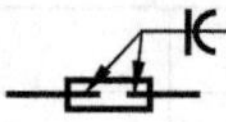 |
| 9 | 钢筋或螺（锚）栓与钢板穿孔塞焊的接头 | 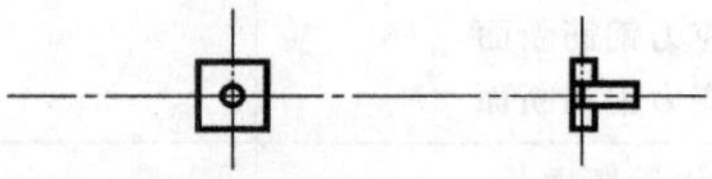 | 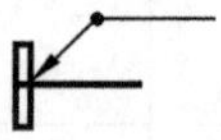 |

**表 4-14　钢筋的画法**

| 序号 | 说　明 | 图　例 |
|---|---|---|
| 1 | 在结构楼板中配置双层钢筋时，底层钢筋的弯钩应向上或向左，顶层钢筋的弯钩则向下或向右 | 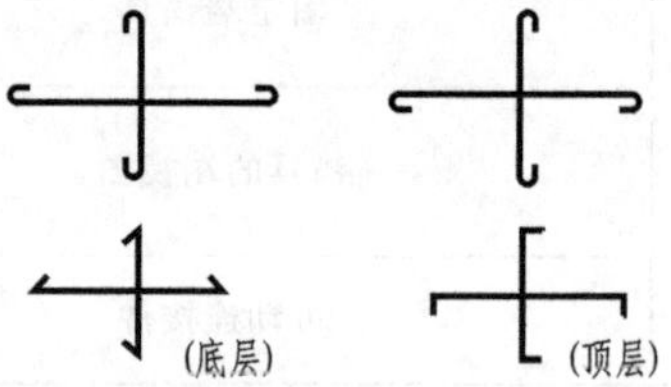 |
| 2 | 钢筋混凝土墙体配双层钢筋时，在配筋立面图中，远面钢筋的弯钩应向上或向左，而近面钢筋的弯钩应向下或向右（JM 近面，YM 远面） | 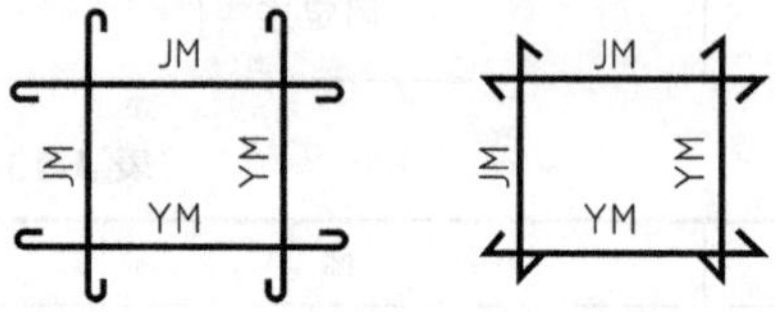 |
| 3 | 若在断面图中不能表达清楚的钢筋布置，应在断面图外增加钢筋大样图（如钢筋混凝土墙、楼梯等） | 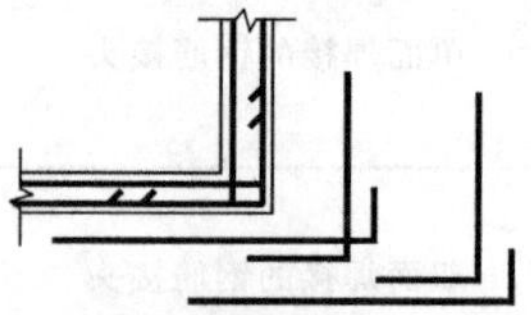 |
| 4 | 图中所表示的箍筋、环筋等若布置复杂时，可加画钢筋大样及说明 | 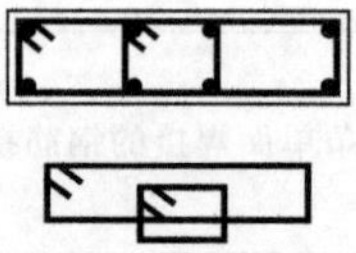 |
| 5 | 每组相同的钢筋、箍筋或环筋，可用一根粗实线表示，同时用一两端带斜短画线的横穿细线，表示钢筋及起止范围 | 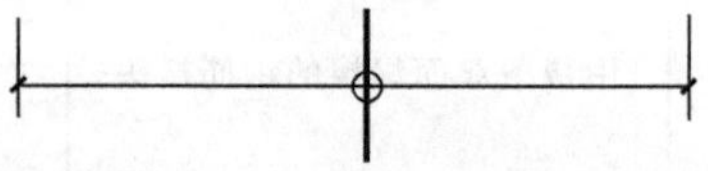 |

钢筋在平面、立面、剖面图中的表示方法应符合下列规定：

1）钢筋在平面图中的配置应按图 4-4 所示的方法表示。当钢筋标注的位置不够时，可采用引出线标注。引出线标注钢筋的斜短画线应为中实线或细实线。

2）当构件布置较简单时，结构平面布置图与板配筋平面图合并绘制。平面图中的钢筋配置较复杂时，可按表 4-14 和图 4-5 的方法绘制；钢筋在梁纵、横断面图中的配置应按图 4-6 所示的方法表示。

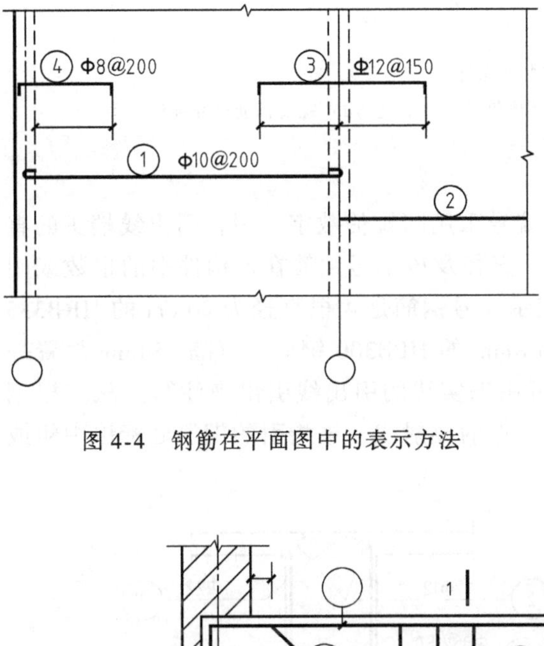


图 4-4　钢筋在平面图中的表示方法

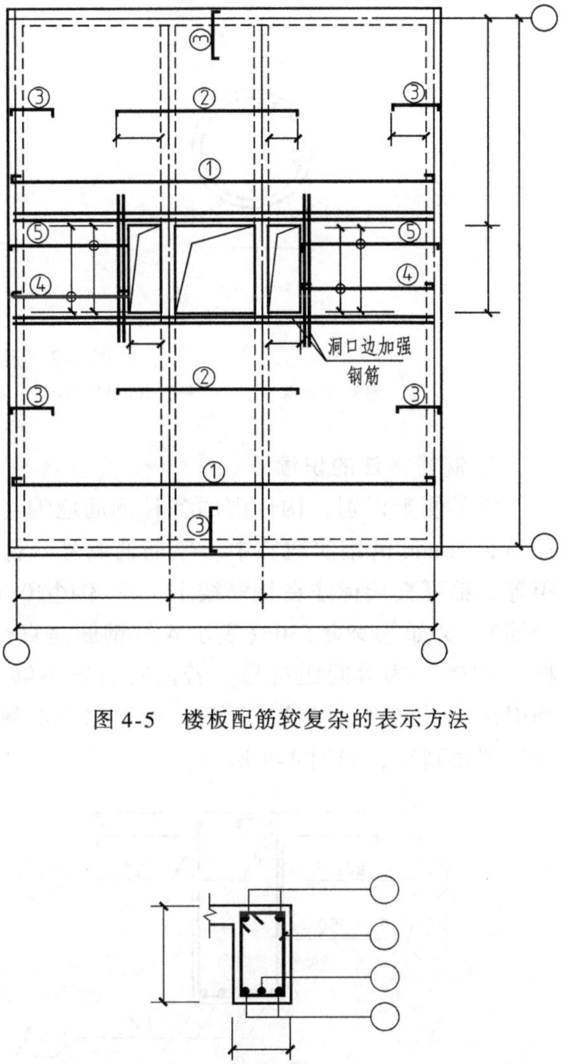


图 4-5　楼板配筋较复杂的表示方法

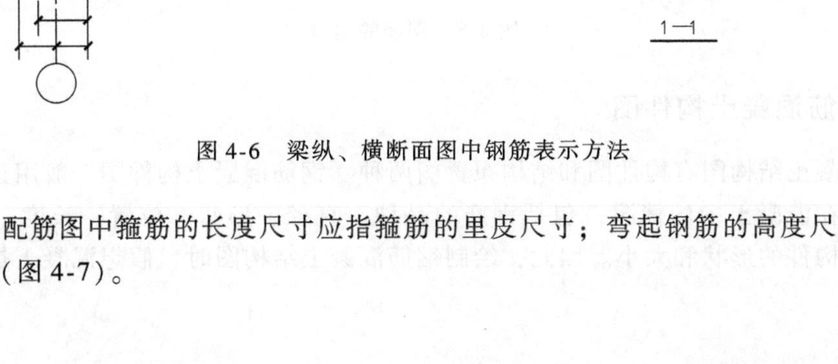


图 4-6　梁纵、横断面图中钢筋表示方法

3）构件配筋图中箍筋的长度尺寸应指箍筋的里皮尺寸；弯起钢筋的高度尺寸应指钢筋的外皮尺寸（图 4-7）。

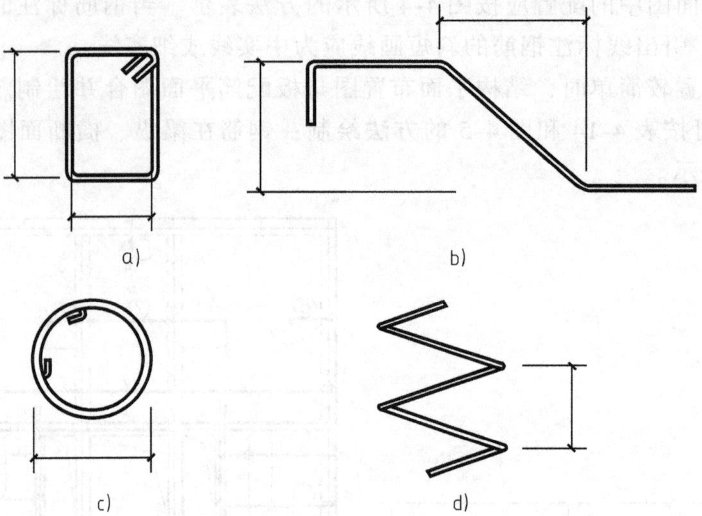


图 4-7 钢筋尺寸标注

a）箍筋尺寸标注 b）弯起钢筋尺寸标注 c）环形钢筋尺寸标注 d）螺旋钢筋尺寸标注

**5. 钢筋标注的识读**

为了便于识别，构件内的各种钢筋应编号。编号采用阿拉伯数字，写在引出线端头的直径为 5～6mm 的细实线圆中。钢筋的编号、符号、直径及该编号钢筋在该构件中的根数或间距等，都可直接标注在钢筋线上，如③4Φ20（表示 3 号钢筋是 4 根直径为 20mm 的 HRB335 钢筋），又如④ϕ8@150（表示 4 号钢筋是直径为 8mm 的 HPB300 钢筋，每隔 150mm 放置一根）。“@”为等间距符号。若注写位置不够，可用细实线的引出线引出来注写。从多根钢筋引出的引出线可以是平行的，也可以是汇集到一点的放射线。被指引的钢筋处标以中粗或细的斜短画线，如图 4-8 所示。

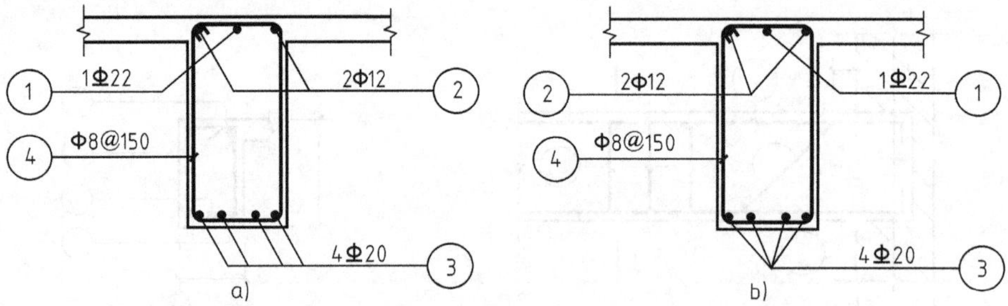


图 4-8 钢筋的编号

## 4.2.2 钢筋混凝土构件图

钢筋混凝土结构图有构件图和结构布置图两种。钢筋混凝土构件图一般用正投影表达钢筋本身及其在混凝土中的情况，包括钢筋的品种、直径、形状、位置、长度、数量及间距等，还包括构件的形状和大小。因此，绘制钢筋混凝土结构图时，假想混凝土是透明体，使包含在混凝土中的钢筋成为“可见”。这种能显示混凝土内部钢筋配置的投影图称为配筋图。通常，配筋图有配筋平面图、配筋立面图、配筋断面图。配筋图是钢筋混凝土结构图中最主要的图。必要时，还可把构件中的各种钢筋抽出来绘制钢筋详图并列出钢筋表。

对于形状比较复杂的构件，或设有预埋件的构件，还需画模板图（表达构件形状、尺寸及预埋件位置的投影图）和埋件详图，以便制作、安装模板及布置埋件时使用。结构对称时，模板图和配筋图经常绘制在同一张图上。

**1. 钢筋混凝土梁结构详图**

钢筋混凝土梁结构详图主要包括立面图和断面图，为便于下料，还可以把各种钢筋抽出来绘成钢筋详图，列钢筋表。

图4-9所示是某现浇悬挑钢筋混凝土梁结构详图，图名是XL（悬挑梁）。立面图比例是1:20，从立面图上看出梁长3600mm，高250mm。②号弯起钢筋，弯起点距两端500mm；④号为箍筋，采用简化画法，只画出其中几个，箍筋间距是150mm，梁顶部为③号通长钢筋，底部为①号通长钢筋。断面图有两个，比例是1:10，从1—1、2—2断面图中可看出梁高250mm，宽150mm，梁上部配③号筋（2根直径为8mm的HPB300级钢筋）；梁两端还各有1根弯起的②号筋（直径为14mm的HRB335级钢筋）；下部配①号受力钢筋（2根直径为

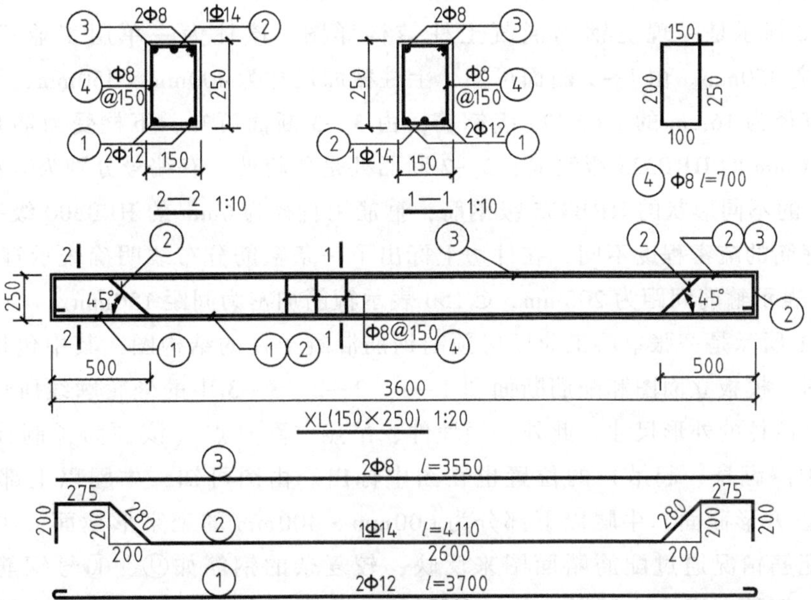


钢筋表

| 编号 | 规格 | 简图 | 单根长度/mm | 根数 | 总长/m | 质量/kg |
|---|---|---|---|---|---|---|
| ① | 12 | | 3700 | 2 | 7.40 | 7.53 |
| ② | 14 | | 4110 | 1 | 4.11 | 4.96 |
| ③ | 8 | | 3550 | 2 | 7.10 | 2.81 |
| ④ | 8 | | 700 | 24 | 16/80 | 6.67 |

图4-9　某现浇悬挑钢筋混凝土梁结构详图

12mm 的 HPB300 级钢筋)，中间配 1 根②号弯起钢筋（直径为 14mm 的 HRB335 级钢筋），2—2 断面图还表示梁端部②号钢筋弯起后的位置。从钢筋详图和钢筋表中可看出钢筋的形状、数量和下料长度。

下料长度的计算方法如下：

1）对于梁顶角部③号钢筋，其下料长度为梁的长度减去两端保护层，即 $l = 3600\text{mm} - (25 \times 2)\text{mm} = 3550\text{mm}$。

2）对于梁底部①号钢筋，由于两端有半圆形的 180°弯钩，所以应加两个 6.25$d$ 长度，①号筋的下料长度为：$l = 3550\text{mm} + (6.25 \times 12) \times 2\text{mm} = 3700\text{mm}$。

3）对于②号弯起筋，其下料长度为：$l = 2600\text{mm} + (280 + 275 + 200) \times 2\text{mm} = 4110\text{mm}$。

4）对于④号箍筋，因为要弯 135°弯钩，所以要在其周长的基础上加 2 倍 4.9$d$（$4.9 \times 8\text{mm} = 39.2\text{mm}$，实际工程中常取 50mm），因此其下料长度为：$l = (100 + 200) \times 2\text{mm} + 50 \times 2\text{mm} = 700\text{mm}$。

**2. 钢筋混凝土柱结构详图**

钢筋混凝土柱结构详图主要包括立面图和断面图。如果柱的外形变化复杂或有预埋件，则应增画模板图，即构件的外形图，一般用细实线绘制。

图 4-10 所示是一现浇钢筋混凝土柱结构详图。该柱为一单层工业厂房柱，柱长为 9050mm，宽 350mm。由 1—1 断面可知，上柱截面尺寸为 400mm×350mm，受力筋是编号为①的 4 根直径为 16mm 的 HRB335 级钢筋；由 3—3 断面可知，下柱受力筋是编号为③的 4 根直径为 16mm 的 HRB335 级钢筋；2—2 断面处是牛腿处，有编号分别为⑤和⑥的各 4 根直径为 16mm 的不同形状的 HRB335 级钢筋，箍筋用直径为 6mm 的 HPB300 级钢筋，柱上不同位置，其箍筋的疏密程度不同，在柱边上标出了一条箍筋分布线明确表示箍筋的分布情况，其中@ 200 表示箍筋间距为 200mm，@ 150 表示箍筋加密为间距 150mm。

图 4-11 所示是一张单层工业厂房预制钢筋混凝土柱的结构图，其中包括模板图、配筋图和埋件图。模板立面图和配筋断面图 1—1、2—2、3—3 中的外轮廓线所形成的三个断面图共同确定该柱的外形尺寸。此外，预埋件、吊点、翻身点（该柱为预制柱，在制作、运输、安装中需翻身、起吊）的位置也在图中标出。由图可知，牛腿以上部分为 400mm×400mm 的正方形截面，牛腿以下部分为 600mm×400mm 的工字形截面，牛腿部分尺寸是变化的。配筋情况通过配筋断面图来反映，较复杂的钢筋如⑨、⑩号钢筋，必须抽出来单独表示。箍筋布置在牛腿的上、中、下部，分别采用⑤、⑥、⑦、⑧号箍筋，其直径和中心距各不相同。此外，这张图上还画出了埋件的详图（为了制作方便）和钢筋表、文字说明等。

**3. 钢筋混凝土板结构详图**

钢筋混凝土现浇板的结构详图包括配筋平面图和断面图。通常板的配筋可直接在平面图上绘制，必要时也可加画断面图。每种规格的钢筋只需画一根并标出其规格、间距。断面图反映板的配筋形式、钢筋位置及板厚，需注明板底标高。板的配筋有分离式和弯起式两种：如果板的上下钢筋分别单独配置，则称为分离式；如果支座附近的上部钢筋是由跨中的下部钢筋弯起得到的，则称为弯起式。图 4-12 所示即为分离式配筋。

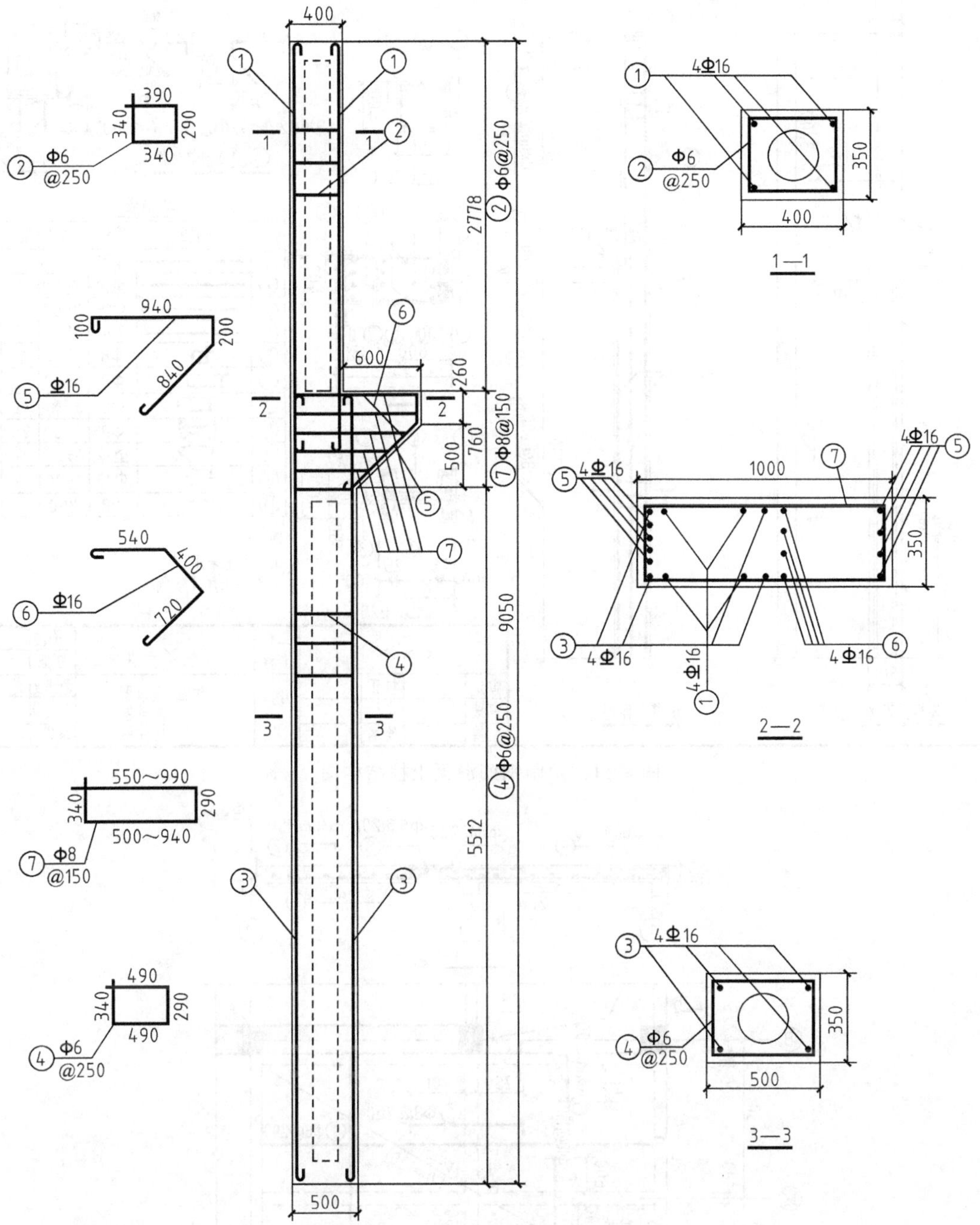


图4-10　现浇钢筋混凝土柱结构详图

### 4.2.3　结构平面图与平面整体表示方法

**1. 结构平面图图示方法**

结构平面图主要标示结构构件在平面上的位置及钢筋配置情况，楼层结构平面图是假想沿每层楼板上表面水平剖切并向下投影得到的剖面，主要表示板、梁、墙、柱等的布置情

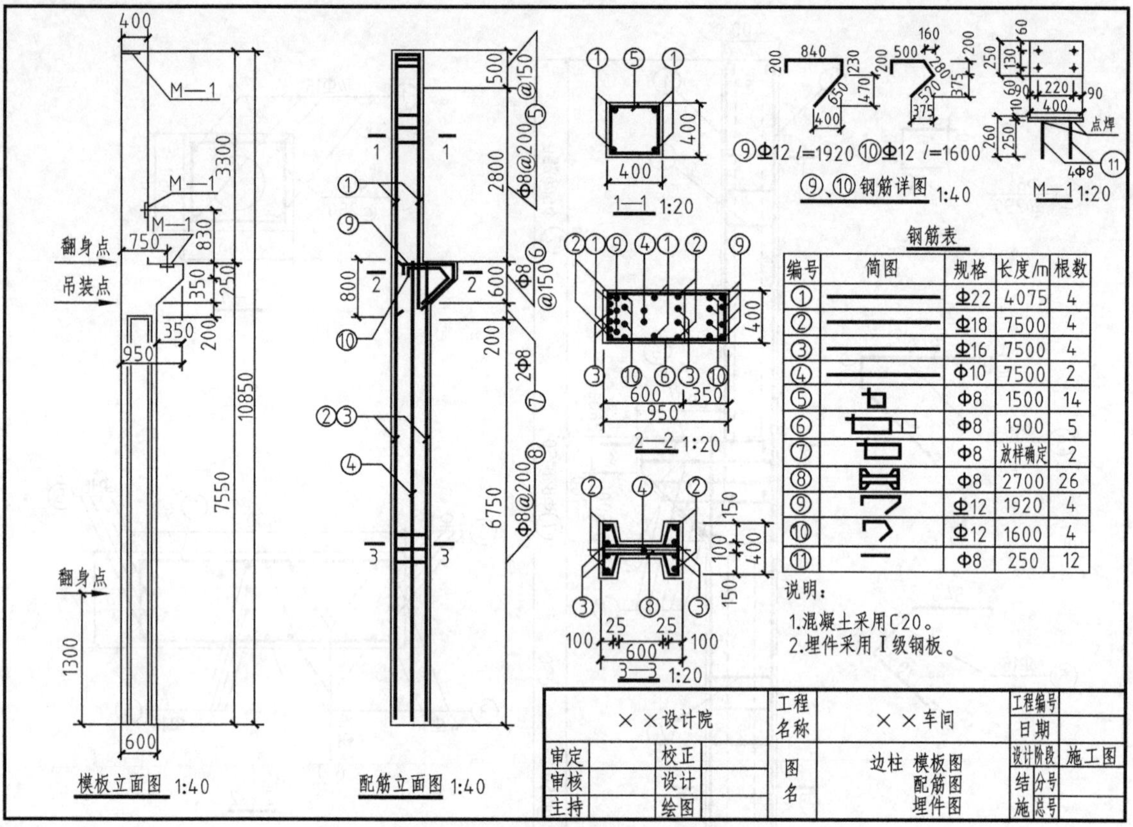


钢筋表

| 编号 | 简图 | 规格 | 长度/m | 根数 |
|---|---|---|---|---|
| ① | | Φ22 | 4075 | 4 |
| ② | | Φ18 | 7500 | 4 |
| ③ | | Φ16 | 7500 | 4 |
| ④ | | Φ10 | 7500 | 2 |
| ⑤ | | Φ8 | 1500 | 14 |
| ⑥ | | Φ8 | 1900 | 5 |
| ⑦ | | Φ8 | 放样确定 | 2 |
| ⑧ | | Φ8 | 2700 | 26 |
| ⑨ | | Φ12 | 1920 | 4 |
| ⑩ | | Φ12 | 1600 | 4 |
| ⑪ | | Φ8 | 250 | 12 |

图 4-11 预制钢筋混凝土柱结构图

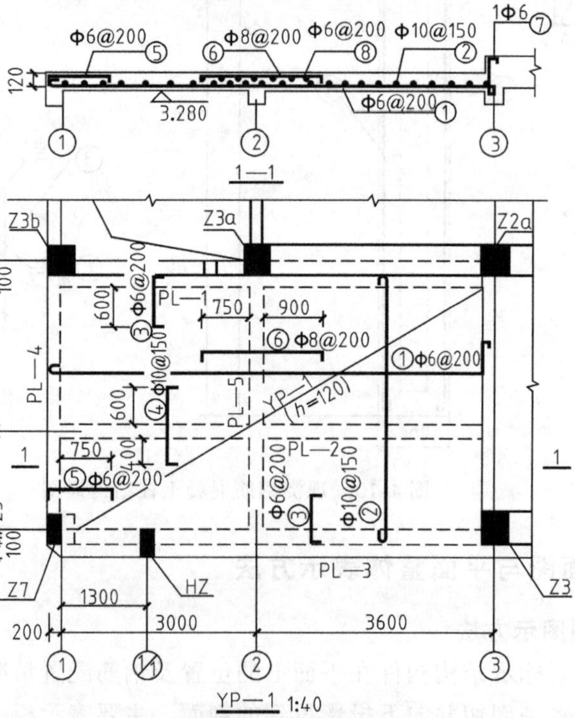


图 4-12 现浇混凝土板配筋图

况。一般应按规定采用图 4-13 所示的正投影法绘制，特殊情况下也可采用仰视投影绘制。当建筑各层构件类型、大小、数量、布置均相同时，可只画一个标准层。

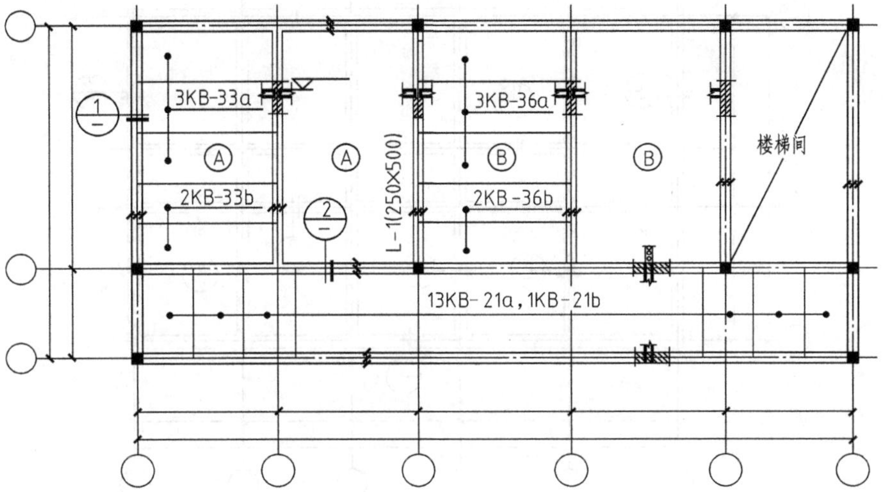


a)

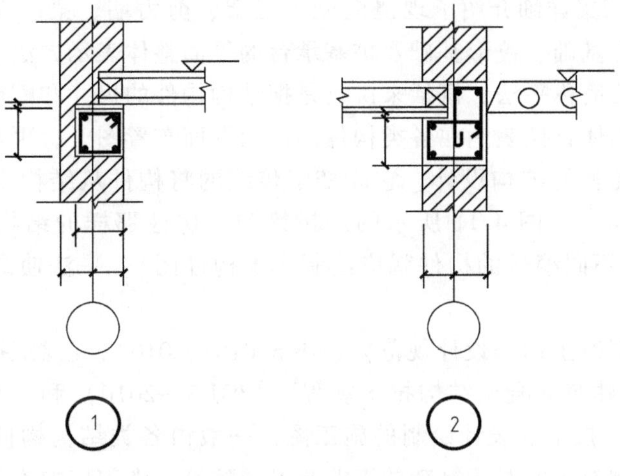

b)

图 4-13　用正投影法绘制预制楼板结构平面图及详图
a）预制楼板结构平面图　b）节点详图

结构平面图中索引的剖视详图、断面详图应采用索引符号表示，其编号顺序宜按图4-14所示的规定进行编排，并符合下列要求：

1）外墙按顺时针方向从左下角开始编号。

2）内横墙从左至右，从上至下编号。

3）内纵墙从上至下，从左至右编号。

**2. 结构施工图平面整体表示方法**

为了提高设计效率、简化绘图、缩减图纸量，并且使施工看图、查找方便，我国推出了国家标准图集《混凝土结构施工图平面整体表示方法制图规则和构造详图》（11G101—1 ~

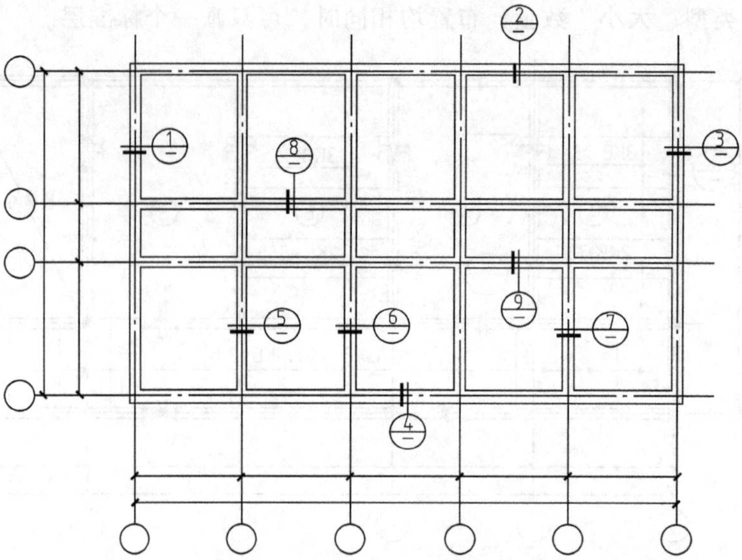

图 4-14 结构平面图中索引剖视详图、断面详图编号顺序表示方法

11G101—3)。该标准图集详细介绍了现浇混凝土框架、剪力墙、梁、板，现浇混凝土板式楼梯，独立基础、条形基础、筏形基础及桩基承台的平面整体表示方法。

平面整体表示方法简称平法，概括来讲，是把结构构件的尺寸和配筋等，按照平面整体表示方法制图规则，整体直接表达在各类构件的结构平面布置图上，再与标准构造详图相配合，即构成一套新型完整的结构设计。它改变了传统的将构件从结构平面布置图中索引出来，再逐个画成如图 4-9 ~ 图 4-11 所示的悬挑梁和厂房柱那样的结构构件图的繁琐过程（传统方法中，有多少不同编号的构件就应绘制多少构件图）。平法使结构设计简便，表达更全面、准确。

平法的依据是《混凝土结构设计规范》(GB 50010—2010)，《建筑抗震设计规范》(GB 50011—2010)，《高层建筑混凝土结构技术规程》(JGJ 3—2010) 和《建筑结构制图标准》(GB/T 50105—2010)。按平法设计绘制的施工图，一般由各类结构构件的平法施工图和标准构造详图两大部分构成，但对于复杂的工业与民用建筑，尚需增加模板、开洞和预埋件等平面图。只有在特殊情况下才需增加剖面配筋图。

用平法绘制施工图时，应将所有柱、剪力墙、梁和板等构件进行编号，编号中含类型代号和序号等。梁、板、柱、剪力墙构件的部分代号见表 4-15。

**表 4-15 常用梁、板、柱、剪力墙构件代号**

| 构件名称 | 类型 | 代号 | 构件名称 | 类型 | 代号 |
|---|---|---|---|---|---|
| 柱 | 框架柱 | KZ | 板 | 楼面板 | LB |
| | 框支柱 | KZZ | | 屋面板 | WB |
| | 芯柱 | XZ | | 悬挑板 | XB |
| | 梁上柱 | LZ | | 柱上板带 | ZSB |
| | 剪力墙上柱 | QZ | | 跨中板带 | KZB |

（续）

| 构件名称 | 类　型 | 代　号 | 构件名称 | 类　型 | 代　号 |
|---|---|---|---|---|---|
| 梁 | 楼层框架梁 | KL | 剪力墙梁 | 连梁 | LL |
| | 屋面框架梁 | WKL | | 连梁(对角暗撑配筋) | LL(JC) |
| | 框支梁 | KZL | | 连梁(交叉斜筋配筋) | LL(JX) |
| | 非框架梁 | L | | 连梁(集中对角斜筋配筋) | LL(DX) |
| | 悬挑梁 | XL | | 暗梁 | AL |
| | 井字梁 | JZL | | 边框梁 | BKL |
| 剪力墙柱 | 约束边缘构件 | YBZ | 剪力墙柱 | 非边缘暗柱 | AZ |
| | 构造边缘构件 | GBZ | | 扶壁柱 | FBZ |

在平面布置图上表示各构件尺寸和配筋的方式分为平面注写方式、列表注写方式和截面注写方式三种。按平法设计绘制结构施工图时，应用表格或其他方式注明包括地下和地上各层的结构层楼（地）面标高、结构层高及相应的结构层号。为施工方便，应将统一的结构层楼面标高和结构层高分别放在柱、墙、梁等各类构件的平法施工图中。

由于板的平面配筋图与传统方法差别不大，下面重点对常用的梁、柱平面表示法进行介绍。

**3. 梁平法施工图画法**

梁平法施工图是在各结构层梁平面布置图上，采用平面注写方式或截面注写方式来表达的。

（1）平面注写方式　平面注写方式是在梁的平面布置图上，分别在不同编号的梁中各选一根梁，在其上注写截面尺寸和配筋具体数值的方式。平面注写包括集中标注与原位标注，集中标注表达梁的通用数值，原位标注表达梁的特殊数值。当集中标注中的某项数值不适用于梁的某部位时，则该项数值采用原位标注，施工时，原位标注取值优先。

梁集中标注的内容，有五项必注值及一项选注值（集中标注可以从梁的任意一跨引出），具体如下：

1）梁编号（必注），采用表4-15的代号。梁编号由梁类型代号、序号、跨数及有无悬挑代号几项组成。如KL2（2A）表示第2号框架梁，2跨，一端有悬挑；L9（7B）表示第9号非框架梁，7跨，两端有悬挑。

2）梁截面尺寸（必注）。等截面梁用$b \times h$表示，当有加腋时，还必须将加腋部分尺寸表示出来；有悬挑梁且根部和端部的高度不同时，用斜线分隔根部与端部的高度值，即为$b \times h_1/h_2$。

3）梁箍筋，包括钢筋级别、直径、加密区与非加密区间距及肢数（必注）。箍筋加密区与非加密区的不同间距及肢数用斜线“/”分隔；当梁箍筋为同一种间距及肢数时，则不需用斜线；当加密区与非加密区的箍筋肢数相同时，则将肢数注写一次；箍筋肢数应写在括号内。如Φ10@100(4)/200(2)，表示箍筋为HPB300钢筋，直径为10mm，加密间距为100mm，四肢箍；非加密间距为200mm，两肢箍。

当抗震设计中的非框架梁、悬挑梁、井字梁及非抗震设计中的各类梁采用不同的箍筋间距和肢数时，也用斜线“/”将其分隔开来。注写时，先注写梁支座端部的箍筋（包括箍筋的箍数、钢筋级别、直径、间距与肢数)，在斜线后注写梁跨中部分的箍筋间距及肢数。如 13Φ10@150/200 (4)，表示箍筋为 HPB300 钢筋，直径为 10mm；梁的两端各有 13 个四肢箍，间距为 150mm；跨中部分间距为 200mm，四肢箍。

4) 梁上部通长筋或架立筋配置（通长筋可为相同或不同直径采用搭接连接、机械连接或焊接的钢筋）(必注)。当同排纵筋中既有通长筋又有架立筋时，应用加号“+”将通长筋和架立筋相连。注写时需将角部纵筋写在加号的前面，架立筋写在加号后面的括号内，以示不同直径及与通长筋的区别。当全部采用架立筋时，则将其写入括号内。如 2Φ22 + (4Φ12)，表示 2Φ22 为通长筋，4Φ12 为架立筋。

5) 梁侧面纵向构造钢筋或受扭钢筋配置（必注)。当梁腹板高度 $h_w \geqslant 450$mm 时，需配置纵向构造钢筋。此项注写值以大写字母 G 打头，接续注写设置在梁的两个侧面的总配筋值，且对称配置。如 G4Φ12，表示梁的两个侧面共配置 4Φ12 的纵向构造钢筋，每侧各配置 2Φ12。

当梁侧面需配置受扭纵向钢筋时，此项注写值以大写字母 N 打头，接续注写设置在梁的两个侧面的总配筋值，且对称配置。受扭纵向钢筋应满足梁侧面纵向构造钢筋的间距要求，且不再重复配置纵向构造钢筋。如 6Φ22，表示梁的两个侧面共配置 6Φ22 的受扭纵向钢筋，每侧各配置 3Φ22。

6) 梁顶面标高高差（选注值)。有高差时，需将其写入括号内，无高差时不注。

梁原位标注的内容如下：

a. 梁支座上部纵筋，该部位含通长筋在内的所有纵筋：

① 当上部纵筋多于一排时，用斜线“/”将各排纵筋自上而下分开。如 6Φ25 4/2，表示上一排纵筋为 4Φ25，下一排纵筋为 2Φ25。

② 当同排纵筋有两种直径时，用加号“+”将两种直径的纵筋相连，注写时将角部纵筋写在前面。如 2Φ25 + 2Φ22，表示梁支座上部有四根纵筋，2Φ25 放在角部，2Φ22 放在中部。

③ 当梁中间支座两边的上部纵筋不同时，需在支座两边分别标注；当梁中间支座两边的上部纵筋相同时，可仅在支座的一边标注配筋值，另一边省去不注。

b. 梁下部纵筋：

① 当下部纵筋多于一排时，用斜线“/”将各排纵筋自上而下分开。如 6Φ25 2/4，表示上一排纵筋为 2Φ25，下一排纵筋为 4Φ25，全部伸入支座。

② 当同排纵筋有两种直径时，用加号“+”将两种直径的纵筋相连，注写时角纵筋写在前面。

③ 当梁的下部纵筋不全部伸入支座时，将梁支座下部纵筋减少的数量写在括号内。如 6Φ252(-2)/4 表示上排纵筋为 2Φ25，且不伸入支座；下一排纵筋为 4Φ25，全部伸入支座。

④ 当梁的集中标注中已分别注写了梁上部和下部均为通长的纵筋值时，则不需在梁下部重复做原位标注。

⑤ 当梁设置竖向加腋时，加腋部位下部斜纵筋应在支座下部以 Y 打头注写在括号内。当梁设置水平加腋时，水平加腋内上、下部斜纵筋应在加腋支座上部以 Y 打头注写在括号内，上下部斜纵筋之间用“/”分隔。

c. 附加箍筋或吊筋，将其直接画在平面图中的主梁上，用线引注总配筋值（附加箍筋的肢数标注在括号内)。

梁的平面注写方式与剖面注写方式结合示例如图 4-15 所示。

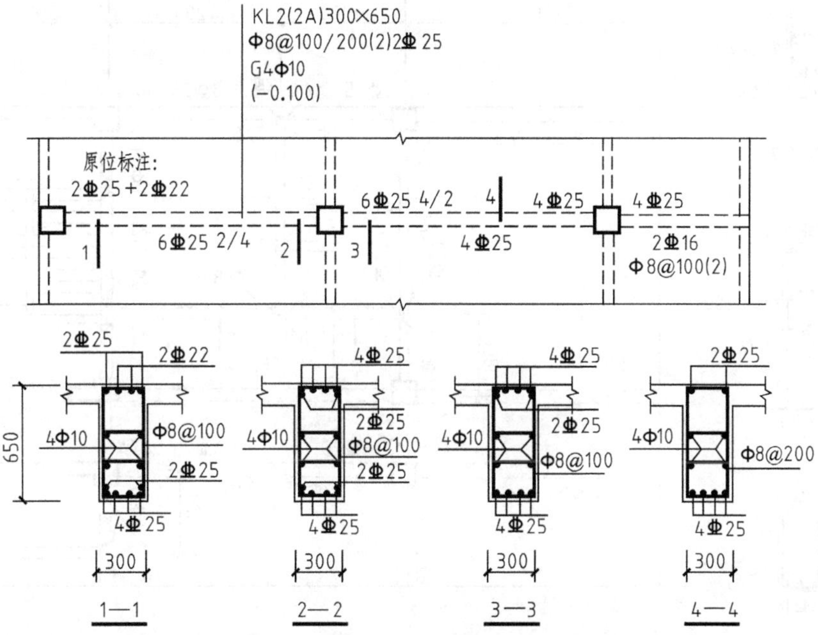


图 4-15 梁的平面注写方式与剖面注写方式结合示例

图 4-15 表示所绘制的是第 2 号框架梁，2 跨，一端悬挑，截面尺寸为 300mm × 650mm，引出线部分为集中标注，Φ8@ 100/200 (2) 表明此梁箍筋是直径为 8mm，间距为 200mm，加密区间距为 100mm 的两肢箍，2Φ25 表示在梁上部贯通直径为 25mm 的 HRB400 钢筋 2 根；G4Φ10 表示梁的两个侧面共配置 4 根Φ10 的纵向构造钢筋，每侧各配置 2 根Φ10 的钢筋。( -0. 100) 表示梁顶相对于楼层标高低 0. 100m，在左跨梁上部注写的 2Φ25 + 2Φ22，表示梁支座上部有四根纵筋，2Φ25 放在角部，2Φ22 放在截面中间。在中间跨左支座梁上部注写的 6Φ25 4/2 表示纵筋 6Φ25 分两排配置，上一排为 4Φ25，下一排为 2Φ25。中间跨右支座梁上部注写的 4Φ25 表示纵筋一排布置。左跨梁下部 6Φ25 2/4 为该跨梁下部配筋，上一排纵筋为 2Φ25，下一排纵筋为 4Φ25 全部伸入支座。而中间跨梁下部钢筋为一排 4Φ25，右边悬挑梁下部纵筋为 2Φ16，Φ8@ 100 (2) 表示悬挑部分箍筋均为直径 8mm、间距为 100mm 的两肢箍。

(2) 截面注写方式　截面注写方式是在分标准层绘制的梁平面布置图上，分别在不同编号的梁中各选择一根梁用剖面号引出配筋图，并在其上注写截面尺寸和配筋具体数值的方式来表达梁平法施工图。截面注写方式既可单独使用，也可与平面注写方式结合使用。如在梁密集区，采用截面注写方式可使图面清晰。

图 4-16 所示为平面注写和截面注写结合使用的图例。图中吊筋直接画在平面图中的主梁上，用引线注明总配筋值，如 L3 中吊筋 2Φ18。

图 4-17 所示为第 3 章图 3-6 所示别墅的二层楼板梁的平面配筋图。该图采用平面注写和截面注写结合的方式对二层梁进行了标注。

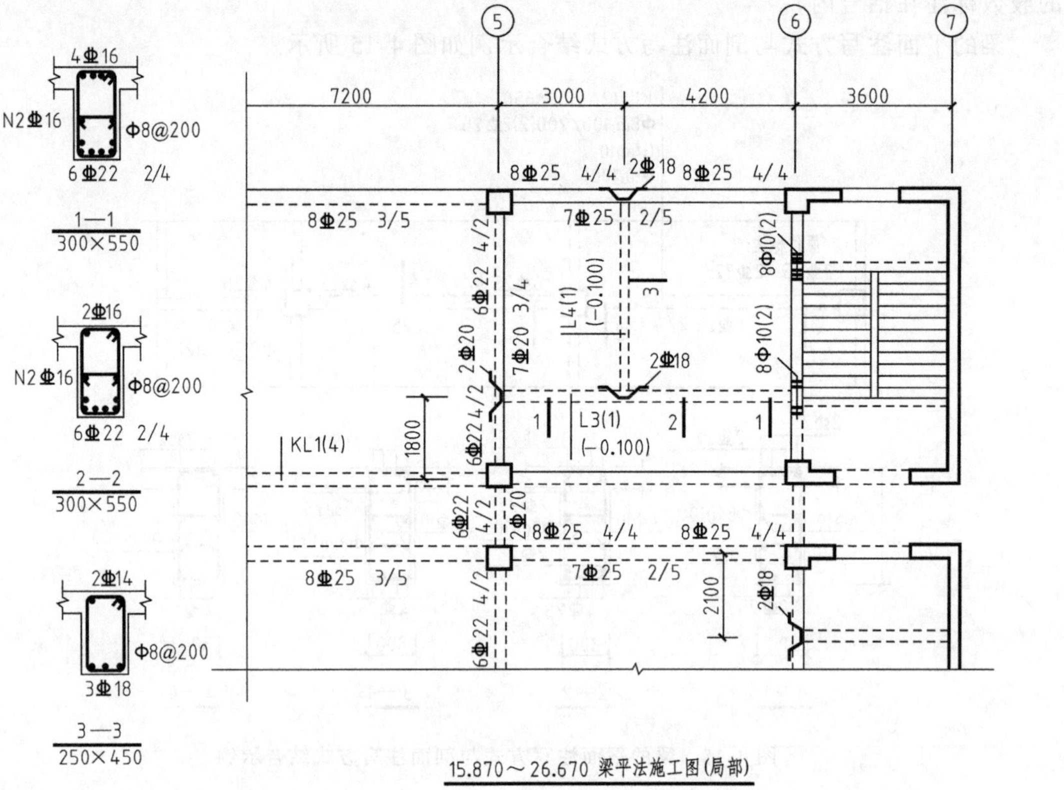


图 4-16 平面注写和截面注写结合使用图例

**4. 柱平法施工图画法**

柱平法施工图是在柱平面布置图上采用列表注写方式或截面注写方式来表达的。

列表注写方式是在柱平面布置图上（一般只需要采用适当比例绘制一张柱平面图，包括框架柱、框支柱、梁上柱和剪力墙柱），分别在同一编号的柱中选择一个（有时需要选择几个）截面标注几何参数代号；在柱表中注写柱的编号、柱段起止标高、几何尺寸（含柱截面对轴线的偏心情况）与配筋的具体数值，并配以各种柱截面形状及其箍筋类型图的方式，来表达柱平法施工图，图 4-18 和图 4-19 所示分别是柱平法施工图列表注写方式示例与柱、墙平法施工图列表注写方式实例。图 4-19 所示是某四层住宅楼的一层顶板柱、墙平法施工图，图中采用列表的方式表示各种型号的柱的截面和配筋。

截面注写方式是在柱平面布置图的柱截面上，分别在同一编号的柱中选择一个截面，以直接注写截面尺寸和配筋具体数值的方式来表达柱平法施工图，如图 4-20 所示。

图 4-20 中有四种类型的柱子 KZ1、KZ2、KZ3、LZ1，对这四种柱子进行了截面注写。

**5. 结构平面图绘制方法和步骤**

绘制结构平面图时，一般应选用与建筑平面图一致的比例，画出与建筑平面图完全一致的轴线；采用表 4-6 中相应的线型。构件可用中粗或中线表示。在现浇板中相同编号的不同方向或位置的钢筋，如果其间距相同，可只标一处（钢筋类型、编号、直径、间距），其他钢筋只在其上注写钢筋号即可。预制板的排列可只在一个范围内画出板轮廓线，并在排列范围内从左下角至右上角画出一条对角线，在对角线上注出板的类型、数量。

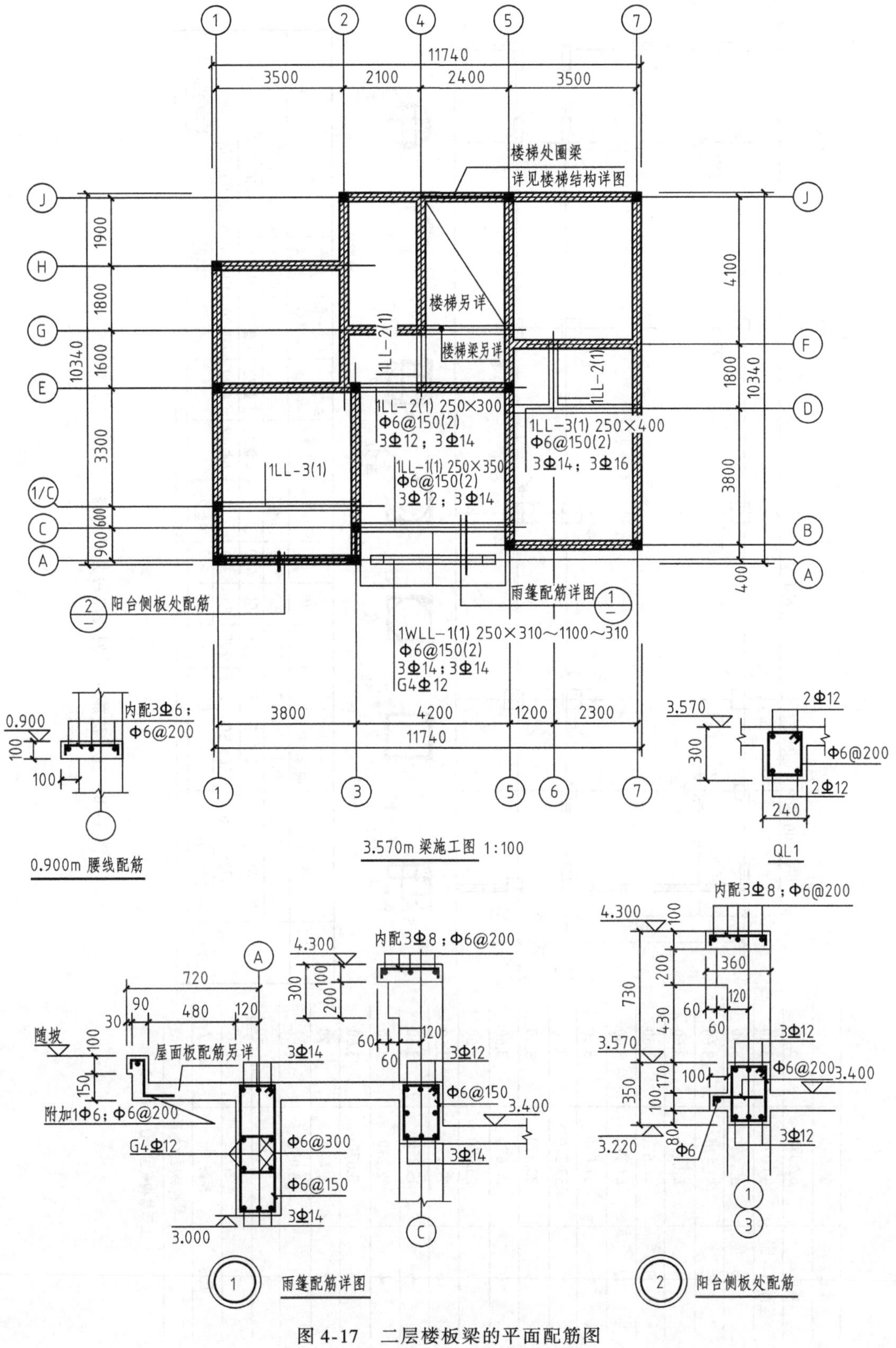


图 4-17 二层楼板梁的平面配筋图

| 屋面2 | 65.670 | |
|---|---|---|
| 塔层2 | 62.370 | 3.30 |
| 屋面1(塔层) | 59.070 | 3.30 |
| 16 | 55.470 | 3.60 |
| 15 | 51.870 | 3.60 |
| 14 | 48.270 | 3.60 |
| 13 | 44.670 | 3.60 |
| 12 | 41.070 | 3.60 |
| 11 | 37.470 | 3.60 |
| 10 | 33.870 | 3.60 |
| 9 | 30.270 | 3.60 |
| 8 | 26.670 | 3.60 |
| 7 | 23.070 | 3.60 |
| 6 | 19.470 | 3.60 |
| 5 | 15.870 | 3.60 |
| 4 | 12.270 | 3.60 |
| 3 | 8.670 | 3.60 |
| 2 | 4.470 | 4.20 |
| 1 | −0.030 | 4.50 |
| −1 | −4.530 | 4.50 |
| −2 | −9.030 | 4.50 |
| 层号 | 标高/m | 层高/m |

结构层楼面标高

上部结构嵌固部位:−0.030

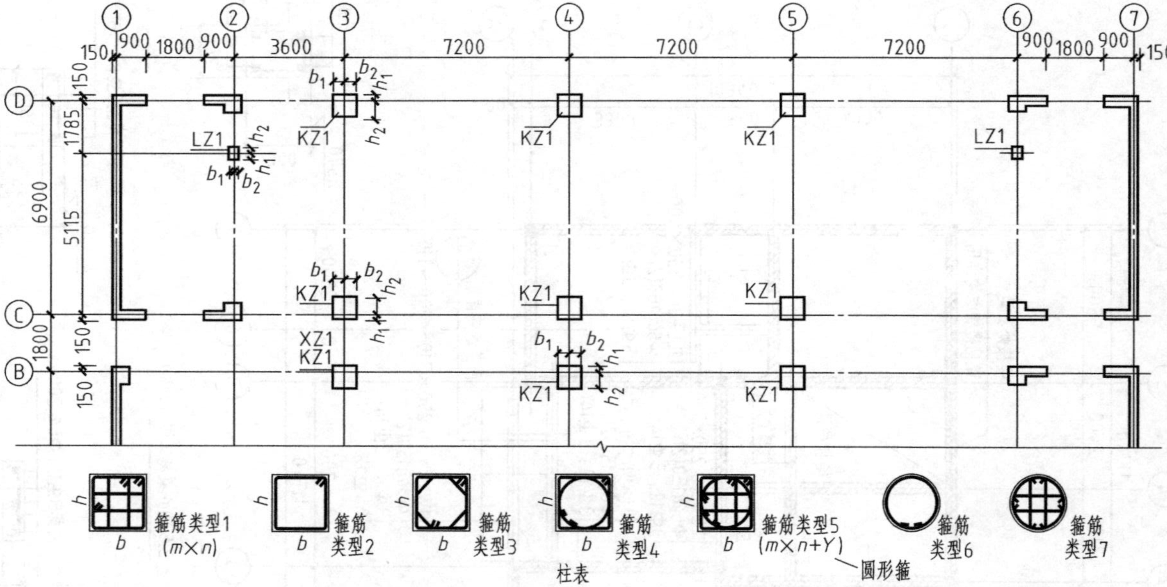


柱表

| 柱号 | 标高 | b×h (圆柱直径D) | $b_1$ | $b_2$ | $h_1$ | $h_2$ | 全部纵筋 | 角筋 | b边一侧中部筋 | h边一侧中部筋 | 箍筋类型号 | 箍筋 | 备注 |
|---|---|---|---|---|---|---|---|---|---|---|---|---|---|
| KZ1 | −0.030~19.470 | 750×700 | 375 | 375 | 150 | 550 | 24Φ25 | | | | 1(5×4) | Φ10@100/200 | — |
| | 19.470~37.470 | 650×600 | 325 | 325 | 150 | 450 | | 4Φ22 | 5Φ22 | 4Φ20 | 1(4×4) | Φ10@100/200 | |
| | 37.470~59.070 | 550×500 | 275 | 275 | 150 | 350 | | 4Φ22 | 5Φ22 | 4Φ20 | 1(4×4) | Φ8@100/200 | |
| XZ1 | −0.030~8.670 | | | | | | 8Φ25 | | | | 按标准构造详图 | Φ10@100 | ③×Ⓑ轴KZ1中设置 |

图 4-18 柱平法施工图列表注写方式示例

| 截面 | | | | | | | | | | | |
|---|---|---|---|---|---|---|---|---|---|---|---|
| 编号 | KZ1 | KZ1a | KZ2 | | KZ2a | KZ3 | KZ3a | KZ4 | KZ5 | KZ6 | |
| 标高 | -0.130～屋面 | -0.130～9.180 | -0.130～9.180 | 9.180～屋面 | -0.130～屋面 | -0.130～12.400 | -0.130～屋面 | -0.130～屋面 | -0.130～12.400 | -0.130～9.180 | 9.180～屋面 |
| 纵筋 | 12Φ16 | 12Φ16 | 4Φ22+16Φ20 | 4Φ18 | 4Φ22+16Φ20 | 4Φ18(角筋) | 4Φ18(角筋) | 14Φ18 | 12Φ16 | 4Φ22+18Φ18 | 14Φ18 |
| 箍筋 | Φ10@100 | Φ10@100 | Φ10@100 | Φ10@100 | Φ10@100 | Φ8@100/200 | Φ8@100 | Φ10@100 | Φ10@100/200 | Φ10@100 | Φ10@100 |

| 编号 | | | | | | | | | | | | |
|---|---|---|---|---|---|---|---|---|---|---|---|---|
| 编号 | KZ7 | | KZ8 | KZ8a | KZ9 | | KZ10 | | KZ10a | KZ11 | KZ12 | AZ1 |
| 标高 | 基础顶～9.270 | 9.270～屋面 | -0.130～9.270 | -0.130～屋面 | -0.130～9.270 | 9.270～屋面 | 基础顶～5.870 | 5.870～屋面 | 基础顶～4.500 | -0.130～屋面 | -0.130～屋面 | -0.130～13.250 |
| 纵筋 | 4Φ22+16Φ20 | 14Φ18 | 16Φ18 | 16Φ18 | 4Φ18(角筋) | 4Φ18(角筋) | 12Φ18 | 12Φ18 | 12Φ18 | 8Φ18 | 12Φ16 | 4Φ16 |
| 箍筋 | Φ10@100 | Φ10@100 | Φ10@100 | Φ10@100 | Φ8@100 | Φ8@100 | Φ8@100 | Φ8@100 | Φ10@100 | Φ8@100/200 | Φ8@100/200 | Φ8@150 |

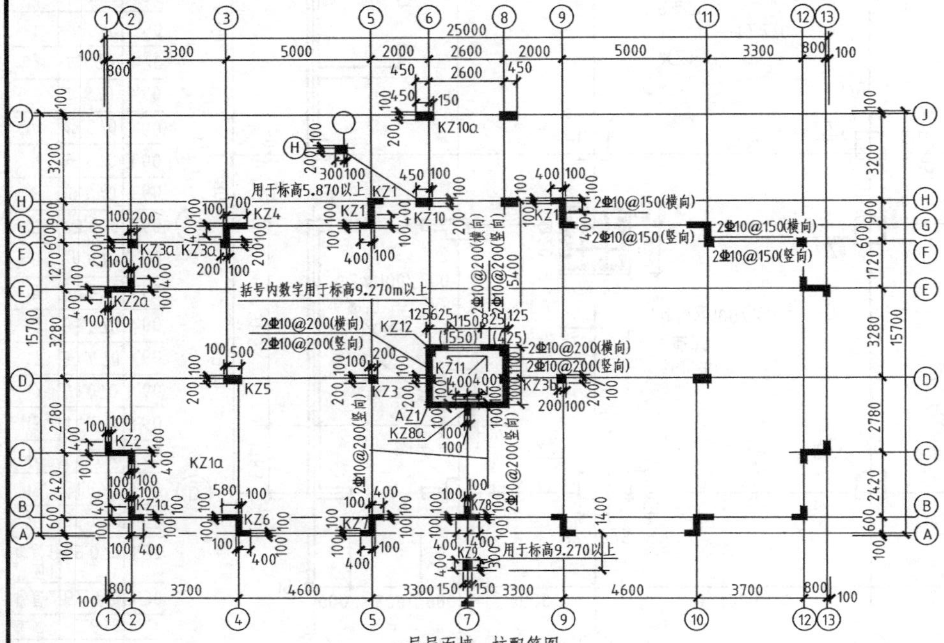


一层屋面墙、柱配筋图

说明：
1. 材料：混凝土：C40，钢筋：HPB235(Φ)，HRB335(Φ)，HRB400(Φ)。
2. 框架柱、剪力墙配筋构造及说明详见国标图集《11G101-1》。
3. 砌块隔墙与柱及剪力墙交接处，应在柱、墙上预留拉筋，做法参见建筑物抗震构造详图《11G329-1》。
4. 框架柱主筋搭接长度范围内箍筋间距100。
5. 墙体钢筋应布置在框架柱纵向钢筋内侧。
6. 未注明的墙、柱均为轴线居中。
7. 电梯井预埋件及留洞详见电梯样本，电梯尺寸与电梯样本核对无误后方可施工。
8. KZ3、KZ5在标高12.400以上配筋同12.400以下，箍筋间距改为100，KZ3b配筋同KZ3，顶标高9.270。
9. 其他说明见结构设计说明。

图 4-19　柱、墙平法施工图列表注写方式实例

| | | |
|---|---|---|
| 屋面2 | 65.670 | |
| 塔层2 | 62.370 | 3.30 |
| 屋面1 (塔层1) | 59.070 | 3.30 |
| 16 | 55.470 | 3.60 |
| 15 | 51.870 | 3.60 |
| 14 | 48.270 | 3.60 |
| 13 | 44.670 | 3.60 |
| 12 | 41.070 | 3.60 |
| 11 | 37.470 | 3.60 |
| 10 | 33.870 | 3.60 |
| 9 | 30.270 | 3.60 |
| 8 | 26.670 | 3.60 |
| 7 | 23.070 | 3.60 |
| 6 | 19.470 | 3.60 |
| 5 | 15.870 | 3.60 |
| 4 | 12.270 | 3.60 |
| 3 | 8.670 | 3.60 |
| 2 | 4.470 | 4.20 |
| 1 | -0.030 | 4.50 |
| 1 | -4.530 | 4.50 |
| -2 | -9.030 | 4.50 |
| 层号 | 标高/m | 层高/m |

结构层楼面标高
结构层高

上部结构嵌固部位:
-0.030

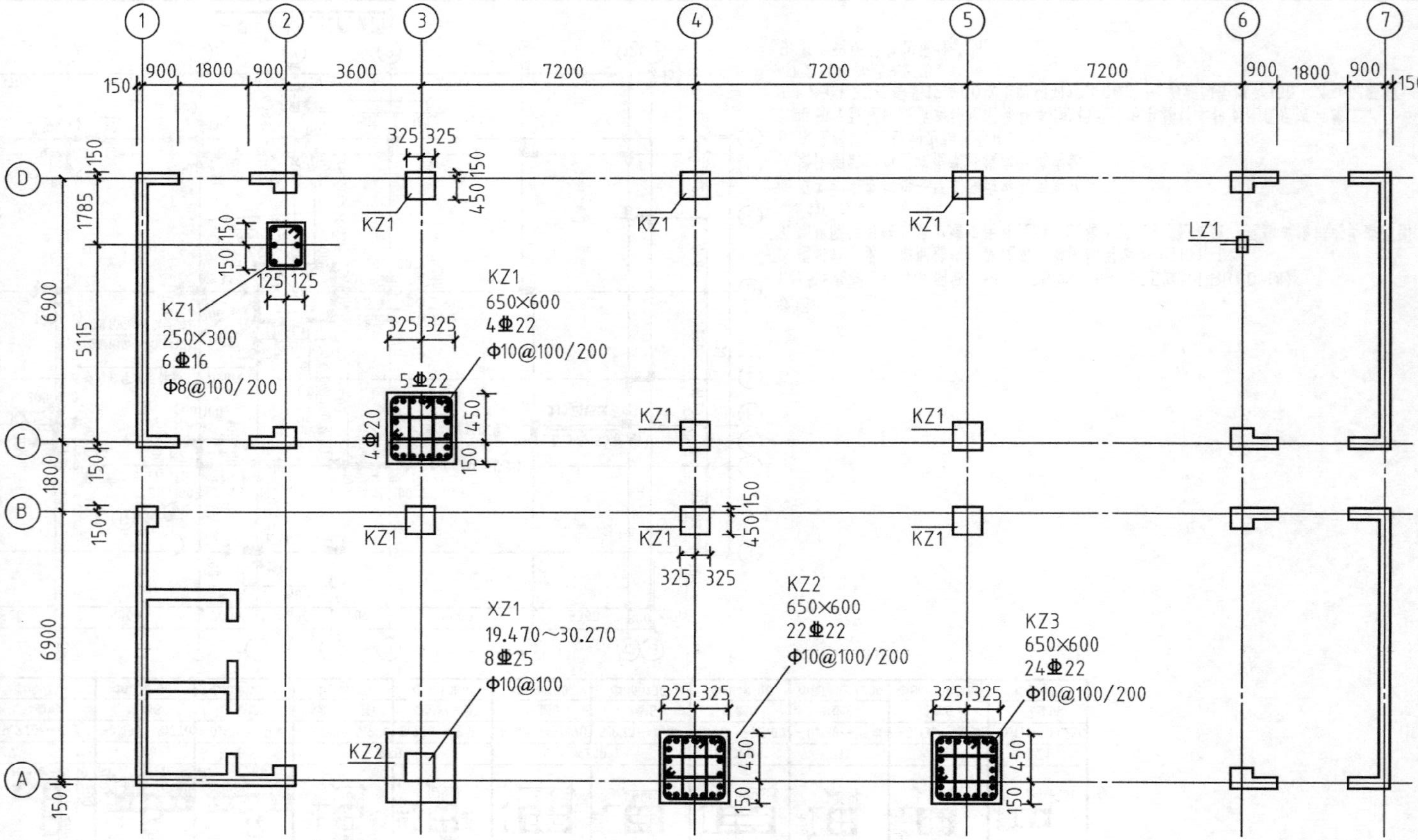


19.470～37.470 柱平法施工图

图 4-20 柱平法施工图截面注写方式

楼面梁、圈梁、过梁用代号标出（图形复杂时也可不标号）。楼梯间因另有详图，所以用折线标出楼梯间范围即可。

结构平面图的绘图步骤如下：

1）画纵横向轴线。

2）画墙线、构件轮廓线。

3）画板配筋或板布置并标注相关内容。

4）标注尺寸及有关内容，如轴间距、墙厚、板顶面的结构标高等。

## 4.2.4　基础图

**1. 房屋基础的有关知识**

基础是房屋在地面以下的部分，它承受房屋的全部荷载，并将其传递给地基。基础的形式与上部结构系统荷载大小及地基的承载力有关，一般有条形基础、独立基础、筏形基础（整板基础）等，如图 4-21 所示。

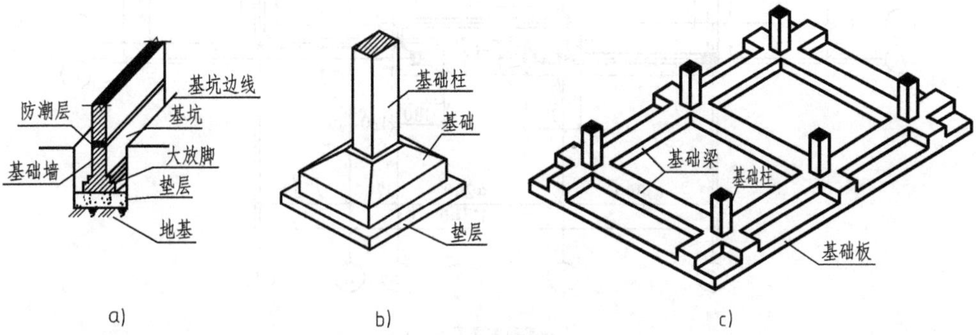


图 4-21　常见基础类型

a）条形基础　b）独立基础　c）筏形基础

表达房屋基础结构及详细构造的图样称为基础结构图，简称基础图，一般包括基础平面图和基础详图。

**2. 基础平面图**

（1）图示方法　基础平面图是指假想用一水平面沿房屋的室内地面将房屋切开，移去上面部分和下部基础周围的回填土层，向下投影所得的全剖面视图。其比例常为 1:100 或 1:200。

（2）图线　剖切到的墙画粗实线，可见的基础轮廓、基础梁等画中粗实线，其他为细线。

（3）剖切符号　凡尺寸和构造不同的基础都需要加画断面图，基础平面图上的剖切符号要依次编号。

图 4-22 为第 3 章图 3-6 所示别墅的基础平面图。由图可知，该别墅基础为条形基础。条形基础有 3 种类型，在大门入口处还有两个柱下单独基础 ZJ—1、ZJ—2。

**3. 基础详图**

基础详图是将基础垂直切开所得到的断面图，表示基础各部分的形状、大小、材料、构造及埋深等。对每一种不同的基础，都应画出它的断面详图。

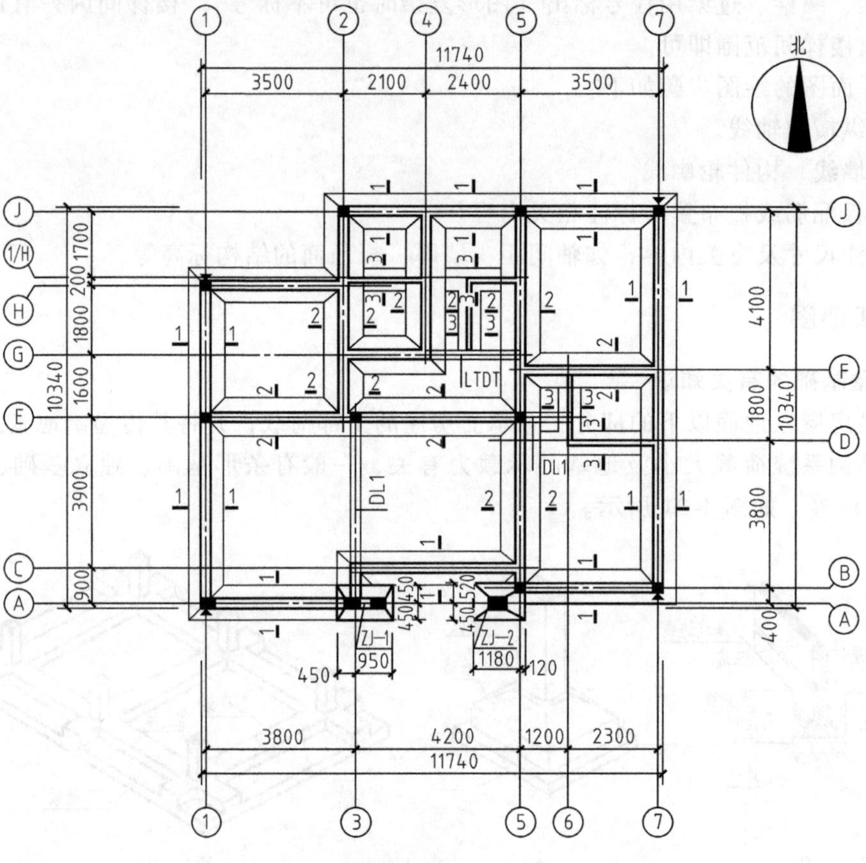


基础平面布置图 1:100

图 4-22 基础平面图

图 4-23 是图 4-22 基础平面图中的 5 种基础详图 1—1、2—2、3—3、独立基础（ZJ—1、ZJ—2）、DL1。由图可知，基础底板标高为 -1.200，除 3—3 剖面基础外，其他基础下设 100mm 厚 C15 素混凝土垫层。地圈梁尺寸分别为 300mm×400mm、250mm×250mm。

### 4.2.5 楼梯结构施工图

楼梯结构施工图包括楼梯结构平面图和楼梯结构剖面图。楼梯结构平面图主要表示楼梯类型、尺寸、结构及梯段在水平投影的位置、编号、休息平台板配筋和标高等；楼梯结构剖面图主要表示各楼梯段、休息平台板的立面投影位置、标高、楼梯板配筋详图。图 4-24、图 4-25 是第 3 章图 3-6 所示别墅的楼梯结构图。

由图 4-24 可知，楼梯位于Ⓔ~Ⓙ与④~⑤轴线间，从室内地面上到第一休息平台（标高 1.770m）共有 11 级踏步，每步宽 250mm；TB1~TB4 分别是踏步板 1~4 的编号。从图 4-25 中看到，TB1~TB2 的长为 2750mm、TB3~TB4 的长为 2500mm，宽均为 1050mm，梯段板两端由楼梯梁 LTL1 或 LTL2 支撑，楼梯平台板由平台梁 PTL1 或 PTL2 支撑，其标高分别为 1.770m、5.070m，板厚 $h$ = 100mm，其配筋情况在平面图 4-24 中已画出。LTDT、LTL1、LTL2，PTL1、PTL2 的配筋情况也用截面标注的方法表示出来了。

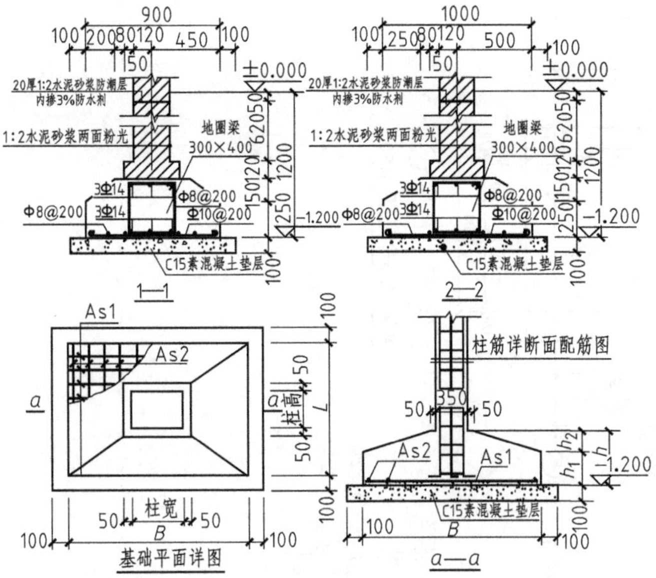


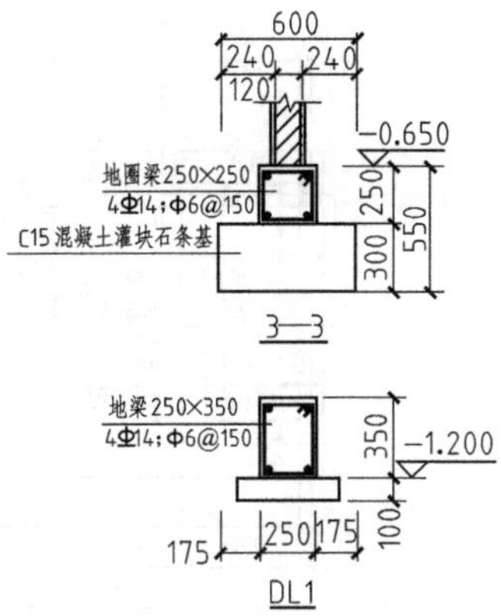


| 基础编号 | 基础 | | | | | | |
|---|---|---|---|---|---|---|---|
| | $B$/mm | $L$/mm | $h$/mm | $h_1$/mm | $h_2$/mm | As1 | As2 |
| ZJ—1 | 1400 | 900 | 400 | 250 | 150 | Φ10@150 | Φ10@150 |
| ZJ—2 | 1300 | 970 | 400 | 250 | 150 | Φ10@150 | Φ10@150 |

地基基础说明：

1. 现浇基础柱制图规格和构造详图见：《混凝土结构施工图平面整体表示方法制图规则和构造详图》（独立基础、条形基础、筏形基础及桩基承台）（11G101-3）。

2. 本工程采用柱下独立及墙下条形基础，基础混凝土等级除图中注明者外，其余均为 C25。

3. 基础钢筋采用“Φ”为 HPB300 级光面钢筋，“Φ”为 HRB335 级螺纹钢筋。

4. 根据甲方提供的地质报告，地基土承载力特征值 $f_{ak}=200\text{kN/m}^2$ 设计，超挖部分用 C15 毛石混凝土满灌至基础设计标高。基槽开挖好后经有关部门验槽，合格后方可进行下一道工序施工。

5. 基槽开挖时应采用有效排水措施，基坑内不得积水，采用机械开挖时，应注意保护基坑土的结构不受扰动。应至少保留 300 厚的人工开挖厚度。

6. 注意基础柱插扁铁与上部结构施工图的配合及避雷引线与基础钢筋的连接。

7. 图中“▼”表示该处外墙位置设有沉降观测点（见结施 2 详图十四），本工程共设四处。

8. 地梁及基础底板混凝土保护层厚度为 40，基底垫层 100 厚 C15 等级的混凝土。

9. 回填土须层填层夯，每层厚 30 夯至 200。

10. 在施工过程中若遇地层分布与地质资料不符或其他异常情况，应及时与设计单位协商解决，切勿盲目施工。

图 4-23　基础详图

图 4-25 左边所示是 $A$—$A$ 楼梯剖面，主要表示了 LTDT、LTL1、LTL2、PTL1、PTL2、TB1 ~ TB4 在竖向的位置、标高、结构情况。从图中看出，TB1 ~ TB4 各一块，LTL1 有 3 根，LTL2 有一根，PTL1 有两根，PTL2 有一根，各构件在空间的位置一目了然。

图 4-25 右边分别为 TB1、TB2、TB3、TB4 的配筋剖面图；从图中可以看出，梯板的两端都支撑在楼梯梁 LTL1 或 LTL2 上，梯板 TB1 ~ TB3 三种板面筋的受力筋为Φ10@ 130，分布筋为Φ8@ 250，底筋受力筋为Φ10@ 130，分布筋为Φ8@ 250；TB4 的受力筋为Φ10@ 150，分布筋为Φ8@ 250。

### 4.2.6　单层工业厂房结构施工图

单层工业厂房大多是通过安装预制构件形成厂房的骨架，墙体仅起围护作用。厂房主要构件中，很多构件的详图都可通过标准图集来选用，所以它的图纸数量一般不大。

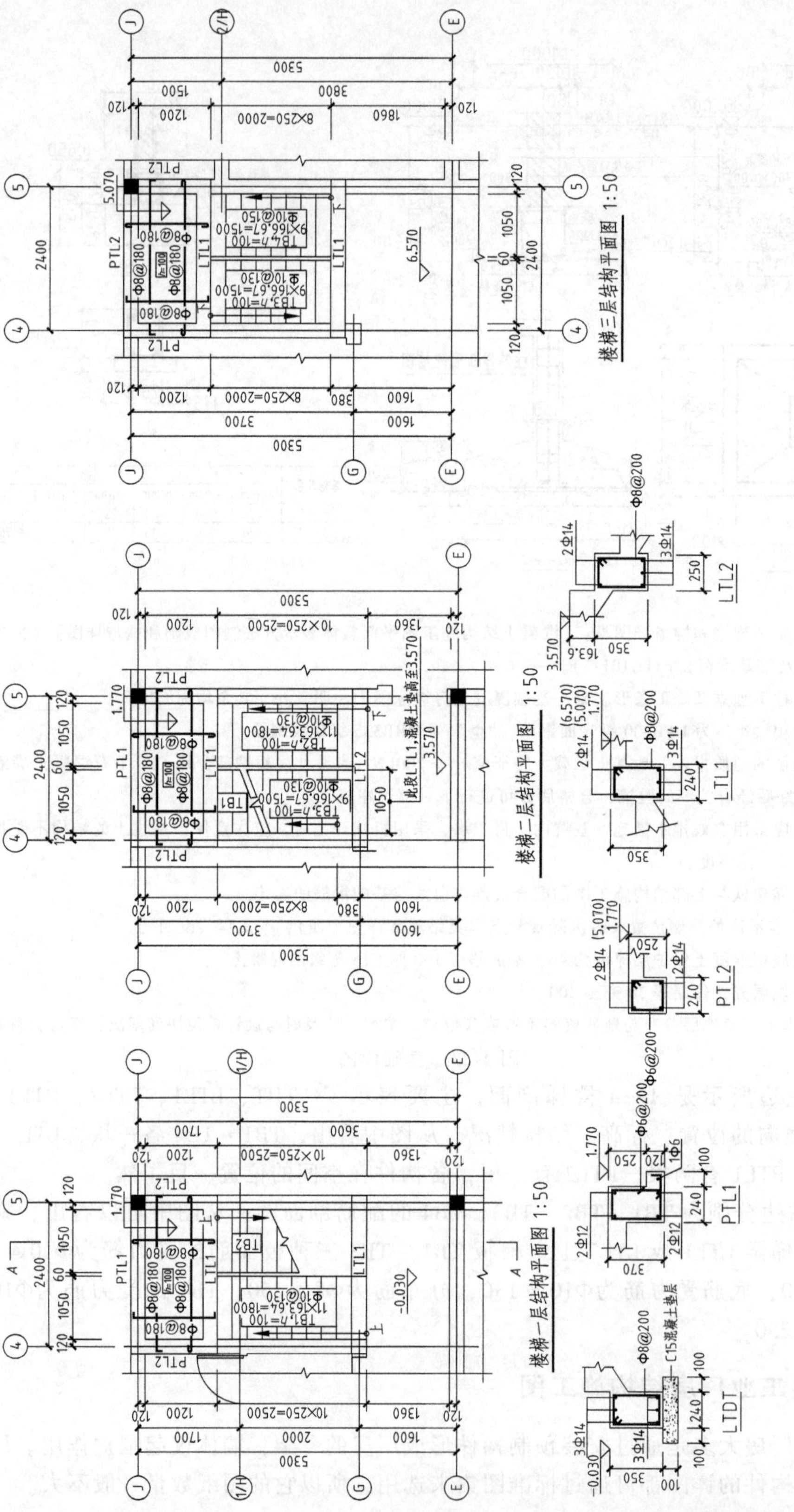


图 4-24 楼梯结构平面图

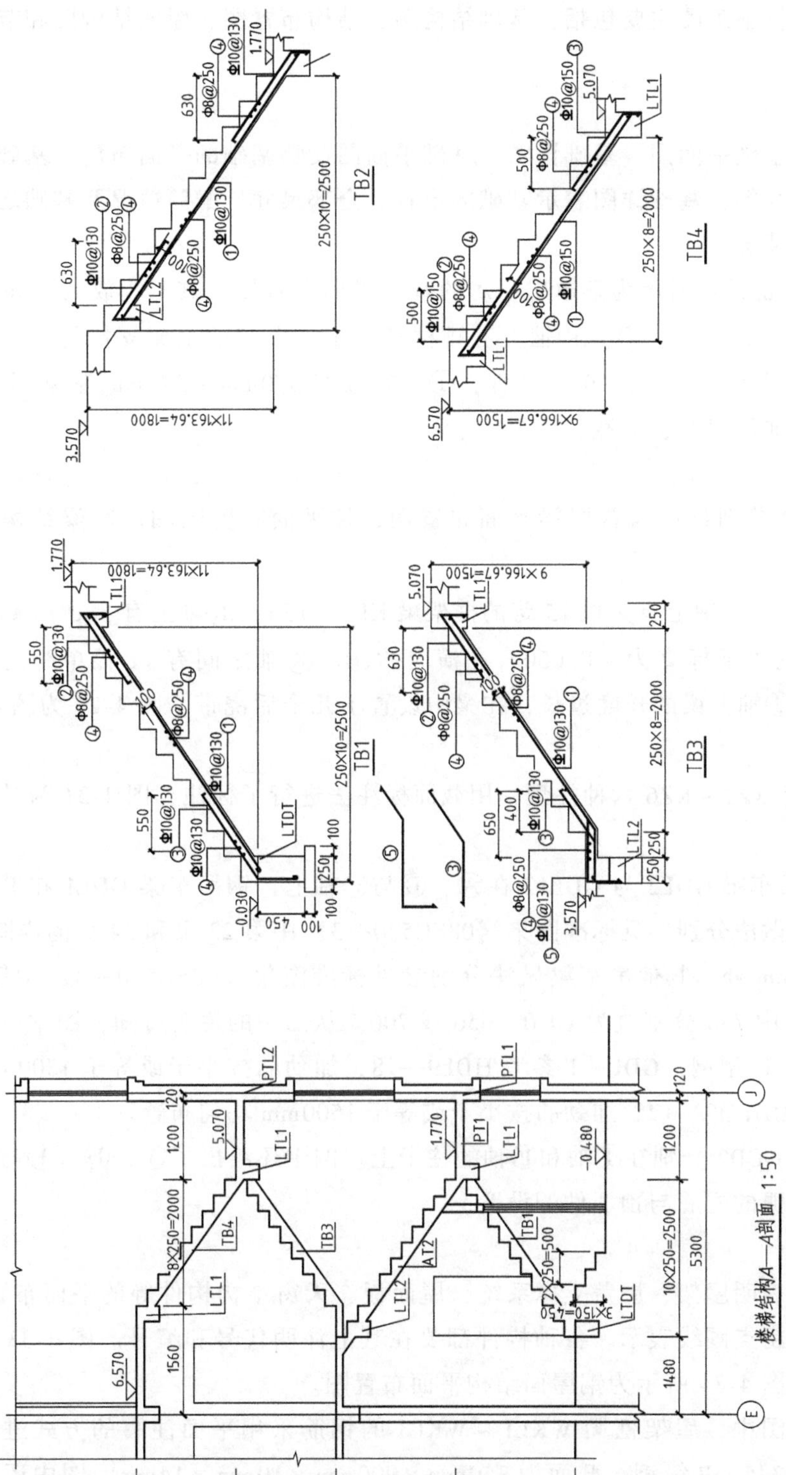


图 4-25　楼梯结构剖面图

单层工业厂房结构施工图主要包括：基础结构图、结构布置图、屋面结构图和节点构件详图等。

**1. 基础结构图**

基础结构图包括基础平面图、基础详图。基础平面图反映基础的平面布局、基础和基础梁的布置、编号和尺寸等；基础详图表示基础的形状、全部尺寸、配筋情况及基础之间或基础与其他构件的连接情况。

图4-26（见书后插页）所示为某单层厂房的基础平面布置图，其1/4放大图如图4-27所示。由图可知，Ⓐ、Ⓓ、Ⓕ、Ⓙ、Ⓚ轴上五排柱子是生产车间的主要支撑构件，其基础形式为杯形基础，编号为J—1～J—9共九种，①、⑯轴有370mm×370mm基础圈梁JQL，把柱子横向连接，增加厂房的整体性。

**2. 结构布置图**

图4-28～图4-32分别是厂房首层梁平面布置图、柱平面布置图和吊车梁结构平面布置图。

图4-28中，在Ⓐ、Ⓙ轴上有2根15跨的框架梁KL1（15），Ⓚ轴上有1根13跨的框架梁KL2（13），它们的顶部标高为－0.050，在横向的Ⓙ、Ⓚ轴之间有11根单跨的框架梁KL3（1）。因为Ⓐ、Ⓙ轴上梁的长度过长，在梁中设置了几个后浇带。图4-29为图4-28的局部放大图。

图4-30中，共有KZ1～KZ6六种柱型，用截面标注法进行了标注，图4-31为其局部放大图。

图4-32中，钢吊车梁GDL2与GDL12在Ⓐ、Ⓓ与Ⓕ轴上，钢吊车梁GDL1在Ⓕ、Ⓙ轴端部，两端的吊车梁做法分别参见标准图集《08SG520—3》中第23页和24页的详图1，但在梁端至轴线左100mm处，其他吊车梁做法分别参见标准图集《08SG520—3》中第23页和24页的详图2，其中750分别改为1050、650或700。从图中的说明可知，图中所有钢吊车梁采用Q345—B级H型钢，GDL—1参考HDL9—18，加劲肋按小于或等于1500mm均匀布置，GDL—2参考HDLM9—12，加劲肋按小于或等于1500mm均匀布置。

钢车档GCD1和GCD2分别在①轴和⑯轴的柱子上。图中还绘出了Ⓐ、Ⓓ、Ⓕ与Ⓙ轴的牛腿大样图，包括牛腿的配筋与预埋件的设置。

**3. 屋面结构图**

屋面结构图主要表明屋架、屋盖支撑系统、屋面板、天窗结构构件等的平面布置情况。一般情况下，屋架用粗点画线表示。各种构件都要在其上注明代号和编号。图4-33所示为屋面梁平面配筋图，图4-34所示为钢屋面结构平面布置图。

屋面梁平面配筋图中，屋架框梁WKL1～WKL3的钢筋采用平面注写的方式进行了标注，钢梁GL1采用Q345—B级钢，截面为350mm×900mm×10mm×14mm。图中还用1:20的比例画出了Ⓐ、Ⓙ、①、⑯轴女儿墙的大样图。

钢屋面结构平面布置图中，檩条、拉条、斜拉条、水平支撑、刚性系杆等的布置可从图中看出，其型号在钢构件材料表中标出。屋面标高在图的右侧用简化方法标示出来了。

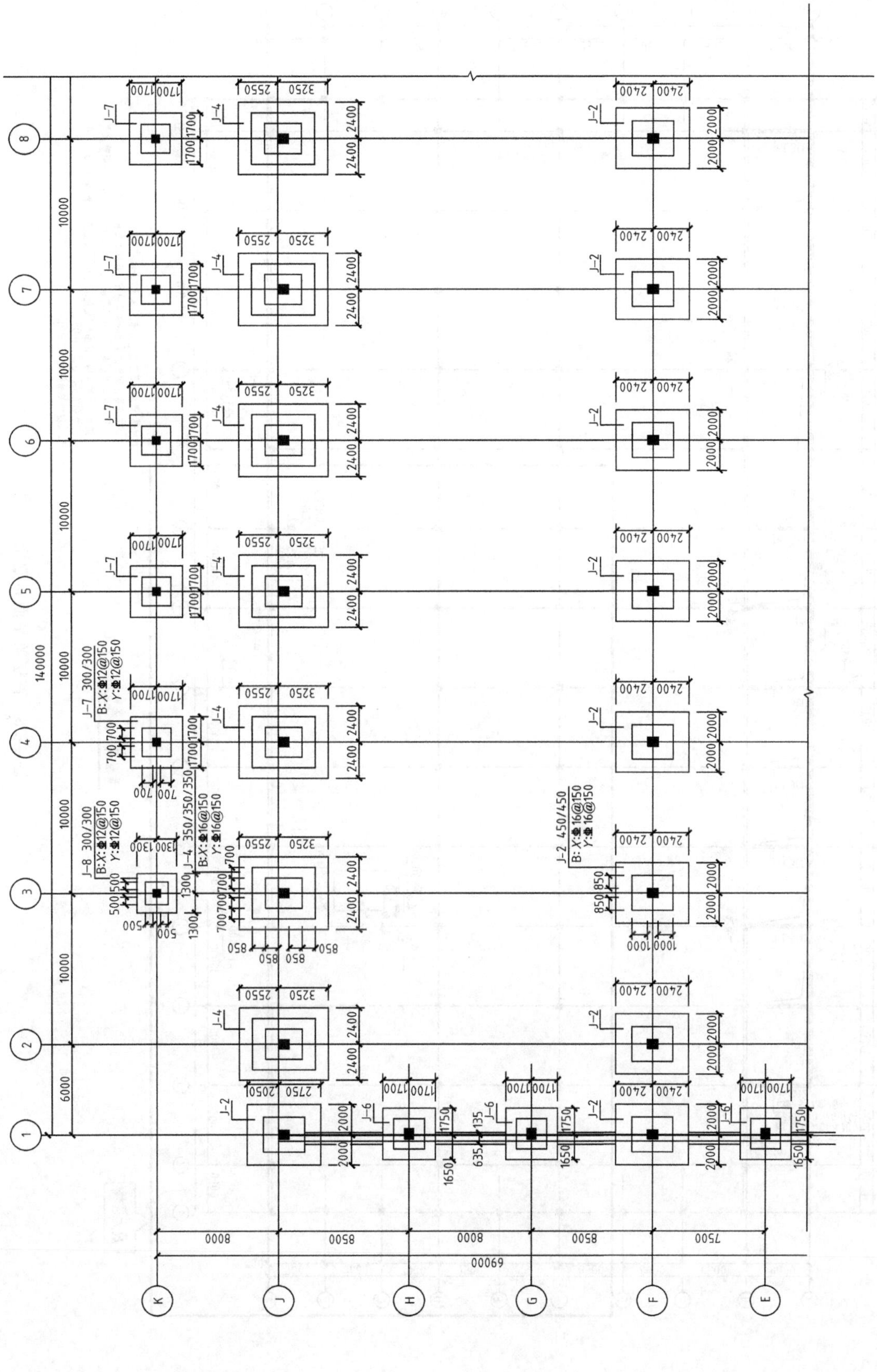


图 4-27　基础平面布置图 1/4 放大图

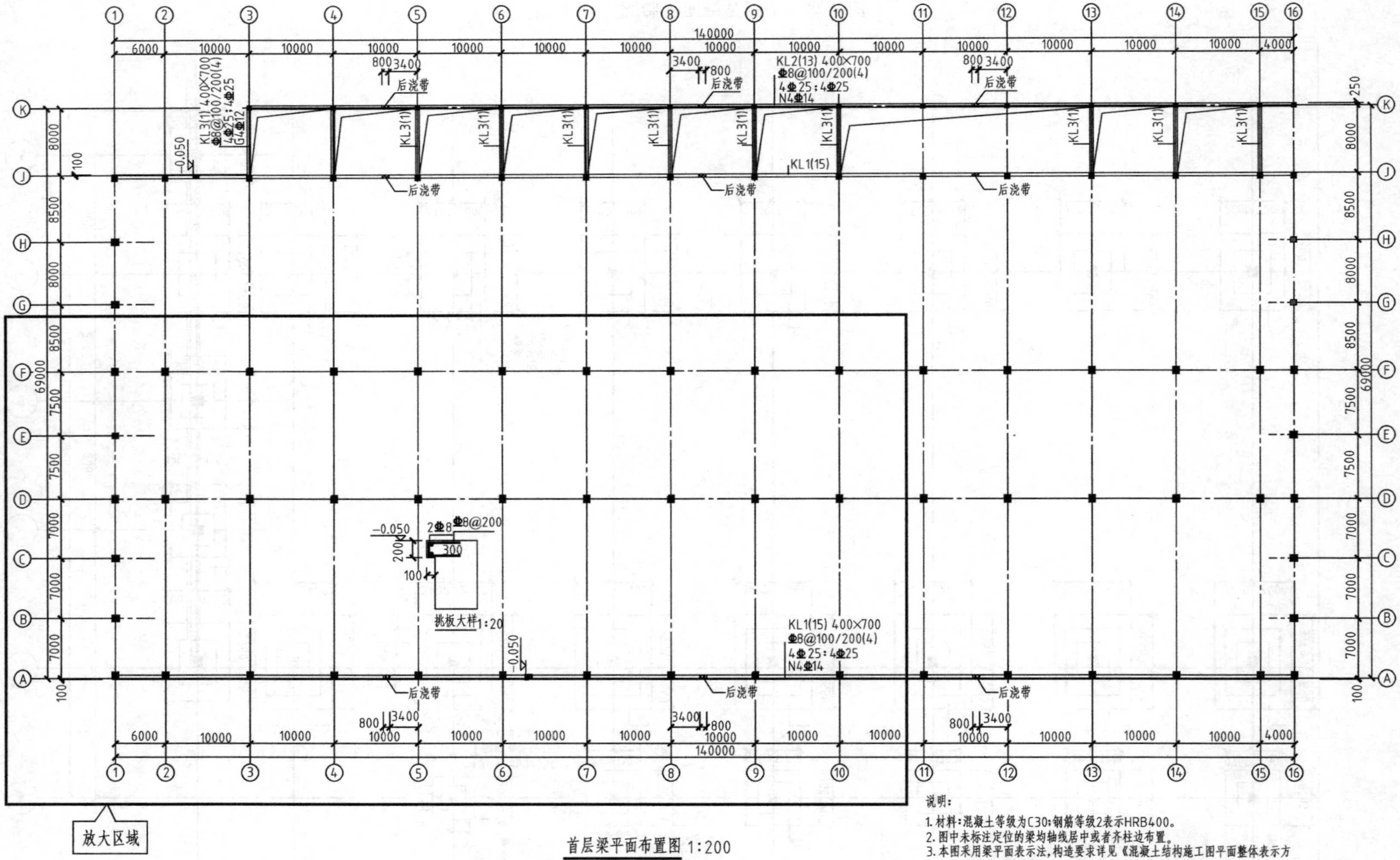


首层梁平面布置图 1:200

说明：

1. 材料：混凝土等级为C30；钢筋等级2表示HRB400。
2. 图中未标注定位的梁均轴线居中或者齐柱边布置。
3. 本图采用梁平面表示法，构造要求详见《混凝土结构施工图平面整体表示方法制图规则和构造详图》（现浇混凝土框架、剪力墙、梁、板）(11G101—1)
4. 未注明的梁顶标高 −0.050。
5. 其他详见结构设计总说明。

图 4-28　首层梁平面布置图

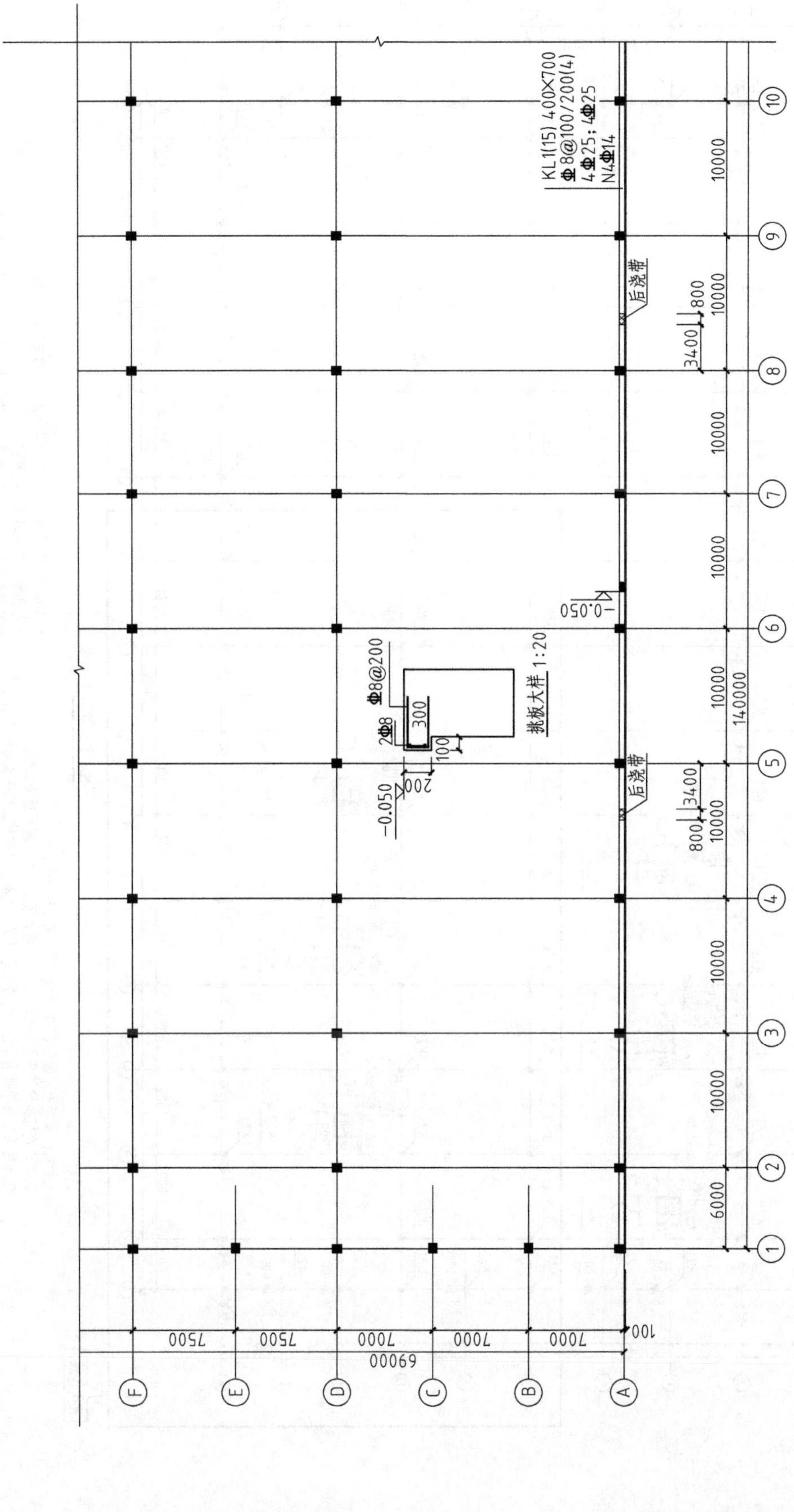


图 4-29　首层梁平面布置图 1/4 放大图

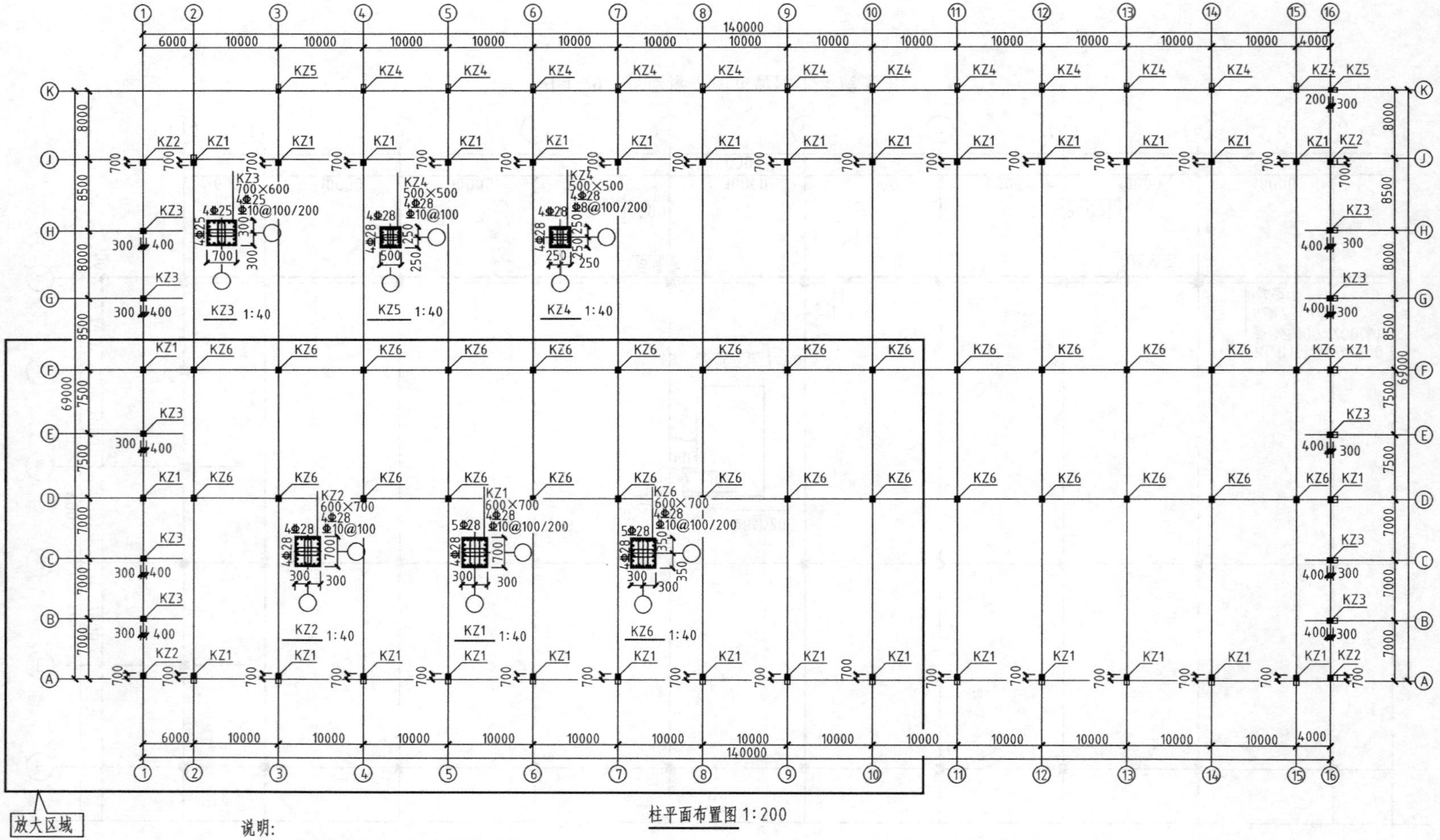


柱平面布置图 1:200

说明:

1.材料：混凝土等级为 C30，钢筋等级：表示HRB400。
2.本建筑抗震设防烈度为8度(0.2g)，框排架结构的抗震等级为二级。
3.本图采用柱平面表示法，构造要求详见《混凝土结构施工图平面整体表示方法制图规则和构造详图》（现浇混凝土框架、剪力墙、梁、板）(11G101-1)。
4.除KZ4、KZ5外在±0.000以下箍筋均为Φ12@100。
5.柱顶标高详见屋面梁配筋图。
6.搭钢吊车梁牛腿本图中未画出，牛腿做法及标高详见吊车梁平面图。
7.其他详见结构设计总说明。

图 4-30　柱平面布置图

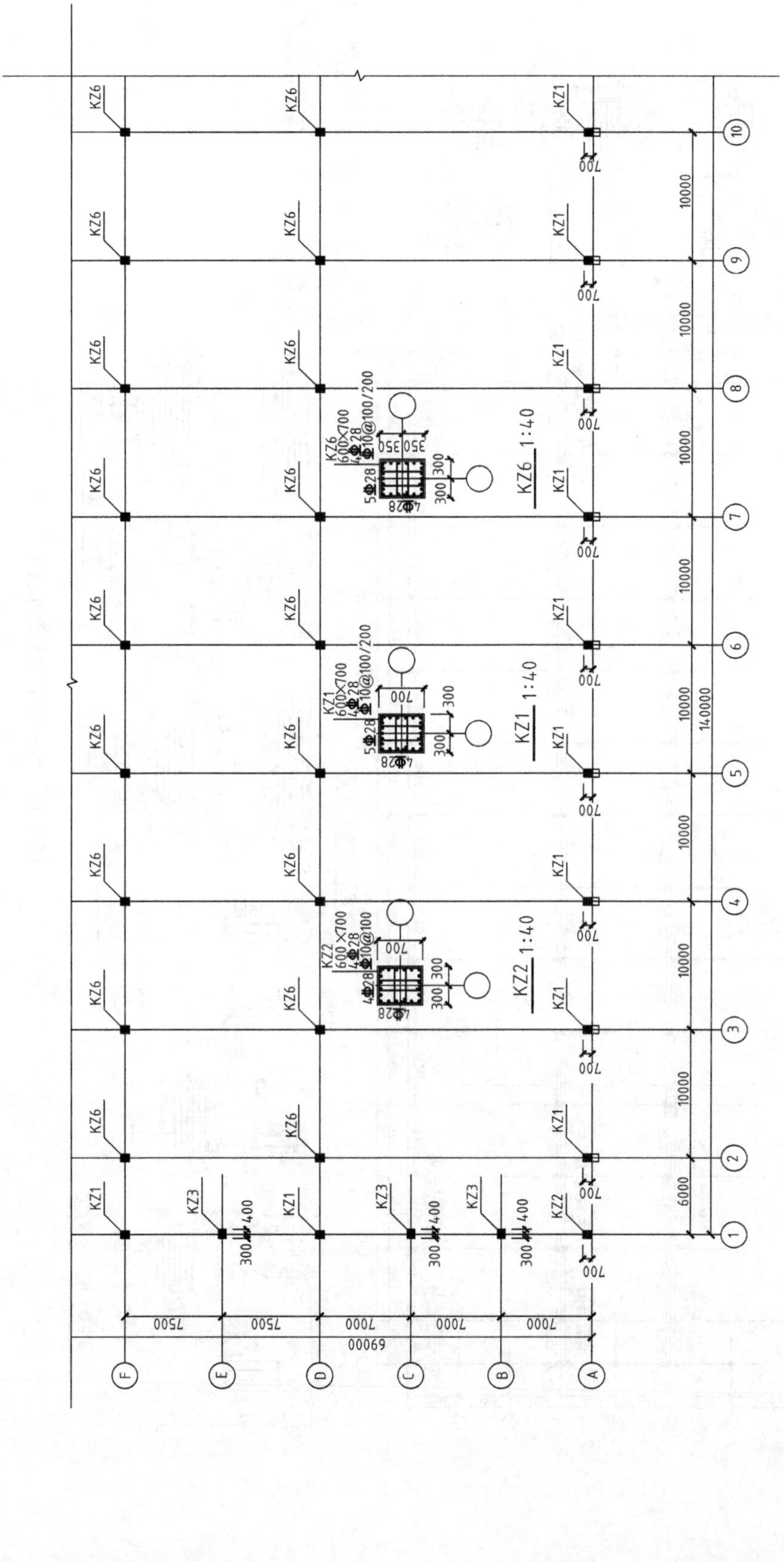


图 4-31　柱平面布置图 1/4 放大图

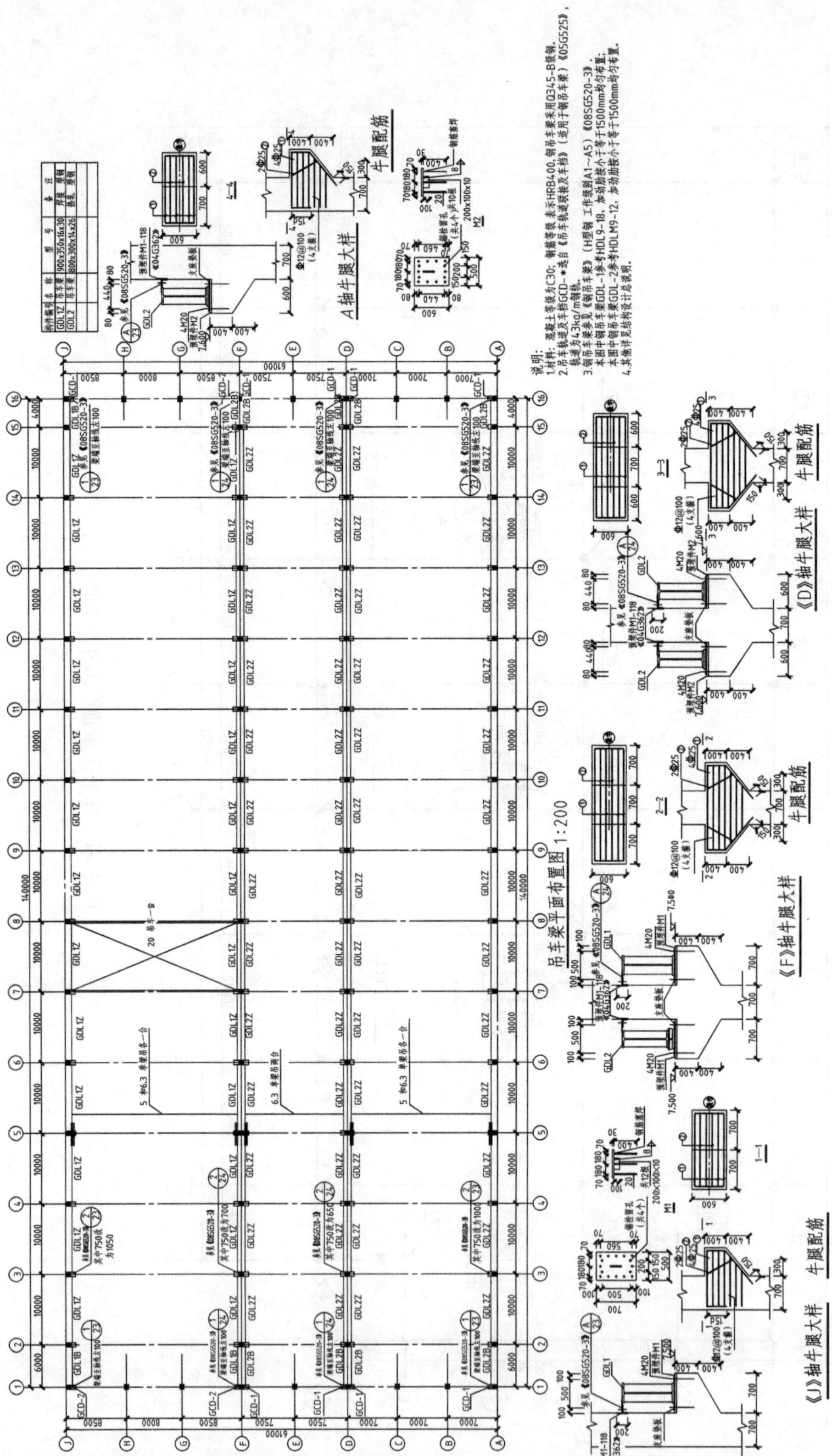


图 4-32　吊车梁结构平面布置图

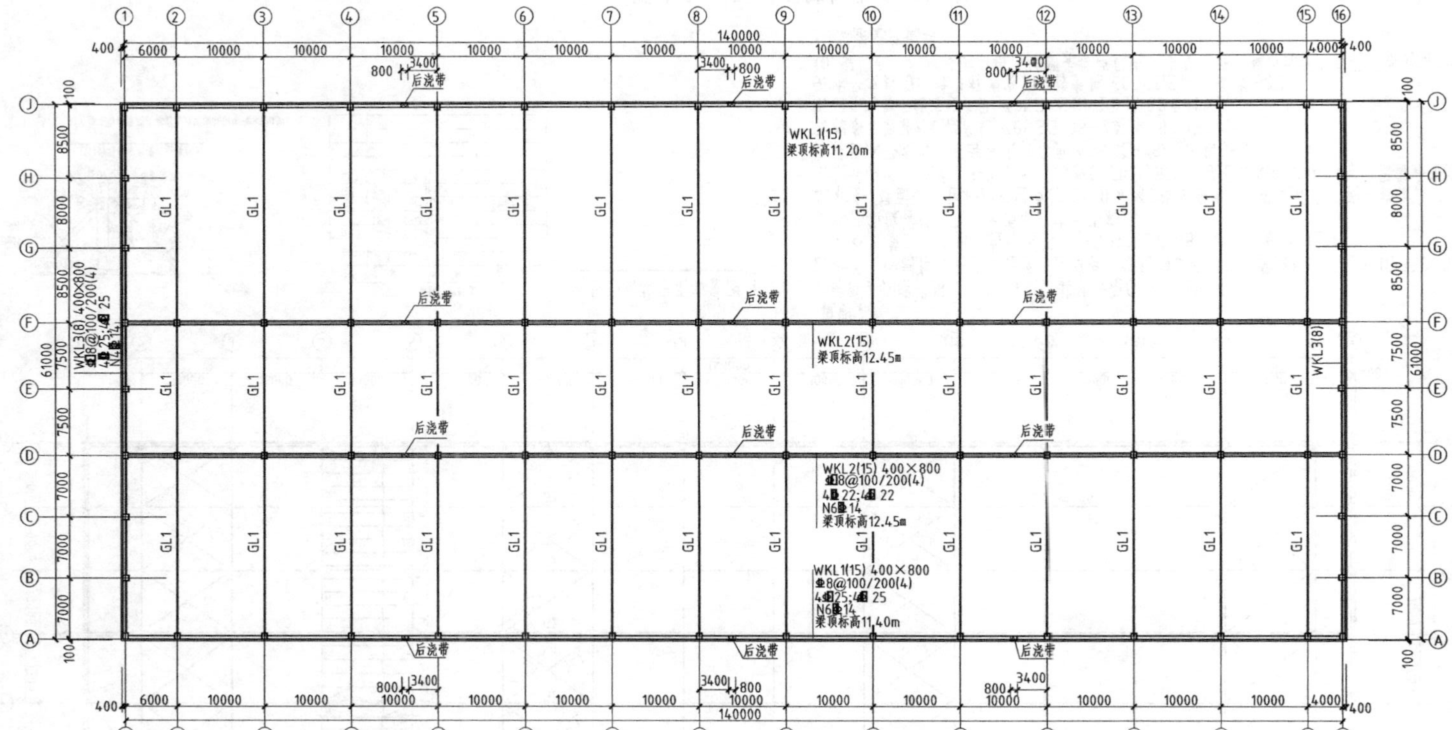


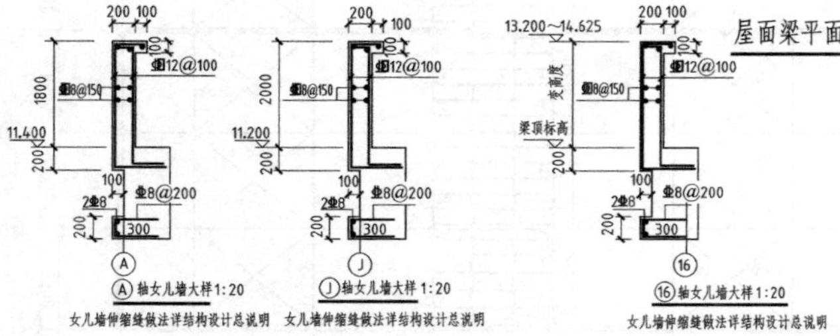


屋面梁平面配置图 1:200

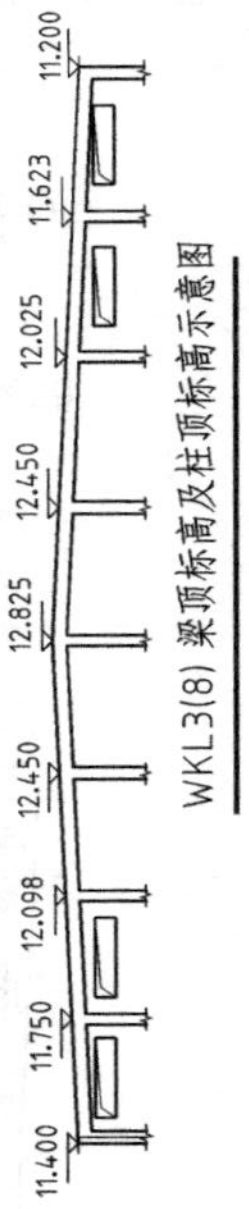


说明：

1. 材料：混凝土等级为C30；钢筋等级2表示HRB400，钢梁采用Q345－B级钢。
2. 图中未标注定位的梁均轴线居中或者齐柱边布置。
3. 本图采用梁平面表示法，构造要求详见《混凝土结构施工图平面整体表示方法制图规则和构造详图》（现浇混凝土框架、剪力墙、梁、板）（11G101－1）。
4. 混凝土柱与钢梁采用铰接连接，柱顶预埋埋件及连接做法详见钢结构厂家设计图样。
5. 钢梁GL1截面为350×900×10×14。
6. 本图须配合钢结构厂家设计图纸一起施工，混凝土柱及梁侧预埋件应提前预埋，详见钢结构厂家图样。
7. 女儿墙内侧预埋件详见GL1详图。
8. 其他详见结构设计总说明。

图 4-33　屋面梁平面配筋图

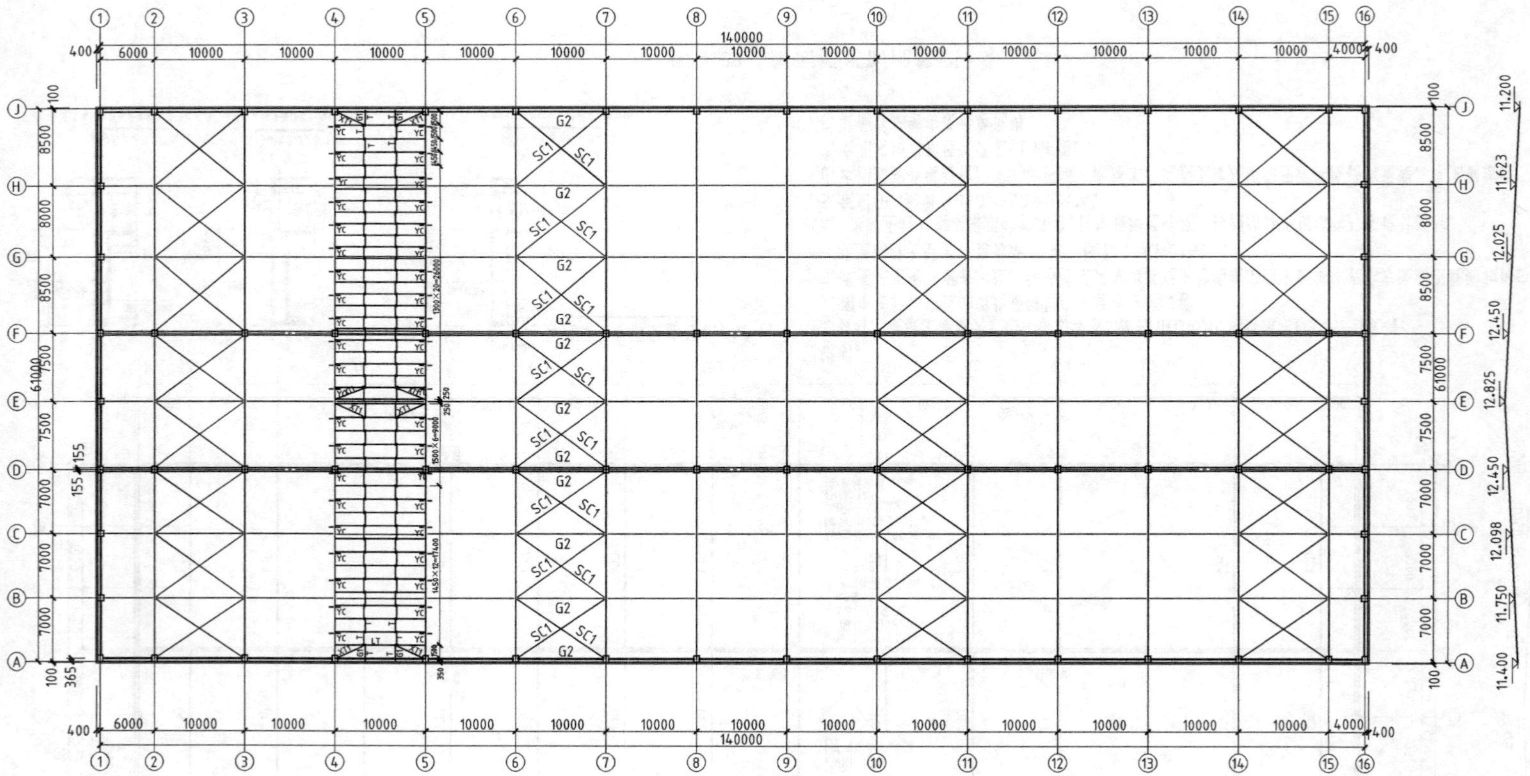


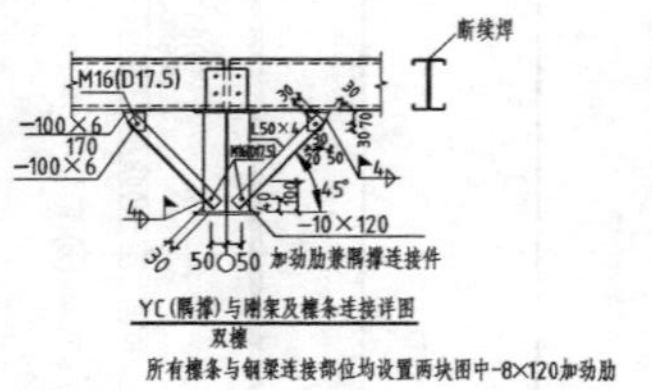


钢构件材料表

| 构件编号 | 名称 | 型号 | 备注 |
|---|---|---|---|
| LT | 檩条 | 250×75×20×2.5 | |
| T | 拉条 | M12 | |
| XT1 | 斜拉条 | M14 | |
| G1 | 撑杆 | φ32×2.5 | |
| YC | 隅撑 | φ50×4 | M16连接 |
| G2 | 刚性系杆 | φ180×5 | |
| SC1 | 水平支撑 | φ125×10 | |
| | | | |
| | | | |
| | | | |
| | | | |

钢屋面结构平面布置图 1:200

说明：

1. 材料：钢梁采用Q345B级钢，其他采用Q-235B级钢。
2. 钢结构的制作，安装和验收，应符合<<钢结构工程施工质量及验收规范>>(GB50205-2001)和<<建筑工程质量检验评定标准>>(GBJ301-88)(建筑工程)的规定。
3. 构件须放样核对尺寸无误后，方可下料。
4. 檩条，屋面板、拉杆的布置及详图仅供参考，施工图由甲方确定供货厂商后提供。
5. 设计荷载：恒载0.3KN/m²，活载0.5KN/m²，雪压0.4KN/m²（考虑积雪分布系数2.0）。
6. 屋面水平支撑节点连接大样参见《05SG518-2》第56页。
7. 檩条与钢梁的连接参见《05SG518-2》第53页13节点。
8. 拉条与檩条的连接参见《05SG518-2》第52页11节点。
9. 水平支撑与刚性系杆的安装大样参见《05SG518-2》第50页。
10. 钢屋面上有较多的风机，须预先按照风机底座及开洞，洞边加固处理待设备订货后根据厂家图样加固。
11. 其余见总说明。

图 4-34 钢屋面结构平面布置图

# 4.3　钢结构图

钢结构是由各种形状的型钢组合连接而成的结构物，主要用于大跨度结构、高层建筑和高耸结构，如大跨度的钢屋架、大中跨度的铁路桥梁、电视发射塔等。表示钢结构的图样称为钢结构图。

## 4.3.1　钢结构图中常用的符号及标注方法

### 1. 钢结构图中常用的符号

组成钢结构构件的型钢是由轧钢厂按标准规格轧制而成的。常用的型钢有角钢、工字钢、槽钢、钢板及钢管等，它们的代号及标注方法应符合《建筑结构制图标准》（GB/T 50105—2010）的要求，见表 4-16。

表 4-16　常用型钢的标注方法

| 序号 | 名　称 | 截　面 | 标　注 | 说　明 |
|---|---|---|---|---|
| 1 | 等边角钢 |  | ∟ $b\times t$ | $b$ 为肢宽<br>$t$ 为肢厚 |
| 2 | 不等边角钢 |  | ∟ $B\times b\times t$ | $B$ 为长肢宽<br>$b$ 为短肢宽<br>$t$ 为肢厚 |
| 3 | 工字钢 |  | I N　Q I N | 轻型工字钢加注 Q 字 |
| 4 | 槽钢 |  | [ N　Q [ N | 轻型槽钢加注 Q 字 |
| 5 | 方钢 | 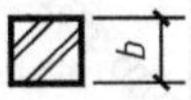 | □ $b$ | — |
| 6 | 扁钢 | 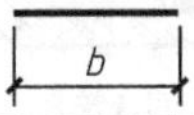 | — $b\times t$ | — |
| 7 | 钢板 |  | $-\dfrac{-b\times t}{L}$ | $\dfrac{宽\times厚}{板长}$ |
| 8 | 圆钢 |  | $\phi d$ | — |
| 9 | 钢管 |  | $\phi d\times t$ | $d$ 为外径<br>$t$ 为壁厚 |
| 10 | 薄壁方钢管 |  | B □ $b\times t$ | |
| 11 | 薄壁等肢角钢 |  | B ∟ $b\times t$ | |
| 12 | 薄壁等肢卷边角钢 | 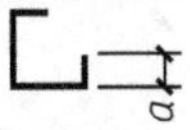 | B [ $b\times a\times t$ | |
| 13 | 薄壁槽钢 | 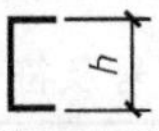 | B [ $h\times b\times t$ | 薄壁型钢加注 B 字<br>$t$ 为壁厚 |
| 14 | 薄壁卷边槽钢 | 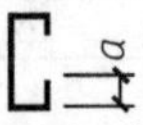 | B [ $h\times b\times a\times t$ | |
| 15 | 薄壁卷边 Z 型钢 | 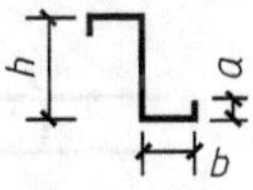 | B Z $h\times b\times a\times t$ | |

（续）

| 序号 | 名　称 | 截　面 | 标　注 | 说　明 |
|---|---|---|---|---|
| 16 | T型钢 |  | TW ××<br>TM ××<br>TN ×× | TW为宽翼缘T型钢<br>TM为中翼缘T型钢<br>TN为窄翼缘T型钢 |
| 17 | H型钢 |  | HW ××<br>HM ××<br>HN ×× | HW为宽翼缘H型钢<br>HM为中翼缘H型钢<br>HN为窄翼缘H型钢 |
| 18 | 起重机钢轨 |  | QU×× | 详细说明产品规格型号 |
| 19 | 轻钢及钢轨 |  | ××kg/m钢轨 | |

钢结构中型钢的连接方式主要有焊接、铆接和螺栓连接三种方式，螺栓连接又分为普通螺栓连接和高强度螺栓连接两种。下面对各种连接方式进行简单介绍。

（1）焊接

1）焊缝类型与焊接符号。型钢焊接时的接头形式可分为对接接头、T形接头、角接接头和搭接接头。型钢熔接处称为焊缝，按其结合形式分为对接焊缝、角焊缝和点焊缝三种（图4-35）。

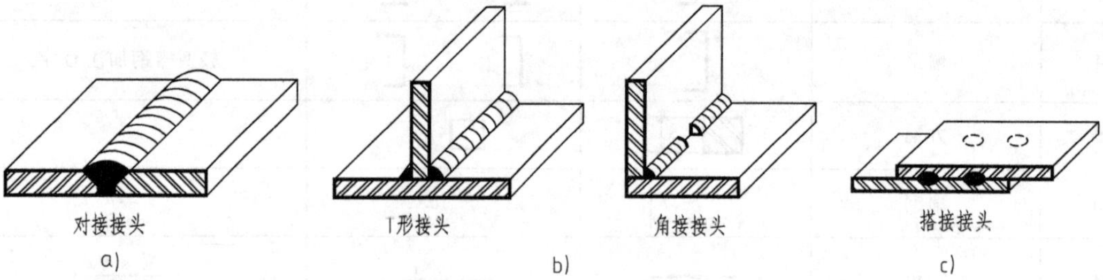


图4-35　焊接接头及焊缝形式

a）对接焊缝　b）角焊缝　c）点焊缝

在焊接钢结构图中，必须把焊缝的位置、形式和尺寸标注清楚。焊缝采用规定的焊缝符号标注，焊缝符号主要由带箭头的引出线、图形符号、焊缝尺寸和辅助符号组成，如图4-36所示。建筑钢结构常用焊缝符号及符号尺寸见表4-17。

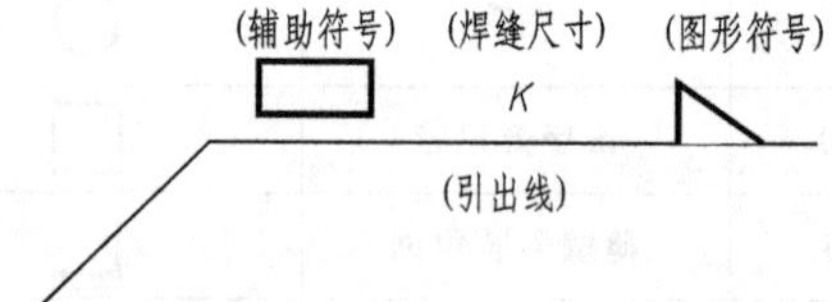


图4-36　焊缝符号

**表4-17　建筑钢结构常用焊缝符号及符号尺寸**

| 序号 | 焊缝名称 | 形　式 | 标　注　法 | 符号尺寸/mm |
|---|---|---|---|---|
| 1 | I形焊缝 | 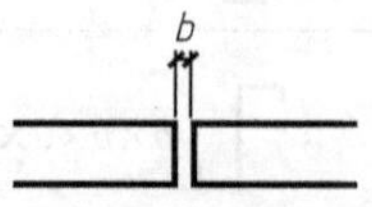 | 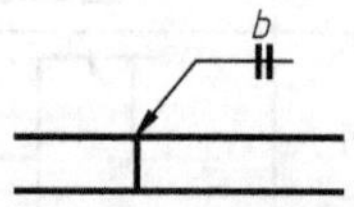 | 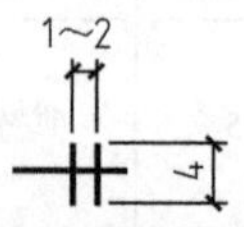 |

（续）

| 序号 | 焊缝名称 | 形　式 | 标　注　法 | 符号尺寸/mm |
|---|---|---|---|---|
| 2 | 单边 V 形焊缝 | 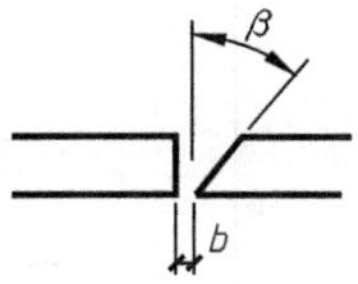 | 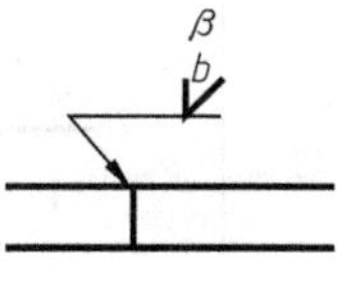 注：箭头指向剖口 | 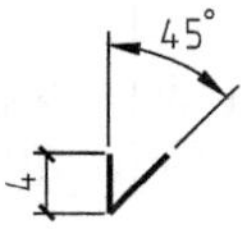 |
| 3 | 带钝边单边 V 形焊缝 | 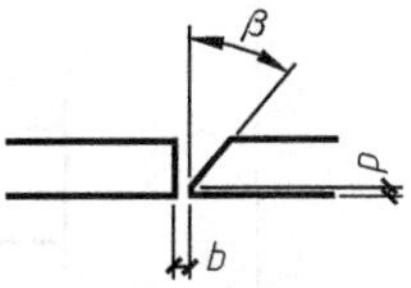 | 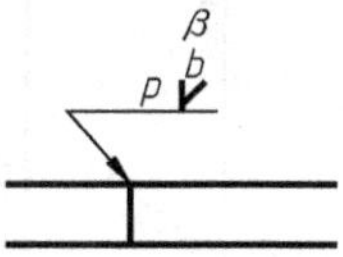 | 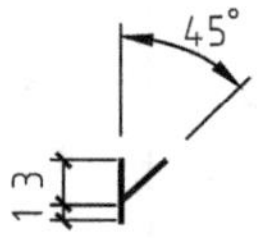 |
| 4 | 带垫板带钝边单边 V 形焊缝 | 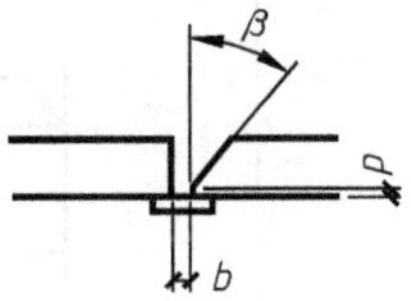 | 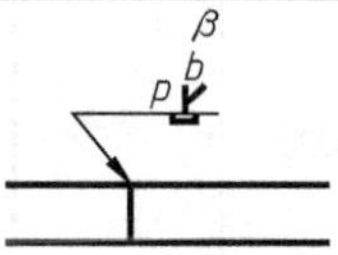 注：箭头指向剖口 | 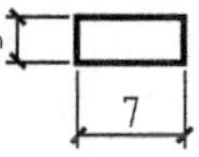 |
| 5 | 带垫板 V 形焊缝 | 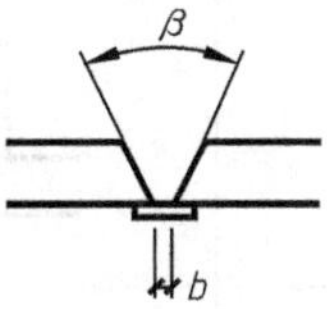 | 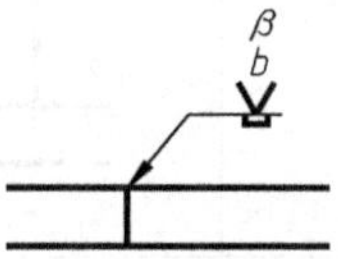 | 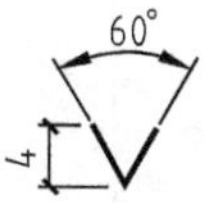 |
| 6 | Y 形焊缝 | 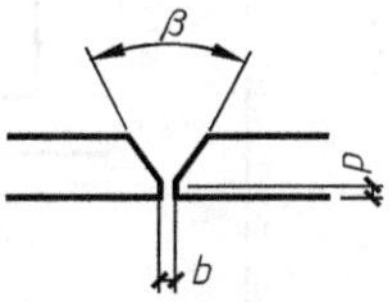 | 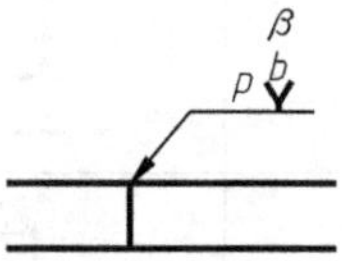 | 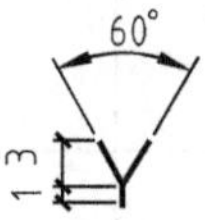 |
| 7 | 带垫板 Y 形焊缝 | 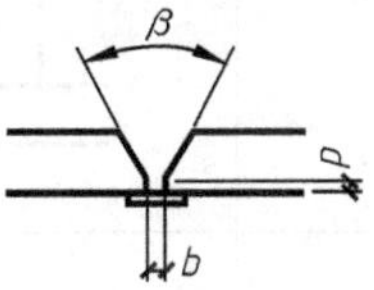 | 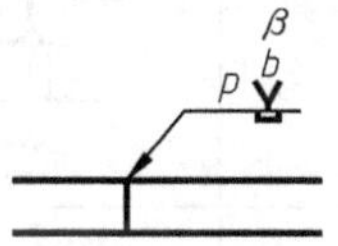 | — |
| 8 | 双单边 V 形焊缝 | 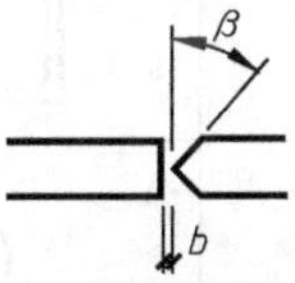 | 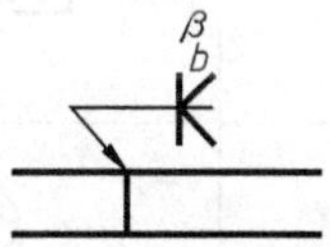 | — |
| 9 | 双 V 形焊缝 | 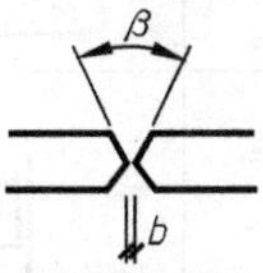 | 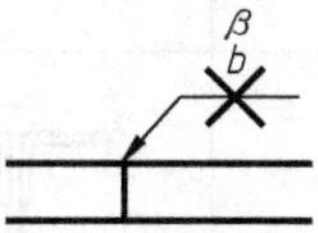 | — |
| 10 | 带钝边 U 形焊缝 | 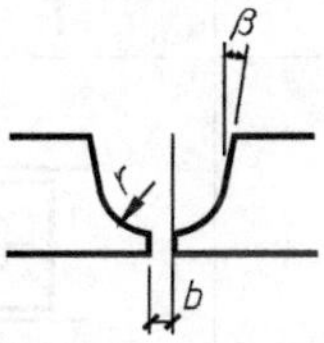 | 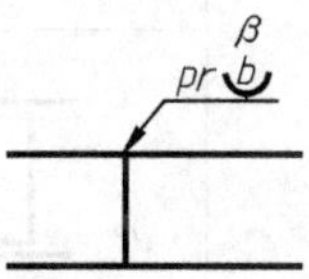 |  |

（续）

| 序号 | 焊缝名称 | 形 式 | 标 注 法 | 符号尺寸/mm |
|---|---|---|---|---|
| 11 | 带钝边双 U 形焊缝 | 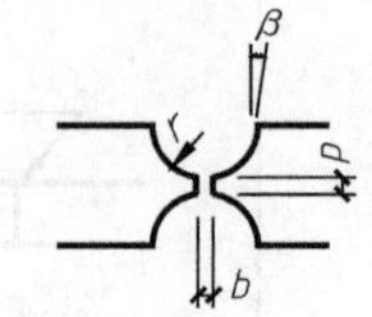 | 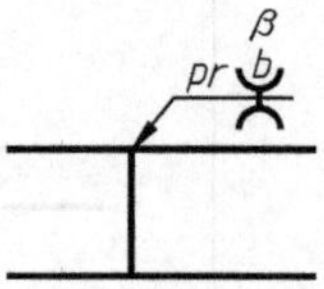 | — |
| 12 | 带钝边 J 形焊缝 | 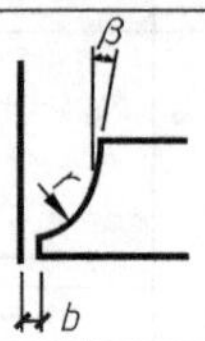 | 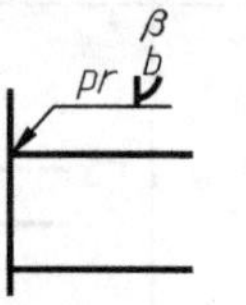 |  |
| 13 | 带钝边双 J 形焊缝 | 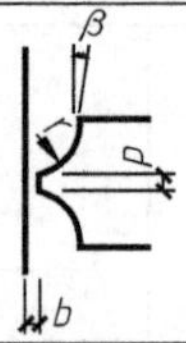 | 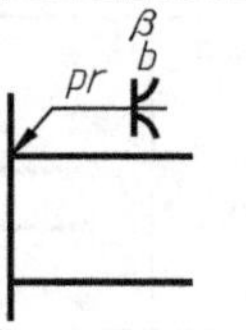 | — |
| 14 | 角焊缝 | 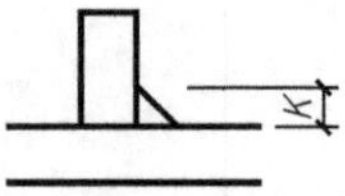 | 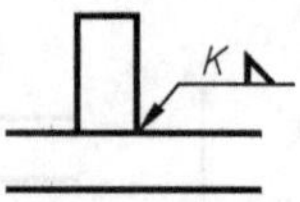 | 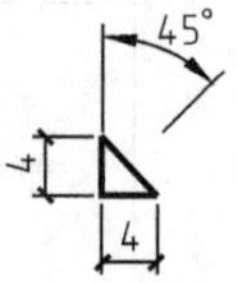 |
| 15 | 双面角焊缝 | 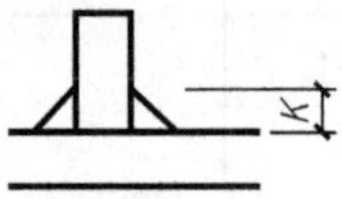 | 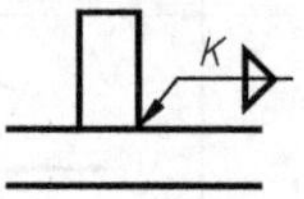 | — |
| 16 | 剖口角焊缝 | 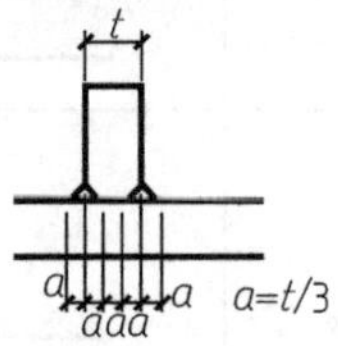 | 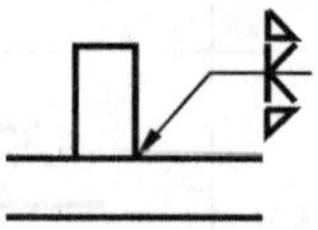 | 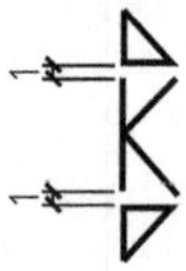 |
| 17 | 喇叭形焊缝 | 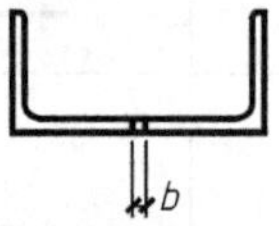 | 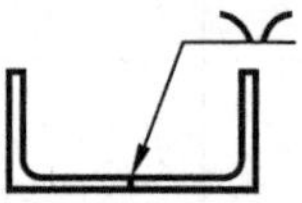 | 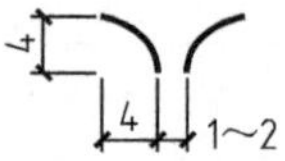 |
| 18 | 双面半喇叭形焊缝 | 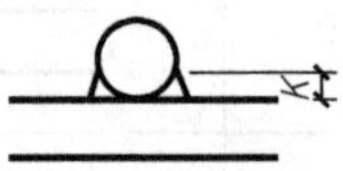 | 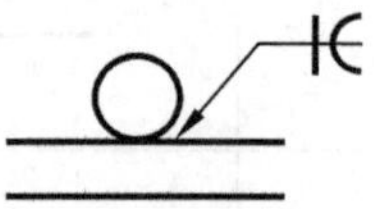 | 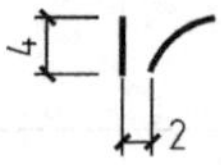 |
| 19 | 塞焊 | 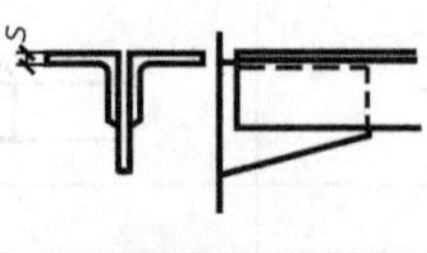<br>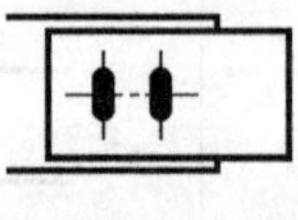 | 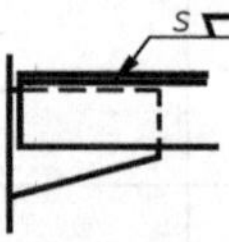<br>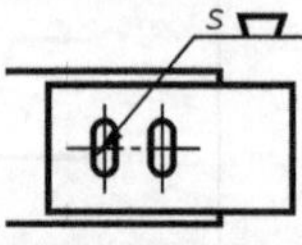 |  |

2）常用焊缝的表示方法。焊接钢构件的焊缝除按现行国家标准《焊缝符号表示法》(GB/T 324) 的有关规定执行外，还应符合如下规定：

a. 单面焊缝的标注方法。

① 当箭头指向焊缝所在的一面时，应将图形符号和尺寸标注在横线的上方（图4-37a）；当箭头指向焊缝所在另一面（相对应的那面）时，应按图 4-37b 所示的规定将图形符号和尺寸标注在横线的下方。

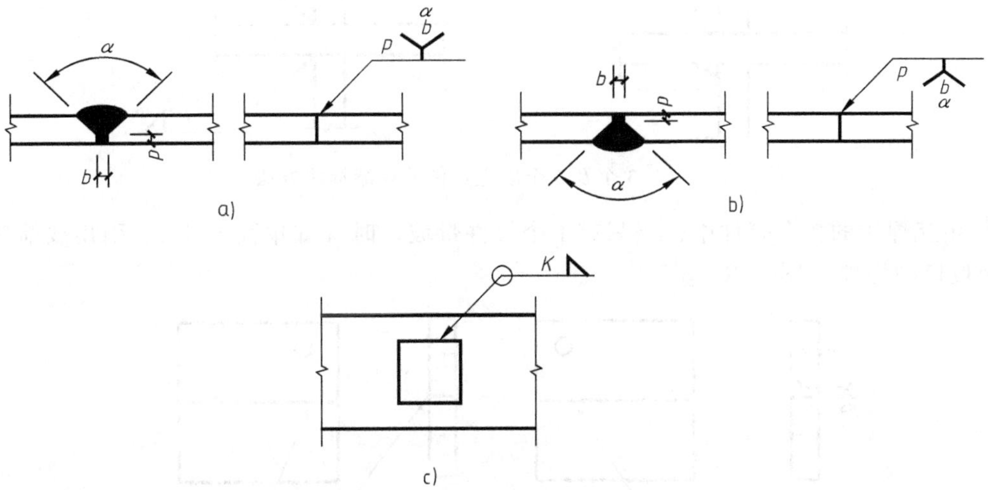


图 4-37　单面焊缝的标注方法

② 表示环绕工作件周围的焊缝时，应按图 4-37c 的规定执行，其围焊焊缝符号为圆圈，绘制在引出线的转折处，并标注焊角尺寸 $K$。

b. 双面焊缝的标注。应在横线的上、下都标注符号和尺寸。上方表示箭头一面的符号

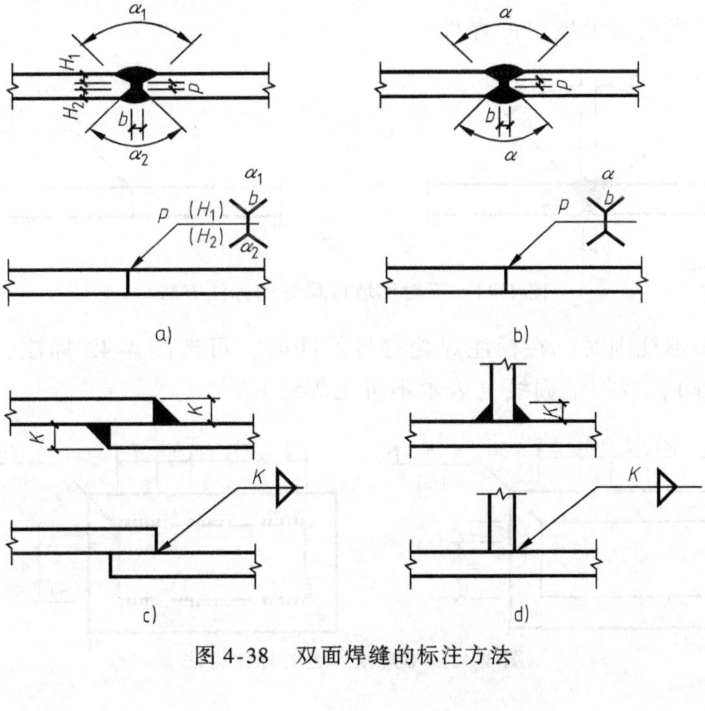


图 4-38　双面焊缝的标注方法

和尺寸，下方表示另一面的符号和尺寸（图4-38a）；当两面的焊缝尺寸相同时，只需在横线上方标注焊缝的符号和尺寸（图4-38b、c、d）。

c. 3个和3个以上的焊件相互焊接的焊缝，不得作为双面焊缝标注。其焊缝符号和尺寸应分别标注（图4-39）。

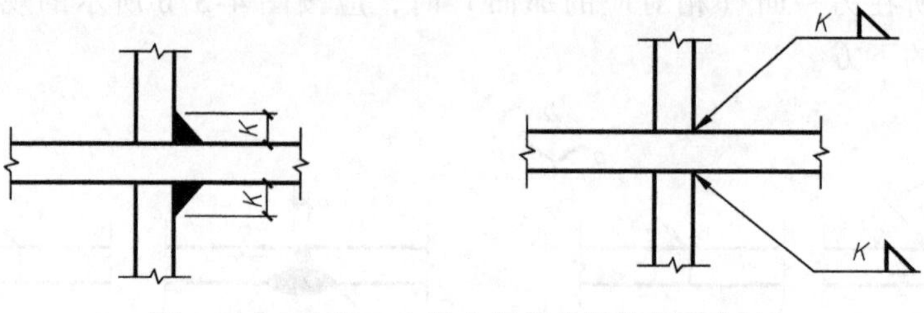


图4-39　3个及3个以上焊件的焊缝标注方法

d. 相互焊接的2个焊件中，当只有1个焊件带坡口时（如单面V形），引出线箭头必须指向带坡口的焊件（图4-40）。

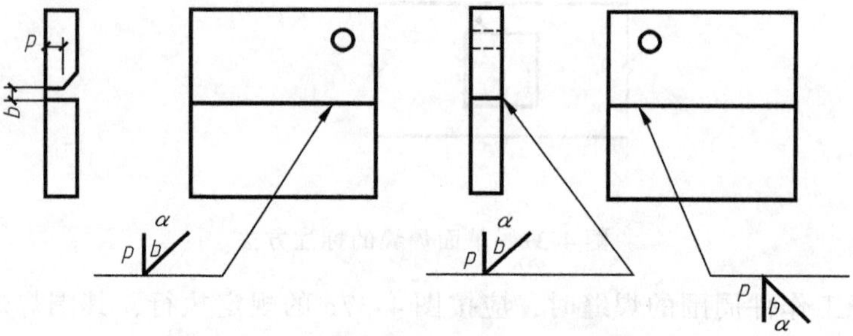


图4-40　1个焊件带坡口的焊缝标注方法

e. 相互焊接的2个焊件，当为单面带双边不对称坡口焊缝时，应按图4-41所示的规定，引出线箭头应指向较大坡口的焊件。

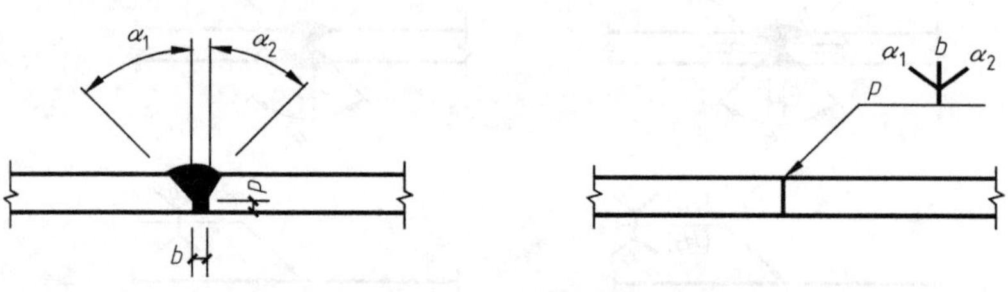


图4-41　不对称坡口焊缝的标注方法

f. 当焊缝分布不规则时，在标注焊缝符号的同时，可按图4-42标注，在焊缝处加中实线（表示可见焊缝），或加细栅线（表示不可见焊缝）。

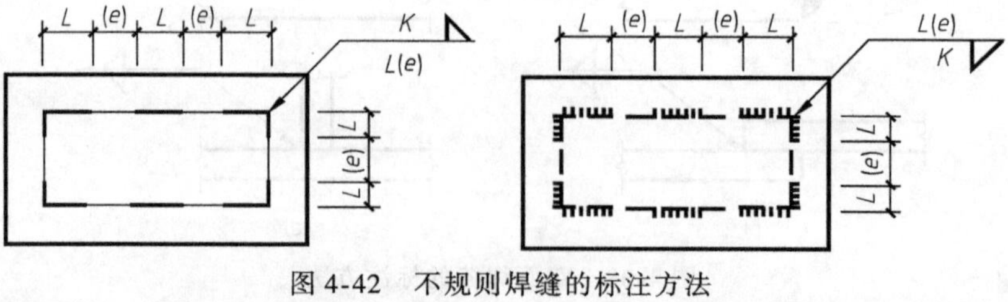


图4-42　不规则焊缝的标注方法

g. 相同焊缝符号应按下列方法表示：

① 在同一图形上，当焊缝形式、断面尺寸和辅助要求均相同时，应按图 4-43a 所示的规定标注，可只选择一处标注焊缝符号和尺寸，并加注“相同焊缝符号”，相同焊缝符号为 3/4 圆弧，绘制在引出线的转折处。

② 在同一图形上，当有数种相同的焊缝时，宜按图 4-43b 所示的规定标注，可将焊缝分类编号标注。在同一类焊缝中可选择一处标注焊缝符号和尺寸。分类编号采用大写的拉丁字母 A、B、C 等。

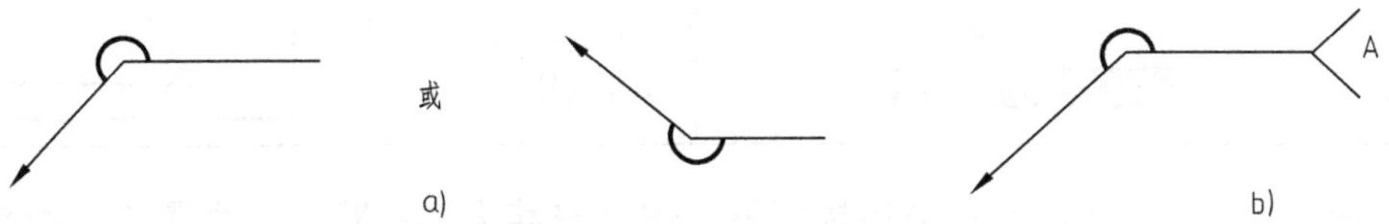


图 4-43　相同焊缝的标注方法

h. 需要在施工现场进行焊接的焊件焊缝，应按图 4-44 所示的规定标注“现场焊缝”符号。现场焊缝符号为涂黑的三角形旗号，绘制在引出线的转折处。

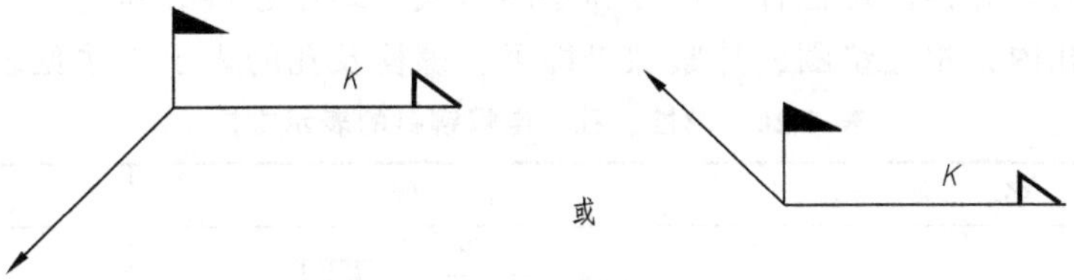


图 4-44　现场焊缝的标注方法

i. 辅助符号及其使用。焊缝辅助符号及标注示例见表 4-18。

**表 4-18　焊缝辅助符号及标注示例**

| 名　称 | 辅助符号 | 形式及标注示例 | 说　明 |
|---|---|---|---|
| 平面符号 | — | 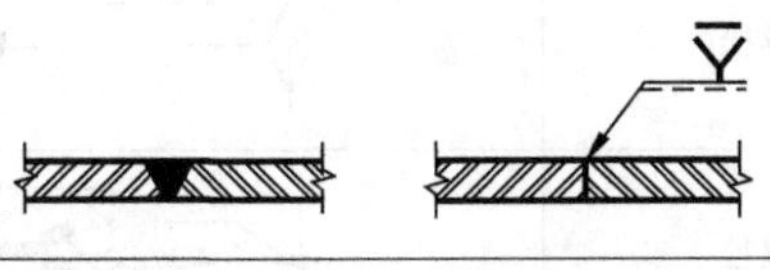 | 表示(带钝边)V 形焊缝表面齐平(一般通过加工) |
| 凹面符号 | ⌣ | 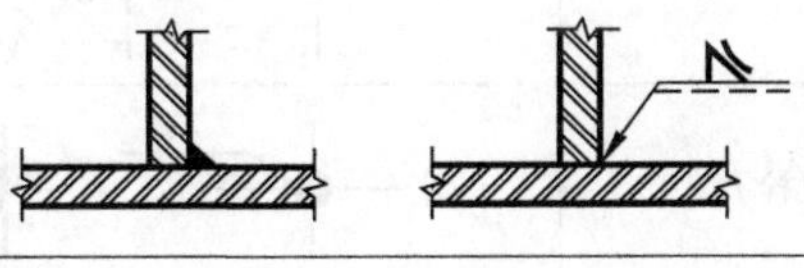 | 表示焊缝表面凹陷 |
| 凸面符号 | ⌢ | 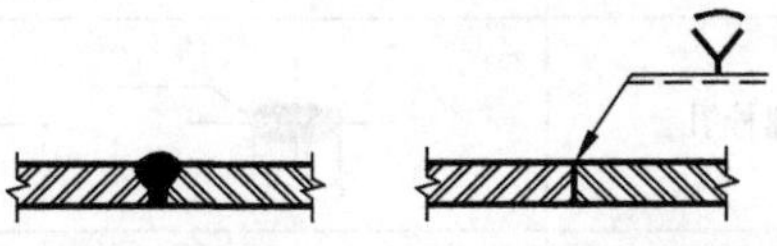 | 表示焊缝表面凸起 |
| 带垫板符号 | ▭ | 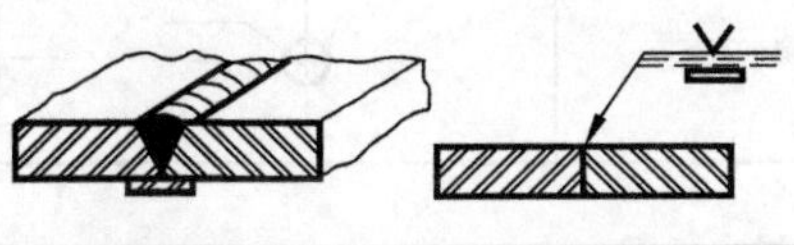 | 表示 V 形焊缝的背面底部有垫板 |

j. 焊缝尺寸参数及标注方法。常用焊缝的尺寸参数及标注方法见表 4-19。

**表 4-19　常用焊缝的尺寸参数及标注方法**

| 名称 | 符号 | 示意图及标注 | 名称 | 符号 | 示意图及标注 |
|---|---|---|---|---|---|
| 工件厚度 | $\delta$ | 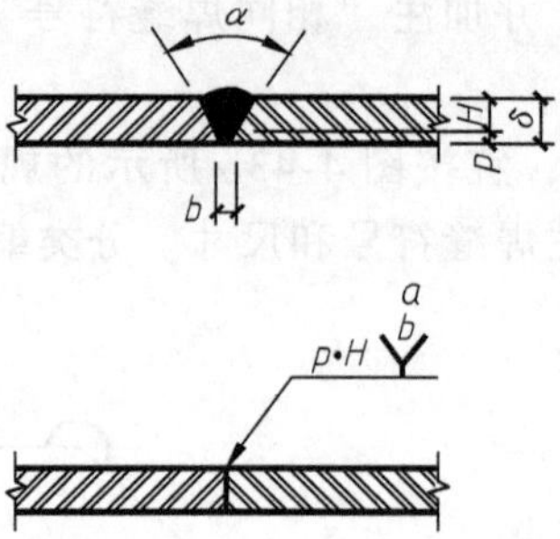 | 焊缝段数 | $h$ | 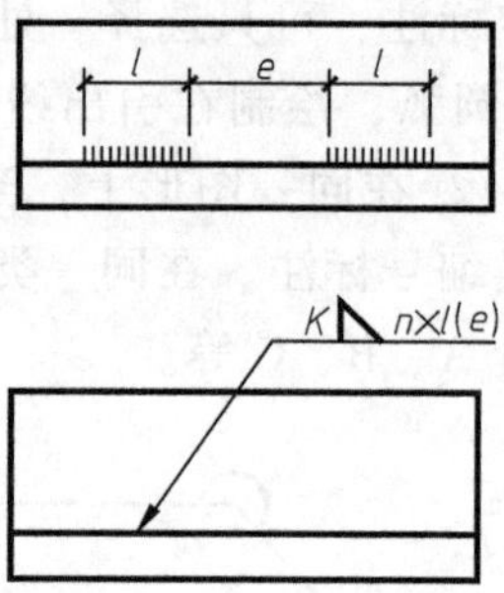 |
| 坡口角度 | $\alpha$ | | 焊缝间隙 | $e$ | |
| 根部间隙 | $b$ | | 焊缝长度 | $l$ | |
| 钝边高度 | $p$ | | 焊缝高度 | $K$ | |
| 坡口深度 | $H$ | | 相同焊缝数量代号 | $n$ | |
| 熔核直径 | $d$ | | | | |

（2）铆接　铆接是指用铆钉来连接型钢。铆钉按其头部形状分为半圆头、埋头、半埋头等。铆接需要先在被连接的型钢上预先钻出较铆钉直径大 1mm 的孔，连接时，将加热的铆钉插入孔内，用铆钉枪冲打钉尾，直至打成铆钉头为止。电焊铆钉的表示方法见表 4-20。

（3）螺栓连接　螺栓连接是指采用螺栓来连接型钢，焊接和铆接是不可拆的连接，螺栓连接是可拆换的。螺栓由螺栓杆、螺母和垫圈组成，螺栓连接必须先在型钢上钻孔，连接时将螺栓杆插入孔内，垫上垫圈，拧紧螺母即可，螺栓及孔的表示方法见表 4-20。

**表 4-20　螺栓、孔、电焊铆钉的表示方法**

| 序号 | 名　称 | 图　例 | 说　明 |
|---|---|---|---|
| 1 | 永久螺栓 | 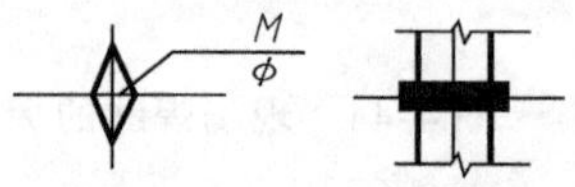 | 1. 细“+”线表示定位线<br>2. M 表示螺栓型号<br>3. $\phi$ 表示螺栓孔直径<br>4. $d$ 表示膨胀螺栓、电焊铆钉直径<br>5. 采用引出线标注螺栓时，横线上标注螺栓规格，横线下标注螺栓孔直径 |
| 2 | 高强螺栓 | 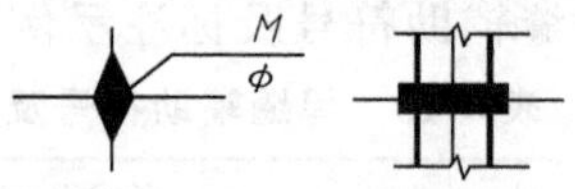 | |
| 3 | 安装螺栓 | 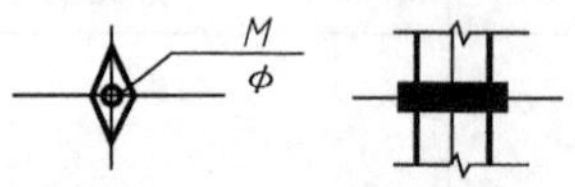 | |
| 4 | 膨胀螺栓 | 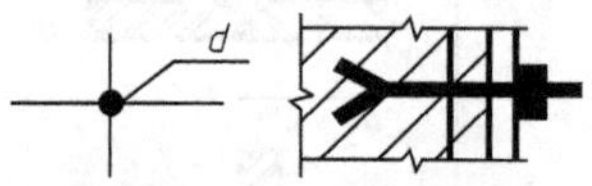 | |
| 5 | 圆形螺栓孔 | 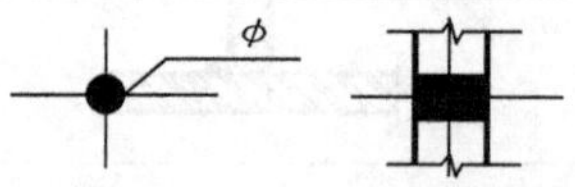 | |
| 6 | 长圆形螺栓孔 | 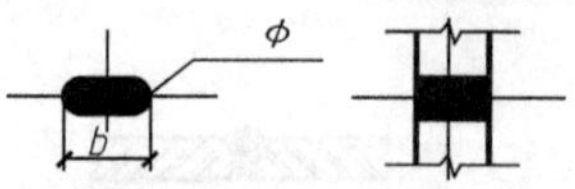 | |
| 7 | 电焊铆钉 | 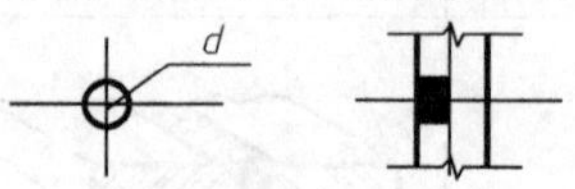 | |

**2. 钢结构的尺寸标注**

1）两构件的两条很近的重心线，应在交汇处将其各自向外错开（图 4-45）。

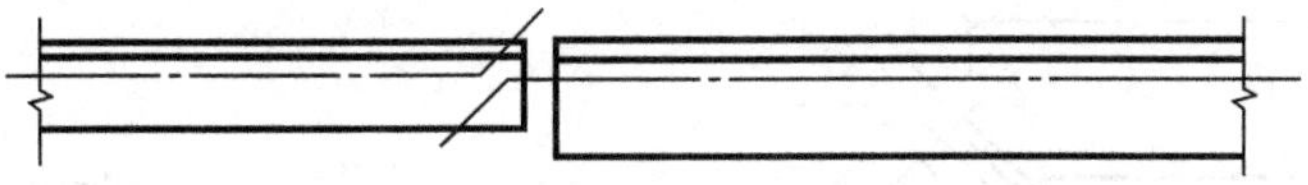

图 4-45　两构件重心不重合的表示方法

2）弯曲构件的尺寸应按图 4-46 所示的规定，沿其弧度的曲线标注弧的轴线长度。

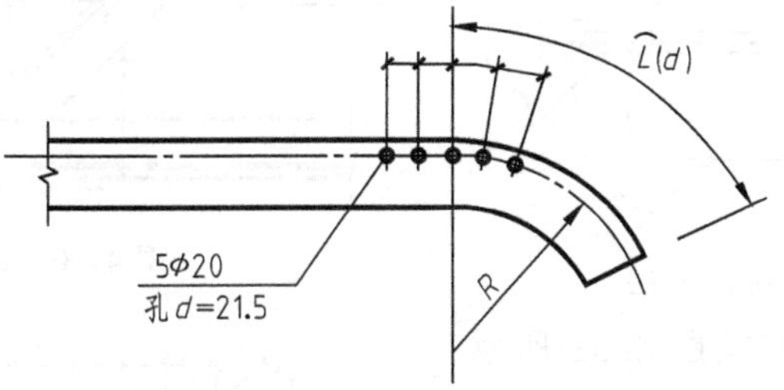


图 4-46　弯曲构件尺寸的标注方法

3）切割的板材，应按图 4-47 所示标注各线段的长度和位置。

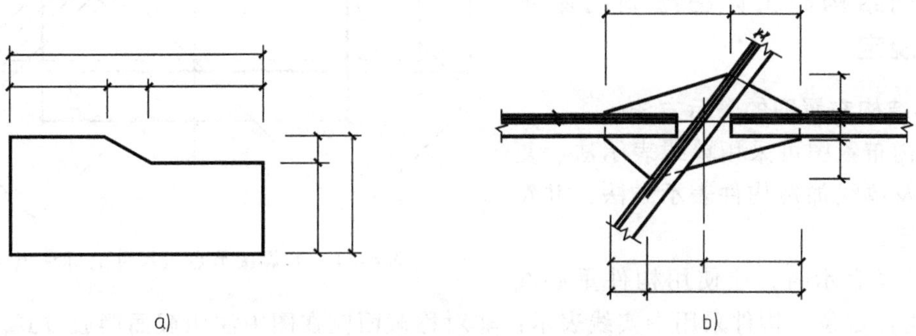


图 4-47　切割板材尺寸的标注方法

4）不等边角钢的构件，应按图 4-48 所示的规定标注出角钢一肢的尺寸。

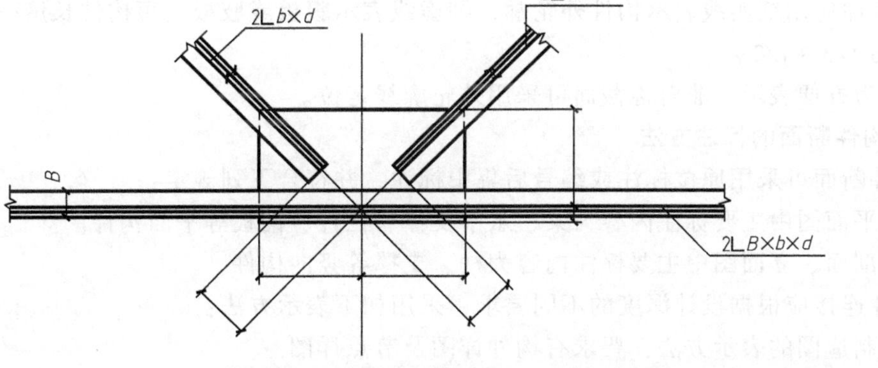


图 4-48　不等边角钢的标注方法

5）节点尺寸应按图 4-49 所示的规定，标明节点板的尺寸和各杆件螺栓孔中心或中心距，以及杆件端部至几何中心线交点的距离。

6）双型钢组合截面的构件应按图 4-50 所示的规定注明连接板（缀板）的数量及尺寸，引出横线上方标注缀板的数量及缀板的宽度、厚度，引出横线下方标注缀板的长度尺寸。

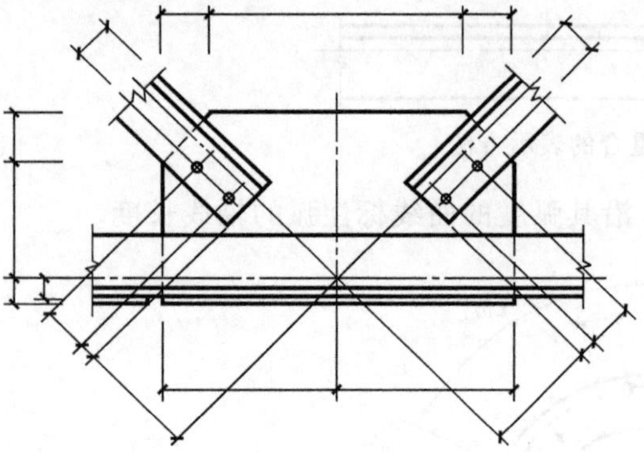

图4-49 节点尺寸的标注方法

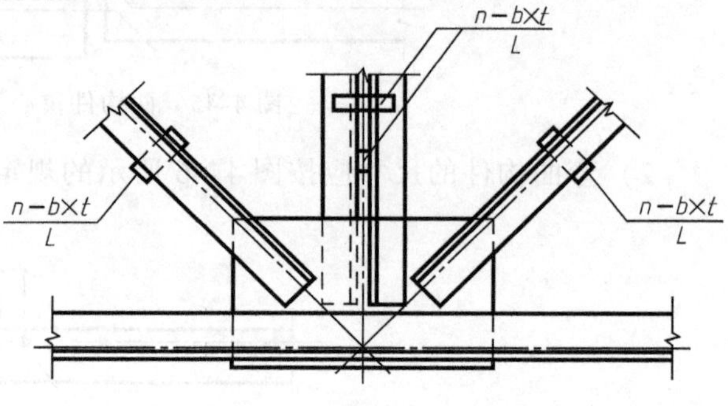


图4-50 缀板的标注方法

7）非焊接的节点板应按图4-51所示的要求注明节点板的尺寸和螺栓中心与几何中心线交点的距离。

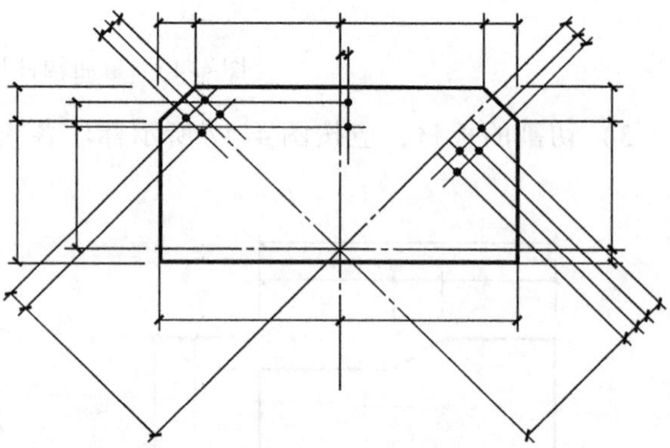

图4-51 非焊接节点板尺寸的标注方法

## 4.3.2 钢结构施工详图绘制的基本规定

**1. 钢结构布置图的表示方法**

钢结构布置图可采用单线表示法、复线表示法及单线加短构件表示方法，并符合下列规定：

1）单线表示时，应使用构件重心线（细点画线）定位，构件采用中实线表示；非对称截面应在图中注明截面摆放方式。

2）复线表示时，应使用构件重心线（细点画线）定位，构件使用细实线表示构件外轮廓，细虚线表示腹板或肢板。

3）单线加短构件表示时，应使用构件重心线（细点画线）定位，构件采用中实线表示；短构件使用细实线表示构件外轮廓，细虚线表示腹板或肢板；短构件长度一般为构件实际长度的1/3～1/2。

4）为方便表示，非对称截面可采用外轮廓线定位。

**2. 构件断面的标注方法**

构件断面可采用原位标注或编号后集中标注，并符合下列规定：

1）平面图中主要标注内容为梁、水平支撑、栏杆、铺板等平面构件。

2）剖面、立面图中主要标注内容为柱、支撑等竖向构件。

构件连接应根据设计深度的不同要求，采用如下表示方法：

1）制造图的表示方法，要求有构件详图及节点详图。

2）索引图加节点详图的表示方法。

3）标准图集的方法。

## 4.3.3 钢屋架结构详图

钢屋架结构图是表示钢屋架的形式、大小、型钢的规格、杆件的组合和连接情况的图样，一般包括：钢屋架构件几何尺寸简图（又称钢屋架示意图）、钢屋架立面图和节点详图（包括连接板、预埋件等的详图）以及钢材用量表等。

### 1. 钢屋架构件几何尺寸简图

钢屋架主要包括上弦杆、下弦杆和腹杆（包括竖杆和斜杆），其构件几何尺寸简图用以表示屋架的结构形式，用粗实线画出，一般放在图样的左上角或右上角。简图的常用比例为 1:100 或 1:200。图 4-52 所示是某钢屋架构件几何尺寸简图，该屋架的轴线用单点画线画出从而表达出屋架的结构形式及各杆件的计算长度以便放样。

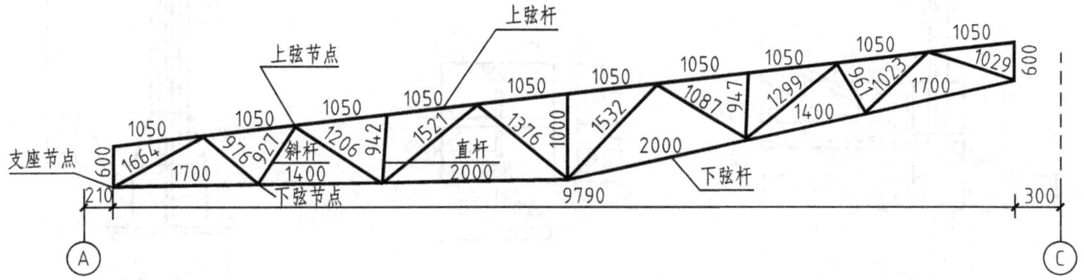


图 4-52 某钢屋架构件几何尺寸简图

### 2. 钢屋架立面图和节点详图

钢屋架立面图和节点详图是表示钢屋架的形式、大小、型钢的规格、杆件的组合和连接情况的图样，是制作屋架的依据，图 4-53、图 4-54 分别为钢屋架立面图和节点详图示例。

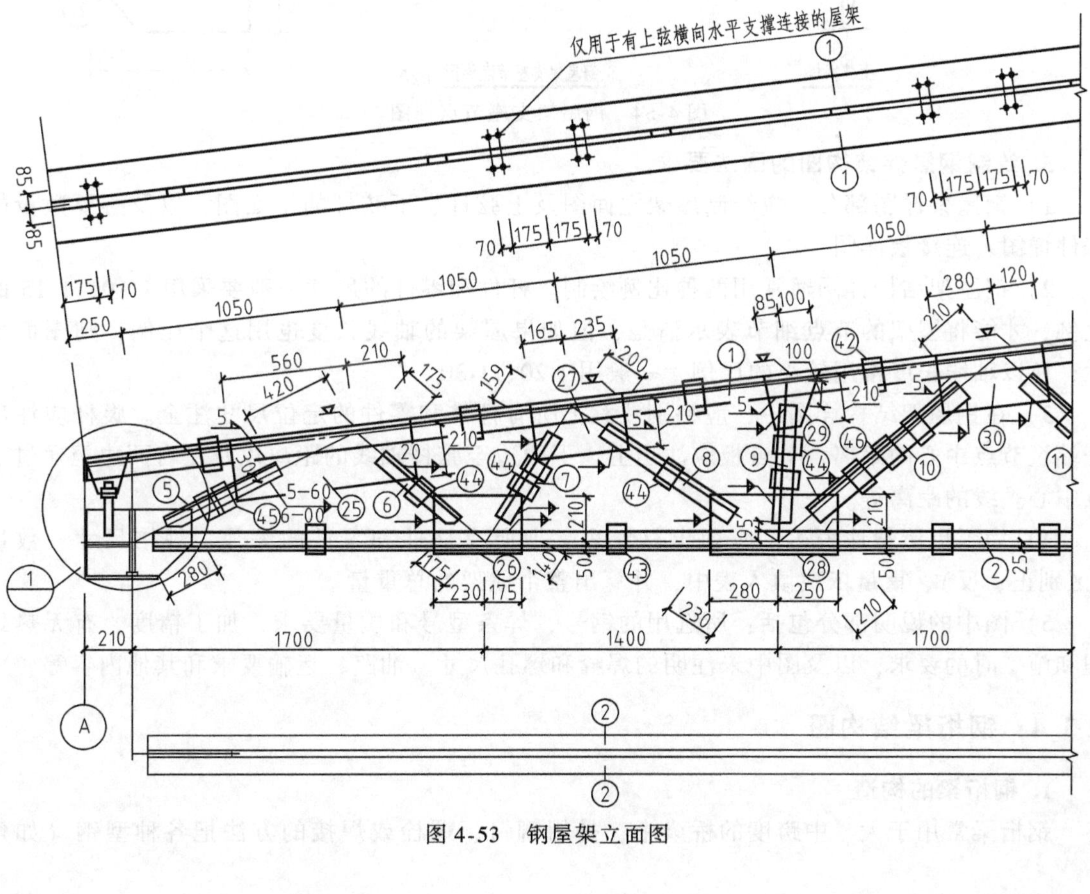


图 4-53 钢屋架立面图

钢屋架结构图中一般还附有材料表（本书略），表中按零件编号注明了组成杆件的各型钢的截面规格尺寸、长度、数量和质量等内容。所以在屋架图中可以不注出各杆件的截面尺寸，只注出编号。

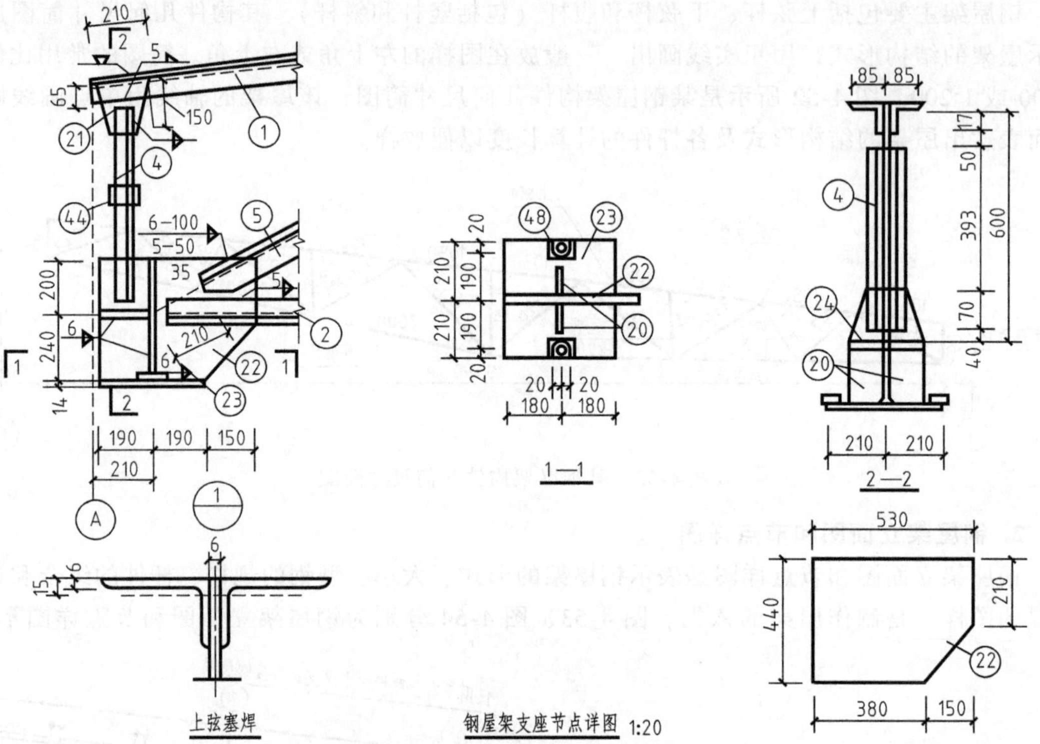


图 4-54　钢屋架支座节点详图

**3. 绘制钢屋架结构图的画法要求**

1）钢屋架详图部分，应绘制屋架立面图及上弦杆、下弦杆的平面图，以及必要数量的杆件详图、连接板详图。

2）钢屋架结构详图通常用两种比例绘制。杆件和零件的尺寸一般要采用 1:10、1:15 的比例，才能将屋架的节点细节表示清楚，但如果屋架的轴线长度也用这个比例，则图面太大，所以轴线长度常用较小的比例，一般用 1:20、1:30。

3）在钢屋架结构详图中，应特别注意把所有杆件和零件的定位尺寸注全。腹杆应注出杆端至节点中心的距离，节点板应注出上、下两边至弦杆轴线的距离以及左右两边至通过节点中心垂线的距离等。

4）为了更清楚地表达，应列出材料表。把所有杆件和零件的编号、规格尺寸、数量（区别正、反）、重量依次填入表中，并算出整个屋架的总重量。

5）图中的说明部分包括：所选用的钢号，焊条型号和质量要求，加工精度，有无热处理和施工时的要求，以及图中未注明的焊缝和螺孔尺寸、油路、运输要求和其他内容等。

## 4.3.4　钢桁梁结构图

**1. 钢桁梁的构造**

钢桁梁常用于大、中跨度的桥梁中，是用铆钉、螺栓或焊接的方法把各种型钢（如角钢、工字钢、槽钢和钢板等）连接起来的钢结构。钢桁梁由前、后两片主桁架，顶部的上平纵联、底部的下平纵联以及两端的桥门架和中间的横联组成，如图 4-55 所示。主桁架由上弦杆、下弦杆、腹杆及节点组成。倾斜的腹杆称为斜杆，竖直的腹杆称为竖杆，杆件交汇的地方称为节点。竖向荷载通过桥面传给纵梁，由纵梁传给横梁，再由横梁传给主桁节点，通过主桁架的受力传给支座，再由支座传给墩台。钢桁梁结构图包括设计轮廓图、节点图、杆件图及零件图。本节主要介绍节点图的内容和画法。

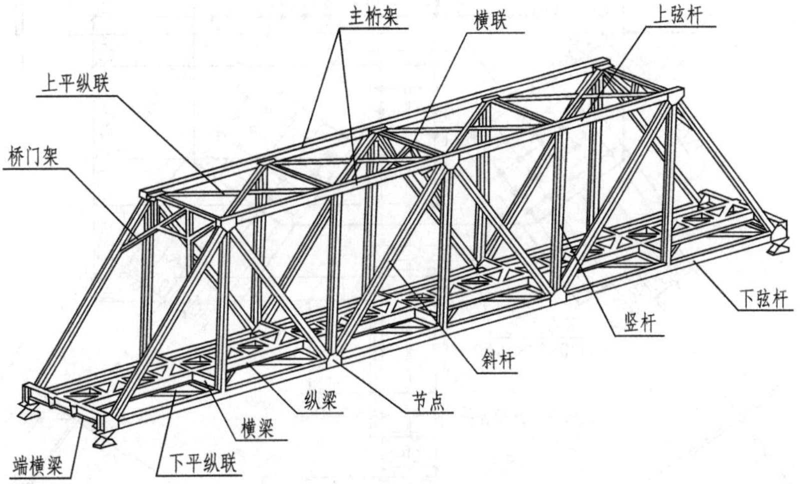


图 4-55　下承式简支钢桁梁

**2. 钢桁架节点图**

下面以 64m 下承式简支钢桁梁中的 $A_3$ 节点为例，说明节点图的内容和表示方法，如图 4-56 所示。

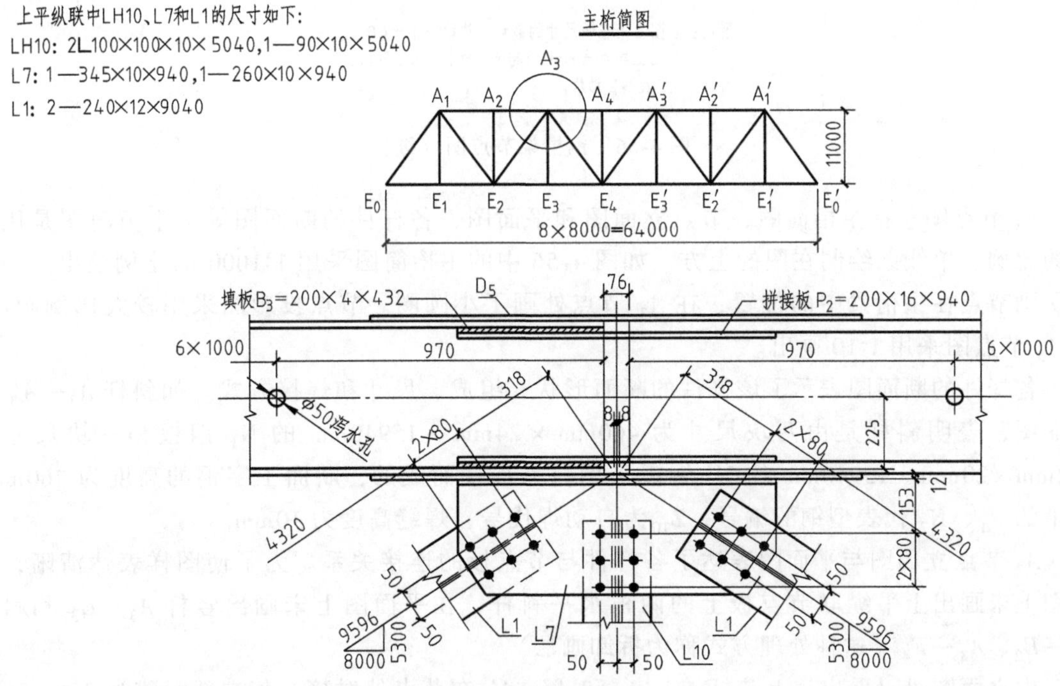


图 4-56　钢桁架节点图

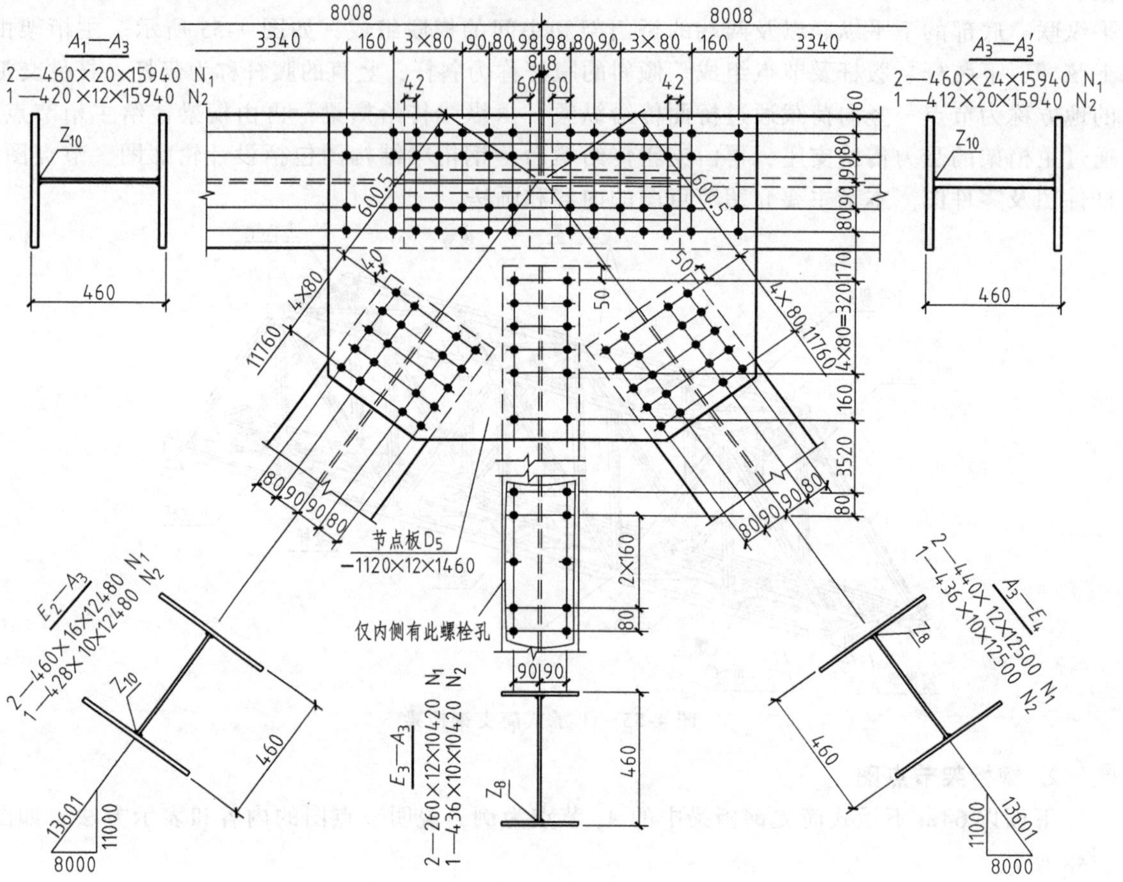


附注：1. 图上未注明尺寸的截切面边距不小于40。
2. 图上黑点表示φ22高强度螺栓或φ23孔。
3. Z表示自动焊。

图 4-56　钢桁架节点图（续）

$A_3$ 节点图包括主桁简图、节点立面图和平面图、各杆件的断面图等。主桁简图是用较小的比例、单线条绘制在图的上方，如图 4-56 中的主桁简图采用 1:1000 的比例绘出。为表示所画节点在主桁梁中的位置，在 $A_3$ 节点处画了小圆圈。节点投影图采用较大比例画出，如 $A_3$ 节点图采用 1:10 画出。

各杆件的断面图表示了该杆件的断面形状、组成、尺寸和焊接方式。如斜杆 $A_3—A_3'$ 的断面图，表明斜杆是由两块尺寸为 460mm × 24mm × 15940mm 的 $N_1$ 钢板和一块尺寸为 412mm × 20mm × 15940mm 的 $N_2$ 钢板采用自动焊接而成的，断面工字钢的高度为 460mm。图中的 $N_1$、$N_2$ 代表型钢的编号，$Z_{10}$ 为自动焊代号，焊缝高度为 10mm。

$A_3$ 节点立面图与平面图表达了各杆件与节点板的连接关系。为了使图样表达清晰，立面图上未画出上平纵联节点板上的两根水平斜杆，在平面图上未画出竖杆 $A_3—E_3$ 和斜杆 $A_3—E_2$、$A_3—E_4$（这种处理方式称为拆卸画法）。

由立面图可以看出，上弦杆 $A_1—A_3$ 和 $A_3—A_3'$ 在节点处对接，其端部间隙为 76mm。斜

杆 $A_3$—$E_2$、$A_3$—$E_4$ 和竖杆 $A_3$—$E_3$，以及上弦杆 $A_1$—$A_3$、$A_3$—$A'_3$ 都与节点板 $D_5$ 用高强度螺栓连接。由于上弦杆 $A_3$—$A'_3$ 在比 $A_1$—$A_3$ 的钢板要厚 4mm，为了连接平整，在左侧拼接板 $P_2$ 与节点板之间设置编号为 $B_3$ 的填板上下共四块。

平面图中，上平纵联为 L1、LH10，L7 为上平纵联的节点板，除 LH10 由两根等边角钢和一块钢板组合而成外，L1 和 L7 都是由钢板焊接而成的。

为了帮助理解，可参看下弦节点 $E_2$ 的轴测图（图 4-57），节点 $A_3$ 的结构与之相似。

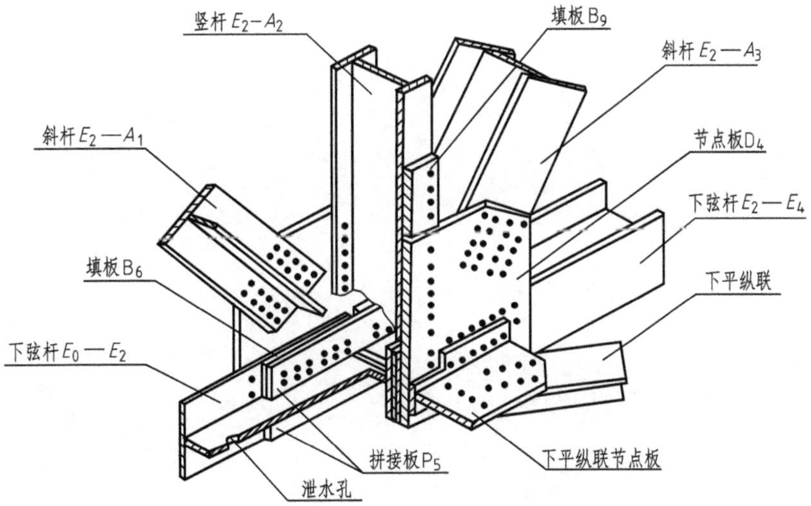


图 4-57　$E_2$ 节点轴测图

### 3. 钢桁架节点图的画法

以上述节点 $A_3$ 为例，说明节点图的画法。

1）首先考虑图幅，选择比例，进行布图。

2）先用细线画出各杆件的轴线位置。注意立面图上各杆件的轴线汇交于一点。

3）按照尺寸画出节点板、上弦杆、竖杆和斜杆；平面图上还须画出上平纵联的节点板及两根斜杆。

4）按照尺寸画出螺栓孔与泄水孔。注意螺栓孔之间的等分与对称的关系。

5）画填板和拼接板以及杆件的断面和不可见的轮廓线。

6）检查无误后进行描深。

7）标注尺寸，填写尺寸数字、技术说明和标题栏。

## 本章小结

本章主要学习建筑结构施工图的分类和图示特点；掌握阅读与绘制结构施工图（主要是钢筋混凝土构件和钢结构构件）的方法和步骤。通过本章的学习，应了解钢筋混凝土结构的基本知识；掌握阅读和绘制柱、梁、板基本构件钢筋混凝土结构图的方法和步骤；了解钢结构的一般知识，掌握阅读和绘制钢结构节点图的方法和步骤。

## 复习思考题

1. 结构施工图包括哪些内容？
2. 根据钢筋在构件中所起的作用不同，钢筋分为哪几类？
3. 什么叫平面整体表示方法？共有几种表示方法？
4. 型钢的连接方式有哪几种？
5. 钢桁梁由哪些构件组成？

# 第2篇

# 道桥工程图

# 第 5 章

# 标 高 投 影

## 5.1 标高投影概念

道路、桥梁、水利等工程建筑物都是在地面上修建的，它们的设计与施工和地面的形状有着密切的关系。而地面是起伏不平的不规则曲面，很难用多面正投影图来表达，否则不但作图困难，而且也不易表达清楚。因此，人们在生产实践中创造了一种新的图示方法，即标高投影。

假想用一组平行、等距的水平面与地面截交，所得的每条截交线均为水平曲线，同一水平曲线上的各点距某一水平基准面 $H$ 的高度都相等，这些水平曲线称为等高线。等高线的水平投影习惯上仍称之为等高线。一组标有高度数字的地形等高线的水平投影，能清楚地表达地面起伏变化的形状。这种用水平投影与标注高度数字相结合来表达空间形体的方法称为标高投影法，所得的单面正投影图称为标高投影图，如图 5-1 所示。所注高度称为高程，也称为标高。

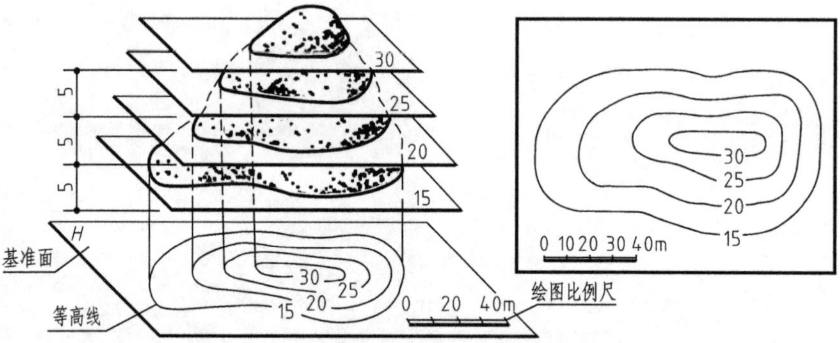


图 5-1 标高投影图

标高投影图中的基准面一般为水平面，高程以“m”为单位，在图上不需注明，但必须注明绘图比例或画出绘图比例尺。标高投影为单面投影，必要时也可增加铅垂面作为辅助投影面，这样就能把单面投影转化为多面正投影。

标高投影法是一种完善的投影方法。除了地面这样复杂的曲面外，在土木、水利工程中，一些平面相交或平面与曲面、曲面与曲面相交的问题，如填筑或开挖坡面等，也常用类似的方法解决。机械工程中的某些复杂曲面，如飞机、船舶、汽车等的形体表面也常用类似的方法来表达，但基准面不一定是水平面。

## 5.2 点和直线的标高投影

### 5.2.1 点的标高投影

以水平投影面 $H$ 为基准面，作出空间点 $A$、$B$、$C$ 在 $H$ 面上的正投影 $a$、$b$、$c$，并在点 $a$、$b$、$c$ 的右下角标注该点距 $H$ 面的高度，所得的水平投影图即为点 $A$、$B$、$C$ 的标高投影图，如图 5-2 所示。

在标高投影中，设水平基准面 $H$ 的高程为 0，基准面以上的高程为正，基准面以下的高程为负。在图 5-2 中，空间点 $A$ 在 $H$ 面上方 5m 处，记为 $a_5$；点 $B$ 在 $H$ 面下方 3m 处，记为 $b_{-3}$；点 $C$ 在 $H$ 面上，记为 $c_0$。

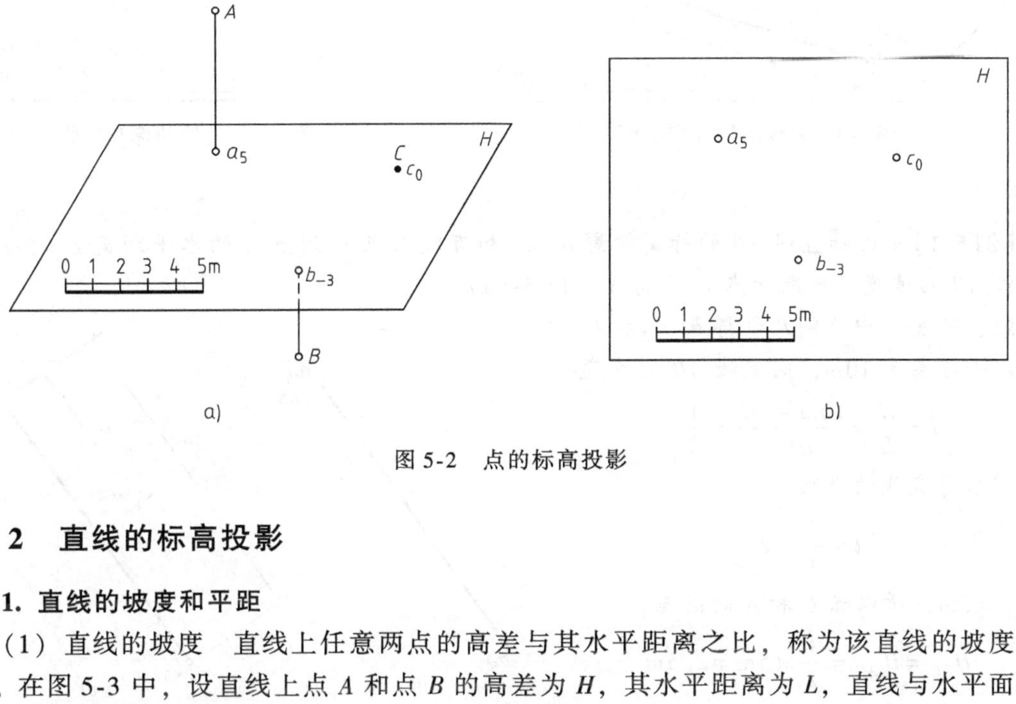


图 5-2 点的标高投影

### 5.2.2 直线的标高投影

**1. 直线的坡度和平距**

（1）直线的坡度 直线上任意两点的高差与其水平距离之比，称为该直线的坡度，记为 $i$。在图 5-3 中，设直线上点 $A$ 和点 $B$ 的高差为 $H$，其水平距离为 $L$，直线与水平面的倾角为 $\alpha$，则直线的坡度为

$$i=\frac{H}{L}=\tan\alpha$$

直线坡度的大小反映了直线的倾斜程度，坡度越大，表明直线越陡。

（2）直线的平距 直线上任意两点的高差为一个单位时所对应的水平距离，称为该直线的平距，记为 $l$，即

$$l=\frac{1}{i}=\frac{L}{H}=\cot\alpha$$

由此可见，坡度与平距互为倒数，坡度大则平距小，坡度小则平距大。

**2. 直线的标高投影表示方法**

直线的标高投影表示方法有以下两种：

1）用直线上两点的标高投影来表示（两点确定一条直线），如图 5-4a 所示。

2）用直线上一点的标高投影及直线的坡度和方向表示（一点加直线方向确定一条直线），如图 5-4b 所示。

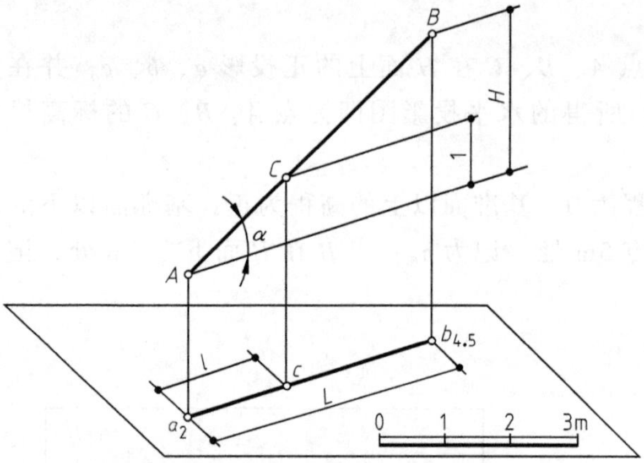


图 5-3　直线的坡度和平距

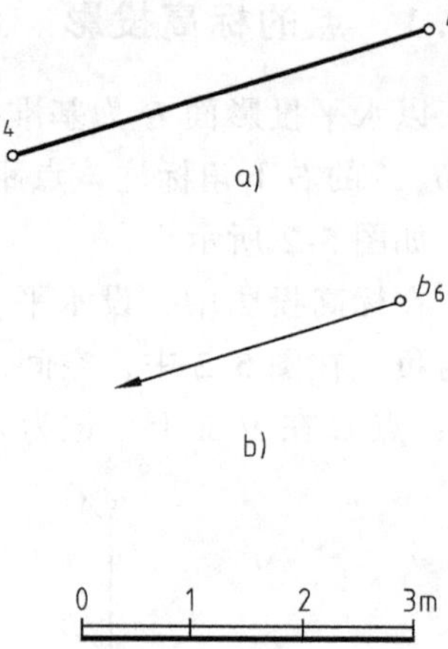


图 5-4　直线的标高投影表示方法

【例 5-1】　已知直线 $AB$ 的标高投影 $a_{10}b_5$ 和直线上点 $C$ 到点 $A$ 的水平距离 $L=5\text{m}$，试求直线 $AB$ 的坡度、平距和点 $C$ 的高程（图 5-5a）。

**解：** 根据图中比例尺量得点 $a_{10}$ 和 $b_5$ 之间的水平距离为 10m，则直线 $AB$ 的坡度

$$i=\frac{H}{L}=\frac{10\text{m}-5\text{m}}{10\text{m}}=\frac{1}{2}$$

由此可求得直线的平距

$$l=\frac{1}{i}=2$$

因 $L_{AC}=5\text{m}$，所以点 $C$ 和 $A$ 的高差

$$H_{AC}=iL_{AC}=\frac{1}{2}\times 5\text{m}=2.5\text{m}$$

则点 $C$ 的高程

$$H_C=H_A-H_{AC}=10\text{m}-2.5\text{m}=7.5\text{m}$$

记为 $c_{7.5}$，如图 5-5b 所示。

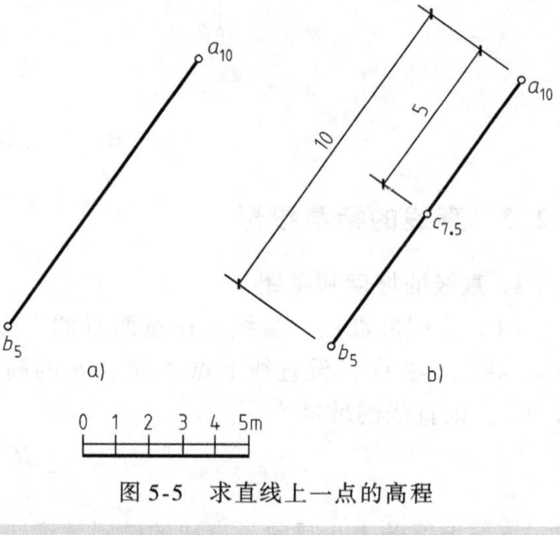


图 5-5　求直线上一点的高程

**3. 直线的实长及整数高程点**

（1）直线的实长　在标高投影中求直线的实长，可以采用直角三角形法。以直线的标高投影作为直角三角形的一条直角边，以直线两端点的高差作为另一直角边，用给定的比例尺作出后，斜边即为直线的实长。斜边和标高投影的夹角为直线对于水平面的倾角 $\alpha$（图 5-6）。

（2）直线上的整数高程点　在实际工作中常遇到直线两端点的高程值不为整数，需要在直线的投影上定出各整数高程点的情况，这些整数高程点称为刻度。求整数高程点有两种

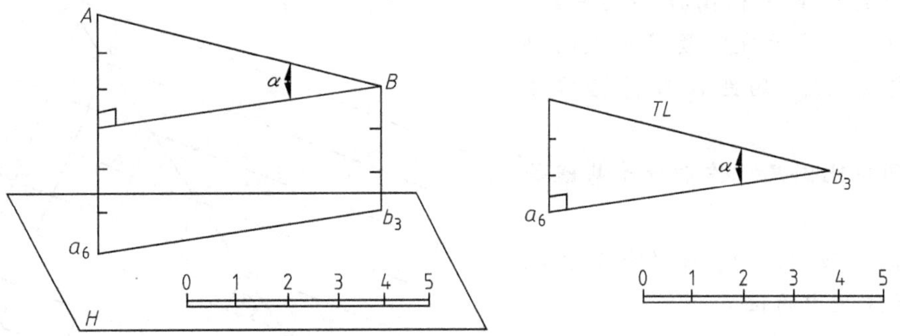


图 5-6　求直线的实长

方法：计算法和图解法。

【例 5-2】　已知直线 $AB$ 的标高投影 $a_{3.3}b_{8.6}$，求作该直线上各整数高程点（图 5-7）。

**解：**

计算法：根据图中已给比例尺在图中量得 $L_{AB}=8\text{m}$，可计算出坡度

$$i=\frac{H_{AB}}{L_{AB}}=\frac{8.6\text{m}-3.3\text{m}}{8\text{m}}=0.6625$$

于是平距

$$l=\frac{1}{i}=1.5094$$

点 $A$、$B$ 之间的整数高程点有 4m、5m、6m、7m、8m 五个点，分别用 $c$、$d$、$e$、$f$、$g$ 来表示，则点 $a_{3.3}$ 到第一个整数高程点 $c_4$ 的水平距离应为

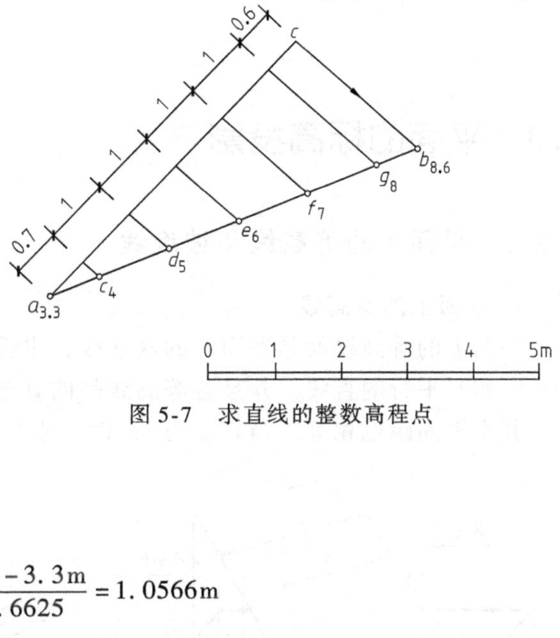


图 5-7　求直线的整数高程点

$$L_{AC}=\frac{H_{AC}}{i}=\frac{4\text{m}-3.3\text{m}}{0.6625}=1.0566\text{m}$$

按图中比例尺在直线 $a_{3.3}b_{8.6}$ 上自点 $a_{3.3}$ 量取 $L_{AC}=1.0566\text{m}$，即得点 $c_4$。$d_5$、$e_6$、$f_7$、$g_8$ 各点间的水平距离均为平距尺寸 1.5094m。

图解法：包括比例线段法和辅助平面法。

1）比例线段法。如图 5-7 所示，过点 $a_{3.3}$ 任作一条辅助直线 $a_{3.3}c$，用适当的比例沿该直线截量 0.7、1、1、1、1、0.6 的长度得各分点，连接末端 $c$ 及 $b_{8.6}$，然后从各分点按 $cb_{8.6}$ 的方向反投到 $a_{3.3}b_{8.6}$ 上，即得到已知直线标高投影上各整数高程点。

2）辅助平面法。如图 5-8 所示，过直线的水平投影 $a_{3.3}b_{8.6}$ 作一铅垂平面 $P$，由标高投影的概念可知，空间直线 $AB$ 必然在 $P$ 平面内。利用此辅助平面，既可以求出直线实长及直线对水平面的倾角，又可以求出直线上的整数高程点。

作图步骤：

① 作平行于直线标高投影的基线，基线标高为小于等于直线最低端点的整数。基线与 $a_{3.3}b_{8.6}$ 的距离可根据需要而定。

② 按图中比例尺，作平行于基线等间距的一组平行线。

③ 根据直线端点 $A$、$B$ 的标高，确定其在等高线组中的位置。

④ 连接 $A$、$B$ 得到 $AB$ 与各等高线的交点，由各交点向下作垂线，所得交点即为直线标高投影上各整数高程点。

其中 $AB$ 即为直线的实长，$\alpha$ 即为直线 $AB$ 对水平面的倾角。

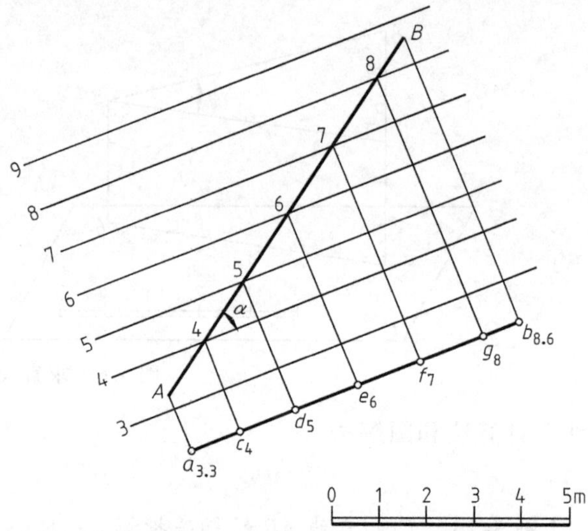


图 5-8 利用辅助平面法求直线的整数高程点

## 5.3 平面的标高投影

### 5.3.1 平面上的等高线和坡度线

**1. 平面上的等高线**

平面上的等高线就是平面上的水平线，也就是该平面与水平面的交线。平面上的等高线是一组相互平行的直线，并且各等高线间的高差与水平距离成同一比例。等高线的高差相等时，其水平间距也相等。当高差为 1m 时，水平距离即为平距，如图 5-9a、b 所示。

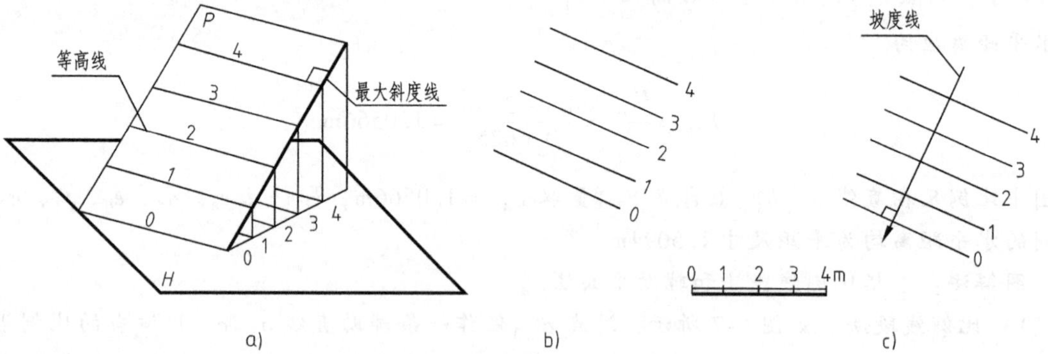


图 5-9 平面上的等高线和坡度线

**2. 平面上的坡度线**

平面上的坡度线就是平面上对水平面的最大斜度线，它的坡度代表了该平面的坡度。平面上的坡度线与等高线互相垂直，它们的标高投影也互相垂直。坡度线上应画出指向下坡的箭头，如图 5-9c 所示。

【例 5-3】 如图 5-10a 所示，已知 A、B、C 三点的标高投影 $a_{4.2}b_{7.5}c_1$，求平面 ABC 的等高线、最大坡度线、平距和倾角。

**解：** 先作出三角形平面的等高线，然后作最大坡度线，在此基础上确定出平面的平距和倾角。

作图过程如图 5-10b 所示：

1）连接各点，任选两边，如 $a_{4.2}b_{7.5}$ 和 $b_{7.5}c_1$，并在其上定出整数高程点 7、6、5…。

2）连接两边上相同高程点，得到一组等高线。

3）在适当位置任作等高线的垂线，即为平面的最大坡度线。

4）标出平面的平距 $l$，相邻等高线间的水平距离为平距。

5）最大坡度线的倾角就是平面的倾角。以平距作为一条直角边，以比例尺上一单位长度作为另一直角边，构造直角三角形，斜边与平距所在边之间的夹角即为平面的倾角 $\alpha$。

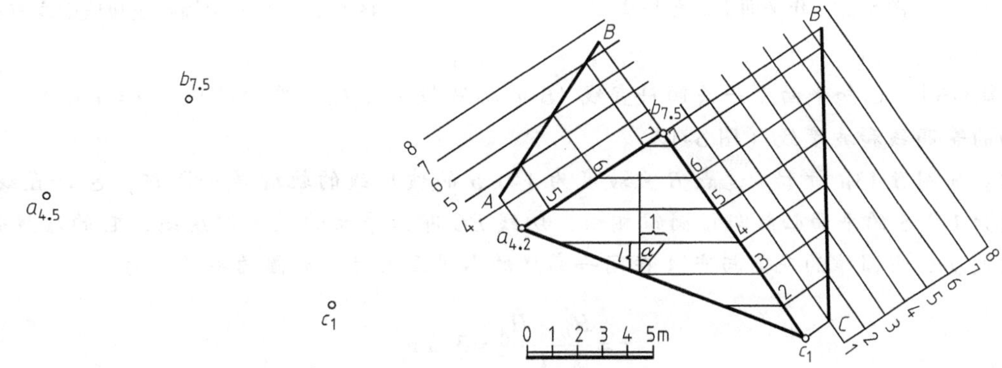


a) b)

图 5-10 作平面的最大坡度线、平距和倾角

## 5.3.2 平面的标高投影表示法

1）用平面上一组高差相等的等高线表示平面。这是表示平面最基本的方法，如图5-9b所示。

2）用平面上一条等高线和平面的坡度表示平面。如图 5-11a 所示，平面上一条高程为 15m 的等高线，其坡度线垂直于等高线，在坡度线上画出指向下坡的箭头，并标出平面的坡度 $i$。

3）用平面上一条倾斜直线和平面的坡度表示平面。如图 5-12 所示，用一条倾斜直线的标高投影 $a_2b_9$ 和坡度 1:0.5 表示平面，$a_2b_9$ 旁边的箭头只表示平面在 AB 的一侧倾斜，并不代表平面的倾斜方向，故用虚线表示斜面的大致方向。

【例 5-4】 已知平面上一条高程为 15m 的等高线，平面的坡度 $i=1:2$，求作该平面上若干条整数高程的等高线（图 5-11a）。

**解：** 根据坡度 $i=1:2$，求出平距 $l=\frac{1}{i}=2\text{m}$。根据图中绘图比例尺，沿坡度线向下坡方向按 2m 等距离地截取 3 个平距，得 3 个点，过这 3 个点作高程为 15m 的等高线的平行线，即得平面上高程为 14、13、12 的等高线。同样，沿坡度线向相反方向作图，可作出高程为 16、17…的等高线（图 5-11b）。

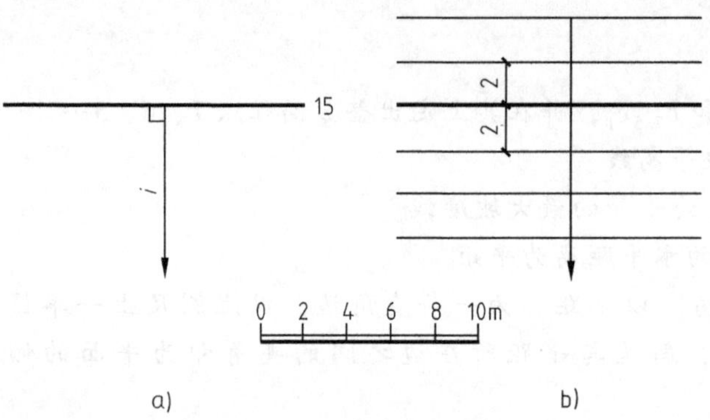


图 5-11　作平面上的等高线

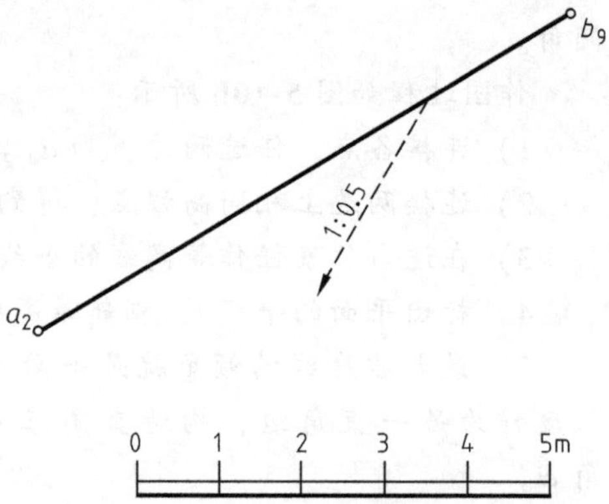


图 5-12　平面用倾斜线和坡度线表示

**【例 5-5】** 已知平面上一条倾斜直线 $AB$ 的标高投影 $a_2b_9$，平面的坡度 $i=1:0.5$，求作该平面的等高线和坡度线（图 5-12）。

**解：** 如图 5-13a 所示，过点 $B$ 且坡度为 1:0.5 的坡度线的轨迹是一圆锥，包含直线 $AB$ 且坡度为 1:0.5 的平面必然与该圆锥相切，切线 $BC$ 即为平面的最大坡度线，它的坡度代表平面的坡度。当圆锥的底圆与点 $A$ 在同一高度的水平面上时，底圆的半径应为

$$r=\frac{H_B-H_A}{i}=3.5\text{m}$$

将水平基准面 $H$ 向上移动 2 个单位，即移到高程为 2m 的水平面上，此时 $b_9$ 所在的位置就是圆锥底圆的圆心，$a_2$ 所在的位置与点 $A$ 的位置重合。以 $b_9$ 为圆心，以 3.5m 为半径画圆，过 $a_2$ 作该圆的切线，共有两条，取其中符合箭头所指方向的一条，即为平面上高程为 2m 的等高线。过 $a_2b_9$ 上的整数高程点作此线的平行线，可得相应高程的等高线。过 $b_9$ 作等高线的垂线，并加上方向箭头，即为所求的最大坡度线。

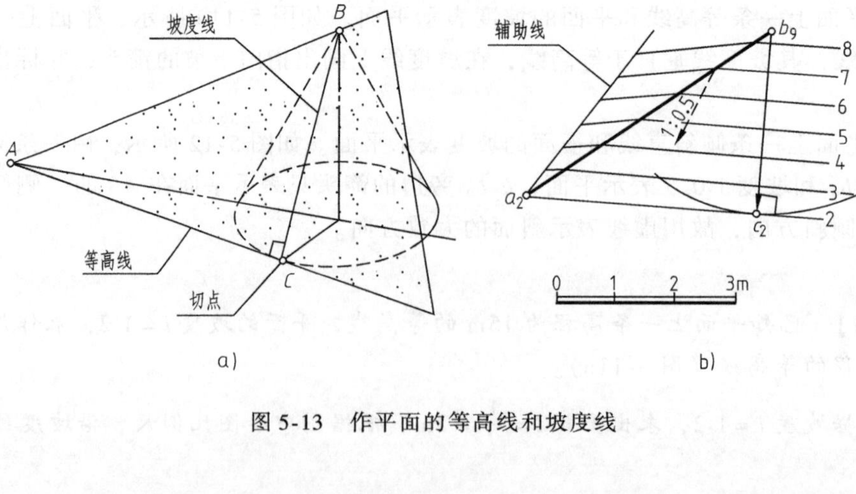


图 5-13　作平面的等高线和坡度线

作图过程如图5-13b所示：

1）以点$b_9$为圆心，以$L_{AB}=3.5\text{m}$为半径画圆。

2）自点$a_2$作圆的切线，切线可作两条，取符合箭头所指方向的一条，即为高程为2m的等高线$a_2c_2$。

3）利用比例线段法在$a_2b_9$上截取各整数高程点，过这些点作$a_2c_2$的平行线，即得坡面上具有整数高程的一组等高线。

4）连接$b_9c_2$，即为平面上的坡度线，坡度线$b_9c_2\perp a_2c_2$，从$b_9$到$c_2$的方向为坡面的下坡方向。

## 5.3.3　平面交线的标高投影

在工程设计中，常需要求解坡面与坡面、坡面与地面之间的交线。求平面的交线可利用"三面共点"的基本原理。如图5-14a所示，空间平面$P$和$Q$是相交的关系，用高程分别为5m和10m的水平面对平面$P$和$Q$进行截交，得到的截交线都是等高线，延长高程为10m的两条等高线交于点$A$，延长高程为5m的两条等高线交于点$B$，空间点$A$和点$B$是平面$P$和平面$Q$的共有点，连接$AB$即为两平面$P$、$Q$的交线（两点确定一条直线）。

由此可知，在标高投影中，两平面的交线，就是两平面上两对相同高程的等高线相交后所得交点的连线，如图5-14b所示。

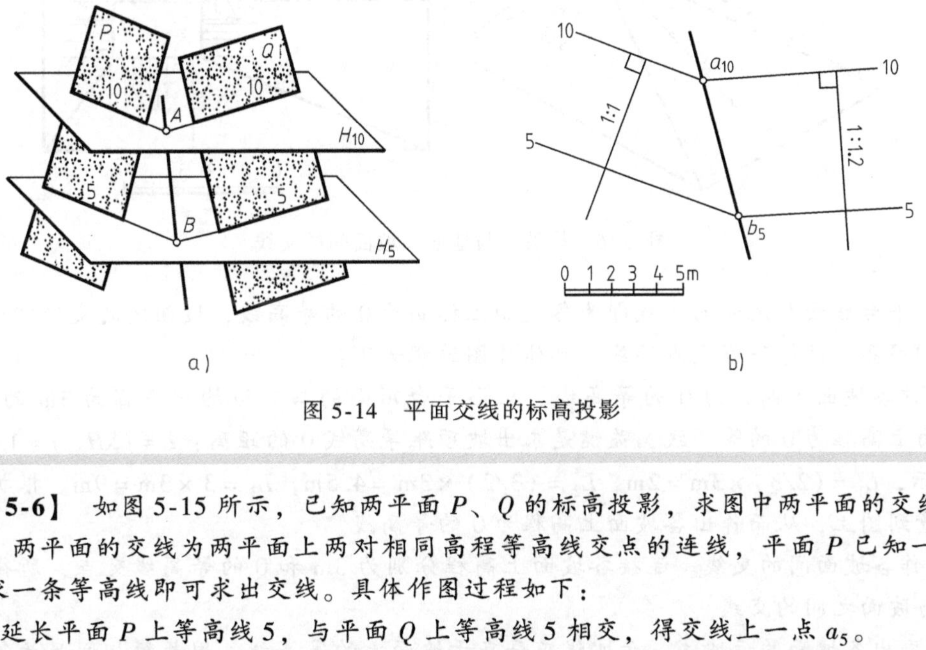


图5-14　平面交线的标高投影

**【例5-6】**　如图5-15所示，已知两平面$P$、$Q$的标高投影，求图中两平面的交线。

**解：**两平面的交线为两平面上两对相同高程等高线交点的连线，平面$P$已知一条等高线，再求一条等高线即可求出交线。具体作图过程如下：

1）延长平面$P$上等高线5，与平面$Q$上等高线5相交，得交线上一点$a_5$。

2）作平面$P$上另一条等高线，并求出其与平面$Q$上同高程等高线的交点。例如，作平面$P$上高程值为2m的等高线，关键是求出等高线之间的距离：$L=l\Delta H=2\times3\text{m}=6\text{m}$。然后根据绘图比例尺直接在图中截量6m，过该点作等高线5的平行线，即为高程为2m的等高线。延长该等高线与平面$Q$上等高线2相交，得交线上另一点$b_2$。

3）连接$a_5b_2$，即为平面$P$和平面$Q$的交线。

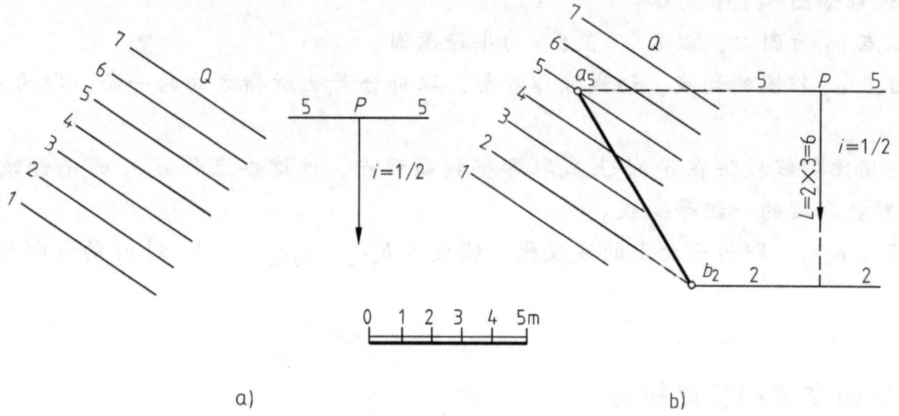


图 5-15 作平面的交线

a）已知条件 b）作图过程及作图结果

【例 5-7】 已知平台顶面高程为 3m，各坡面的坡度如图 5-16 所示，求作各坡面与地面及坡面间的交线。

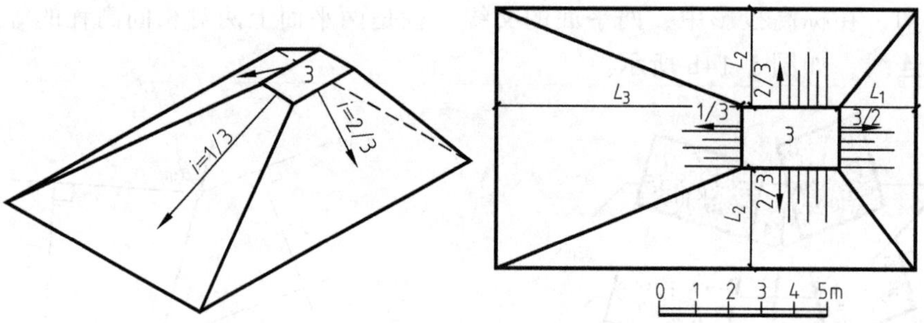


图 5-16 作坡面与地面及坡面间的交线

**解**：平台坡面与地面的交线即为各坡面上标高为 0 的等高线，坡面间的交线即为相邻坡面两对相同高程的等高线交点连线。具体作图过程如下：

1）作各坡面上高程为 0 的等高线。矩形平台顶面的四条边均是高程为 3m 的等高线，作各坡面上高程为 0 的等高线，关键是求出坡顶距等高线 0 的距离：$L = l\Delta H$，$l = 1/i$。如图 5-16 所示，$L_1 = (2/3) \times 3\text{m} = 2\text{m}$，$L_2 = (3/2) \times 3\text{m} = 4.5\text{m}$，$L_3 = 3 \times 3\text{m} = 9\text{m}$。根据图中比例尺截量到图上，从而作出各坡面上高程为 0 的等高线。

2）作各坡面间的交线。连接各坡面上高程分别为 3m 和 0 的等高线交点，所得直线即为坡面与坡面之间的交线。

3）画出各坡面的示坡线。示坡线应垂直于坡面上的等高线，用长短相间且为等距的细实线绘制，并且从高程值大的等高线画向高程值小的等高线。

在工程中，常把坡面与地面的交线称为坡边线，其中填筑坡边线也称坡脚线（填方），开挖坡边线也称开挖线（挖方）。为了增加标高投影图中坡面的明显性，在坡面上可加画示坡线，如图 5-16 所示。

**【例 5-8】** 已知大堤和小堤相交，堤顶面标高分别为3m和2m，地面标高为0，各坡面的坡度如图5-17a所示。求作相交两堤的标高投影图。

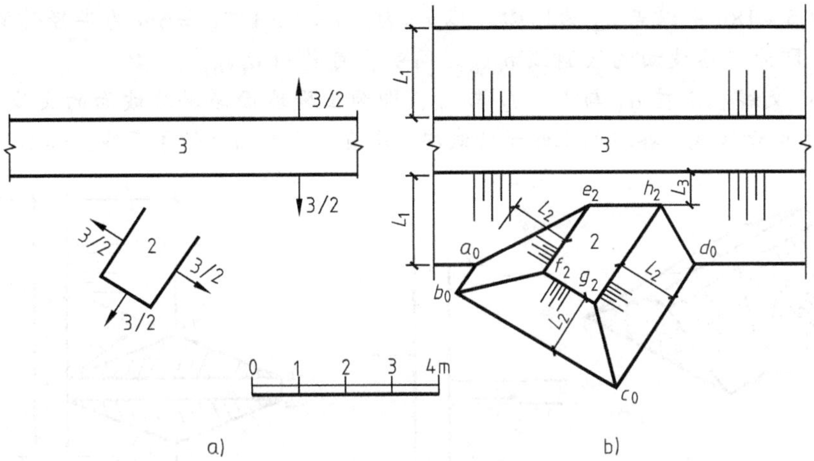


图5-17 作相交两堤的标高投影图

**解：** 要完成图5-17a所示的标高投影图，就要求画出以下四种交线：各坡面与地面的交线，大堤坡面与小堤顶面的交线，大堤坡面与小堤坡面之间的交线以及小堤坡面间的交线。

作图步骤如下：

1）作坡脚线（各坡面与地面的交线） 由图5-17a可知，两堤的堤顶边线均为等高线，即各坡面已知条件是以一条等高线加坡度线的形式给出的，则各坡面的坡脚线应为与坡边线平行的高程为0的等高线。

大堤坡脚线距坡顶线的水平距离 $L_1 = l\Delta H = (2/3) \times 3\text{m} = 2\text{m}$，按比例尺在两坡面的坡度线上截量2m，得到两点，过这两点作坡顶线的平行线，即为大堤两坡面的坡脚线。

小堤坡脚线距坡顶线的水平距离 $L_2 = l\Delta H = (2/3) \times 2\text{m} = 1.33\text{m}$，然后按上面方法作出小堤的坡边线。

2）作大堤坡面与小堤顶面的交线。小堤顶面高程为2m，则小堤顶面与大堤坡面的交线就是大堤坡面上高程为2m的等高线上的一段，其水平距离 $L_3 = l\Delta H = (2/3) \times 1\text{m} = 0.67\text{m}$。根据比例尺在大堤坡面上作出此等高线，延长小堤坡顶线交于 $e_2$、$h_2$ 两点，$e_2h_2$ 即为大堤坡面与小堤顶面的交线。

3）作小堤的坡面交线。连接小堤坡面上两对相同高程等高线的交点 $b_0f_2$ 和 $c_0g_2$，即为小堤的坡面交线。

4）作大堤与小堤坡面间的交线。连接两堤坡面上两对相同高程等高线的交点 $a_0e_2$ 和 $d_0h_2$，即为大堤与小堤坡面间交线。

最后，在各坡面上画出示坡线。

**【例 5-9】** 已知堤顶高程为4m的土堤和路面坡度 $i = 1:4$ 的上堤斜路，地面高程为0，各坡面的坡度如图5-18a、b所示，求作坡脚线和坡面交线。

**解：** 作图过程如图5-18c所示，具体步骤如下：

1）作坡脚线。土堤堤顶边线是高程为4m的等高线，土堤的坡脚线就是两侧坡面上高程为0的等高线，其作法同【例5-8】，水平距离 $L = l\Delta H = 2 \times 4\text{m} = 8\text{m}$。

上堤斜路的坡脚线即为路面上高程为0的等高线，水平距离 $L_2=l\Delta H=4\times4\text{m}=16\text{m}$。

斜路两侧坡面是以平面上一条倾斜直线和平面的坡度形式给出的，可按【例5-5】的方法作图。在图5-18c中以点 $a_4$ 为圆心，以 $r=H_{ac}/i=4\times1.5\text{m}=6\text{m}$ 为半径作圆弧，自点 $c_0$ 引圆的切线，即为斜路坡面的坡脚线 $b_0c_0$。同法，可作出 $d_0e_0$。

2）作坡面交线。连接 $a_4$ 与 $b_0$、$f_4$ 与 $e_0$，即为土堤坡面与斜路坡面的交线。

3）画各坡面示坡线。各坡面上的示坡线均应垂直于各坡面上的等高线，如图5-18c所示。

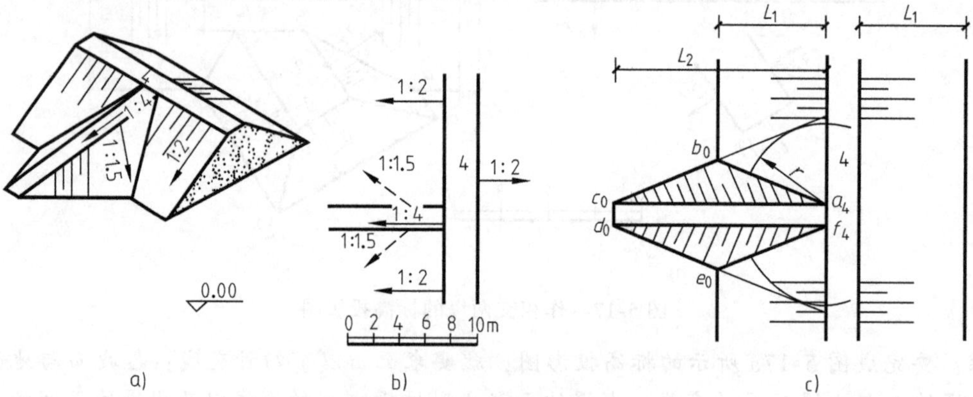


图5-18 作坡脚线和坡面交线

## 5.4 曲面的标高投影

在标高投影中，曲面也是用一系列等高线来表示的，即用一组等间隔的水平面截切曲面，画出这些截交线的标高投影，即为曲面的标高投影。工程上常见的曲面有圆锥面、同坡曲面和地形面等。

### 5.4.1 圆锥面的标高投影

将圆锥的底圆置于水平面上，用一组等间隔的水平面截割圆锥，得到圆锥面上的一组等高线圆，这些圆的水平投影加上高度数值，就可以表示圆锥面，如图5-19所示。

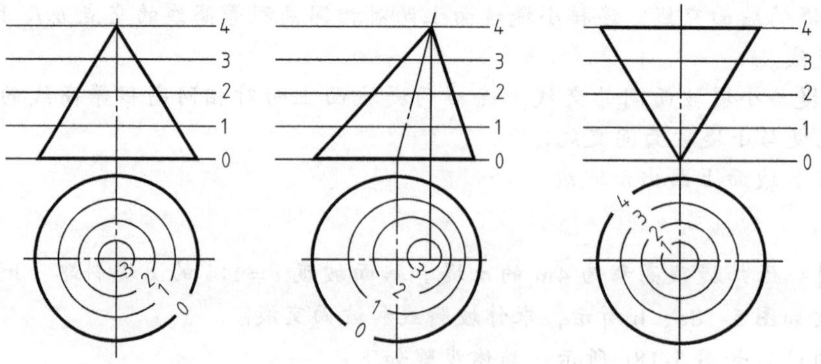


图5-19 圆锥面的标高投影

a）正圆锥 b）斜圆锥 c）倒立圆锥

正圆锥面的标高投影是一组同心圆（5-19a），斜圆锥面的标高投影为一组偏心圆（图 5-19b）。当圆锥正放（锥顶朝上）时，等高线的高程值越大，则圆的直径越小，如图 5-19a、b所示。当圆锥倒放时，等高线的高程值越大，则圆的直径越大，如图 5-19c 所示。

**【例 5-10】** 在一斜坡平面上修建一高程为 8m 的圆形平台，斜坡平面用该平面上的一组等高线表示。平台填筑坡面的坡度 $i_1=1:0.7$，开挖坡面的坡度 $i_2=1:0.5$，如图 5-20a 所示。求作填挖坡面的边界线与斜坡平面的交线。

**解：** 求作填挖坡面的边界线与斜坡平面的交线，可按以下步骤作图（图 5-20b）：

1）确定填挖分界点。由图 5-20a 可知，以斜坡平面上的等高线 8 为界，左侧为填筑区，右侧为开挖区。等高线 8 与平台圆周的交点 $a_8$ 和 $b_8$ 为填挖分界点。

2）作填筑边界线。由图 5-20a 可知，填筑坡面为正圆锥面，开挖坡面为倒圆锥面，两个圆锥面的锥顶在标高投影图中重合于点 $c$。

由于斜坡平面是用一组高差为 1m 的等高线表示的，则根据已知条件可计算出高差为 1m 时填筑坡面上相邻等高线间的间隔（间距）$l_1=1/i=1\text{m}\times0.7=0.7\text{m}$。以点 $c$ 为圆心，以 $r+nl_1$ 为半径画圆弧，得填筑坡面上的等高线，其中 $n=1$、2、3、…。

3）作开挖边界线。同理，以点 $c$ 为圆心，以 $r+nl_2$ 为半径画圆弧，可作出开挖坡面上的等高线，其中 $l_2=1/i=1\text{m}\times0.5=0.5\text{m}$。

4）求坡面间的交线。以光滑曲线连接坡面与斜坡平面上相同高程等高线的交点，即为填、挖坡面边界线与斜坡平面的交线，如图 5-20b 所示。

最后画出圆锥面上的示坡线，它们通过锥顶的标高投影 $c$。

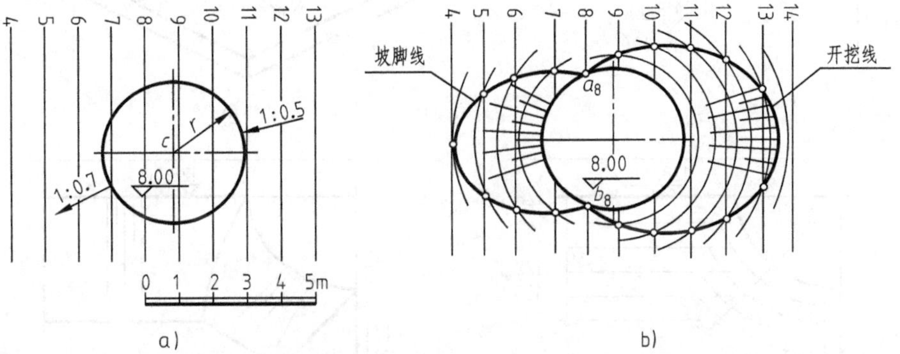


图 5-20　作圆形平台填挖坡面的边界线与斜坡平面的交线

在土石方工程中，常在两坡面的转角处采用与坡面坡度相同的锥面过渡，如图 5-21a、b 所示。

**【例 5-11】** 在土坝与河岸的连接处用圆锥面护坡，河底高程为 118m，土坝、河岸、圆锥台顶面高程及各坡面坡度如图 5-21a、b 所示，求作各坡面坡脚线和坡面交线。

**解：** 由图 5-21a 可知，河岸坡面和土坝坡面均为平坡面，已知条件为一条等高线和坡度线，则河岸坡面和土坝坡面的坡脚线均为与已知等高线平行的直线；圆锥护坡面是圆锥面，它的坡脚线为圆弧线；河岸坡面、土坝坡面与圆锥面的交线均为曲线。作图过程和作图结果如图 5-21c、d 所示。

作图步骤如下：

1）求坡脚线。如图5-21c所示，河底高程为118m，因此河岸坡面和土坝坡面的坡脚线均为相应坡面上高程为118m的等高线，且与同一坡面上的等高线平行。河岸坡面坡脚线与该坡面上已知等高线间的水平距离 $L_1=l_1\Delta H=1\times(128-118)\,m=10m$，根据绘图比例1:1000直接截量到图中，得到一点，过该点作128m等高线的平行线，即为河岸坡面的坡脚线；同理，作出土坝坡面的坡脚线，其水平距离 $L_2=l_2\Delta H=2\times(128-118)\,m=20m$。

圆锥护坡面的坡脚线圆与圆锥台顶圆在同一圆锥面上，它们的投影是同心圆，其水平距离 $L_3=l_3\Delta H=1.5\times(128-118)\,m=15m$。需要注意的是：圆锥面坡脚线的圆弧半径为圆锥台顶半径 $R_1$ 与其水平面距离 $L_3$ 之和，即 $R=R_1+L_3$。

2）求坡面交线。如图5-21b所示，由于圆锥护坡是曲面，所以两条坡面交线为平面曲线，需求出一系列共有点。在相邻坡面上作出相同高程的等高线，同高程等高线的交点，即为两坡面的共有点，如图5-21c所示。用光滑曲线分别连接左右两边的共有点，即得出坡面交线。

3）画出各坡面示坡线，完成作图，如图5-21d所示。

注意：圆锥面上的示坡线应通过锥顶。

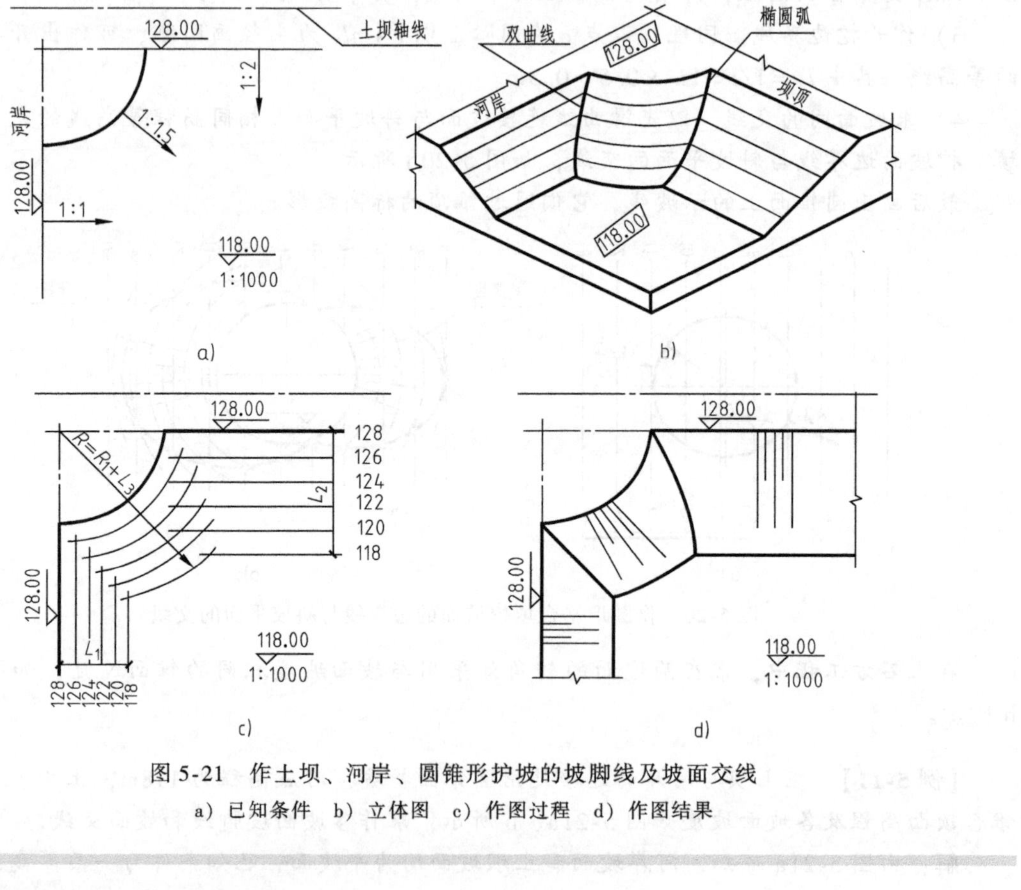


图5-21 作土坝、河岸、圆锥形护坡的坡脚线及坡面交线

a）已知条件 b）立体图 c）作图过程 d）作图结果

## 5.4.2 同坡曲面的标高投影

各处坡度都相等的曲面称为同坡曲面。工程上常用到同坡曲面，正圆锥面、弯曲的路堤或路堑的边坡面都是同坡曲面。道路在弯道处，无论路面有无纵坡，其边坡均为同坡曲面。

同坡曲面的形成如图 5-22 所示，正圆锥的锥顶沿空间曲导线 $L$ 运动，在运动中，锥轴始终垂直于水平面，且圆锥顶角保持不变，则所有这些正圆锥的包络曲面（公切面）就是同坡曲面。

同坡曲面与圆锥面的切线为同坡曲面上的坡度线，它的坡度等于圆锥锥顶半角的余切。用水平面与同坡曲面、圆锥面相交，所得的交线相切。这说明，同坡曲面上的等高线与圆锥面上相同高程的等高线（圆）相切，且切点位于坡度线上。

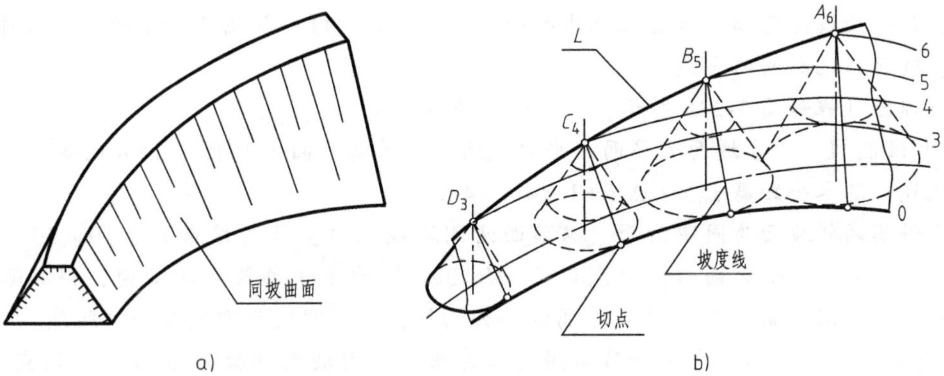


图 5-22 同坡曲面的形成

a）同坡曲面示例 b）同坡曲面的形成及其等高线

**【例 5-12】** 已知同坡曲面上一条空间曲线的标高投影，曲线上点 $A$ 的标高投影为 $a_6$，曲线的坡度 $i_0=1:5$。又知同坡曲面的坡度 $i=1:2.5$ 和坡面的倾斜方向，如图 5-23a 所示。求作同坡曲面上整数高程的等高线。

**解**：作图过程如图 5-23b 所示，具体步骤如下：

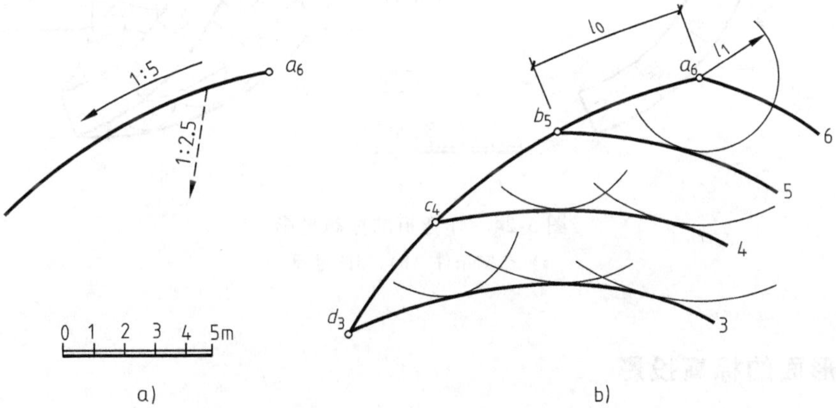


图 5-23 作同坡曲面上整数高程的等高线

a）已知条件 b）作图过程

1）作曲线上的整数高程点。曲线的坡度 $i_0=1:5$，可计算出曲线的平距 $l_0=1/i=5\text{m}$，即曲线标高投影上高差为 1m 的整数高程点间的间隔（弧线长）为 5m，从而可作出曲线上的整数高程点 $b_5$、$c_4$、$d_3$。

2）以曲线上整数高程点为圆心，画同心圆。同坡曲面的坡度 $i=1:2.5$，可计算出同坡曲面上高差为 1m 的整数等高线之间的间隔 $l=1/i=2.5\text{m}$。以点 $c_4$、$b_5$、$a_6$ 为圆心，分别以 $l$、$2l$、$3l$ 为半径作圆和同心圆，即为各圆锥面的等高线。

3）作同坡曲面上整数高程的等高线。作各圆锥面上相同高程等高线（圆）的公切线（包络曲线），即为同坡曲面上相应高程的等高线 3、4、5、6。

**【例 5-13】** 已知平台高程为 21m，地面高程为 17m。欲修筑一条弯曲斜路与平台相连，斜路位置和路面坡度已知，所有填筑坡面的坡度均为 $i=1:1$，如图 5-24a 所示。求作各坡面与坡面、坡面与地面间的交线。

**解**：作图过程如图 5-24b 所示，具体作图步骤如下：

1）作坡脚线。平台坡面为平面，平台坡脚线就是该平面上高程为 17m 的等高线，平行于平台边线，其水平距离 $L_0=l_0\Delta H=1\times4\text{m}=4\text{m}$。

弯曲斜路两侧坡面为同坡曲面，以路面两侧边线上的整数高程点 18、19、20、21 作为锥顶的位置，并以它们为圆心，分别以 $l$、$2l$、$3l$、$4l$ 为半径画圆和同心圆，得各圆锥面上的等高线。作各圆锥面上 17m 高程等高线的公切线，即为弯道两侧坡面的坡脚线。

2）作坡面交线。由于弯曲斜路两侧坡面为曲面，则坡面间交线应为一系列交点连线。根据弯道路面等高线值，做平台坡面相应高程的等高线和圆锥曲面上同高程等高线的公切线，得到一系列交点，用光滑曲线顺次连接，即为弯道两侧坡面和平台坡面的交线。

3）画出各坡面的示坡线。按与各坡面上等高线相垂直的方向，画出各坡面的示坡线。

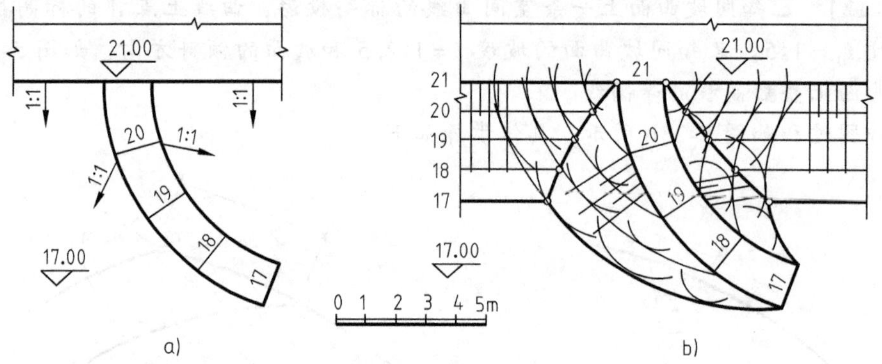


图 5-24 作弯道的标高投影

a）已知条件 b）作图过程

## 5.4.3 地形面的标高投影

地面是不规则曲面，工程中常把起伏不平、形状复杂的地面称为地形面。地形面的标高投影表示方法与曲面相同，也是用一系列等高线来表示的（图 5-1）。用等高线表示地面形状的图称为地形图。在地形图中，等高线的高程一般以青岛附近黄海平均海平面为基准面。

地形面上的等高线有以下特征：

1）等高线一般是封闭的不规则曲线。

2）在同一张地形图中，等高线越密，表示地面坡度越陡；反之，等高线越稀疏，表示地面坡度越平缓。

3）除悬崖、峭壁外，不同高程的等高线不相交。

**1. 平面、曲面与地形面相交**

求解构造物表面与地面的交线是土建工程实践中经常遇到的问题，如估算土石方量时首先就要知道交线。由于建筑物的表面可能是平面或曲面，地形面也可能是水平地面或不规则地面，因此它们的交线性质也不一样，但求解交线的基本方法是一样的，仍然是根据三面共点的原理，以水平面作为辅助面，截切工程面和地面来求两个面的共有点，如果交线是直线，只需求出两个共有点并连成直线；如果交线是曲线，则应求出一系列共有点，然后依次光滑连接，即为工程面与地形面的交线。

**【例5-14】** 已知地形面与一斜坡平面相交，如图5-25a所示，求作地面与斜坡平面交线的标高投影。

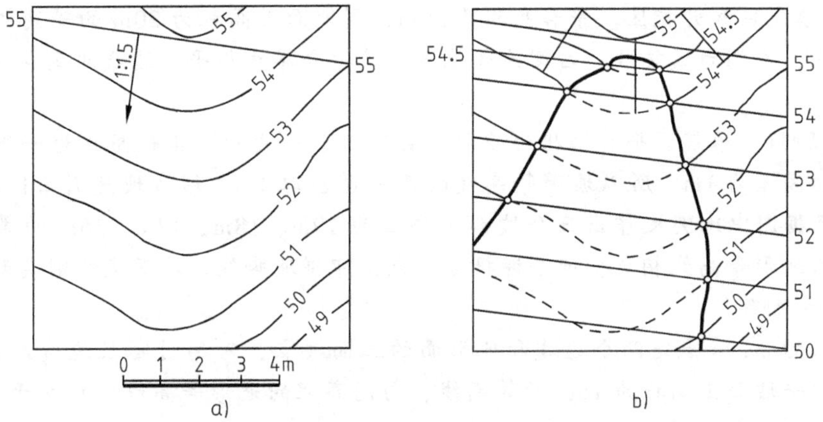


图5-25 作地面与斜坡平面交线的标高投影

a）已知条件 b）作图过程

**解**：作图过程如图5-25b所示，具体解题步骤如下：

1）作平面等高线。斜坡平面坡度 $i=1:1.5$，则平距 $l=1.5\text{m}$，根据图中比例尺作出平面上高差为1m的等高线54、53、52、51等。

2）作平面和地形面同高程等高线的交点。比较图5-25b中地形等高线和平面上等高线的高程可知，交线为开挖线。这表明，从等高线55处用一个坡度 $i=1:1.5$ 的平面将地面劈掉一部分，工程中称为劈坡。

3）内插法求平面和地形面相同高程等高线。用内插等高线的方法，在图5-25b中分别内插高程为54.5m的地形等高线和劈坡平面上的等高线，从而得到地形面和劈坡平面上54.5m等高线交点。

4）作斜坡平面与地形面交点。顺次连接劈坡平面与地形面上同高程等高线的交点，并根据两边交线走向趋势，将大于54.5m高程的这一小段交线连起来，从而作出全部开挖线。

**【例5-15】** 已知高程为20m的平台和地形面的标高投影，填筑坡面的坡度 $i_1=1:1.5$，开挖坡面的坡度 $i_2=1:1$，求作填挖坡面的边界线和坡面间交线（图5-26a）。

**解**：作图过程如图5-26b所示，具体解题步骤如下：

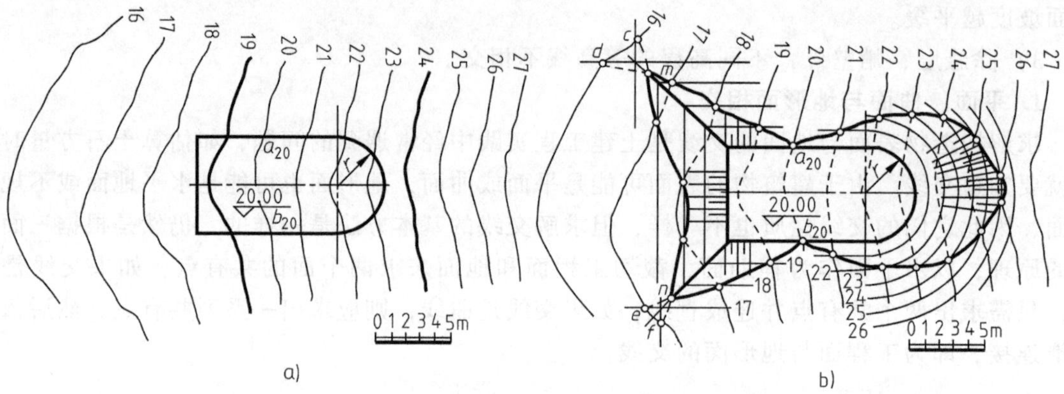

图 5-26 作平台填挖坡面的边界线和坡面间交线

a）已知条件 b）作图过程

1）确定填筑区和开挖区。平台高程为 20m，则地面上高程为 20m 的等高线即为填方和挖方的分界线，左侧为填筑区，右侧为开挖区，填挖分界线与平台边线的交点 $a_{20}$ 和 $b_{20}$ 为填挖分界点。

2）作坡脚线。填筑区平台形状为矩形，共有三个平坡面，其等高线为一组平行线。因地形等高线的高差为 1m，所以坡面等高线的高差也应取 1m。填方坡度 $i_1=1:1.5$，则平距 $l_1=1.5\text{m}$，根据图中比例尺作出三个坡面上高程为 19m、18m、17m、16m 的等高线。它们与相同高程的地形等高线相交，徒手连接各交点，即得坡脚线。坡面交线则是两坡面间的角平分线，即 45°斜线。

边界线上的 $m$、$n$ 点是两个边坡和地形面的三面共点，可通过延长边坡线的方法求得。作图时，作出平坡面上高程为 16m 的等高线，与同高程的地形等高线分别交于点 $c$、$d$ 和 $e$、$f$，延长坡脚线，与坡面交线交出点 $m$、$n$。

3）作开挖线。开挖坡面由相切的倒圆锥面和平面组成。按【例 5-10】的方法，以 $l_2=1\text{m}\times\frac{1}{i_2}=1\text{m}$ 为两等高线间的间隔，作出倒圆锥面上高程为 21m、22m、…、26m 的等高线（圆弧）。同时，作出两侧平坡面上的等高线（直线），它们与同高程的等高线圆弧相切。开挖坡面上的等高线与同高程地形等高线相交，用光滑的曲线顺次连接各交点，即为开挖线。

4）画出各坡面的示坡线。需要注意的是，填方和挖方的示坡线不同，应按照垂直于坡面上等高线的方向，由高向低画出各坡面上的示坡线。

**【例 5-16】** 已知带有弯道的斜坡道路及地形面的标高投影，两侧坡面的填筑坡度为 $i_1=1:2$，开挖坡度 $i_2=1:1.5$，求作填挖边界线（图 5-27a）。

**解**：如图 5-27a 所示，弯曲斜路包括两部分：左侧为倾斜道路，其两侧坡面为平坡面，已知条件为一条斜线和坡度值；右侧为弯道，其两侧坡面为同坡曲面。

作图过程如图 5-27b 所示，具体解题步骤如下：

1）确定填挖分界点。从已知的斜坡路面等高线和地形等高线的相对位置可知，填挖分界点在斜坡路面等高线 18 和 19 之间，左边为开挖区，右边为填筑区。

2）作填方边界线。填筑坡度为 1:2，则平距为 2m。按【例 5-13】的方法，作出其等高线（曲线）。坡面上的等高线与同高程的地形等高线相交，连接各交点，即为填方边界线。

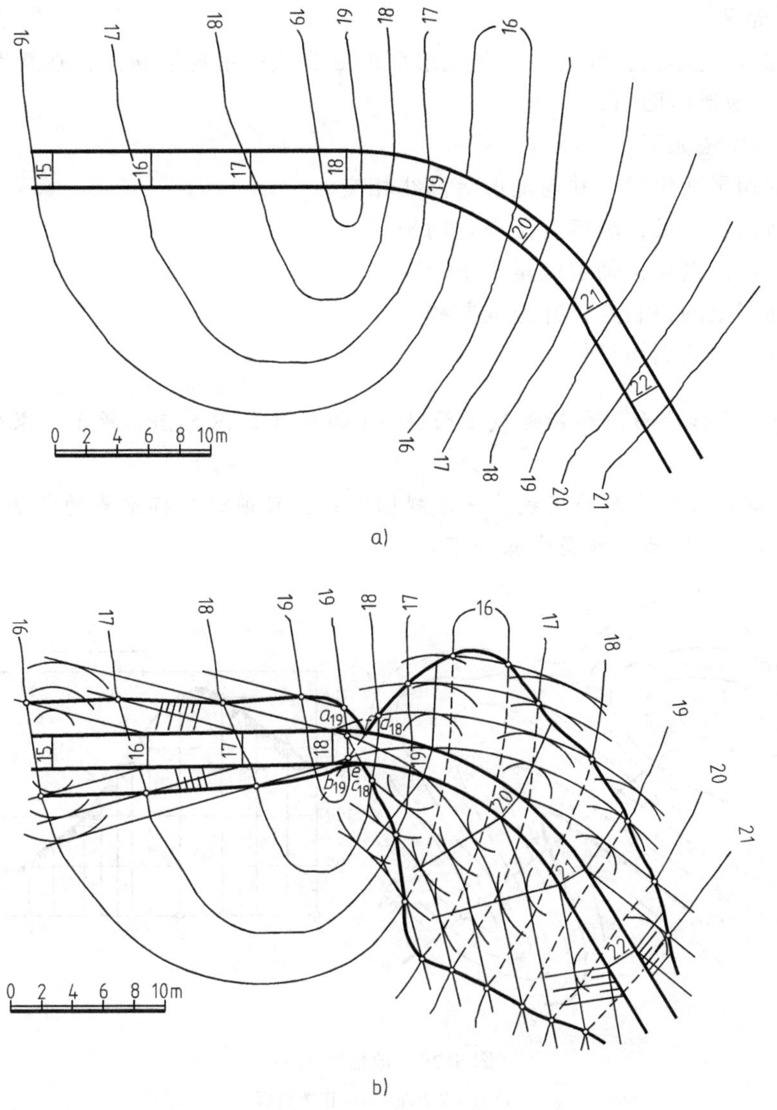


图 5-27　作弯曲斜坡道路的填挖边界线

a）已知条件　b）作图过程

3）作挖方边界线。开挖坡度为1:1.5，平距为1.5m。按【例5-9】的方法作出其等高线（直线）。需要注意的是，此时的等高线方向与同侧填方等高线相反，因为这时所作的圆锥面为倒圆锥面，锥顶在15m处。同样，坡面上的等高线与同高程的地形等高线相交，连接各交点，即为挖方边界线。

此时，向左延长同坡曲面上高程为19m的两条等高线，与同高程的地形线等高线分别交于点$a_{19}$和$b_{19}$，则$a_{19}d_{18}$和$b_{19}c_{18}$为两侧坡脚线的延长线，它们与弯道边线的交点$e$和$f$即为填挖分界点。

4）画示坡线。对于平坡面，示坡线垂直于坡面上的等高线（直线）；对于同坡曲面，示坡线与坡面的等高线（曲线）正交，图中仅画出同坡曲面上过相应切点的几条示坡线。

**2. 地形断面图**

用铅垂面剖切地形面，剖切平面与地形面的截交线就是地形断面，在断面上画出地面的材料图例，即为地形断面图。

地形断面图作法如下：

1）确定剖切平面位置，并与地形等高线相交。

2）选取适当比例尺，确定度量高程的坐标。

3）利用标高比例尺，确定度量水平距离。

4）作断面图上的控制点，并连成曲线。

5）标注断面图的剖切符号。

**【例5-17】** 已知地形图和铅垂截平面 $A$—$A$ 的位置如图5-28a所示，求作 $A$—$A$ 地形断面图。

**解：** $A$—$A$ 剖切面与地面的交线为一不规则曲线，可通过坐标定点的方法求出这条曲线。作图过程如图5-28b所示，作图步骤如下：

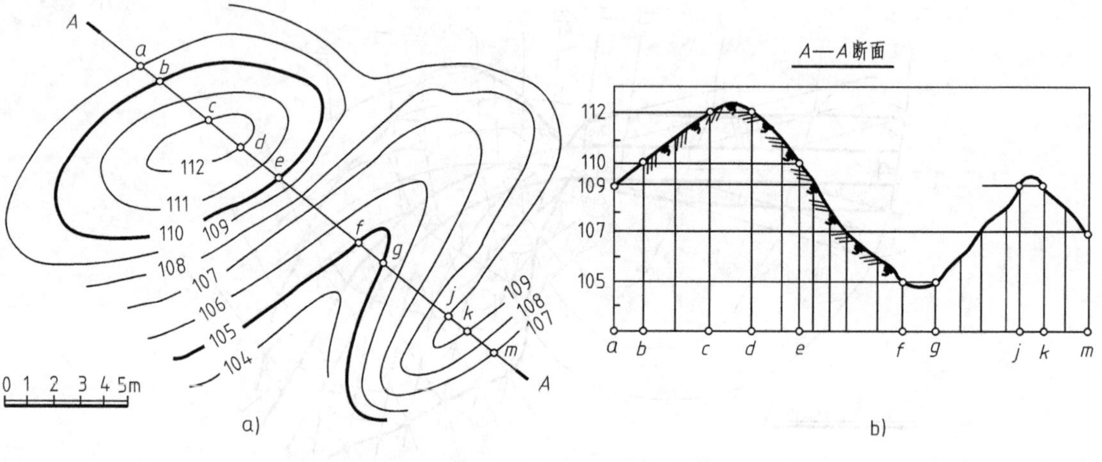


图5-28 地形断面图

a）已知条件 b）作图过程

1）在已知地形图附近作两条互相垂直的直线，其中一条为竖直线。

2）根据给定的作图比例尺，在竖直线上标出地形图中各等高线的高程，如105m、107m、…、112m等。

3）将地形图中 $A$—$A$ 断面位置线与各地形等高线的交点（保持其距离不变）量取到断面图中的水平线上，得点 $a$、$b$、…、$k$、$m$ 等。

4）过水平线上的这些点作竖直线，与相应高程的水平线相交，徒手连接各交点，即为铅垂截平面 $A$—$A$ 与地形面的交线。

连线时，位于峰值的高点和位于谷底的低点的具体位置，可根据地面线的变化趋势，按高差小于1目测确定。在交线下方画出部分自然土壤的材料图例，即得 $A$—$A$ 断面图。

**3. 断面法作填挖边界**

当地形等高线的走向与道路边线接近时，若采用作两侧坡面等高线的方法不宜求出同等高线的交点，在此情况下，可利用断面法作填挖边界。

**【例 5-18】** 已知高程为 20m 的水平道路，两侧开挖坡面的坡度 $i=1:1$，求作开挖线（图 5-29）。

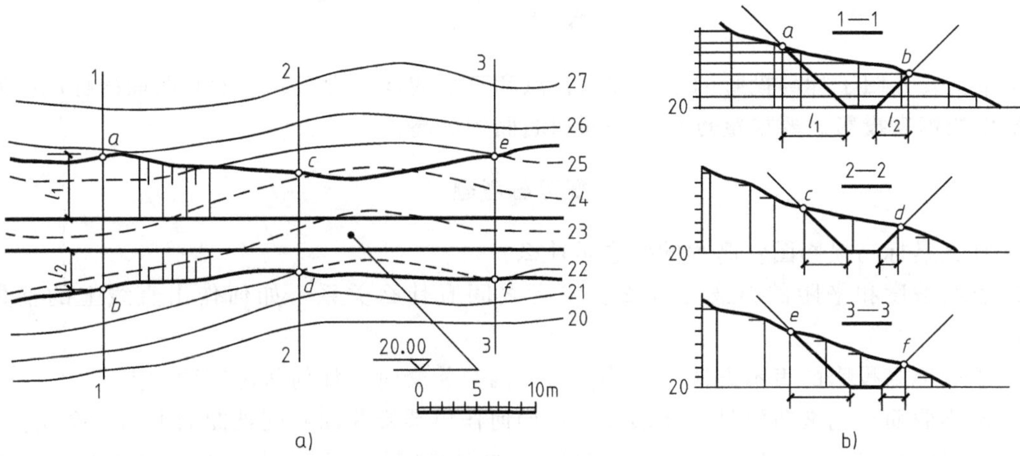


图 5-29　断面法作开挖线

**解：** 从图 5-29a 可看出，地形等高线与道路边线接近于平行，若仍通过作两侧坡面等高线来求开挖线，则较困难。这种情形下，利用断面法作开挖线较为方便。其方法是在道路中线上每隔一定距离作一个与道路中线垂直的铅垂面，同时剖切地面和道路，所得地形断面与道路断面截交线的交点即为开挖线上的点。

作图步骤（图 5-29b）如下：

1）根据设计需要，选定控制断面的位置和数量。断面的位置和数量视作图精度和道路附近地形变化情况而定，本题选择作 1—1、2—2、3—3 共三个铅垂断面，断面位置线一般垂直于道路边线。

2）以 1—1 断面为例，利用断面法求解坡面交点。

① 确定 1—1 断面上与地形等高线的交点。

② 作辅助断面图，高程自设，水平长度通过标高图度量。

③ 利用交点求出地形断面。

④ 在地形断面图上作出路面及开挖坡的断面。把道路边线与断面位置线的交点量取到断面图中，得到高程为 20m 的水平线上路面宽度。

⑤ 求解该断面处开挖边坡与地形的交点。

根据 $i=1:1$，在断面位置中自路面宽度的两端作斜线，与地形断面相交于点 $a$ 和 $b$，由此得水平距离 $l_1$ 和 $l_2$，从而在图 5-29a 的地形图中 1—1 断面位置线上可定出相应的点 $a$ 和 $b$。

3）同法，可作出 2—2、3—3 断面处的坡脚点 $c$、$d$ 和 $e$、$f$，并定出坡脚点在标高投影图中的相应位置。

4）作开挖线，并画出示坡线。徒手连接点 $a$、$c$、$e$ 和点 $b$、$d$、$f$，即得道路两侧的开挖线。最后根据坡度方向画出示坡线。

从以上作图可看出，断面法图解过程较为繁琐，若断面数量不多，则所作得的坡边线不够准确。但在工程中断面法应用得较广：一则作图原理简单，可以形象、直观地从立面的角度求解选定剖切面处填挖坡面与地形同等高线的交点；二则通过已作出的截面图，可确定断面的面积，根据相邻两断面间的间距，便可计算出填挖体积，即填挖方量。

## 本章小结

本章主要介绍了标高投影的基本知识，点和直线的标高投影，平面和曲面的标高投影以及地形面的标高投影。要求重点掌握平面和曲面的标高投影。

## 复习思考题

1. 什么是标高投影图？高程的概念是什么？

2. 直线坡度和平距的概念是什么？二者之间有什么关系？如何作出直线上的整数高程点？

3. 平面标高投影的表示方法有哪些？三面两两相交时，如何作出三面共点？

4. 圆锥曲面和同坡曲面是怎样形成的？如何作出圆锥曲面和同坡曲面上的等高线？

5. 当路面倾斜并存在填、挖不同区域时，如何确定填筑区和开挖区？如何作出斜路边线上的填挖分界点？如何作出两侧坡面上的等高线？

# 第 6 章

# 道路工程图

## 6.1 概述

道路是建筑在地面上的供车辆行驶和行人步行的窄而长的带状工程结构物，其基本组成部分包括路基、路面、桥梁、涵洞、通道、隧道、排水工程、防护工程、交通安全工程及沿线附属设施等构筑物。按道路所在位置、交通性质及其使用特点，道路可分为公路、城市道路、厂矿道路、林区道路及乡村道路。

1）公路：位于城市郊区和城市以外的道路。

2）城市道路：位于城市范围以内，联系其内部各组成部分（如商业区、工业区、居民点、文化娱乐区等）的道路。

3）厂矿道路：在工厂、矿区内部的交通道路以及厂矿到公路、城市道路、车站、港口衔接处的对外公路。

4）林区道路：在林区内部的交通道路以及沟通相邻的林业企业和企业内部林场之间交通的道路。

5）乡村道路：在乡村联系县、镇、乡村范围以内的集市、居民点、某些生产作业点的主要道路。

道路的位置和形状与所在地区的地形、地貌、地物以及地质有着很密切的关系。道路沿长度方向的行车道中心线称为道路路线。道路路线的线型，在平面图上是由直线和曲线段组成的，在纵断面图上是由平坡、上下坡和竖曲线组成的，即道路路线有竖向高度变化和平面弯曲变化，因此从整体上看，道路路线是一条曲直起伏的空间曲线。

由于道路修筑在大地表面的狭长地带上，道路的平面弯曲和竖向变化都与地面形状紧密相关，因此，道路路线工程图的图示方法与一般工程图不同，它以地形图作为平面图，以纵向展开断面图为立面图，以横断面图为侧面图，并分别画在单独的图纸上。这三种工程图综合起来表达道路的空间位置、线型和尺寸。

道路工程图是表达道路路线的走向，地面的起伏状况，地质及沿线附属建筑物（桥、涵等）的概况等内容的图样，它是修建道路的技术依据。

本章主要介绍公路和城市道路路线工程图的内容及图示方法。

## 6.2 公路路线工程图

公路是主要承受机动车辆行使及其荷载反复作用的带状工程结构物，公路路线的特点是长度大、沿线构造物多。公路路线工程图包括路线平面图、路线纵断面图、路基横断面图。

### 6.2.1 路线平面图

公路路线平面图是绘有道路中心线的地形图，主要用于表达路线的走向和平面线型（直线和左、右弯道曲线）以及沿线两侧一定范围内的地形（如山丘、平地、河流等）、地物（如村镇、房屋、耕地、果园等）情况。

**1. 路线平面图的图示特点**

1）绘图比例小。山岭地区的路线平面图一般采用 1∶2000，丘陵和平原地区一般采用 1∶5000。路线的宽度一般不按实际尺寸画出，只在道路中心线的位置画出一条粗实线来表示路线平面图。

2）道路路线的长度尺寸大。道路路线的长度尺寸远远大于宽度和高度，不可能把整条线路画在一张图纸上，因此，路线平面图中通常是把路线分段画在各张图纸上，使用时再拼接起来。路线分段时，应在线路取整数桩号处断开，断开的两端应画出垂直于路线的接图线。拼接的图纸上都必须绘制正北方向，每张图纸的右上角要画出角标，标注图纸的序号和总张数，如图 6-1 所示。

在设计路线时，如有方案比较线，可同时画出。设计线一般用粗实线绘制，比较线用粗虚线绘制。

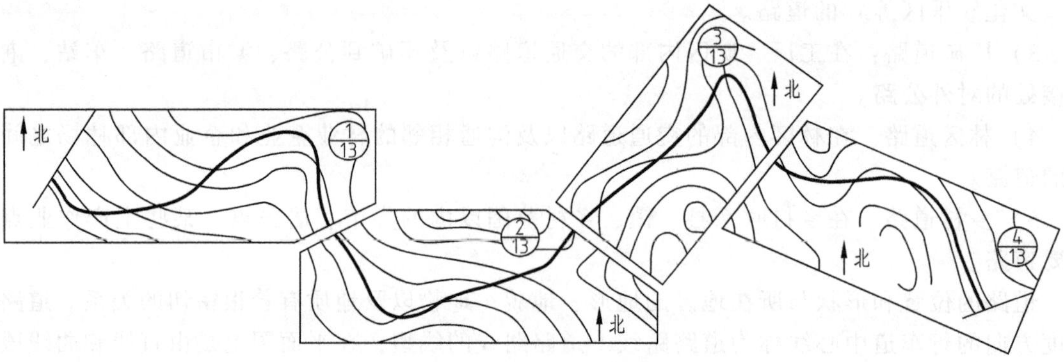


图 6-1 路线平面图图幅拼接示意图

3）地物用图例表示。由于绘图比例小，地物只能用图例表示，常用的图例见表 6-1。

表 6-1 路线平面图中常用图例

| 名称 | 图例 | 名称 | 图例 | 名称 | 图例 | 名称 | 图例 |
|---|---|---|---|---|---|---|---|
| 道路中心线 | | 房屋 | | 涵洞 | | 水稻田 | |
| 水准点 | BM编号 / 高程 | 大车路 | | 桥梁 | | 草地 | |
| 导线点 | 编号 / 高程 | 小路 | | 菜地 | | 高压电力线 | |
| 转角点 | JD编号 | 堤坝 | | 旱地 | | 低压电力线 | |
| 通信线 | | 河流 | | 沙滩 | | 人工开挖 | |

**2. 路线平面图的制图标准**

1）线型。地形等高线的计曲线用中粗实线，首曲线用细实线；设计路线采用加粗粗实线表示，比较线采用加粗粗虚线表示；导线、边坡线、切线、原有的道路边线等，用细实线表示；原有管线应采用细实线表示，设计管线用粗实线表示，规划管线用粗虚线表示。

2）平曲线。道路路线在平面上是由直线段和曲线段（包括圆曲线和缓和曲线）组成的，为了行车安全、平顺，所有路线平面的转折处都要求设平曲线。最常见的较简单的平曲线为圆弧，其基本的几何要素如图6-2所示：*JD*为交角点，是路线的两直线段的理论交点；$\alpha$为转折角，是路线前进时向左（$\alpha_{左}$）或向右（$\alpha_{右}$）偏转的角度；*R*为圆曲线半径，是连接圆弧的半径长度；*T*为切线长，是切点与交角点之间的长度；*E*为外距，是曲线中点到交角点的距离；*L*为曲线长，是圆曲线两切点之间的弧长。

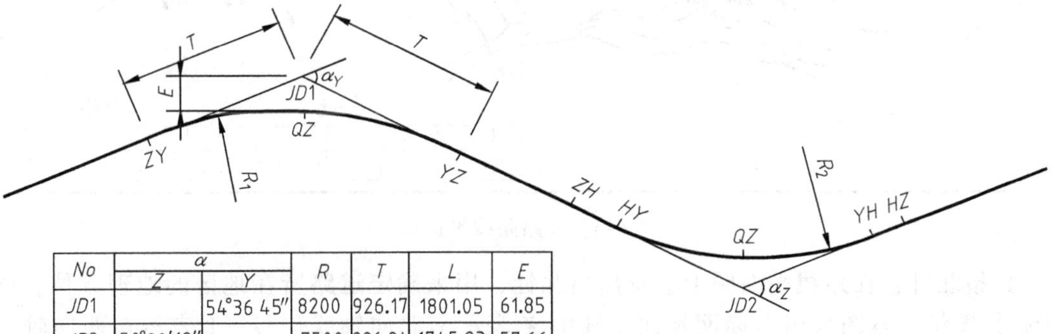


| No | α Z | α Y | R | T | L | E |
|---|---|---|---|---|---|---|
| JD1 | | 54°36′45″ | 8200 | 926.17 | 1801.05 | 61.85 |
| JD2 | 50°20′12″ | | 7500 | 886.94 | 1745.23 | 57.66 |

图6-2　平曲线几何要素

在路线平面图中，转折处应注写交角点代号并依次编号，如*JD*5表示第5个转角点；还要注出曲线段的起点*ZY*（直圆）、中点*QZ*（曲中）、终点*YZ*（圆直）的位置。为了将路线上各段曲线的几何要素值表达清楚，一般还应在图中的适当位置列出平曲线要素表。对带有缓和曲线的路线则需要标出*ZH*（直缓）、*HY*（缓圆）、*YH*（圆缓）、*HZ*（缓直）等位置。

3）里程桩号。为表示路线的总长度及各路段的长度，在路线上从路线起点到终点沿前进方向（从左至右），在线路左侧每隔1km设公里桩，以“⚲”表示，公里数值朝向公里符号的法线方向；同时沿路线前进方向的右侧在公里桩中间设百米桩，以垂直路线的细短线“ | ”表示，百米数值写在细短线的端部且字头朝上。

4）水准点和导线点。为满足设计和施工的需要，在路线平面图上需标出控制地形图标高的水准点及控制导线测量的导线点。水准点符号为“⊗”，如⊗$\frac{\text{BM12}}{59.812}$表示路线的第12个水准点，该点高程为59．812m。导线点符号为“⊡”，如⊡$\frac{\text{D5}}{60.500}$表示第5号导线点，其高程为60.500m。

**3. 路线平面图的识读**

路线平面图的内容主要包括地形和路线两部分。读图时应分部分读图示内容。现以图6-3所示的一段从*K*0+120到*K*1+700的路线平面图为例分析如下：

（1）地形部分

1）比例：本图比例采用1:5000。

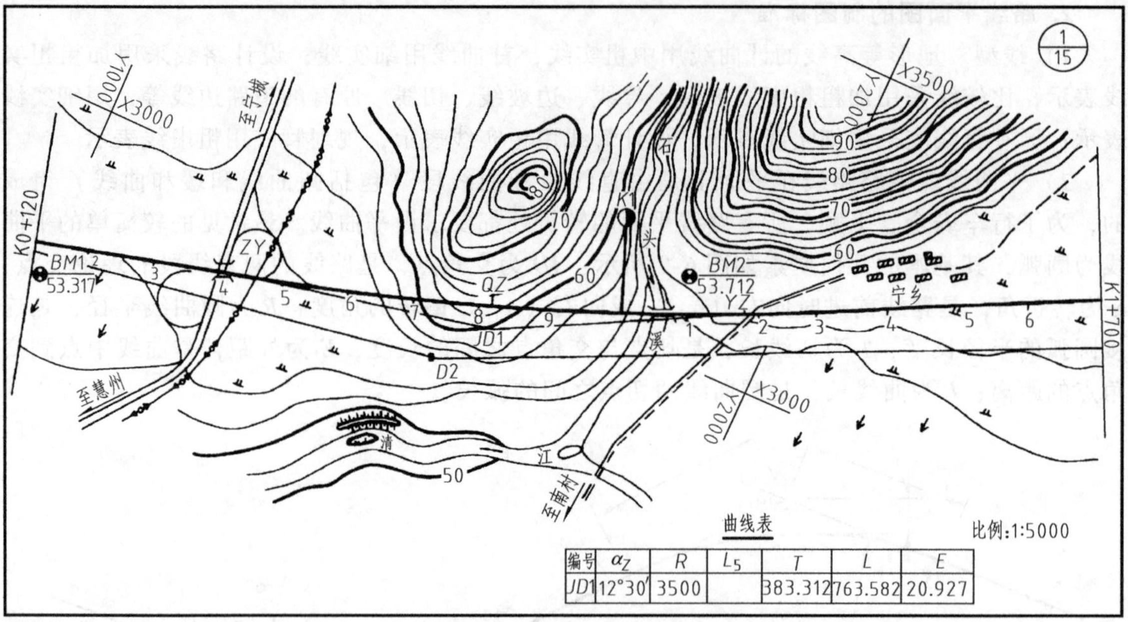


| 编号 | $\alpha_Z$ | R | $L_S$ | T | L | E |
|---|---|---|---|---|---|---|
| JD1 | 12°30′ | 3500 | | 383.312 | 763.582 | 20.927 |

图 6-3　公路路线平面图

2）指北针：在路线平面图上应画出指北针，用来确定道路所在地区的地理方位，同时用于拼接图纸。本图采用坐标网标注，其中 *X* 表示南北向轴线代号，*Y* 表示东西向轴线代号，图中的 *X*3000、*Y*1000 表示两垂直线的交点坐标距坐标网原点的位置为北 3000m，东 1000m。

3）地形：用等高线表示地形的起伏。图中每条地形等高线之间的高差为 2m，根据地形等高线判断该处地形为丘陵区，沿线北面和东北面是两座山丘，山脚下有一村落宁乡，村西有一条石头溪向南流入清江，河东岸有一宁乡至南村的大车道，西面、南面、东南面地势较平坦，待建公路在山脚下方依山势通过。（从图中看出，西北和东南方向各有一座小山丘，东北方向和西南方地势较平坦，有一条花溪河从西南流向东北，且在桩号 *K*21 +900 处有一座桥。

4）地物：图中图例表示了沿线经过的村庄房屋、大车道、桥梁、立体交叉、沙滩、堤坝的平面位置；西面还有一条从宁城到慧州的公路和低压电力线。沿路两侧的农田，图例绘制一律朝北方向。

（2）路线部分

1）路线的走向：由坐标网可以判断，该道路由 *JD*1*K*0 + 822. 2750 处向东北方向经过宁乡延伸。（从图中可以看出，路线的起点是在清玉路南端约 30m 处向北前进，到 200m 处有回头曲线又折向西南，到石级处转向西去。该段路线都在山坡的一侧，由低（标高约 30m 处）向高（路线另一端标高约 90m）上升。

2）里程桩号：该路线的左端为路线起点处，该段道路共长 1580m，由公里桩和百米桩可以确定沿线各点的位置。如 *ZY* 的桩号为 *K*0 + 438. 966，即可确定 *JD*1 处的 *ZY* 点在距起点 438. 966m 的地方。

3）水准点和导线点：图中标出了平面控制测量的导线点和控制高程的水准点。如图中 ⊗ $\frac{\text{BM2}}{53.712}$ 表示 2 号水准点的高程为 53. 712m；⊡ $\frac{\text{D5}}{60.500}$ 表示 2 号导线点的高程为 60. 5m。

4）平曲线表：图中右下角曲线表中，列出路线转折处交点编号 $JDn$ 及该处平曲线的形态要素 $\alpha_Z$、$R$、$L$、$T$、$E$ 等。如表中 $JD1$ 表示第 1 号交点，$\alpha_Z=12°30'$表明在 $JD1$ 处路线沿前进方向向左偏转 $12°30'$，转折处的圆弧曲线半径 $R=3500$mm，交点 $JD1$ 到圆弧曲线的切线长度 $T=382.312$m，圆弧的长度 $L=763.582$m，交点 $JD1$ 到圆弧曲线中点的距离即外距$E=20.927$m。

**4. 路线平面图的绘制方法和步骤**

1）画地形图。等高线按先粗后细的顺序徒手画出，线条流畅，计曲线宽度宜选用 $0.5b$，细等高线线宽为 $0.25b$。

2）画路线中心线。道路中心线用绘图仪器按先曲后直的顺序从左至右绘制，其线宽为 $(1.4\sim2.0)b$。标注桩号应从左到右，左小右大。

3）画平面图中的图例。其中稻田和经济作物等图例应朝上或向北绘制，涵洞等建筑物除画出图例外，还应标注里程桩号。所有图例均用细实线绘制。

4）在图纸边上垂直于路线绘出接图线，并画出指北针（或坐标网）；在每张图纸的右上角画出角标，注明图纸序号及总张数。

## 6.2.2 路线纵断面图

路线纵断面图是用来表达路线中心线处的地面起伏状况、地质情况、路线纵向设计坡度、竖曲线以及沿线桥涵等构造物概况的图样。

**1. 路线纵断面图的形成**

如图 6-4 所示，路线纵断面图是假设用铅垂面沿道路中心线剖切平面，并把断面展开（拉直）成一个平面后投影所得的图形。纵断面图的长度就是路线水平投影的长度。路线纵断面图的绘制也需分页标注角标。

图 6-4 路线纵断面图形成示意图

**2. 路线纵断面图的制图标准**

1）线型。道路设计线用粗实线表示，原地面线用细实线表示，地下水位线用细双点画线及水位符号表示，地下水位测点可仅用水位符号表示，各线型规定如图 6-5 表示。

2）比例。纵断面图的横向长度表示路线的长度，纵向高度表示地面线和设计线的高程。由于设计线的纵向坡度较小，纵向高差比路线的长度小得多，如果纵向和横向用同一种比例画出，则很难把纵向高差清楚地表达出来，所以一般采用纵向比例为横向比例的 10 倍画出。

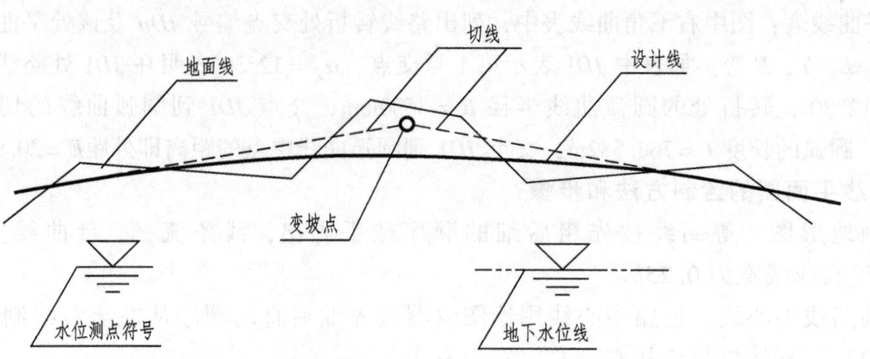


图 6-5　道路设计线、原地面线、地下水位的标注

一般情况下，在山岭区采用横向 1:2000、纵向 1:200；在地形起伏变化较小的丘陵区和平原区采用横向 1:5000、纵向 1:500。

3）竖曲线。当路线竖直方向坡度发生变化，且两相邻纵坡之差的绝对值超过规定值时，在边坡处需设置抛物线形式的竖曲线来连接两相邻的纵坡。竖曲线分为凸形（⊤）和凹形（⊥）两种。凸形竖曲线的标注规定如图 6-6 所示，变坡点用直径为 2mm 的中粗线圆表示，切线用细虚线表示，竖曲线用粗实线表示。标注竖曲线的竖直细实线应对准变坡点处桩号，并在线的两侧标注变坡点的桩号与高程。水平细实线的两端应对准竖曲线的始、终点，两端的短竖直细实线约 5mm 长，在水平细实线之上为凹曲线，反之为凸曲线（图 6-6）。竖曲线要素（半径 $R$、切线长 $T$、外距 $E$）均应注在细实线上方处。

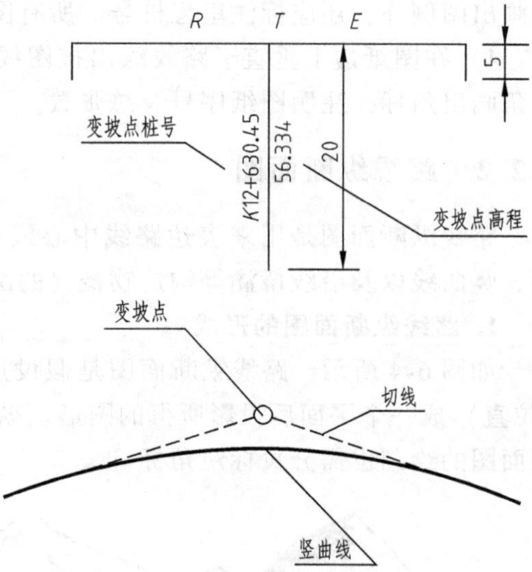


图 6-6　凸形竖曲线的标注

4）沿线构筑物等的标注。道路沿线的构筑物、交叉口和水准点的标注规定如图 6-7 所示。

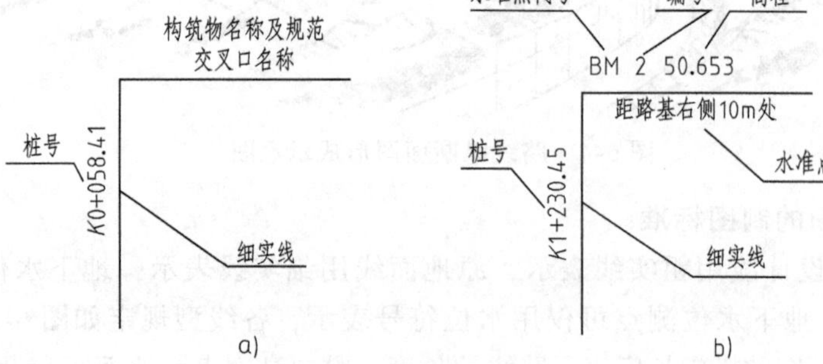


图 6-7　道路沿线的构筑物、交叉口和水准点的标注

a）构筑物、交叉口标注　b）水准点标注

5）平曲线。在纵断面图上为了配合竖曲线表示路线在平面上的弯曲情况，在测设数据表的平曲线栏中，以简要的方式表示平曲线。图6-8a、b的凹凸折线分别表示不设缓和曲线和设缓和曲线的情况下左转弯、右转弯基本型平曲线，并要求在曲线的一侧标注交点编号、偏角、半径和曲线长。“V”表示无圆曲线的平曲线（称凸形曲线）。

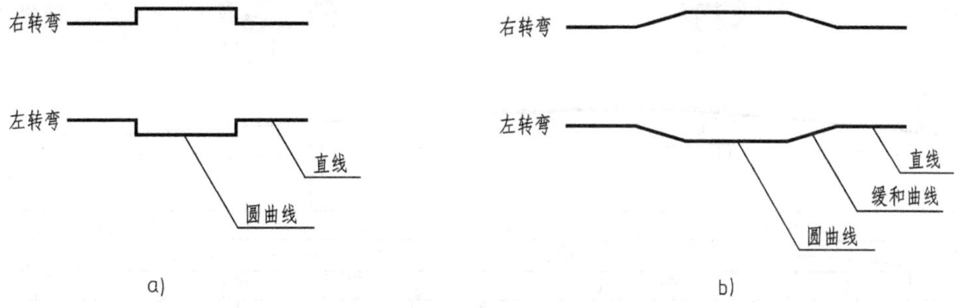


图6-8　平曲线的标注

a）不设缓和段的圆曲线　b）设缓和段的圆曲线

6）管涵和管线。纵断面图中，给水排水管涵应标注规格及管内底的高程。地下管线横断面应采用相应图例。无图例时应自拟，并在图中说明。

7）超高。为了抵消汽车在弯道上行驶时产生的离心力，道路在平曲线处需设计为外侧高内侧低的单一横坡形式，道路边缘与设计线的高程差就是超高值，如图6-9所示。

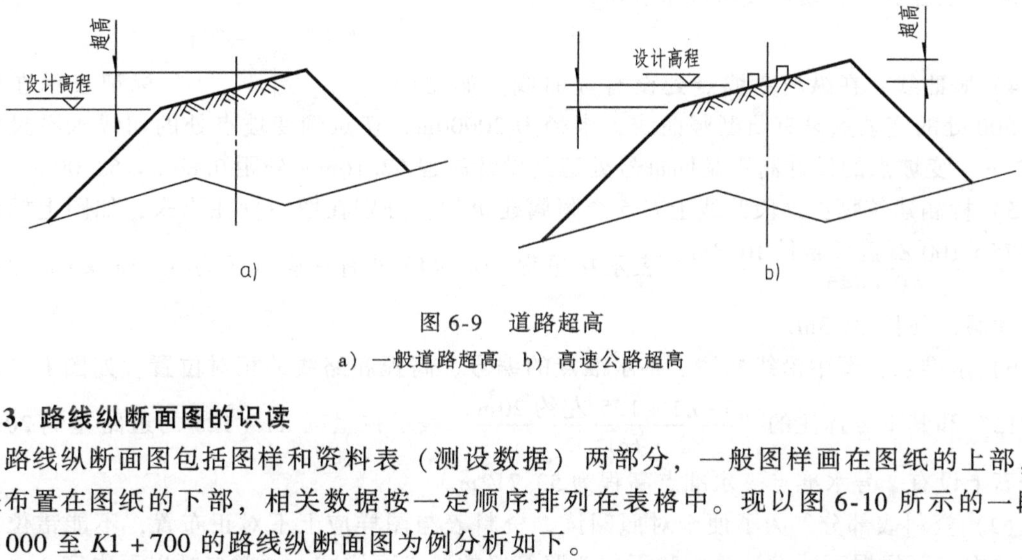


图6-9　道路超高

a）一般道路超高　b）高速公路超高

**3. 路线纵断面图的识读**

路线纵断面图包括图样和资料表（测设数据）两部分，一般图样画在图纸的上部，资料表布置在图纸的下部，相关数据按一定顺序排列在表格中。现以图6-10所示的一段从$K0+000$至$K1+700$的路线纵断面图为例分析如下。

（1）图样部分

1）比例：纵断面图的横向表示路线的长度（前进方向），通过里程桩号标记，纵向表示地面线和设计线的高程，通过高程标尺来测量。本图横向比例为1:5000、纵向比例为1:500，这样，图上所画出的路线坡度比实际大，高度变化较为明显。

2）设计线：图上粗实线表示顺路线方向的设计线，设计线表示道路沿线的高程变化。

3）地面线：图中不规则的折线是地面线。它是顺着原地面路线中心各桩号处相应高程的连线。具体画法是将水准测量各桩号点的高程，按纵向1:500的比例画在相应里程桩上，

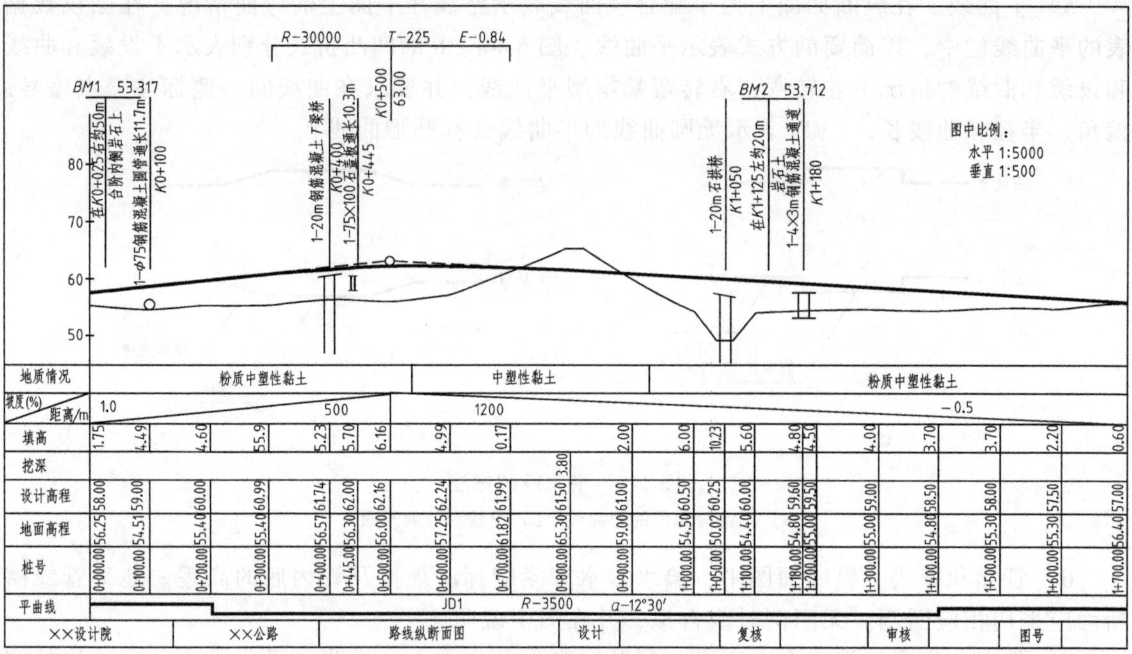


图 6-10 路线纵断面图

然后顺次把各点用直线连成折线来表示。

4）竖曲线：在纵坡变坡点处设有竖曲线。如图中“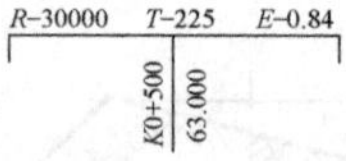

”标记表示在桩号 K0 + 500 处的变坡点设有凸型竖曲线，半径为 30000m，切点到变坡点处的切线水平投影长为 225m，变坡点的设计高程是同桩号处道路设计高程 62.16m + 外距 0.84m = 63.00m。

5）桥涵建筑物：这段路线上有 5 个附属建筑物，分别在图中标注出来，如图上标注的“$\dfrac{1-75\times100\text{ 石盖板涵长 }10.3\text{m}}{K0+445}$”表示在里程 K0 + 445 处有一座截面为 0.75m × 1m 的石砌盖板涵洞，洞长 10.3m。

6）水准点：图中沿线标注了各水准点的编号、高程和路线的相对位置。如图上“BM2 53.712”和其下方标注的“$\dfrac{\text{在 }K1+125\text{ 左约 }20\text{m}}{\text{岩石上}}$”表示在里程 K1 + 125 的道路左侧 20m 处的岩石上设有 2 号水准点，水准点高程为 53.712m。

（2）资料表部分　为了便于对照阅读，资料表与图样应上下对正布置，不能错位。资料表的内容可根据不同设计阶段和不同道路等级的要求而增减，通常包括以下内容：

1）地质说明：表中注出了沿着路线方向的地质情况，为设计施工提供简要的地质资料。如第一栏第一分格中注有“粉质中塑性黏土”，表示从 K0 + 000 至 K0 + 530 这一段道路下的土质为粉质中塑性黏土。

2）坡度/距离：坡度表示顺路线的各段距离对应的设计坡度。表的第 2 栏中每一分格表示一坡度，对角线表示坡度的方向，先低后高表示上坡，先高后低表示下坡。对角线上方数字表示坡度，下方数字表示距离，以 m 为单位。如第一分格中注有“1%/500m”，表示顺路线前进方向是上坡，坡度为 1%，坡长为 500m，从桩号中看出它是在 K0 + 000 至 K0 +

500 这一段路线上。第二分格的“1200m \ 0.5%”表示过 K0 + 500 后路线改为下坡，坡度为 0.5%，坡长为 1200m。K0 + 500 处是变坡点，需设竖曲线来连接两段纵坡。

3）填高：路线的设计线高于地面线时，需要填土。这一项的各个数据是各桩号的设计标高与地面标高的差。如 K0 + 100 处填高为 59.000m − 54.510m = 4.49m。

4）挖高：路线的设计线低于地面线时需要挖土。这一项的各个数据是各桩号的地面标高与设计标高的差。如 K0 + 800 处挖高为 65.30m − 61.50m = 3.80m。

5）设计标高：设计线上各点（桩号）的高程。

6）地面标高：地面线上各点（桩号）的高程。

7）桩号：本栏是将道路沿线各主要特征点的里程桩号按 1:5000 比例填入表内，单位为 m。表中各项数据均需与相应的桩号对齐。

8）平曲线：平曲线一栏是路线平面图的简化示意图。直线段用水平线表示，曲线（弯道）用上凸（右转）或下凹（左转）表示，如图中“JD1　R=3500　α=12°30′”表示第 1 号交角点沿路线前进方向向左转弯，转角为 12°30′的不设缓和曲线的圆曲线，圆曲线半径为 3500m。

**4. 路线纵断面图的绘制方法和步骤**

1）绘制表格，填写有关的测量资料。首先按横向比例从左到右依次填写各里程桩号及对应的地面标高、直线和曲线资料。

2）画地面线。将表格中各桩号对应的地面高程点按纵向比例画在图纸上，然后用细实线连接各点即得地面线。

3）画设计线。将表格中各桩号对应的道路设计高程点按纵向比例画在图纸上，然后用粗实线按先曲后直的顺序依次光滑连接各点即得设计线。

4）在图上标注水准点、桥涵等的位置及相应要素。

5）在图的右上角标出角标，注明图纸序号、总张数及起止桩号。

### 6.2.3　路基横断面图

用一铅垂面在路线中心桩处垂直路线中心线剖切道路，画出该剖切面与地面和设计路基的交线，即为路基横断面图，如图 6-11 所示。路基横断面图主要表达地面与路基设计断面的相对位置，是路基横断面图放样和计算土石方量的依据。

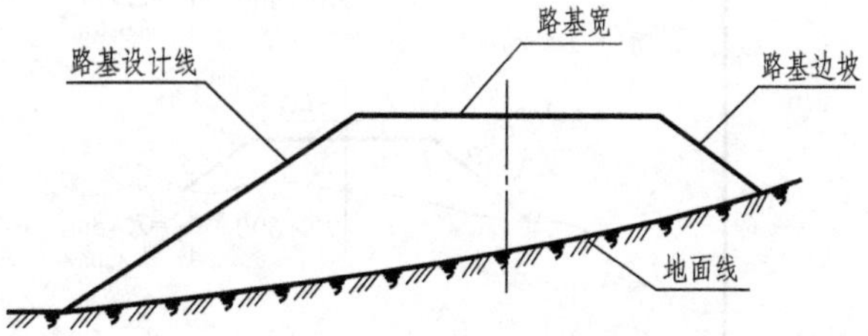


图 6-11　路基横断面图

**1. 路基横断面图的形式**

如图 6-12 所示，根据设计线与地面线的相对位置的不同，路基横断面图有以下三种形式：

1）填方路基。填方路基又称路堤，设计线全部在地面线以上，如图 6-12a 所示。图中标注了该断面图的里程桩号、中心线处的填方高度 $h_T$（m）、填方面积 $A_T$（m）、路基中心标高及路基边坡坡度。

2）挖方路基。挖方路基又称路堑，设计线全部在地面线以下，如图 6-12b 所示。图中注有该断面图的里程桩号、中心挖高 $h_W$(m)、挖方面积 $A_W$(m)、路基中心标高及边坡坡度。

3）半填半挖路基。设计线一部分在地面线以上，一部分在地面线以下，如图 6-12c 所示。图中注出了该断面的里程桩号、中心填方高度 $h_T$(m) 或挖方高度 $h_W$(m)、填方面积 $A_T$(m) 和挖方面积 $A_W$(m) 以及路基中心标高和边坡坡度。

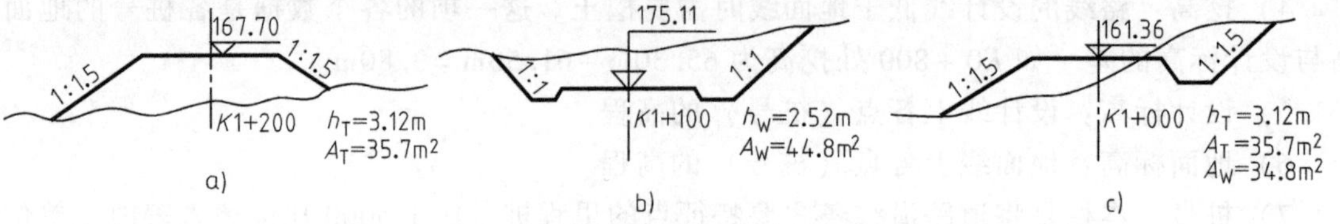


图 6-12 路基横断面图的形式

a）填方路基 b）挖方路基 c）半挖半填路基

**2. 路基横断面图的绘制方法**

为了便于计算断面的填挖面积和进一步计算土石方量，路基横断面图应画在米格纸上。路基横断面图的图示要点如下：

1）路基横断面图的纵横方向采用同一比例，一般用 1:200，也可用 1:100 或 1:50 。

2）图形下方应注明桩号、断面面积 $A$ 和地面中心到路基中心的填挖高度 $h$，$h_T$、$h_W$ 分别表示中桩处的填方高度、挖方高度。

3）横断面图的设计线采用粗实线绘制，原有地面线用细实线绘制，设计或原有道路中心线应采用细单点长画线绘制。

4）每张图纸右上角应有角标，注明图纸序号（第 × 页）和总张数（共 × 页）；在最后一张图的右下角绘制图标。

5）一般沿河道路线每隔 20m 画一路基横断面图。同一张图纸上的路基横断面图应按桩号的顺序从图纸的左下方开始，从下至上、从左至右排列，如图 6-13 所示。

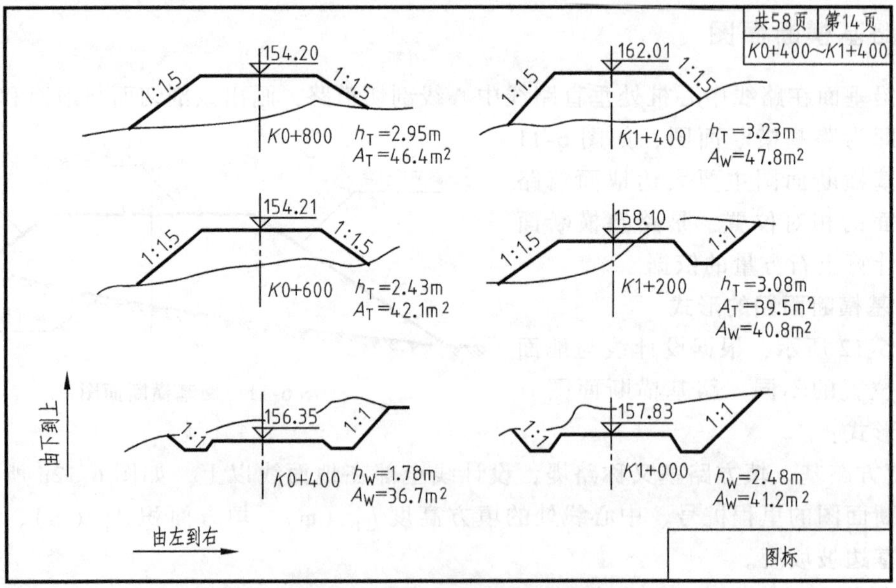


图 6-13 路基横断面图的绘制

# 6.3　城市道路工程图

在城市里，沿街两侧建筑红线之间的空间范围为城市道路用地。城市道路主要包括机动车道、非机动车道、人行道、分隔带、绿化带、交叉口、交通广场、架空高速道路、地下道路等。城市道路的图示方法与公路路线工程图完全相同，也是通过平面图、纵断面图和横断面图来表达的。但是，城市道路所处的地形一般比较平坦，沿线构造物多，并且城市道路的设计是在城市规划与交通规划的基础上实施的，交通性质和组成部分比公路复杂得多，因此体现在横断面图上，城市道路比公路要复杂。下面主要介绍城市道路横断面图的识读。

城市道路的主要功能是为汽车和行人行驶，其横断面由车行道、人行道、绿化带和分隔带等部分组成，城市道路横断面图的作用是表达道路的各个组成部分的横向布置关系。

**1. 城市道路横断面图的基本形式**

根据机动车道和非机动车道不同的布置形式，道路横断面图有以下四种基本形式：

1）“一块板”断面。如图6-14a所示，把所有车道都组织在同一车道上行驶，但规定机动车在中间，非机动车在两侧。

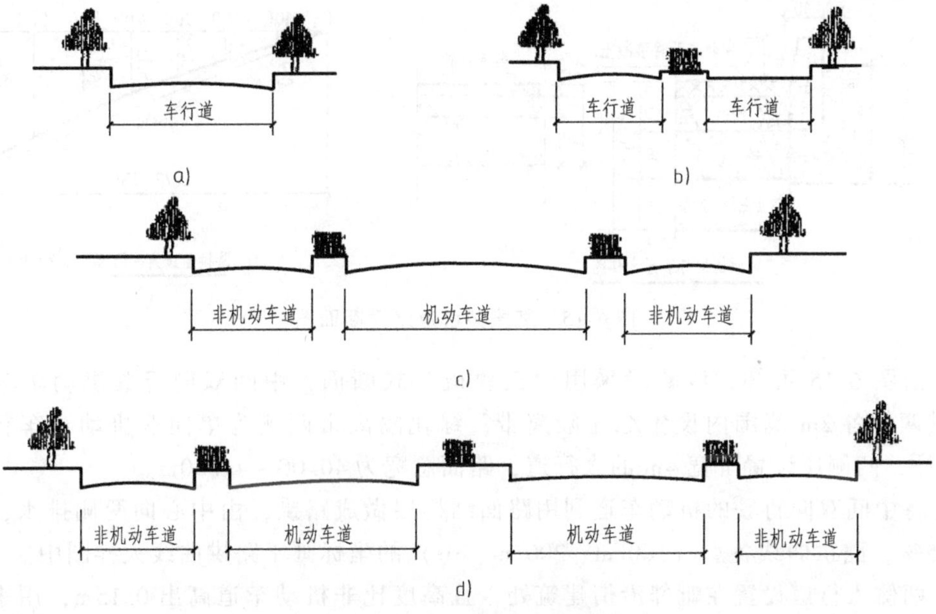


图6-14　城市道路横断面布置形式

a）“一块板”断面　b）“两块板”断面　c）“三块板”断面　d）“四块板”断面

2）“两块板”断面。如图6-14b所示，用一条分隔带或分隔墩从中央分开，使往返交通分离，但同向交通仍在一起混合行驶。

3）“三块板”断面。如图6-14c所示，用两条分隔带或分隔墩把车行道分隔成三块，实现机动车与非机动车交通分离：中间为双向行驶的机动车道，两侧为方向相反的单向行驶非机动车道。

4）“四块板”断面。如图6-14d所示，在三块板断面的基础上增设一条中央分隔带，使机动车分向行驶。

**2. 横断面图的识读**

横断面设计的最终结果，要用标准横断面图来表示。标准横断面图是表示道路全线（或某一路段）一般情况的横断面图，图中应表示出道路横断面的形式及各组成部分的相关尺寸和要求。图 6-15 所示为某段城市道路的横断面图，具体分析如下：

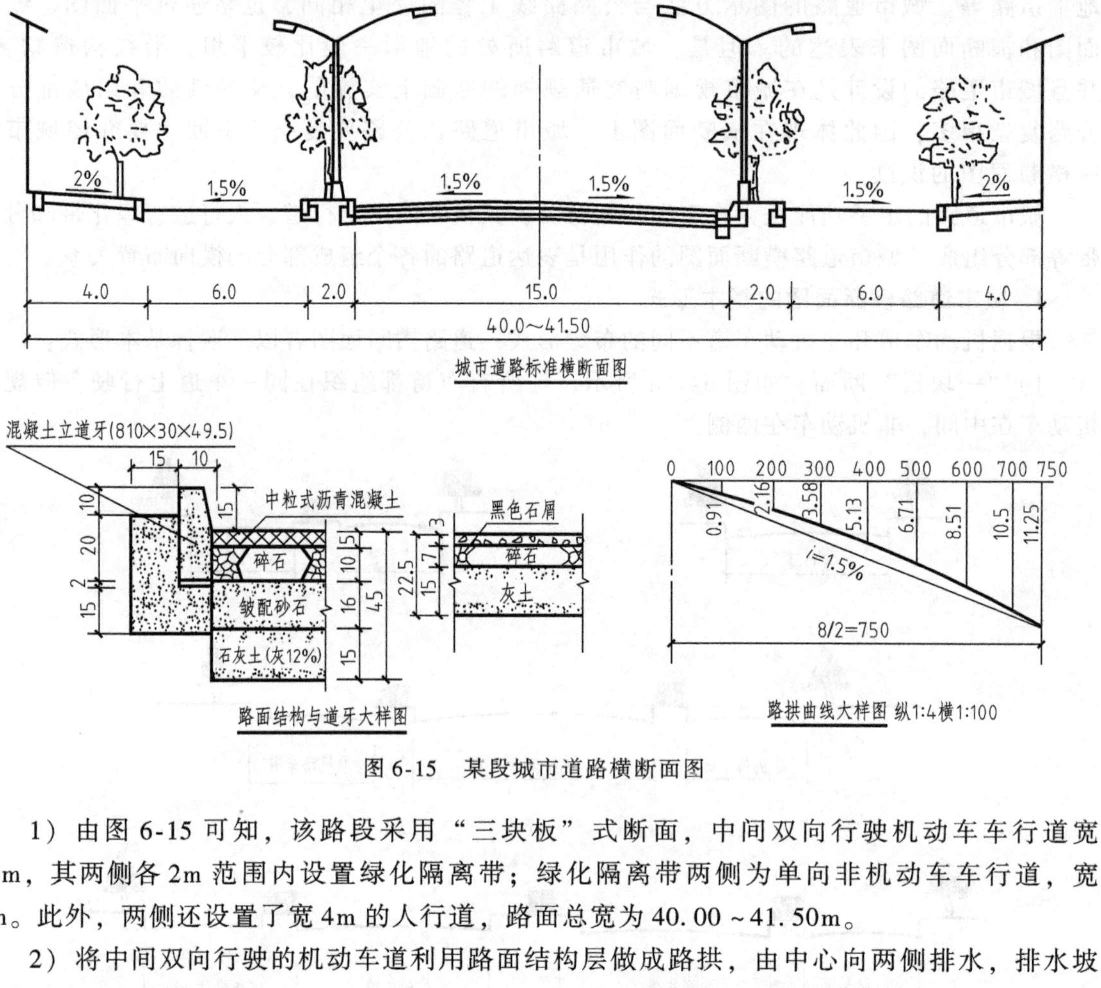


图 6-15 某段城市道路横断面图

1）由图 6-15 可知，该路段采用“三块板”式断面，中间双向行驶机动车车行道宽 15m，其两侧各 2m 范围内设置绿化隔离带；绿化隔离带两侧为单向非机动车车行道，宽 6m。此外，两侧还设置了宽 4m 的人行道，路面总宽为 40.00 ~ 41.50m。

2）将中间双向行驶的机动车道利用路面结构层做成路拱，由中心向两侧排水，排水坡度为 1.5%，路拱曲线各点（100cm、200cm、…）的坐标画于路拱曲线大样图中。

3）两侧人行道设置在毗邻沿街建筑处，且高度比非机动车道高出 0.15m，用来分隔行人和车辆。

4）路面结构。机动车道分为四层，总厚 0.45m；非机动车道分为三层，总厚 0.225m，各层的配料名称及厚度见路面结构与道牙大样图（图中道牙又称“路缘石”）。

## 6.4 道路交叉口

道路与道路相交时形成道路交叉口。根据相交道路所处空间位置的不同，道路交叉口分为平面交叉口和立体交叉口。高速公路的交叉口多采用立体交叉口，城市道路的交叉口多采用平面交叉口。道路交叉口工程图是反映交叉口的交通状况、构造和排水设计的图样。因交叉口情况复杂，所以道路交叉口工程图一般除平、纵、横三个图样以外，还包括竖向设计图、交通组织图和鸟瞰图等。

## 6.4.1 平面交叉口

**1. 平面交叉口的形式**

平面交叉口的形式取决于道路系统的规划、交通量、交通性质和交通组织，以及交叉口用地和周围建筑的情况。常见的平面交叉口形式有：“十”字形、“X”形、“T”字形、“Y”字形、错位交叉（也称交错“T”字形）、复合交叉（也称“X”形多路）等，如图6-16所示。

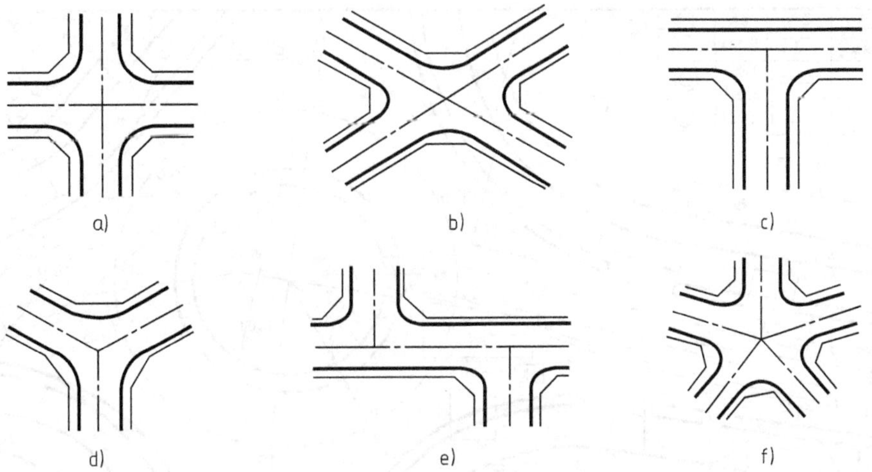


图 6-16 平面交叉口形式

a）“十”字形交叉口 b）“X”形交叉口 c）“T”字形交叉口

d）“Y”字形交叉口 e）交错“T”字形交叉口 f）“X”形多路交叉口

**2. 交通组织形式**

交通组织就是对各类行车和行人在时间和空间上的合理安排，从而尽可能地消除人车行驶中的“冲突点”，使得道路的通行能力和安全运行达到最佳状态。平面交叉口的交通组织形式有渠化和环形等，如图 6-17 所示。渠化是实现人车的分道单向行驶，环形是“变左转为右转”，减少冲突。

**3. 平面交叉口的图示方法**

平面交叉口的图示方法主要包括：平面图、纵断面图、交通组织图和竖向设计图。如图 6-18 所示为某平面交叉口的平面图，比例为 1:500（比公路路线图比例大）。图中内容包括道路、地形地物两大部分。从图中可知：交叉口形式属于“X”形；道路中心线用点画线表示，中心线上的里程桩号用来表示各交叉道路的长度；各路走向用坐标网表示；各组成车道的宽度如图中尺寸所示，中间的两条绿化带将断面划分为“三块板”布置形式；图中的地形等高线和大量的地形点表示该处地势平缓；地物用图例表示，如沿线的房屋、围墙等。

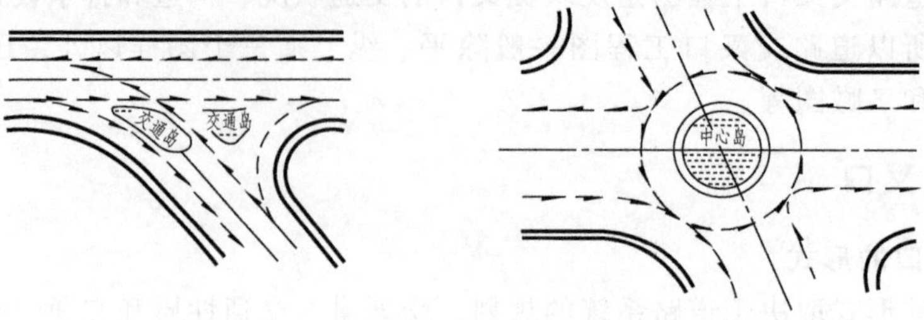


a) b)

图 6-17 交通组织形式示例

a）渠化组织 b）环形组织

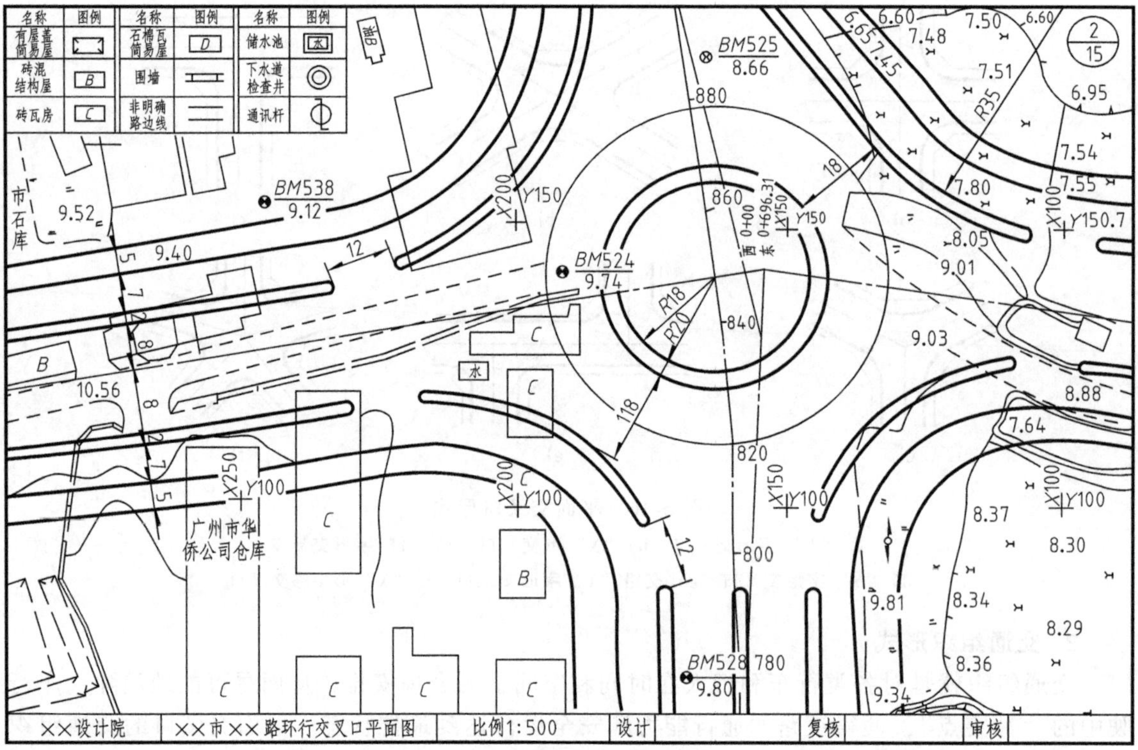


图 6-18 平面交叉口平面图

图 6-19 所示为某平面交叉口南北向道路纵断面图，交叉口纵断面图是沿相交各道路中心线剖切而得到的断面图，其作用和内容与道路路线纵断面图基本相同，由图样和测设表两部分组成，由测设表中排水沟的纵断面坡度可知，排水边沟为典型的锯齿形边沟。

图 6-20 所示为竖向设计图的常用图示方法，竖向设计图是在平面图上通过等高线等形式来表示交叉口路面处的高程变化情况，以保证行车平顺和排水通畅。

## 6.4.2 立体交叉口

平面交叉口的通过能力有限，当无法满足交通要求时，则需要采用立体交叉口，以提高交叉口的通行能力和车速。立体交叉口是指交叉道路在不同标高相交的路口。

立体交叉口是从根本上消除交叉口冲突点的一种有效手段，但其结构组成复杂，纵坡较大，造价较高。立体交叉口主要由出入口、主线、跨线桥、匝道、加减速辅助车道、立交三角区等组成，如图 6-21 所示。

**1. 立体交叉口的形式**

根据主线与相交道路的上下关系，立体交叉口可分为主线上跨式和主线下穿式两种基本形式，如图 6-22 所示；根据相交道路是否有匝道连接，立体交叉口可分为分离式和互通式两种形式，如图 6-23 所示。

分离式立体交叉口两相交方向的交通不能互相通行；互通式立体交叉口可利用匝道连接上下方道路。由于城市道路一般要求能互相转换，故多采用互通式立体交叉口。

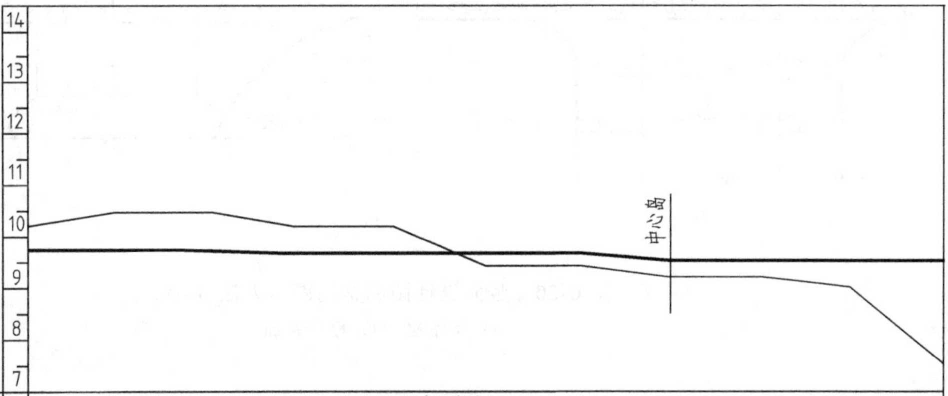


| 序号 | 项目 | | +140 | +120 | +100 | +080 | +060 | +040 | +020 | 东+696.31 西+000.00 | +676.31 | +656.31 | +636.31 |
|---|---|---|---|---|---|---|---|---|---|---|---|---|---|
| 10 | 路面型式 | 设计铺砌 | 沥青混凝土 | | | | | | | | | | |
| 9 | 路面型式 | 原有铺砌 | | | | | | | | | | | |
| 8 | 排水设施 左侧边沟 | 设计标高/m | 9.31 | 9.32 | 9.32 | 9.31 | 9.31 | 9.31 | 9.31 | 9.30 | 9.23 | 9.08 | 8.10 |
| 6 | 排水设施 右侧边沟 | 设计标高/m | 9.35 | 9.34 | 9.34 | 9.33 | 9.35 | 9.33 | 9.32 | 9.32 | 9.25 | 9.10 | 8.12 |
| 2 | 路面中线 | 设计坡度(‰) | | | | | | | | | | | |
| 1 | 道路里程 | | +140 | +120 | +100 | +080 | +060 | +040 | +020 | 东+696.31 西+000.00 | +676.31 | +656.31 | +636.31 |

| 序号 | 项目 | | +140～+120 | +120～+100 | +100～+080 | +080～+060 | +060～+040 | +040～+020 | +020～东+696.31 | 西+000.00～+676.31 | +676.31～+656.31 | +656.31～+636.31 |
|---|---|---|---|---|---|---|---|---|---|---|---|---|
| 7 | 左侧边沟 | 设计坡度(‰) | 20 3.3 | 3.3 20 | 20 3.3 | 3.3 20 | 20 3.3 | 3.3 20 | 20 3.3 | 3.3 20 | 20 3.3 | 3.3 20 |
| 5 | 右侧边沟 | 设计坡度(‰) | 20 3.3 | 3.3 20 | 20 3.3 | 3.3 20 | 20 3.3 | 3.3 20 | 20 3.3 | 3.3 20 | 20 3.3 | 3.3 20 |
| 4 | 路面中线 | 地面标高/m | 10.38 | 10.52 | 10.38 | 10.23 | 10.23 | 9.53 | 9.50 | 9.35 | 9.35 | 9.18 |
| 3 | 路面中线 | 设计标高/m | 9.53 | 9.53 | 9.53 | 9.52 | 9.52 | 9.52 | 9.52 | 9.51 | 9.53 | 9.51 |

图 6-19　某平面交叉口纵断面图（南北向）

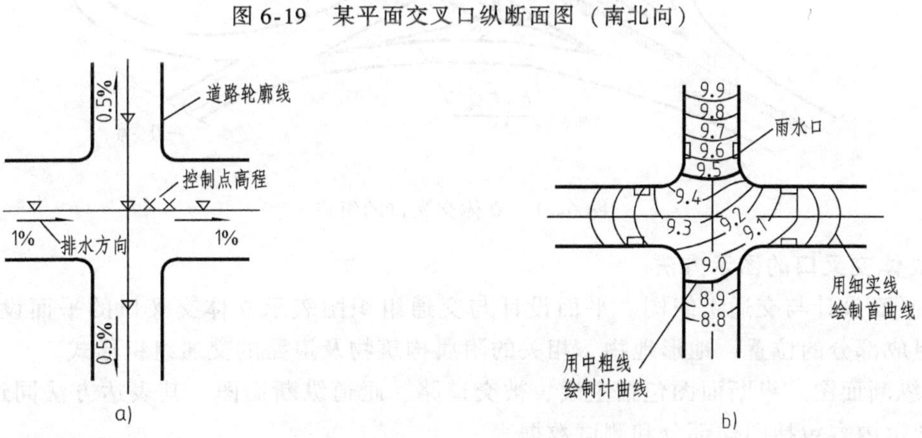


图 6-20　竖向设计图的常用图示方法

a）坡度法　b）等高线法

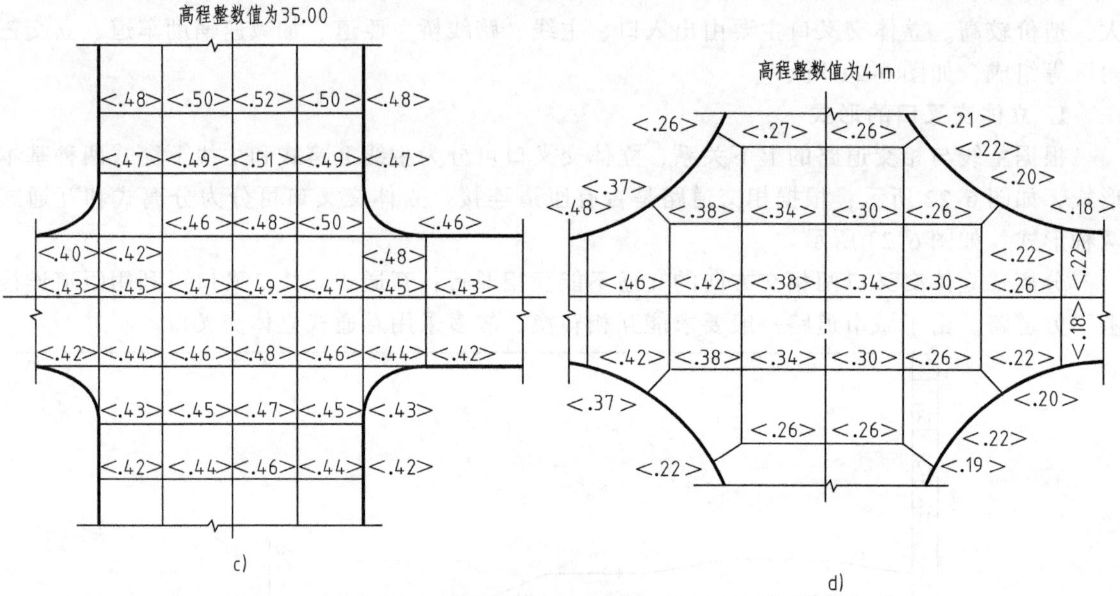


图 6-20　竖向设计图的常用图示方法（续）

c）网格法　d）刚性路面

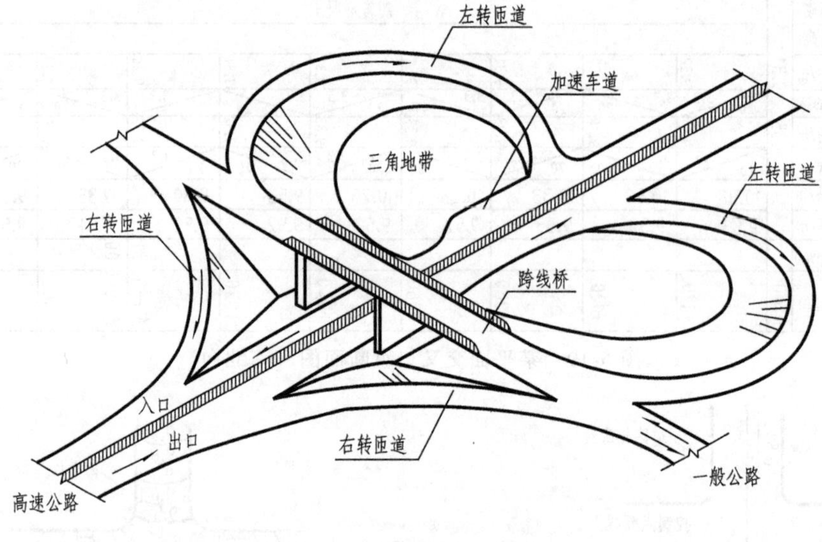


图 6-21　立体交叉口的组成

**2. 立体交叉口的图示方法**

1）平面设计与交通组织图。平面设计与交通组织图表示立体交叉口的平面设计形式、道路各组成部分的位置、地形地物、相关的附属构筑物及道路的交通组织形式。

2）纵断面图。纵断面图包括主线、被交道路、匝道纵断面图。其表达方法同道路纵断面图，图示内容包括图样部分和测试数据表。

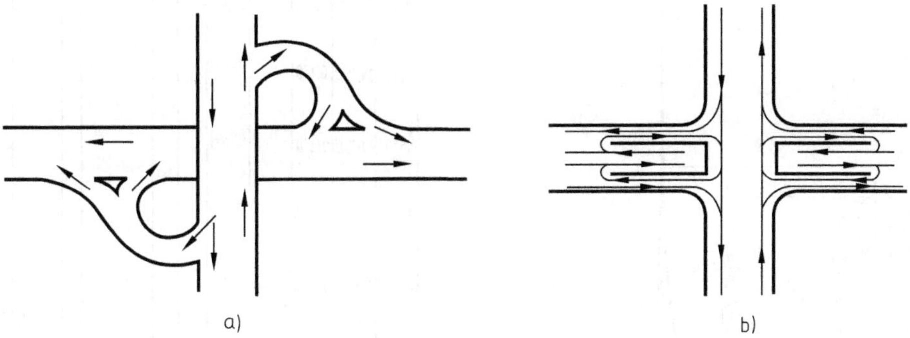


图6-22 立体交叉口基本形式

a）上跨式 b）下穿式

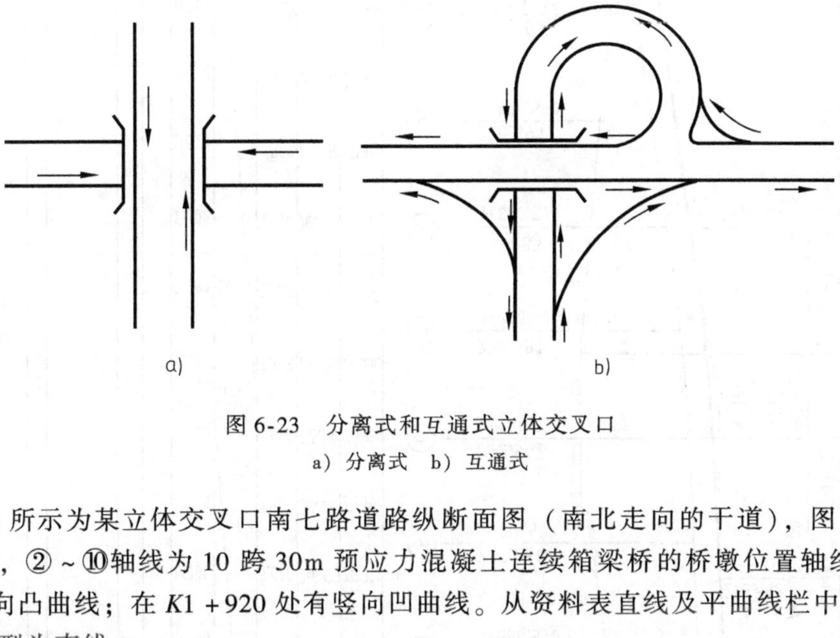


图6-23 分离式和互通式立体交叉口

a）分离式 b）互通式

图6-24所示为某立体交叉口南七路道路纵断面图（南北走向的干道），图中粗实线为路面设计线，②～⑩轴线为10跨30m预应力混凝土连续箱梁桥的桥墩位置轴线。在K1+750处有竖向凸曲线；在K1+920处有竖向凹曲线。从资料表直线及平曲线栏中可知，该桥梁的平面线型为直线。

3）横断面图。横断面图主要表达桥孔宽度、桥面横坡等内容。

图6-25所示为某立体交叉干道标准横断面图。由图可知这是两块板断面，车行道宽1m，人行道宽5m，路缘带宽0.5m，绿化带宽3.5m，行车道路面铺设与人行道路面铺设均采用了分层标注的形式。车行道横坡为1.5%，人行道横坡为2.0%。

4）竖向设计图。它是在平面图上绘出设计等高线，以表示整个立体交叉的高度变化情况，从而决定排水方向及雨水口的设置。

5）鸟瞰图。鸟瞰图就是立体交叉的透视图，如图6-26所示。图中可直观表达交叉口概貌，供设计审查和方案比较使用。

6）附属设计图。附属设计图包括跨线桥桥型布置图、路面结构图、管线及附属设施设计图等。

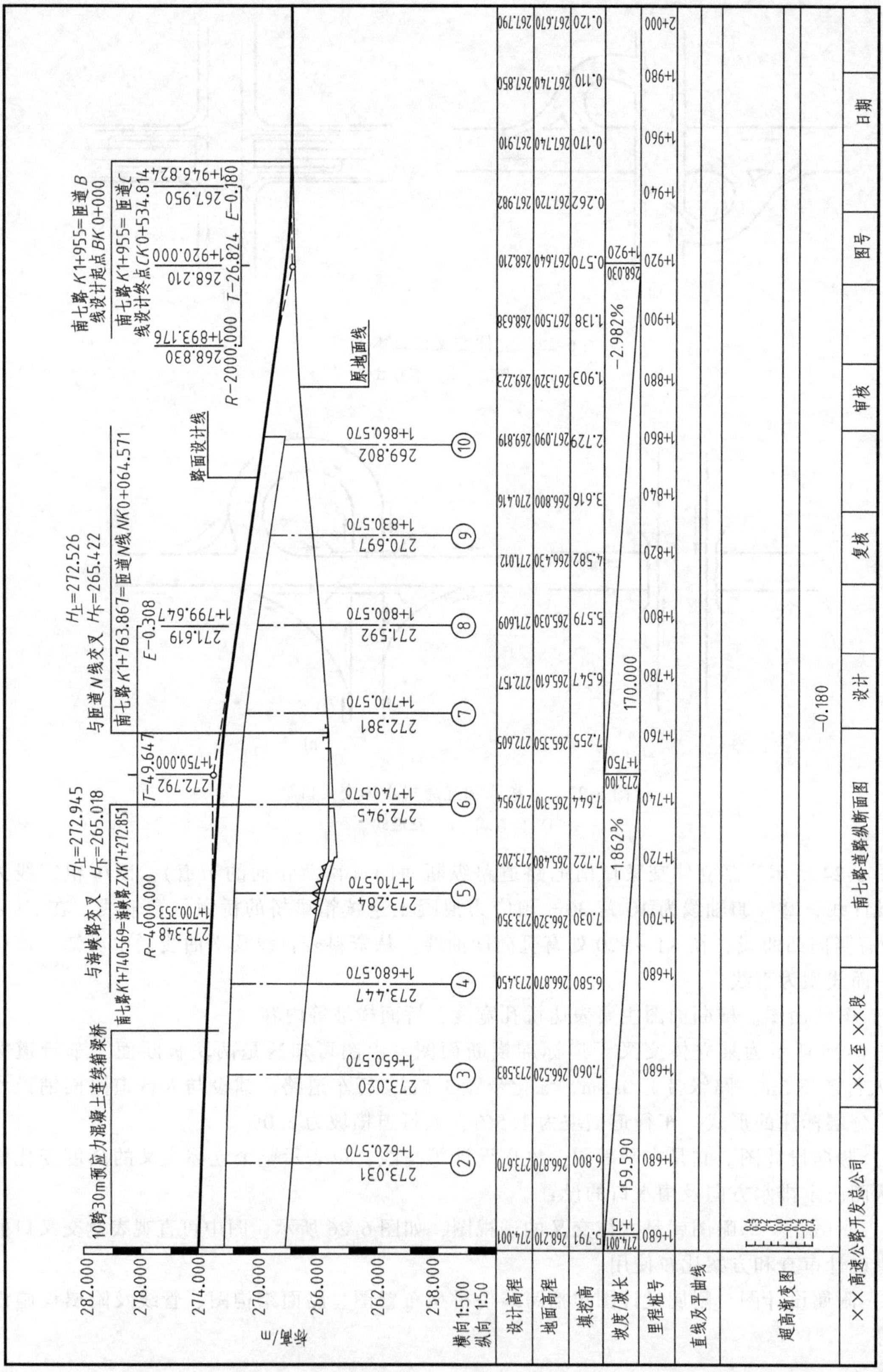


图 6-24 城市道路立体交叉纵断面图

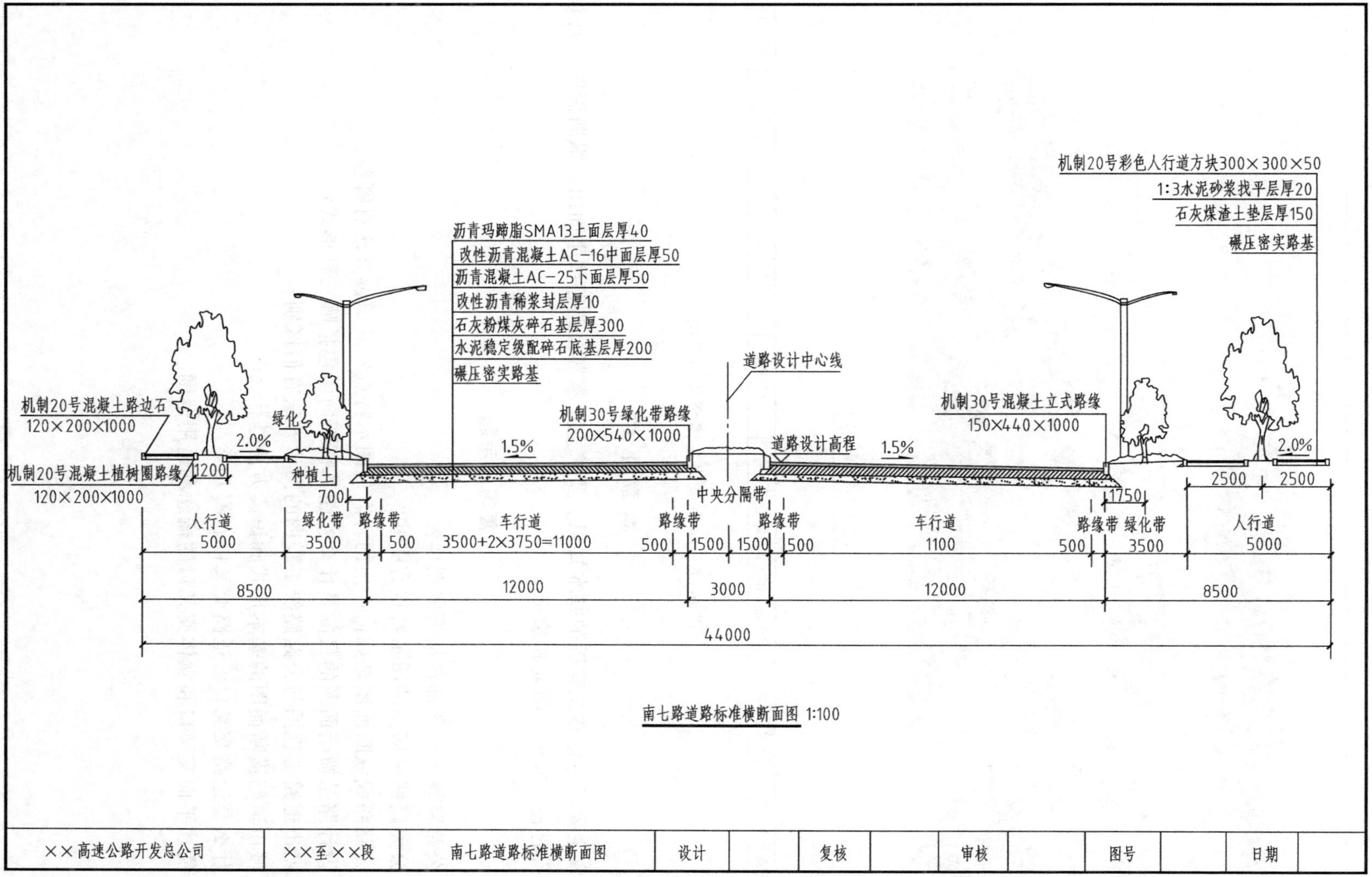


图 6-25　城市道路立体交叉干道横断面图

图6-26　城市道路立体交叉鸟瞰图

## 本章小结

本章主要学习道路工程图的基本知识。要求重点掌握公路路线平面图、纵断面图、路基横断面图的表示方法、阅读和绘制。

## 复习思考题

1. 公路路线工程图都包括哪些图样？
2. 公路路线平面图的图示特点有哪些？
3. 公路路线纵断面图是如何产生的？有何图示特点？其识读方法有哪些？
4. 设计路基横断面图的目的是什么？路基横断面图包括哪三种形式？
5. 城市道路工程图与公路路线工程图的图示方法有何区别？
6. 城市道路横断面图的基本形式和识读方法是什么？
7. 什么是道路交叉口？道路交叉口有哪几类？
8. 简述平面交叉口和立体交叉口的概念和适用范围。

# 第 7 章

# 桥梁、隧道、涵洞工程图

桥梁、隧道、涵洞等是道路工程中常见的工程构筑物，由于其结构复杂，形状独特，在工程图样中有着各自不同的图示特点。

## 7.1 桥梁工程图

### 7.1.1 概述

桥梁是人类借以跨越江河、湖海、峡谷等障碍，保证车辆行驶和宣泄水流，并考虑船只通航的工程构筑物。

**1. 桥梁的组成**

桥梁的结构形式多样，但基本都是由上部结构、下部结构和附属结构三部分组成的。桥梁的基本组成如图 7-1 所示。

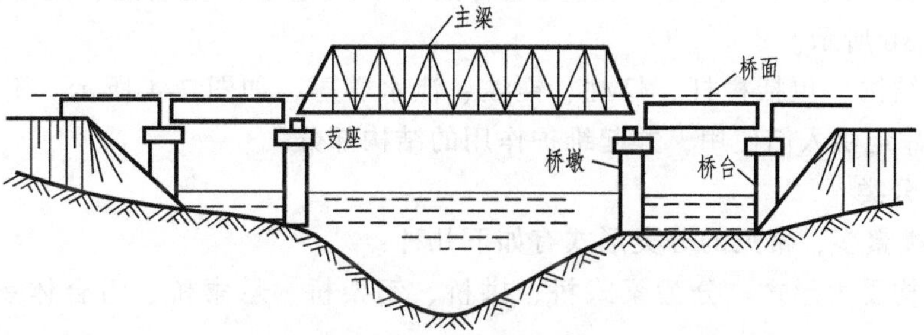


图 7-1 桥梁的基本组成

(1) 上部结构 上部结构由桥跨结构和支座系统组成。桥跨结构是位于支座以上，在线路中断时跨越障碍物的主要承重结构。它的主要作用是承受其上桥面荷载和交通荷载。桥跨结构包括主梁（梁桥）、主拱圈（拱桥）、主塔和索（斜拉桥）、桥面系等，如图 7-2 所示。支座系统是设置在桥梁上下结构之间的传力和连接装置。其作用是把上部结构的各种荷载传递到墩台上，并适应活荷载、温度变化、混凝土收缩和徐变等因素所产生的位移，使桥梁的实际受力情况符合结构计算图示。支座系统一般分为固定支座和活动支座。

(2) 下部结构 下部结构包括桥墩、桥台、立柱、墩台基础等，如图 7-2 所示。下部结构是用来支撑上部结构，并把上部结构所承受的车辆和人群等活荷载安全、可靠地传至地基的构筑物。桥墩和桥台是在河中或岸上支撑两侧桥跨上部结构的构筑物。桥台

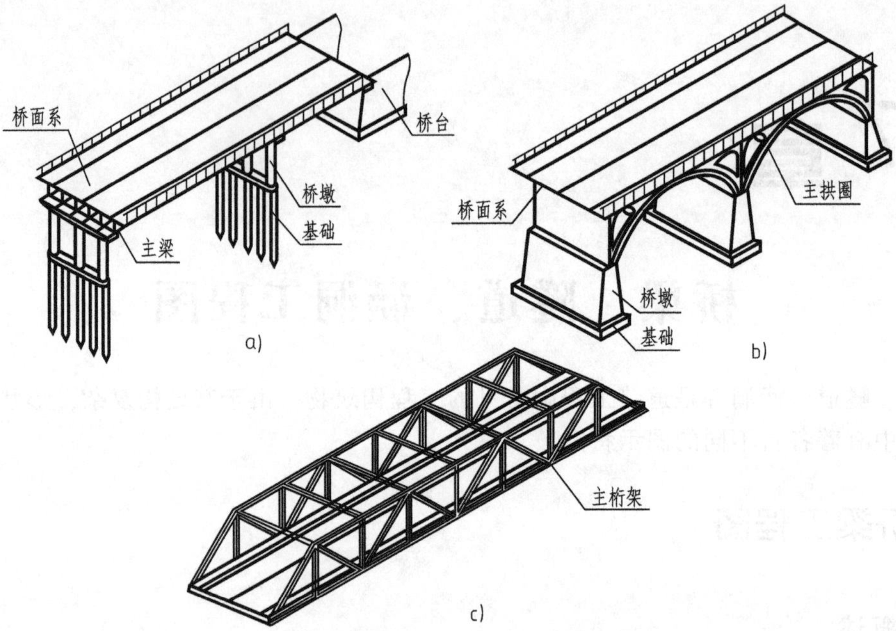


图 7-2 常见桥跨结构示例
a）梁式桥 b）拱桥 c）桁架梁桥

通常设置在桥的两端，主要起支撑桥跨结构、衔接桥梁和路堤、抵御路堤土压力、防止路堤填土的滑坡和塌落的作用。墩台基础是保证桥梁墩台安全并将荷载传至地基的结构部分。常见桥台类型包括八字翼墙式、U 形式、埋置式、耳墙式等，如图 7-3a 所示；常见桥墩类型有实体式、柱式等，基础类型有刚性扩大基础、桩基础、沉井基础、沉箱基础等，如图 7-3b 所示。

（3）附属结构　包括栏杆、灯柱、锥坡、泄水管等，如图 7-4 所示。附属结构是保证桥梁安全、可靠地供人们使用，并起维护作用的结构部分。

**2. 桥梁的分类**

桥梁的种类繁多，常见的分类形式有如下几种：

（1）按结构受力形式　分为梁式桥、拱桥、钢架桥、悬索桥、组合体系桥（斜拉桥）五种基本类型。

1）梁式桥：其上部结构在竖向荷载作用下，支点只产生竖向反力，主要承重构件为梁（或板），主要承受弯矩，属于受弯构件。梁式桥包括简支梁桥、悬臂梁桥、连续梁桥等。梁式桥为桥梁的基本体系之一，其制造和架设均比较方便，使用广泛，在桥梁建筑中占有很大比例。

2）拱桥：其上部结构在竖向荷载作用下，通过拱圈将力传给地基，主要承重构件为拱圈，主要承受压力和弯矩，属于受压构件。

3）钢架桥：其梁（或板）与立柱（或竖墙）连接为整体的桁架结构，在竖向力作用下，梁部受弯柱脚产生水平推力，其受力状态介于梁桥与拱桥之间。

4）悬索桥：其承重结构是桥塔和悬挂于桥塔上的缆索、吊索、锚碇块等，主要承重构件是主缆，是受拉构件。

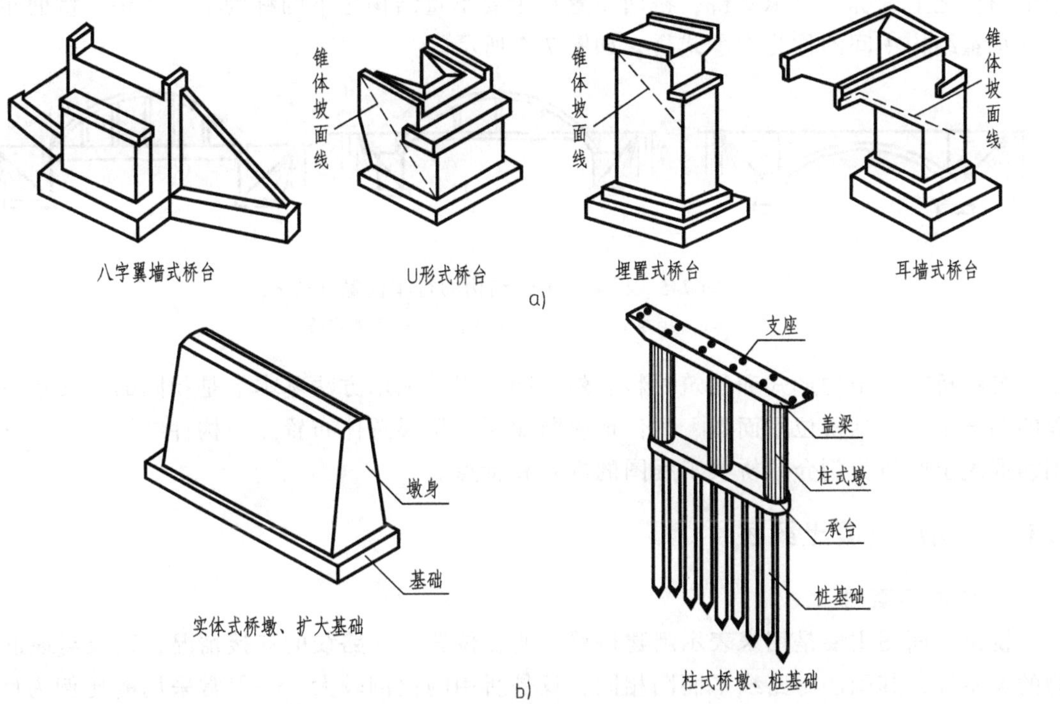


图 7-3　常见桥台、桥墩、基础类型示例

a）桥台　b）桥墩、基础

5）组合体系桥：是由不同体系组合而成的桥梁，组合体系的种类很多。其中，斜拉桥就是一种典型的索梁组合体系桥梁，由斜拉索、塔和主梁组成。

（2）按所用的建筑材料　分为木桥、圬工桥（包括砖、石、混凝土桥）、钢桥、钢筋混凝土桥、预应力钢筋混凝土桥、钢及钢筋混凝土组合构件桥。

（3）按桥梁全长和跨径的不同　分为特大桥、大桥、中桥、小桥，见表 7-1。

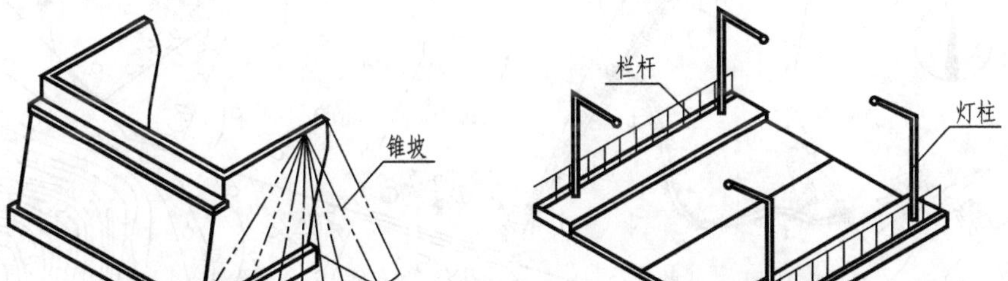


图 7-4　桥梁附属结构示例

**表 7-1　桥梁按全长和跨径分类**

| 桥梁分类 | 多孔跨径总长 $L$/m | 单孔跨径 $LK$/m | 桥梁分类 | 多孔跨径总长 $L$/m | 单孔跨径 $LK$/m |
|---|---|---|---|---|---|
| 特大桥 | $L>1000$ | $LK>150$ | 中桥 | $30<L<100$ | $20\leqslant LK<40$ |
| 大桥 | $1000\geqslant L\geqslant 100$ | $150\geqslant LK\geqslant 40$ | 小桥 | $8\leqslant L\leqslant 30$ | $5\leqslant LK<20$ |

（4）按上部结构的行车位置分为：上承式桥、下承式桥和中承式桥。桥面布置在主要

承重结构之上的称为上承式桥，桥面布置在主要承重结构之下的称为下乘式桥，桥面布置在主要承重结构中间的称为中承式桥，如图 7-5 所示。

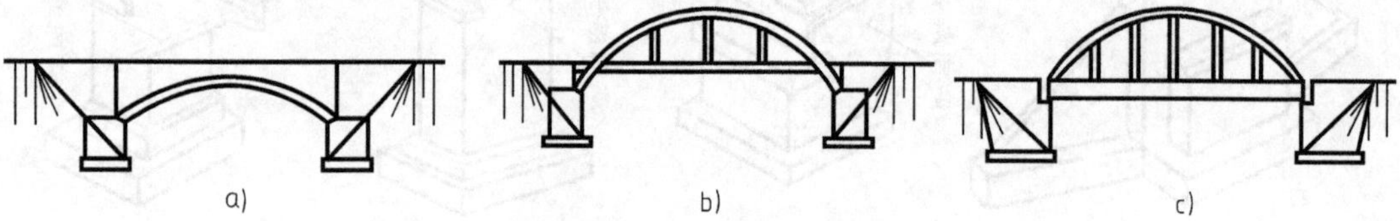


图 7-5　桥梁按上部结构的行车位置分类

a）上承式桥　b）中承式桥　c）下乘式桥

各种桥梁的结构形式和建筑材料虽然不同，但其图示方法基本上是相同的。表示桥梁工程的图样主要包括桥位平面图、桥位地质断面图、桥梁总体布置图、构件结构图等。下面以钢筋混凝土梁桥为例介绍桥梁工程图的内容和特点。

## 7.1.2　钢筋混凝土梁桥

### 1. 桥位平面图

桥位平面图主要是用来表示新建桥梁的所在位置，与路线的连接情况，以及与地形、地物的关系等，其画法与路线平面图相同，只是所用的比例较大，一般常采用的比例为1:500、1:1000、1:2000 等。在桥位平面图中，通过地形测量绘出桥位处的道路、河流、水准点、钻孔及附近的地形和地物，以便作为桥梁设计、施工定位的依据。

图 7-6 所示为某桥梁的桥位平面图，图中用粗实线表示路线平面形状，桥梁跨越在清水河之上，与道路相连。在桥梁的两端有两个水准点 *BM*1 和 *BM*2，高程分别为 5.10m 和 8.25m；在新建桥梁的中心部位标注了里程桩号 0 + 738.00，在桥的一侧标注了三个钻孔（*ZK*1、*ZK*2、*ZK*3）的平面位置。道路桥梁附近的地形用等高线表示，地物用图例表示，图中有房屋、原有木桥、小路、水塘以及草地和果树等植被。

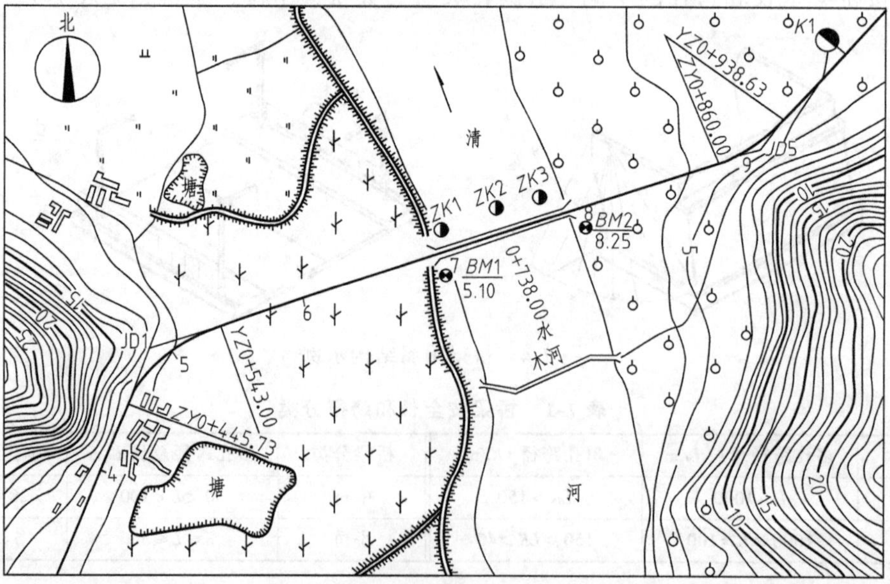


图 7-6　桥位平面图

桥位平面图中用指北针表示方向，植被、水准符号等均应以正北方向为准，而图中文字方向则可按路线要求及总图标方向来确定。

**2. 桥位地质断面图**

桥位地质断面图是根据水文调查和地质钻探所得的资料绘制的河床地质断面图，表示桥梁所在位置的地质水文情况，包括河床断面线（用粗实线绘制）、最高水位线、常水位线和最低水位线，钻孔的位置、间距、孔口标高和钻孔深度，土壤的分层（用细实线绘制）等，以便作为设计桥梁、桥台、桥墩和施工时计算土石方工程数量的依据。小型桥梁可不绘制桥位地质断面图，但应写出地质情况说明。地质断面图为了显示地质和河床深度变化情况，特意将纵向（地形高度）比例较横向比例放大数倍画出，高度方向常用比例为 1:100～1:500，水平方向为 1:500～1:2000。

如图 7-7 所示，地形高度的比例采用 1:200，水平方向比例采用 1:500。图中包括图样和资料表两部分：图样部分表明了河床的断面线，包括洪水位、常水位和最低水位，同时还标注了与桥位平面相配合的地质钻孔和钻孔在水下河床的岩层分布线；资料表部分除表明钻孔处的孔口标高、钻孔深度外，还表明了钻孔间距。如 $ZK1\,\dfrac{1.15}{15.0}$ 表示 1 号钻孔的地面高程为 1.15m，钻孔深度为 15m，沿深度方向土质依次为黄黏土、淤泥质亚黏土、暗绿色黏土等。

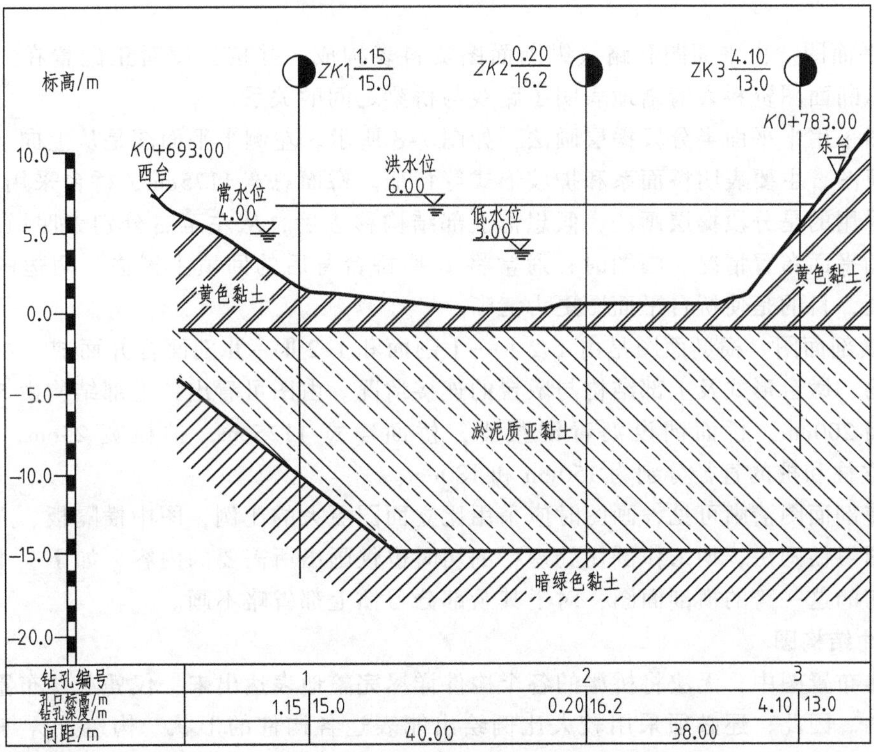


| 钻孔编号 | 1 | | 2 | | 3 | |
|---|---|---|---|---|---|---|
| 孔口标高/m 钻孔深度/m | 1.15 | 15.0 | 0.20 | 16.2 | 4.10 | 13.0 |
| 间距/m | 40.00 | | 38.00 | | | |

图 7-7　桥位地质断面图

**3. 桥梁总体布置图**

桥梁总体布置图是表达桥梁上部结构、下部结构和附属结构三部分组成情况的总图，主要表明桥梁的形式、跨径、孔数、总体尺寸，各主要构件的相互位置关系，桥梁各部分的标高、材料数量以及总的技术说明等，作为施工时确定墩台位置、安装构件和控制标高的依据。桥梁总体布置图一般由立面图、平面图和横剖面图组成，常采用1:50~1:500的绘图比例，横剖面图可较立面图放大1~2倍画出。

图7-8所示是一座总长为16600cm的预应力混凝土简支T形梁桥的总体布置图，其中立面图和平面图比例采用1:500，横剖面图采用1:100。

（1）立面图　桥梁一般是左右对称的，所以立面图常采用半立面和半纵剖面图的合成图，主要反映桥梁的特征。全桥共5孔，每孔跨径为3000cm，桥台长800cm，桥梁总长16600cm，中心里程桩号为$K185+155.00$。因绘图比例较小，人行道和栏杆在图中未表示出来。

桥梁上部结构为预应力混凝土简支T形梁，桥面纵向设有1.14%的单向纵坡，在半剖面图中，T形梁及横隔板要画出剖面线。立面图的左侧设有高度标尺，供绘图时参照，也便于对照各部分标高尺寸进行读图和校核。

桥梁下部结构中两岸桥台均为重力式U形桥台，河中间采用4个单排双柱式钢筋混凝土桥墩，它由立柱、横系梁和基桩共同组成。

立面图中还表明了河床水文地质状况。根据标高尺寸可以知道桩和桥台基础的埋置深度，梁底、桥台、桥墩、桩尖等处的高程，以及设计水位。墩台地质钻探结果在图上可用地质柱状图表示地层的土质和深度。由于混凝土桩埋置深度较大，为了节省图幅，采用折断画法。

（2）平面图　由平面图和路线纵断面图资料表构成，并按长度对正配置在立面图的下方，路线纵断面图资料表清晰地表明了路线与桥梁之间的关系。

平面图采用半平面半分段揭层画法，如图7-8所示。左侧半平面图是从上向下投影得到的桥面俯视图，主要表明桥面系和护坡形式等特征。桥面总宽1175cm，桥台采用锥形护坡。右半部分采用的是分段揭层画法，假想把上部结构移去后，从左至右分别表明墩柱与系梁、桩及桥台的平面布置情况。画图时，通常将U形桥台背后的回填土揭去，两边的锥形护坡也省略不画，目的是使桥台平面图更为清晰。

（3）横剖面图　横剖面图是由1/2Ⅰ—Ⅰ剖面和1/2Ⅱ—Ⅱ剖面合并而成，主要表明桥梁上部结构、墩台形式及上部结构与墩台的连接情况。由图可看出，上部结构由5片T形梁组成，梁高200cm，桥面铺设沥青混凝土，桥面净宽1125cm，护栏宽25cm，桥面总宽1175cm。立柱和桩的直径分别为150cm和180cm。

为了使剖面图清晰可见，画图时应采用比立面图更大的比例，图中横隔板、立柱和桩采用道路制图习惯画法，均未作剖切处理；剖切时也仅画出所需要的内容，如Ⅰ—Ⅰ剖面只画出了所剖切的这一跨的横剖面图，对于其余部分习惯上都省略不画。

**4. 构件结构图**

在总体布置图中，无法将桥梁的各个构件详尽完整地表达出来，仅凭总体布置图是不能进行施工的。因此，还必须采用较大比例绘出能表达各构件的形状、构造及详细尺寸的图样，这种图称为构件结构图或构件图，也称详图，如桥台图、桥墩图、主梁图和护栏图等。常用比例为1:10~1:50。

（1）桥台图　桥台是桥梁的下部结构，一方面支撑梁，另一方面承受桥头路堤填土的水平推力，防止路堤填土的滑坡和塌落。桥台大体上可分为重力式和轻型式两大类。

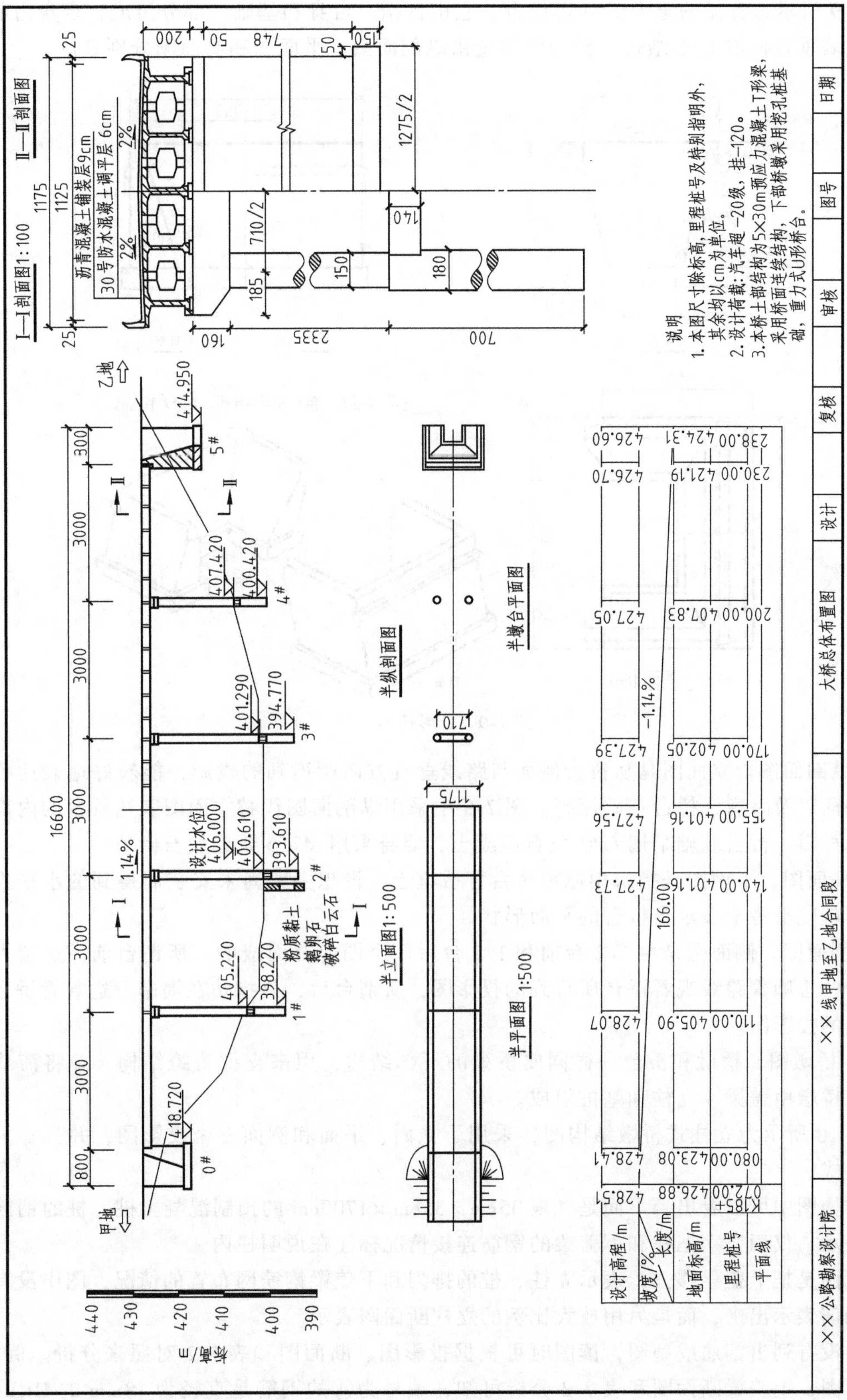
Ⅰ—Ⅰ剖面图1:100
Ⅱ—Ⅱ剖面图
沥青混凝土铺装层9cm
30号防水混凝土调平层6cm
2%
1175
1125
200
50
748
150
1275/2
710/2
140
185
150
180
160
2335
700
25
说明
1. 本图尺寸除标高，里程桩号及特别指明外，其余均以cm为单位。
2. 设计荷载：汽车超−20级，挂−120。
3. 本桥上部结构为5×30m预应力混凝土T形梁，采用桥面连续结构，下部桥墩采用挖孔桩基础，重力式U形桥台。
甲地
乙地
16600
800
3000
300
0#
1#
2#
3#
4#
5#
418.720
405.220
398.220
设计水位
406.000
400.610
393.610
401.290
394.770
407.420
400.420
414.950
1.14%
粉质黏土
鹅卵石
破碎白云石
半立面图1:500
半纵剖面图
半墩台平面图
半平面图1:500
1175
170
标高/m
440
430
420
410
400
390
设计高程/m
坡度/% 长度/m
地面标高/m
里程桩号
平面线
428.51
426.88
K185+072.00
428.41
423.08
080.00
428.07
405.90
110.00
427.73
401.16
140.00
427.56
401.16
155.00
427.39
402.05
170.00
427.05
407.83
200.00
426.70
421.19
230.00
426.60
424.31
238.00
−1.14%
166.00
××公路勘察设计院
××线甲地至乙地合同段
大桥总体布置图
设计
复核
审核
图号
日期

图 7-8　桥梁总体布置图

图 7-9 所示为常见的重力式 U 形桥台，它由台帽、台身和基础三部分组成，台身由前墙和两道侧墙垂直构成 U 形结构。桥台的构造由纵剖面图、平面图和侧面图分别表达。

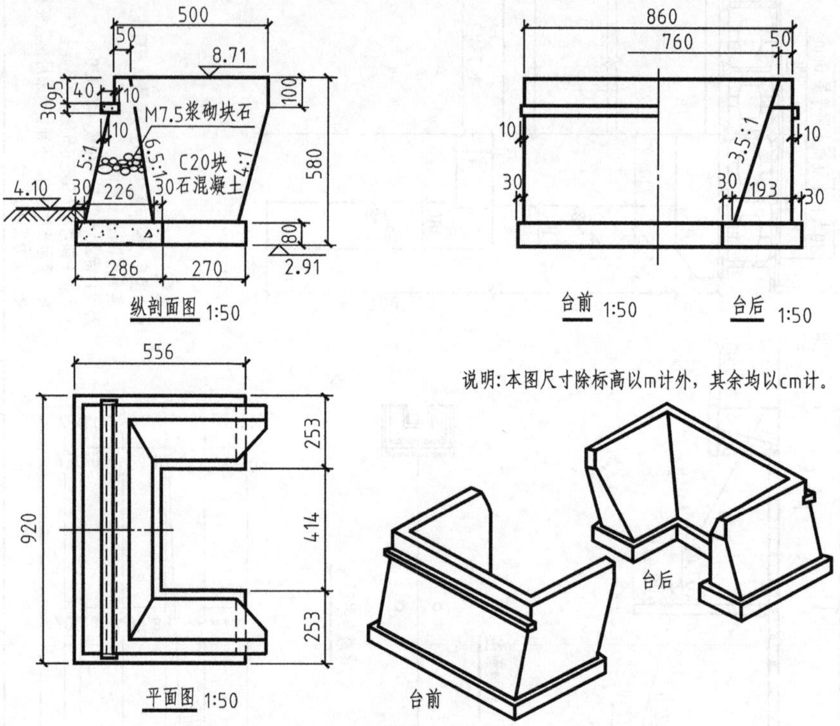


图 7-9　U 形桥台

1）纵剖面图。立面图是从桥台侧面与路线垂直方向所得到的投影，能较好地表达桥台的外形特征以及路肩、桥台基础标高。图 7-9 中采用纵剖面图代替立面图表达桥台的内部构造和建筑材料，桥台基础采用 C20 块石混凝土，墙身采用 M7.5 浆砌块石砌筑。

2）平面图。平面图是指采用掀掉桥台背后填土、设想主梁尚未安装而得到的水平投影图，这样就能清楚地表示出桥台的平面形状。

3）侧面图。侧面图是由 1/2 台前和 1/2 台后两个图合并而成的。所谓台前，是指人站在河流的一边顺着路线观看桥台所得到的投影图；所谓台后，是指站在堤岸一边观看桥台背后所得到的投影图。

（2）桥墩图　桥墩和桥台一样同属桥梁的下部结构，用来支撑桥跨结构，并将荷载传给地基。桥墩由盖梁、立柱和基桩组成。

图 7-10 所示为立柱式桥墩结构图，采用了立面、平面和侧面三个投影图，并且都采用半剖视形式。

从结构图中可以看出，下面是九根 35cm × 35cm × 1700cm 的预制混凝土桩，桩的钢筋没有详细表示，仅用文字把柱和下盖梁的钢筋连接情况标注在说明栏内。

平面图是把上盖梁移去，表示立柱、桩的排列和下盖梁钢筋网布置的情况，图中没有把立柱的钢筋表示出来，而是另用放大比例的立柱断面图表示。

图中没有列出钢筋成型图，读图时可根据投影图、断面图和表 7-2 对照来分析。例如，对照立面图、上盖梁断面图和表 7-2 分析可知，编号为④的钢筋是直径为 18mm 的 HRB400

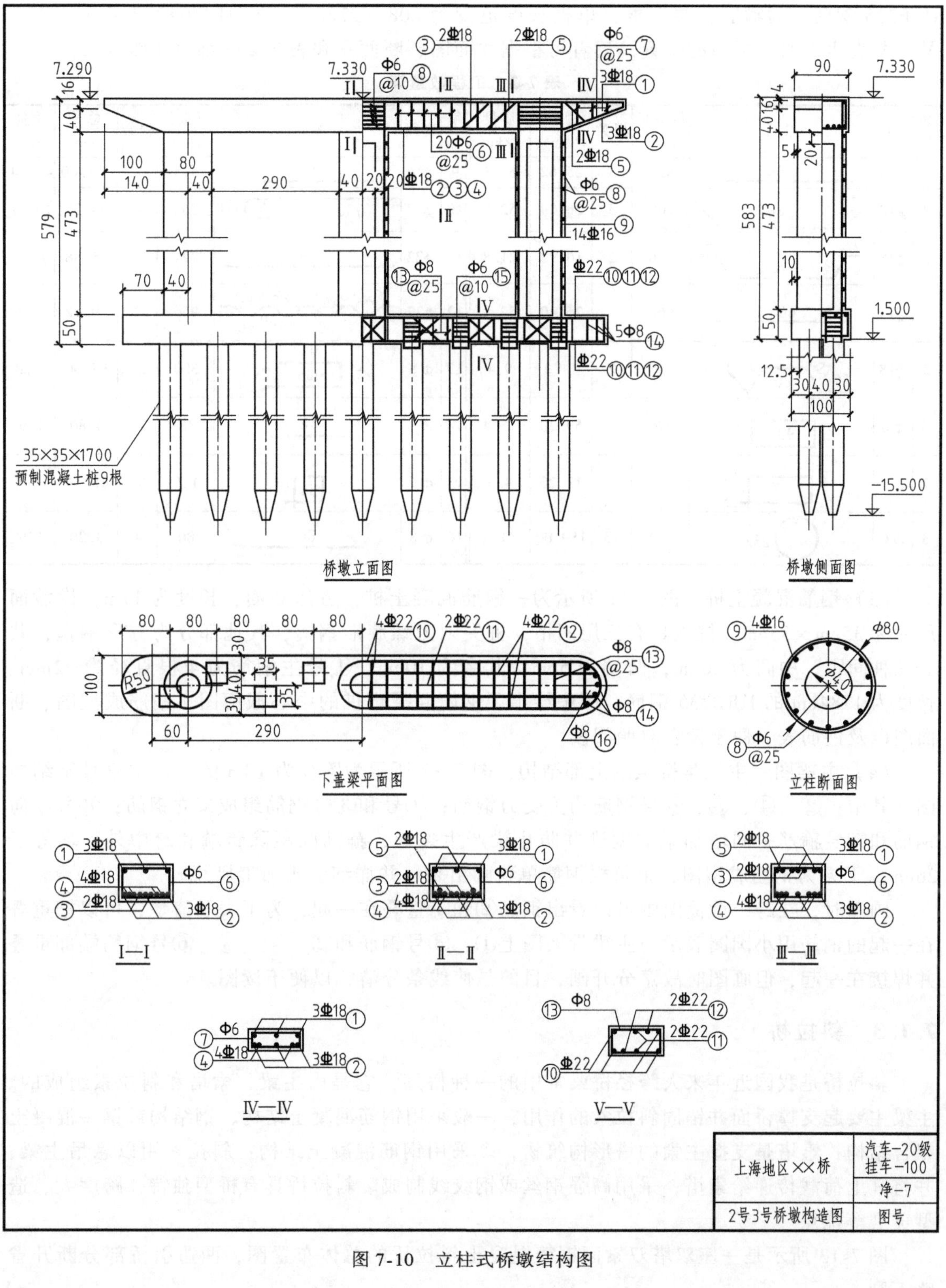


图 7-10　立柱式桥墩结构图

钢筋，为受力筋，共 4 根，每根长度为 660cm；又如编号为⑦的钢筋是直径为 6mm 的 HPB235 钢筋，为箍筋，共 8 根，单根长度范围为 208 ~ 272cm。立面图中给出了Ⅱ—Ⅱ ~ Ⅴ—Ⅴ表达了四个断面的位置，读者可根据立面图、断面图和表 7-2 仔细对照阅读。

**表 7-2 工程数量表**

| 编号 | 直径 | 略图 | 每根长 /cm | 根数 | 总长 /m | 质量 /kg | 编号 | 直径 | 略图 | 每根长 /cm | 根数 | 总长 /m | 质量 /kg |
|---|---|---|---|---|---|---|---|---|---|---|---|---|---|
| 1 | Φ18 | 854 | 854 | 3 | 25.62 | 51.3 | 9 | Φ16 | 575 | 575 | 42 | 261.00 | 412.4 |
| 2 | Φ18 | 104 660 104 | 868 | 3 | 26.04 | 52.0 | 10 | Φ22 | 700 20 148 | 868 | 4 | 34.72 | 104.1 |
| 3 | Φ18 | 51 60 324 60 51 | 546 | 2 | 10.92 | 21.8 | 11 | Φ22 | 794 | 794 | 2 | 15.88 | 47.6 |
| 4 | Φ18 | 660 | 660 | 4 | 26.40 | 52.8 | 12 | Φ22 | 90 53 53 50 53 53 50 53 53 50 53 53 50 50 50 50 91 | 956 | 2 | 19.12 | 57.5 |
| 5 | Φ18 | 20 60 80 55 20 | 235 | 2 | 4.70 | 9.4 | 13 | φ8 | 95 45 105 55 | 300 | 29 | 87.00 | 34.3 |
| 6 | φ6 | 85 55 93 63 | 296 | 20 | 59.20 | 15.4 | 14 | φ8 | 48 | 48 | 10 | 4.80 | 1.9 |
| 7 | φ6 | 85 11~43 93 19~51 | 208 ~ 272 | 8 | 19.20 | 4.3 | 15 | φ6 | 30 25 38 33 | 126 | 36 | 45.36 | 10.4 |
| 8 | φ6 | 252 | 252 | 75 | 189.00 | 31.8 | 16 | φ8 | 80 | 80 | 4 | 3.20 | 126 |

（3）钢筋混凝土桩　图 7-11 所示为一钢筋混凝土桩，方形断面，长度为 17m，横截面尺寸为 35cm × 35cm。桩顶具有三层网格，桩尖则为螺旋形钢箍，其他部分为方形钢箍，共分三种间距，中间为 30cm，两端为 5cm，其余为 10cm。①号主钢筋为 4 根直径为 22mm、长度为 1784cm 的 HRB335 钢筋。图中绘出了钢筋混凝土桩的中心截面图、钢筋成型图、断面图以及钢筋表，便于读者对照阅读。

（4）主梁图　主梁是桥梁的上部结构，图 7-12 所示为跨径为 10m 的一片主梁骨架结构图，其中：②、④、⑤、⑥号钢筋均为受力钢筋；①号和③号钢筋组成架立钢筋；⑧号纵向钢筋和⑦号箍筋一同增加梁的刚度并防止梁产生裂缝，箍筋间距除跨端和跨中外，均等于 26cm。下方为钢筋成型图，把每根钢筋单独画出来，并详细注明加工尺寸。

画图时，在跨中截面图中可以看出钢筋②和①重叠在一起，为了表示清楚，可以把重叠在一起的钢筋用小圆圈表示。主梁骨架图上①、③号钢筋和②、④、⑤、⑥号钢筋端部重叠并焊接在一起，但画图时故意分开画，目的是使线条分清，以便于读图。

### 7.1.3 斜拉桥

斜拉桥是我国近年来大跨径桥梁常用的一种桥型，它是由主梁、索塔和斜拉索组成的。主梁主要起支撑桥面并锚固斜拉索的作用，一般采用钢筋混凝土结构、钢结构或钢—混凝土组合结构；索塔是支撑主索的塔形构筑物，多采用钢筋混凝土结构；斜拉索用以悬吊主梁，并将其上荷载传递给索塔，采用高强钢丝或钢绞线制成。斜拉桥具有桥型独特、跨度大、造型美观等优点。

图 7-13 所示是一座双塔双索面钢筋混凝土斜拉桥的总体布置图，两边引桥部分断开省略不画。

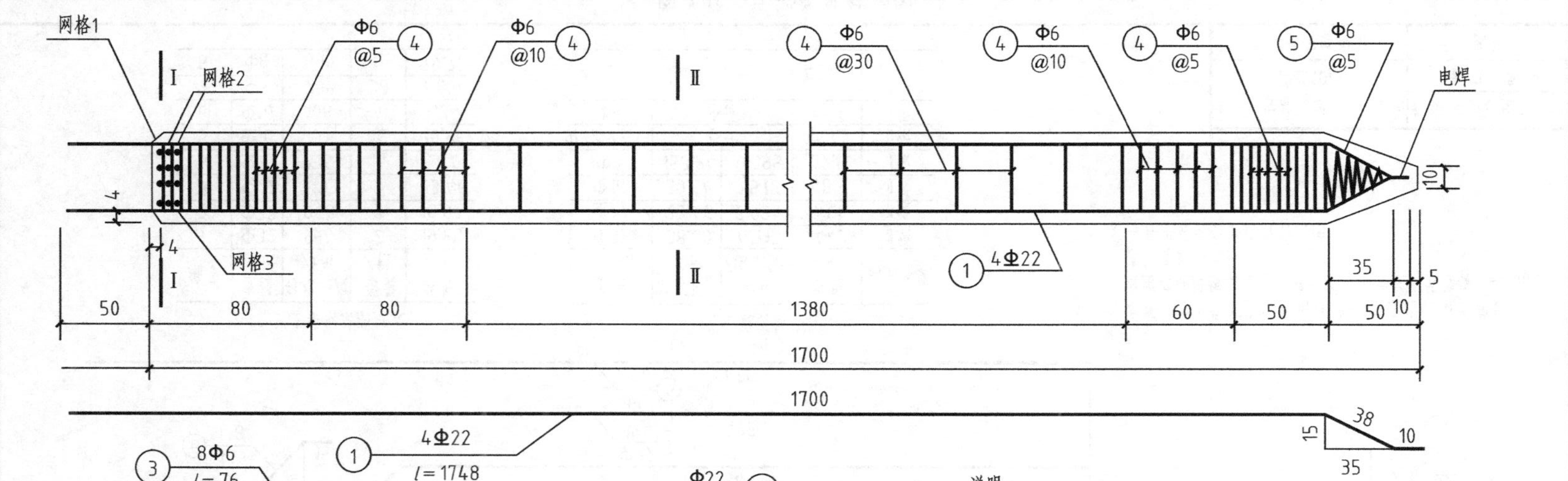


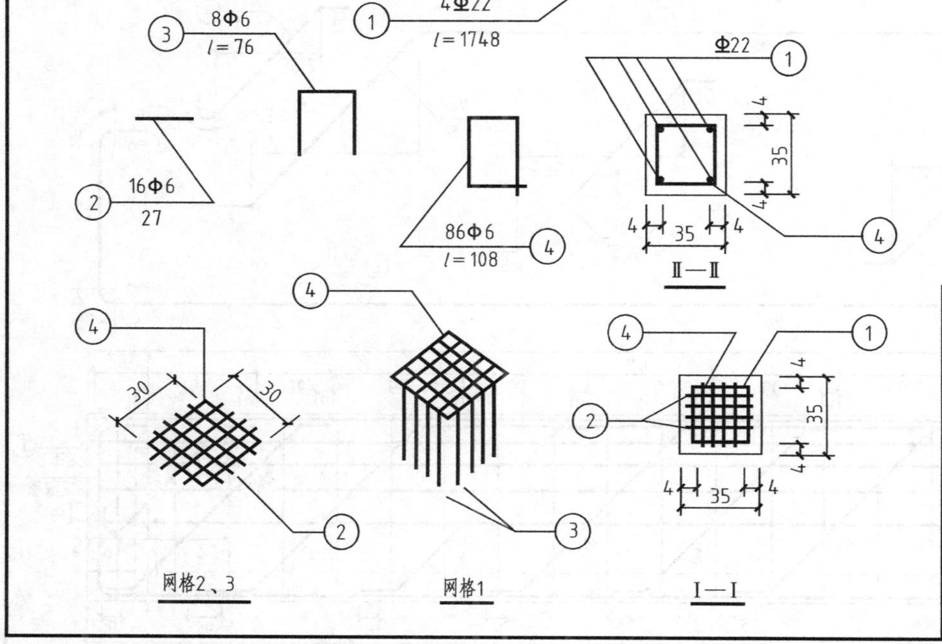


说明：

1. 图中尺寸除钢筋直径以mm为单位外，其余均以cm为单位 。
2. 主筋保护层为5cm。

| 编号 | 钢筋示意图 | 直径 | 长度/m | 数量 | 每米重量/(kg/m) | 总重量/kg |
|---|---|---|---|---|---|---|
| 1 | | Φ22 | 17.48 | 4 | 2.984 | 209.6 |
| 2 | | Φ6 | 0.27 | 16 | 0.222 | 1.0 |
| 3 | | Φ6 | 0.76 | 8 | 0.222 | 1.3 |
| 4 | | Φ6 | 1.08 | 86 | 0.222 | 20.6 |
| 5 | | Φ6 | 4.71 | 1 | 0.222 | 1 |

图 7-11　钢筋混凝土桩结构图

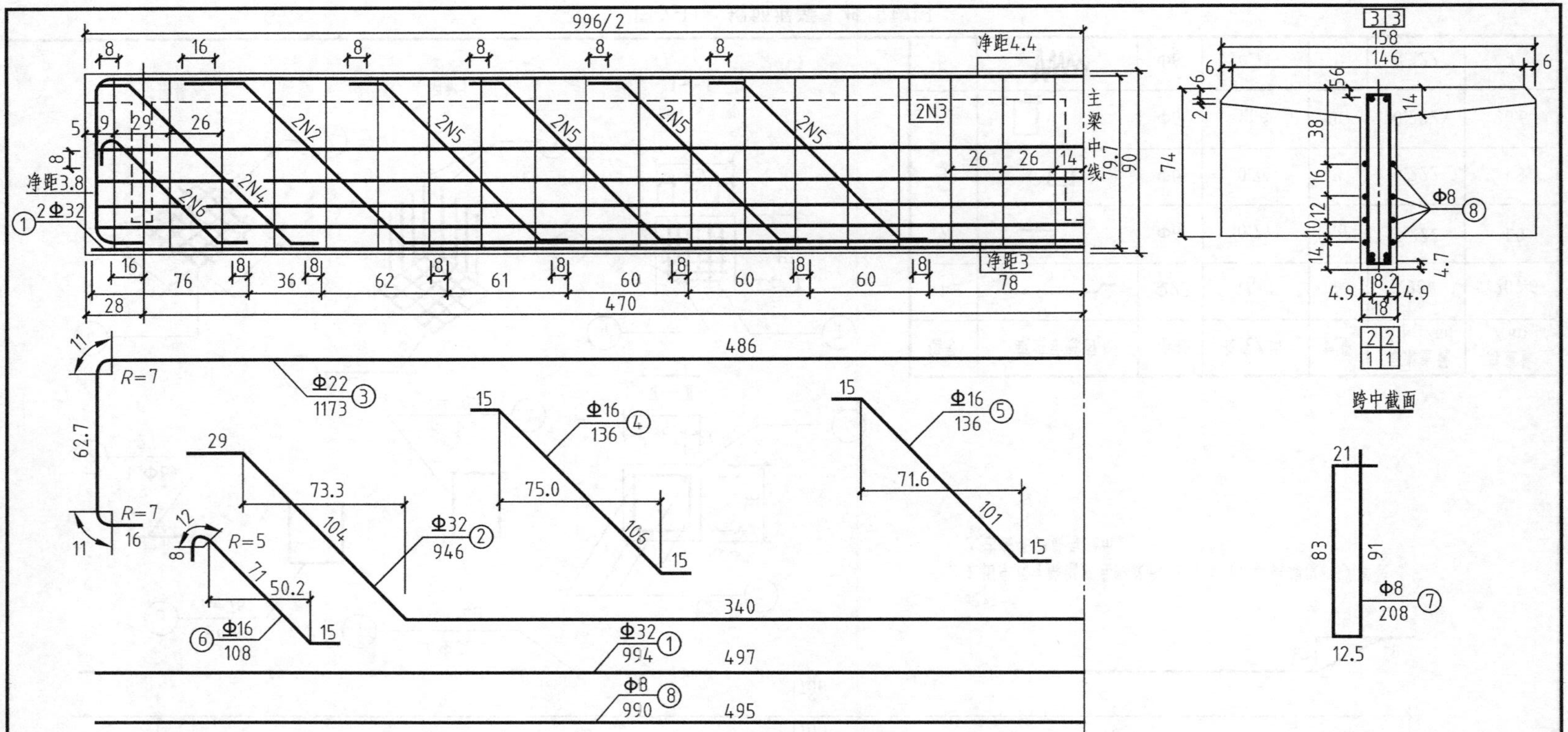


说明：

1. 本图尺寸除钢筋直径以mm计外，其余均以cm为单位。
2. 本图钢筋焊缝均为手工双面焊，一片主梁的焊缝 $\delta=4\text{mm}$，总长度为13.4m。
3. 一片平面骨架的质量为0.18t。

一片主梁钢筋明细表

| 编号 | 直径 /mm | 每根长度 /cm | 数量 /根 | 共长 /m |
|---|---|---|---|---|
| 1 | Φ32 | 994 | 2 | 19.88 |
| 2 | Φ32 | 946 | 2 | 18.92 |
| 3 | Φ22 | 1173 | 2 | 23.46 |
| 4 | Φ16 | 136 | 14 | 5.44 |
| 5 | Φ16 | 131 | 16 | 20.96 |
| 6 | Φ16 | 106 | 4 | 4.24 |
| 7 | Φ8 | 208 | 38 | 79.04 |
| 8 | Φ8 | 990 | 8 | 79.20 |

一片主梁钢筋总表

| 直径 /mm | 总长 /m | 单位 /(kg/m) | 共重 /kg | 钢筋等级 |
|---|---|---|---|---|
| Φ32 | 38.80 | 6.313 | 244.9 | Ⅱ级 |
| Φ22 | 23.46 | 2.984 | 70.0 | Ⅱ级 |
| Φ16 | 30.64 | 1.578 | 48.3 | Ⅱ级 |
| Φ8 | 158.24 | 0.395 | 62.5 | Ⅰ级 |
| Φ32、22、16 | 小计 | | 363.2 | Ⅱ级 |
| Φ8 | 小计 | | 62.5 | Ⅰ级 |
| 总计 | | | 424.7 | |

| | |
|---|---|
| 装配式钢筋混凝土T形梁桥 跨径10m | 汽车-20级 挂车-100 净-7 净-9 |
| 主梁骨架结构图 | 图号 |

图 7-12 主梁骨架结构图

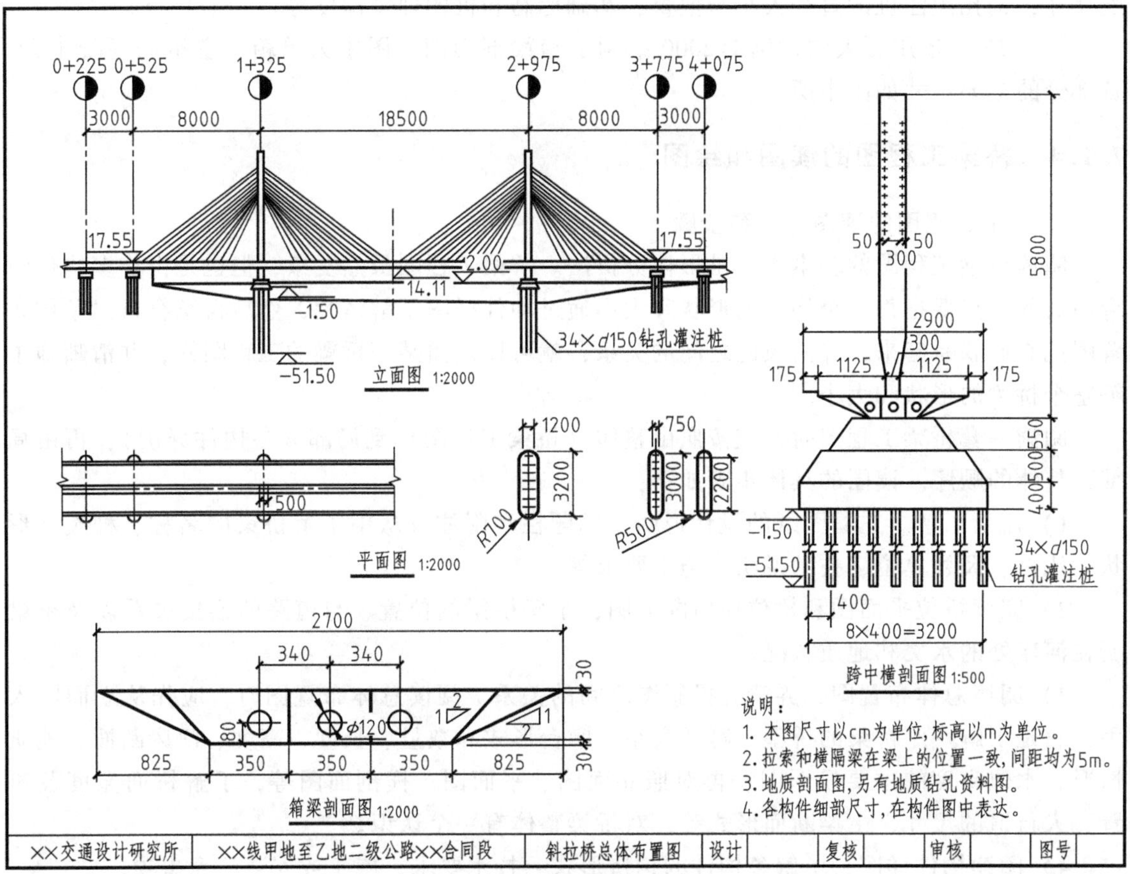


图 7-13　斜拉桥总体布置图

**1. 立面图**

斜拉桥主跨为 185m，两侧边跨各 80m，桥总长 345m，采用 1∶2000 的较小比例绘制，故仅概括地表达桥梁结构的主要外形轮廓，而未画剖视符号。梁高用两条粗实线表示，上加细实线表示桥面（图缩尺后不够清晰），横隔梁、人行道、护栏都省略不画。

主跨的下部结构由承台和钻孔灌注桩构成，承台与主塔固结成一体，使荷载能稳妥地传递到地基上。立面图还反映了河床的断面轮廓，桥面中心，以及桩基础的埋置深度、梁底、通航水位的标高尺寸。

**2. 平面图**

与立面图采用相同的比例 1∶2000，以中心线为界，左边画外形，显示桥面、人行道、塔柱断面轮廓形状；右边则是将桥的上部揭去，显示桥墩的平面布置情况，以及桥墩承台的外形轮廓和桩的平面布置情况。

**3. 横剖面图**

横剖面图常采用较大的比例绘制，图中所示的跨中横剖面图采用 1∶500 的比例。由跨中横剖面图可以看出：桥的上部结构显示了箱梁的断面形状和横隔梁的形状，桥面总宽共 29m，两侧人行道连同护栏宽 1.75m，车行道宽 11.25m，中央分隔带宽 3m，塔柱高 58m，还显示了拉索在塔柱上的分布情况与尺寸；桥的下部结构显示了桥墩承台、基础的形状和高度尺寸，钻孔灌注桩的直径大小与数量，基础标高和桩的埋置深度等。

图 7-13 中还用更大的比例 1:2000 绘制了箱梁剖面图，图中为单箱三室钢筋混凝土梁，各部分的主要尺寸如图中所示。

### 7.1.4 桥梁工程图的读图和绘图

**1. 桥梁工程图的读图方法和步骤**

阅读桥梁工程图的基本方法是形体分析法。桥梁工程图虽然复杂，但也是由许多构件组合而成的，只要把每一个构件的形状和大小通过构件详图了解清楚，然后再结合桥梁总体布置图把它们联系起来，弄清彼此之间的关系，就可以读懂某一桥梁的工程图样，并清晰地了解整个桥梁的形状和大小。

阅读一套桥梁工程图时，应按照由整体（桥梁工程图）到局部（各构件详图），再由局部到整体的顺序。读图的具体步骤如下：

1）概括了解。先看图纸的设计说明、标题栏和附注，从中了解桥梁的名称、种类、形状、比例、尺寸单位、技术说明、施工要求等。

2）阅读桥位平面图和桥位地质断面图，了解桥梁的位置、与道路的连接关系以及桥梁所在河床处的水文和地质状况。

3）阅读总体布置图，弄清各投影图之间的关系。阅读总体布置图时，应先从立面图入手，它是了解一座桥梁的桥型、跨径大小、墩台形式和数量、长度、高度、河床断面、地质情况、水位高度的主要投影图；再对照立面图、平面图、横剖面图等，了解桥面宽度及布置、人行道的尺寸、主梁断面形式等，对桥梁整体有一个认识。

4）阅读构件详图，了解各构件的构造形式、技术要求、施工或安装注意事项。

5）阅读工程数量表、钢筋明细表及说明等，了解桥梁各部分所用的材料。

6）再返回阅读总体布置图，了解各构件的布置及定位尺寸，直到全部看懂图样为止。

**2. 桥梁工程图的绘图方法和步骤**

桥梁工程图的绘制与其他工程图一样，必须按照正投影的规律绘制，并遵循国家标准。具体绘图步骤如下：

1）确定图幅、比例、投影图数量。桥梁总体布置图一般需要绘出立面图、平面图和横剖面图，其中立面图和平面图通常采用一半画外形、一半画剖面的形式。图幅、比例、投影图确定之后，画出图框线和标题栏。

2）画各主要构件定位基线。根据图幅及选定的比例把立面图、平面图、横剖面图中主要构件的定位基线准确地布置在图框内，布图时要考虑在各个投影图之间留有标注尺寸、注写图名及说明的位置。一般选取各投影图的中心线作为定位基线。

3）画构件轮廓线。以定位基线作为量度的起点，根据标高及各构件的尺寸画构件的主要轮廓线。

4）画细部结构。依次画出各个构件的细部结构的投影，注意投影关系的对应，注意某些构件的习惯画法。

5）完成标注。标注尺寸、剖面符号、坡度符号、标高符号等。

6）检查无误后，加深图线，完成全图。

# 7.2　隧道工程图

为了减少土石方量，建造在山岭、江河、海峡和城市地面以下，保证车辆平稳行驶和缩短里程的工程构筑物称为隧道。

## 7.2.1　隧道的分类与组成

**1. 隧道的分类**

1）按隧道所处的地质条件：分为土质隧道和石质隧道。

2）按隧道的长度：分为四类，见表 7-3。

**表 7-3　隧道按长度分类**　（单位：m）

| 隧道分类 | 特长隧道 | 长隧道 | 中长隧道 | 短隧道 |
|---|---|---|---|---|
| 铁路隧道长度 $L$ | $L>10000$ | $100000\geqslant L>3000$ | $3000\geqslant L>500$ | $L\leqslant 500$ |
| 公路隧道长度 $L$ | $L>3000$ | $3000\geqslant L\geqslant 1000$ | $1000>L>500$ | $L\leqslant 500$ |

注：隧道长度是指进口与出口两端隧道门端墙墙面与内轨顶面的交线同线路中线的交点间的距离。

3）按隧道所处位置：分为山岭隧道、水底隧道和城市隧道等。

4）按断面形式：分为圆形隧道、马蹄形隧道、矩形隧道等。

5）按用途：分为交通隧道、水工隧道、市政隧道和矿山隧道。

6）按隧道埋置深度：分为浅埋隧道和深埋隧道。

**2. 隧道的组成**

隧道主要由主体结构（洞门和洞身衬砌）和附属结构（通风、防水排水、照明、安全避让等）两大部分组成。

洞门位于隧道出入口处，主要用来保护洞口土体和边坡稳定，防止落石，排除仰坡流下来的水和装饰洞口等，由端墙、翼墙及端墙背部的排水系统组成。

洞身是隧道结构的主体部分，是列车通行的通道。洞身衬砌是承受地层压力，维持岩体稳定，阻止坑道周围地层变形的永久性支撑物，由拱圈、边墙、托梁和仰拱组成。拱圈位于坑道顶部，呈半圆形，为承受地层压力的主要部分。边墙位于坑道两侧，承受来自拱圈和坑道侧面的土体压力，可分为垂直形和曲线形两种。托梁位于拱圈和边墙之间，为防止拱圈底部挖空时发生松动开裂，用来支撑拱圈。仰拱位于坑底，形状与一般拱圈相似，但弯曲方向与拱圈相反，用来抵抗土体滑动和防止底部土体隆起。

附属建筑物是指为工作人员、行人及运料小车避让列车而修建的避人洞和避车洞，为防止和排除隧道漏水或结冰而设置的排水沟和盲沟，为机车排出有害气体而设置的通风设备，电气化铁道的接触网、电缆槽等。

## 7.2.2　隧道工程图的表达

**1. 隧道工程图的图示特点**

隧道虽然很长，但中间断面形状很少变化，因此隧道工程图除了用平面图表示其地理位置外，它的构造图主要用隧道洞门图、横断面图（表示洞身形状和衬砌）及避车洞图等来表达。

**2. 隧道洞门图识读示例**

现以图 7-14 所示的端墙式隧道洞门图为例来说明其识读方法。隧道洞门图主要表达隧道洞门各部分的结构形状和尺寸，由立面图、平面图和剖面图组成。

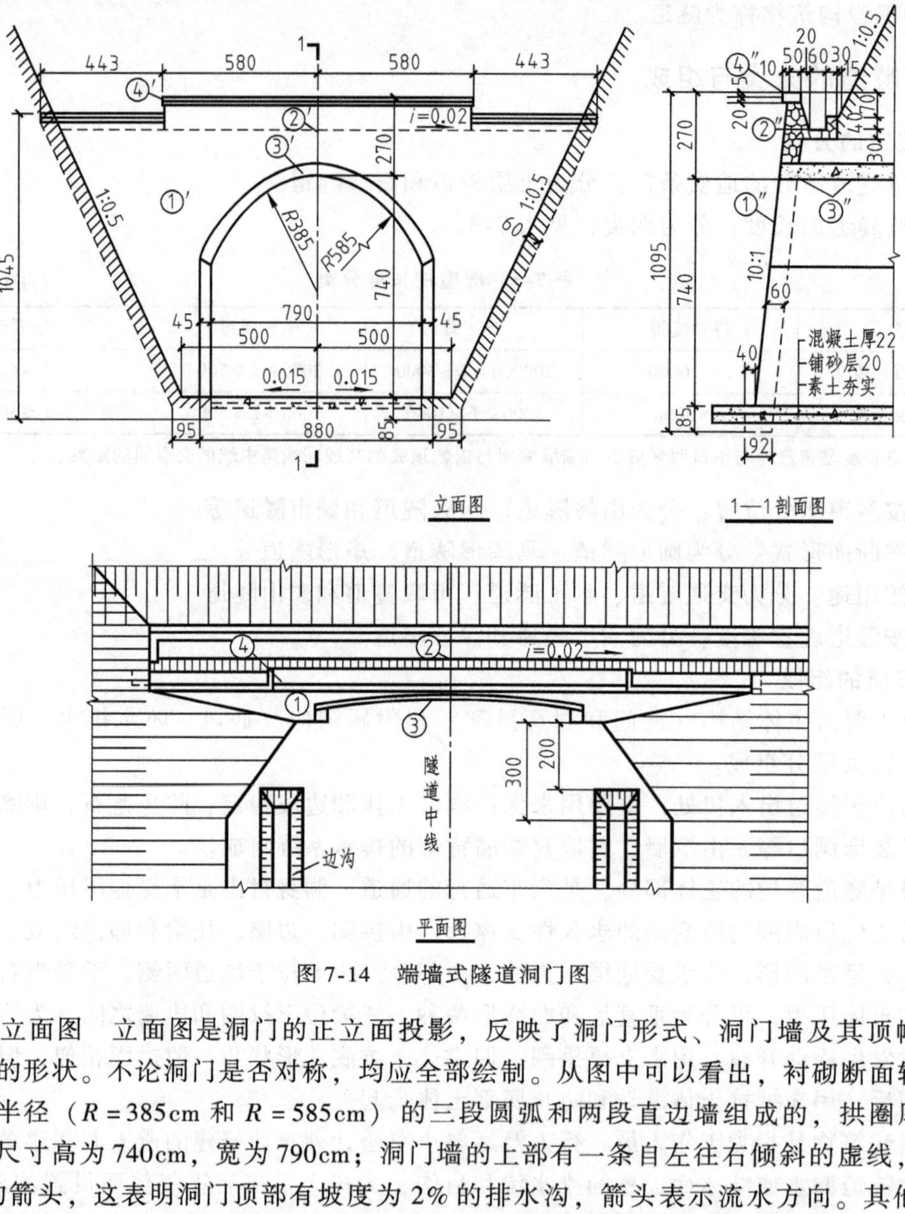


图 7-14　端墙式隧道洞门图

(1) 立面图　立面图是洞门的正立面投影，反映了洞门形式、洞门墙及其顶帽、洞口衬砌断面的形状。不论洞门是否对称，均应全部绘制。从图中可以看出，衬砌断面轮廓是由两个不同半径（$R=385$cm 和 $R=585$cm）的三段圆弧和两段直边墙组成的，拱圈厚 45cm。洞口净空尺寸高为 740cm，宽为 790cm；洞门墙的上部有一条自左往右倾斜的虚线，并注有 $i=0.02$ 的箭头，这表明洞门顶部有坡度为 2% 的排水沟，箭头表示流水方向。其他虚线反映了洞门墙和隧道底部被洞口前面两侧路堑边坡和公路路面遮住的不可见轮廓线。

(2) 平面图　平面图是隧道进口洞门的水平投影图，仅画出洞门外露部分的投影，主要表示洞门墙顶帽的宽度、洞顶排水沟的构造及洞门口外两边沟的位置。

(3) 1—1 剖面图　1—1 剖面图是沿隧道轴线的侧面剖切后所得，仅画出洞口处的一小段。从图中可以看出，洞门墙的倾斜坡度为 10:1，洞门墙厚度为 60cm，还可以看到排水沟的断面形状、拱圈厚度及材料断面符号等。

为了读图方便，图中还在三个投影图上对不同的构件分别用数字进行标记，如洞门墙为①′、①、①″，洞顶排水沟为②′、②、②″，拱圈为③′、③、③″，顶帽为④′、④、④″等。

**3. 避车洞图识读示例**

避车洞有大、小两种，是供行人和隧道维修人员及维修小车避让来往车辆而设置的，它们沿路线方向交错设置在隧道两侧的边墙上。通常小避车洞每隔 30m 设置一个，大避车洞则每隔 150m 设置一个，为了表示大小避车洞的相互位置，采用位置布置图来表示，如图 7-15 所示。由于这种布置图图形比较简单，为了节省图幅，纵横方向可采用不同比例，纵向常采用 1:2000，横向常采用 1:200 等比例。

避车洞图包括纵剖面图、平面图、避车洞详图。

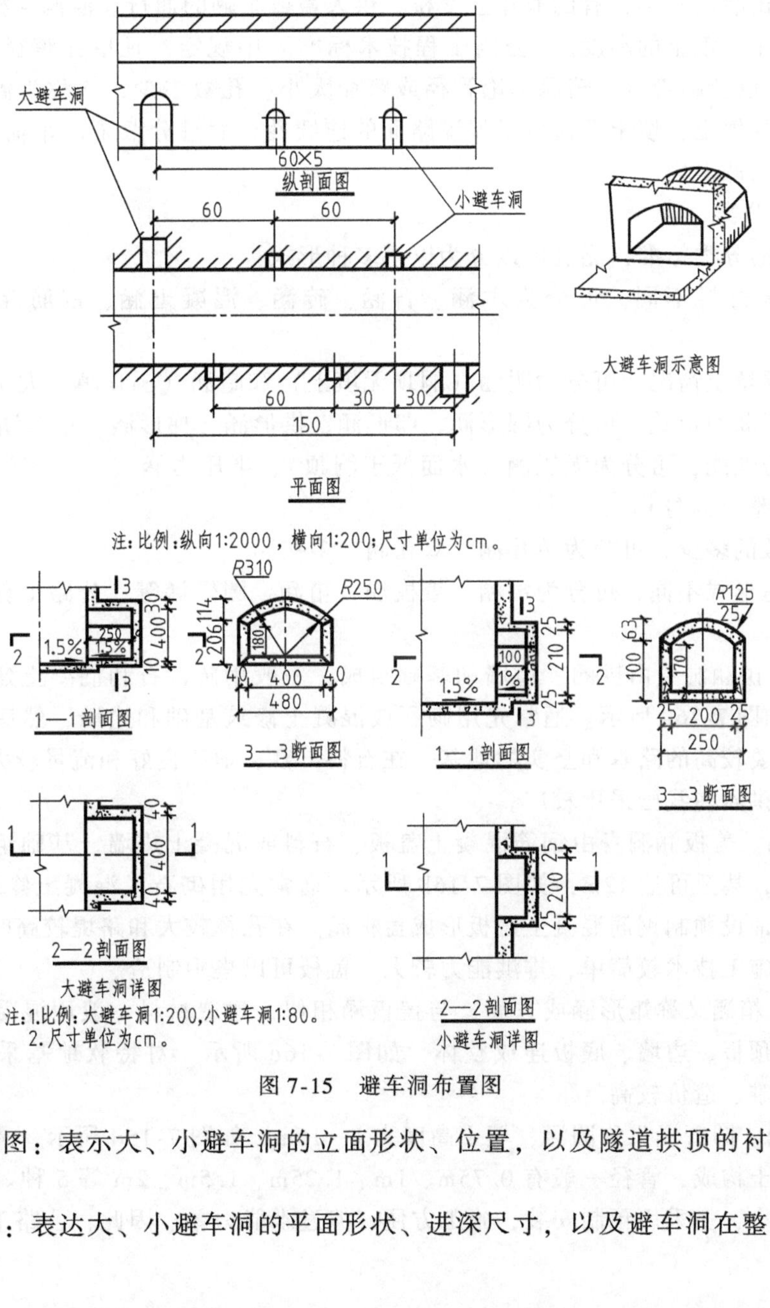


图 7-15　避车洞布置图

1）纵剖面图：表示大、小避车洞的立面形状、位置，以及隧道拱顶的衬砌材料和隧道内轮廓情况。

2）平面图：表达大、小避车洞的平面形状、进深尺寸，以及避车洞在整个隧道中的总体布置情况。

3）详图：以较大的比例绘制，表示大、小避车洞的形状、详细尺寸、衬砌材料和厚度，避车洞底面两边做成斜坡，以供排水用。

## 7.3 涵洞工程图

### 7.3.1 概述

涵洞是横贯路堤的小型泄水构筑物，其轴线与道路中线垂直或斜交形成正交涵或斜涵。涵洞可用作农田灌溉水渠，有的兼作立交桥，供人畜或车辆的通行。涵洞与桥梁的主要区别在于跨径的大小与填土的高度。《公路工程技术标准》中规定，凡单孔跨径小于5m，多孔跨径小于8m，以及圆管涵、箱涵不论管径或跨径大小、孔数多少，均称为涵洞；涵洞顶部一般都有较厚的填土，填土不仅可以保证路面的连续性，而且分散了汽车荷载的集中作用，减少了对涵洞的冲击力。

**1. 涵洞的分类**

根据不同的分类标准，涵洞可以分为以下多种形式：

1）按建筑材料不同，可分为木涵、石涵、砖涵、混凝土涵、钢筋混凝土涵、金属涵等。

2）按洞顶填土情况，可分为明涵（洞顶无填土）和暗涵（洞顶填土大于50cm）。

3）按涵洞断面形式，可分为圆形涵、卵形涵、拱形涵、梯形涵、矩形涵等。

4）按水力性能，可分为无压涵（水面低于洞顶）、半压力涵（水面淹没入口）和压力涵（流水充满整个洞身）。

5）按孔数的多少，可分为单孔涵、双孔涵、多孔涵。

6）按构造形式不同，可分为拱涵、盖板涵、箱涵、圆管涵等。公路工程常采用这种分类方法。

① 拱涵。拱涵洞身由拱圈、边墙和基础组成，一般用砖、石和混凝土建造，填土高度为1～20m，如图7-16a所示。通常先用砌石或混凝土修筑基础和边墙，然后砌筑拱圈形成拱涵。拱涵需要较高的路基和坚实的地基。在石料丰富、地质良好和流量较大的地区，应优先选用拱涵，拱涵在我国采用较广。

② 盖板涵。盖板涵洞身由钢筋混凝土盖板、石料或混凝土边墙、基础组成，填土高度一般为1～8m，甚至可达12m，如图7-16b所示。通常先用砌石或混凝土修筑基础和边墙，然后在边墙上铺设预制钢筋混凝土盖板形成盖板涵。在孔径较大和路堤较高时，盖板涵比拱涵造价高，但施工技术较简单，排洪能力较大，盖板可以集中制造。

③ 箱涵。箱涵又称矩形涵或方涵，与盖板涵相似，建造材料一般用混凝土或钢筋混凝土等。箱涵的顶板、边墙、底板连成整体，如图7-16c所示。对特软地基采用箱涵较为有利，但施工困难、造价较高。

④ 圆管涵。圆管涵又称圆涵，填土高度为1～15m，如图7-16d所示。圆管涵的管身通常由钢筋混凝土构成，管径一般有0.75m、1m、1.25m、1.5m、2m等5种。圆形涵受力性能好，工程量小，多采用预制安装，施工方便，但过水能力差。因此，公路工程中孔径较小

(一般为 2m 以下) 的涵洞采用圆管涵居多。

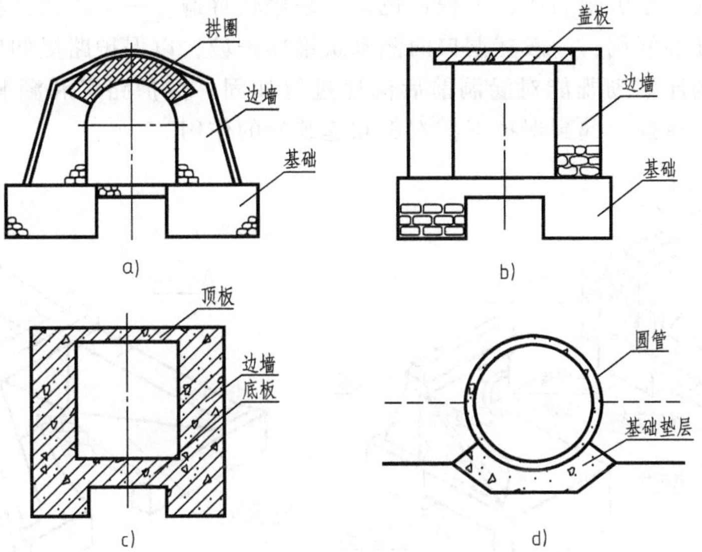


图 7-16　涵洞的分类

a) 拱涵　b) 盖板涵　c) 箱涵　d) 圆管涵

**2. 涵洞的组成**

涵洞虽然类型很多，但其组成部分基本相同，一般由进口段、洞身段和出口段组成，如图 7-17 所示。

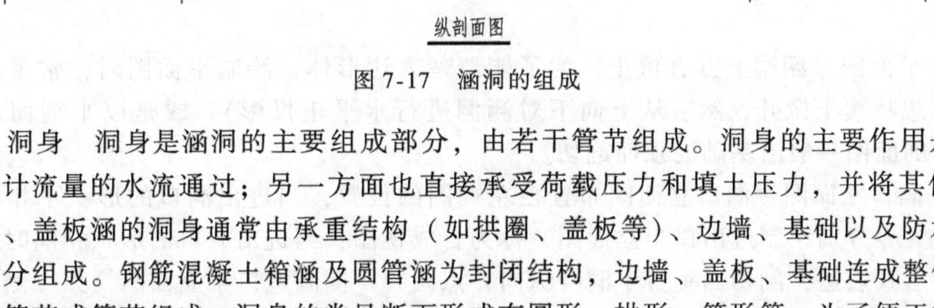


图 7-17　涵洞的组成

(1) 洞身　洞身是涵洞的主要组成部分，由若干管节组成。洞身的主要作用是：一方面保证设计流量的水流通过；另一方面也直接承受荷载压力和填土压力，并将其传递给地基。拱涵、盖板涵的洞身通常由承重结构 (如拱圈、盖板等)、边墙、基础以及防水层、伸缩缝等部分组成。钢筋混凝土箱涵及圆管涵为封闭结构，边墙、盖板、基础连成整体，其洞身断面由箱节或管节组成。洞身的常见断面形式有圆形、拱形、箱形等。为了便于排水，涵洞洞身还应有适当的纵坡，最小坡度为 0.5%。

(2) 进出口段　进出口段的作用是：一方面使涵洞与河道顺接，使水流进出口通畅；另一方面确保路基边坡稳定，使之免受水流冲刷。进出口段包括端墙和翼墙、沟床加固等部分。端墙位于入口或出口的上方，翼墙位于入口或出口的两侧，它们起挡土和导流作用，是保证涵洞处路基或路堤稳定的构筑物。端墙和翼墙常用八字翼墙式和一字墙式，如图7-18所示。八字翼墙式对水流阻力小，工程量也小，采用较普遍。一字墙式又称端墙式，其构造简单，适用于小孔径涵洞，一般在洞口两侧砌筑锥体护坡，以保护路堤伸出端墙外的填土不受冲刷。出入口沟床铺砌既能对涵洞前后沟底进行加固，保护路堤和涵洞基础不受水流冲刷，又能降低出口流速，起到保护下游农田和建筑物的作用。

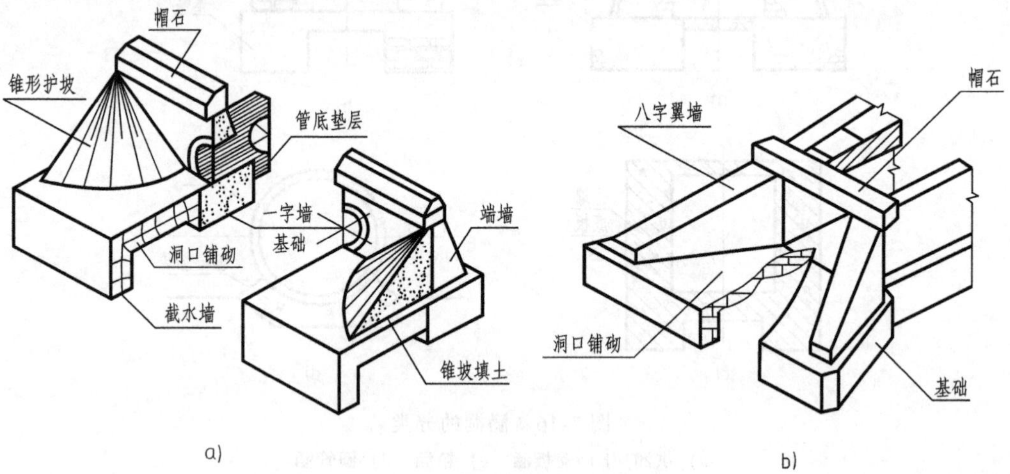


图7-18　涵洞进出口形式

a）端墙式　b）八字翼墙式

## 7.3.2　涵洞工程图

### 1. 涵洞的图示方法

涵洞是窄而长的工程构筑物，从路面下边穿过，埋在路基土层中。各类涵洞的外观形状虽不相同，但其图示方法基本相同。因涵洞形体简单，用于表达形体的涵洞工程图数量一般较少，主要由纵剖面图、平面图、洞口立面图，并辅以必要的构造详图等组成。

（1）纵剖面图　图示表达时，涵洞工程图应沿纵向轴线（垂直于道路中线的方向）进行剖切，移走边墙后投影得到纵剖面图，以此来代替立面图，更能清晰表达涵洞的内部形状。

（2）平面图　涵洞上方有覆土，为了能清楚表达形体，绘制平面图时，常采用掀土画法（即假想将覆土掀开，然后从上向下对涵洞进行水平正投影）；或是以半剖面图形式表达，水平剖面图一般沿基础的顶面剖切。

（3）洞口立面图　洞口立面图布置在左视图的位置，当进出洞口的形状不相同时，则以点画线为界分别绘制进出口半立面图，称为合成视图；当进出洞口的形状相同时，多以半剖面图的形式表达，剖切面垂直于洞身纵向，点画线一侧画进口半立面图，另一侧画洞身半剖面图。

（4）构造详图　对于翼墙结构复杂、洞身沿程变化或钢筋混凝土结构的涵洞，为了清楚反映各部分形状，应增加垂直于涵洞纵向的横断面图或配筋详图。

### 2. 涵洞工程图的识读

本节将以常见的圆管涵、盖板涵和拱涵为例介绍涵洞工程图的识读方法和步骤。

（1）钢筋混凝土圆管涵的识读　如图7-19所示为钢筋混凝土圆管涵工程图，其比例为1∶40，洞口为端墙式，洞口两侧铺砌30cm厚干砌片石的锥形护坡，涵管内径为75cm，管长1200cm。

1）半纵剖面图。由于涵洞进出洞口一样，左右对称，因此纵剖面图只画一半，以对称中心线为分界线，也可以采用折断画法，意在清楚地表达洞口构造，并简化作图。图中表示了涵管管身、基础、截水墙、帽石等各部分构造和连接位置及尺寸。设计水流坡度为1%，洞底铺砌厚度为30cm，路基宽度为15.2m，覆土厚度要求大于50cm，锥形护坡与路基边坡坡度为1∶1，端墙墙身坡度为4∶1（未表示出洞身分段）。

2）半平面图。由于进出口一样，也为了与半纵剖面图相配合，平面图也是以中心线分界画一半或折断画出。图中反映了一字端墙顶面、帽石上端面的形状，涵管与端墙相连的位置，两侧锥形护坡的宽度。洞身分段以粗实线作为分界口，未表示出承接口连接材料。路基边缘线也要用中实线反映在平面图中。

3）洞口立面图（洞口半立面图及1—1半剖面图）。洞口半立面图反映了帽石和端墙的侧面形状和尺寸，锥形护坡的横向坡度等。1—1阶梯剖面图反映了涵管与基础垫层的连接方式和材料。为了使图面清晰，覆盖土视为透明体。

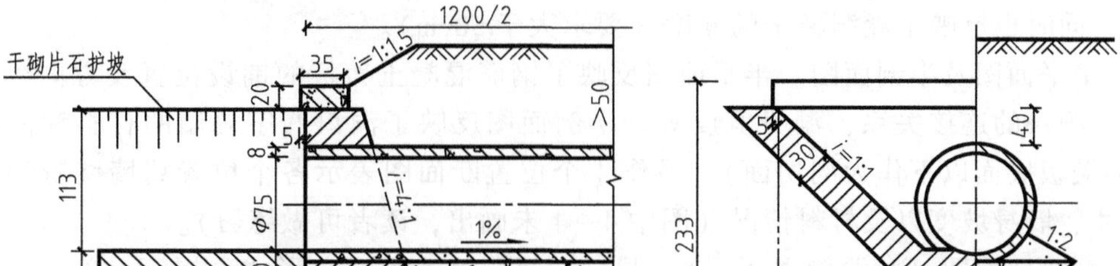


图7-19　钢筋混凝土圆管涵工程图

注：图中尺寸单位为cm。

（2）钢筋混凝土盖板涵的识读　图7-20所示为单孔钢筋混凝土盖板涵的组成立体示意图，图7-21所示为该涵洞的构造图。

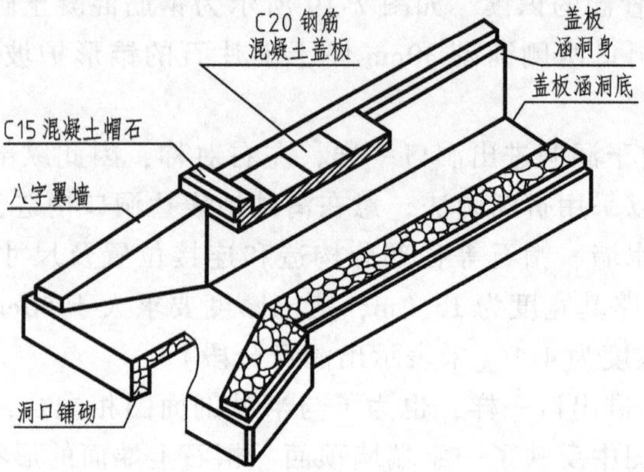


图 7-20 单孔钢筋混凝土盖板涵的组成立体示意图

此钢筋混凝土盖板涵工程图的比例为 1∶100，洞口形式为八字翼墙式，总长度为 1482cm，洞高为 120cm，净跨为 100cm，如图 7-21 所示。

1）半纵剖面图。半纵剖面图表示出了洞身底部设计水流坡度（1%），洞底铺砌形状及厚度（20cm），洞口八字翼墙坡度（1∶1.5），盖板、基础部分的纵剖面和帽石的横断面形状及尺寸，同时也反映了涵洞覆土的厚度（要求大于 50cm）。

2）半平面图及半剖面图。半平面图反映了钢筋混凝土盖板的铺设位置及方向，洞口八字翼墙与洞身的连接关系，洞身宽度等。半剖面图反映了洞口八字翼墙的材料和洞身材料（沿上端盖板底面以下作为剖切面）。另作 4 个位置断面图表示各个位置翼墙墙身和基础的详细尺寸、墙身坡度以及材料情况（图中 4—4 未画出，读者可做练习）。

3）洞口立面图（涵洞侧立面图）。洞口立面图反映了洞口形式，帽石、盖板、八字翼墙、基础之间的相对位置和形状以及相关的尺寸。

（3）石拱涵的识读　石拱涵分为普通石拱涵、高度填土石拱涵、阶梯式陡坡石拱涵三种，它们的跨径尺寸及填土高度见表 7-4。

**表 7-4　石拱涵的跨径尺寸及填土高度**

| 石拱涵类型 | 普通石拱涵 | 高度填土石拱涵 | 阶梯式陡坡石拱涵 |
|---|---|---|---|
| 跨径尺寸/m | 1.0～5.0 | 1.0～4.0 | 1～3 |
| 填土高度/m | <4.0 | 4.0～12.0 | 一般不大 |

图 7-22 所示为单孔端墙式护坡洞口石拱涵工程图。其洞身长 900cm，跨径 $L_0=300\text{cm}$，拱圈内弧半径 $R_0=163\text{cm}$，拱矢高 $f_0=100\text{cm}$，矢跨比 $f_0/L_0=100/300=1/3$。该图样绘图比例为 1∶100。

1）半纵剖面图。沿涵洞纵向轴线进行剖切，因两端进出洞口结构完全相同，故只画出一侧洞口及半涵洞长。半纵剖面图表达了洞身的内部结构，洞高、半洞长、基础形状、截水墙等形状及尺寸。

2）半平面图。砖墙内侧面为 4∶1 的坡面，与拱涵顶部的交线为椭圆，这一交线需按投影关系绘出。平面图表达了端墙、基础、两侧护坡、帽石等结构自上而下的形状，相对位置及各部分的尺寸。

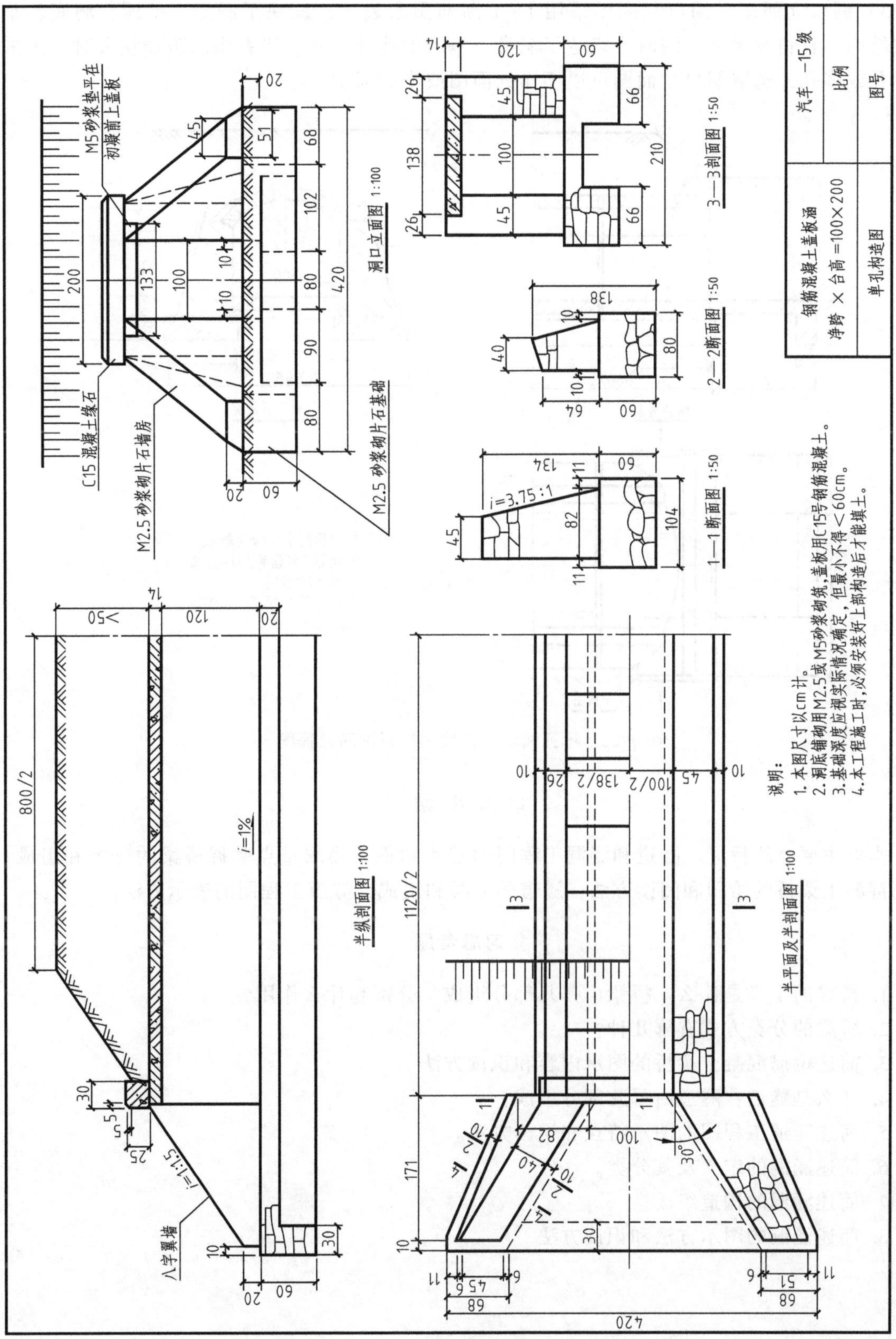


图 7-21　单孔钢筋混凝土盖板涵构造图

3）洞口立面图。洞口立面图采用 1—1 断面图来表达，反映了洞身、拱顶、洞底、基础的结构、材料及尺寸，同时也表达了洞身与基础的连接方式。当石拱涵跨径较大时，多采用双孔或多孔，选取洞口立面图可以不作剖面图或半剖面图。

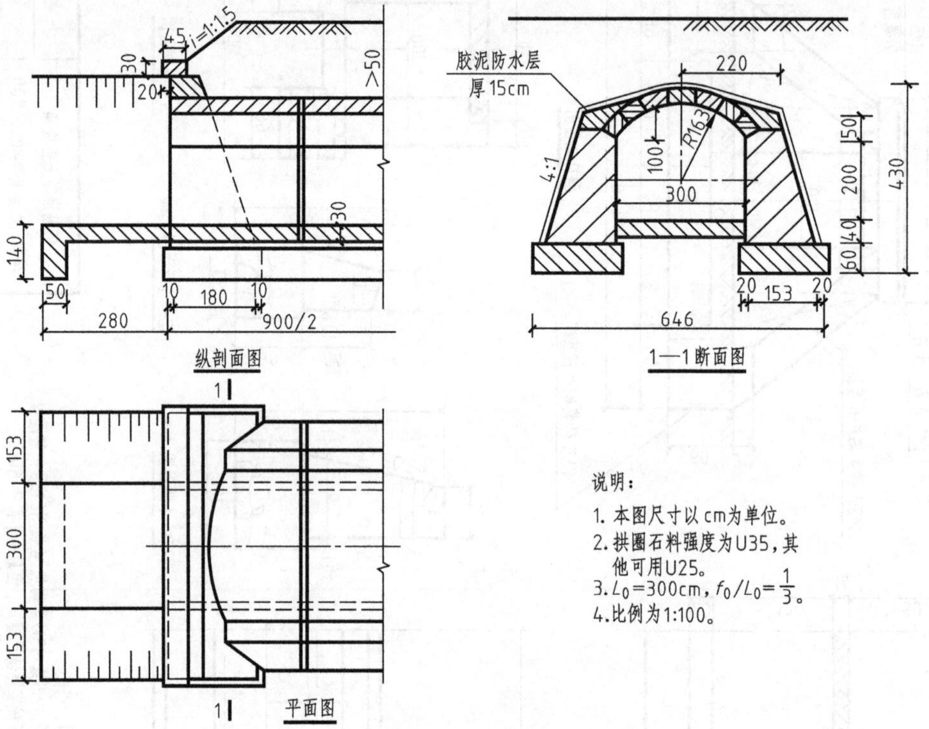


图 7-22 单孔端墙式护坡洞口石拱涵工程图

## 本章小结

本章主要介绍桥梁、隧道和涵洞工程图的基本知识。要求重点掌握桥梁的分类和组成，钢筋混凝土梁桥的绘图和阅读方法；隧道的分类和组成，隧道工程图的表示方法。

## 复习思考题

1. 桥梁的定义是什么？桥梁由哪几部分组成？分别起什么作用？
2. 桥梁的分类方式有哪几种？
3. 简述钢筋混凝土梁桥的图示内容和识读方法。
4. 什么是隧道？隧道由哪几部分组成？
5. 简述隧道工程图的图示特点和识读方法。
6. 简述涵洞的定义及其分类。
7. 简述涵洞的构造组成。
8. 简述涵洞的图示方法和识读方法。

# 第3篇

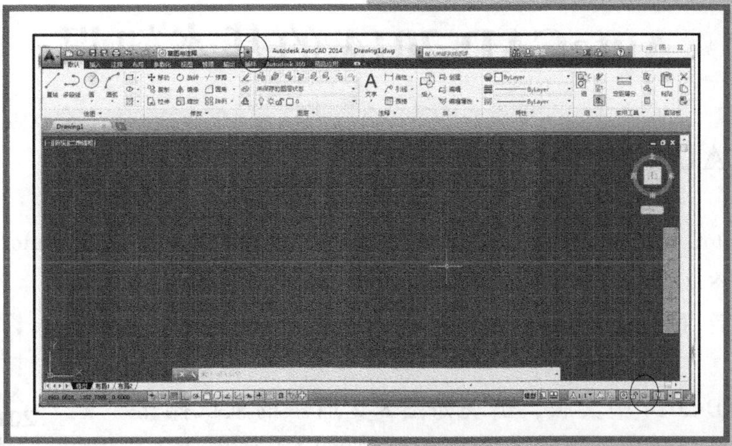

# CAD 基 础

# 第 8 章

# AutoCAD 2014 的基本知识

## 8.1　AutoCAD 2014 的启动与界面

正确安装 AutoCAD 2014 中文版后，在计算机的桌面上会自动生成 AutoCAD 2014 中文版快捷图标，如图 8-1 所示。首次启动 AutoCAD 2014 中文版时，将会弹出产品激活对话框，需要用户按照引导逐步完成产品的注册与激活。

图 8-1　AutoCAD 2014 快捷图标

启动 AutoCAD 2014 中文版，出现如图 8-2 所示的默认操作界面。很多用户可能对这种界面不很熟悉，更倾向于使用 AutoCAD 的经典界面。那么，用户可以单击图 8-2 左上或者右下方圆圈所示图标，来切换工作空间。具体操作如图 8-3 a 或 b 所示，选择“AutoCAD 经典”即可出现如图 8-4 所示的经典操作界面。

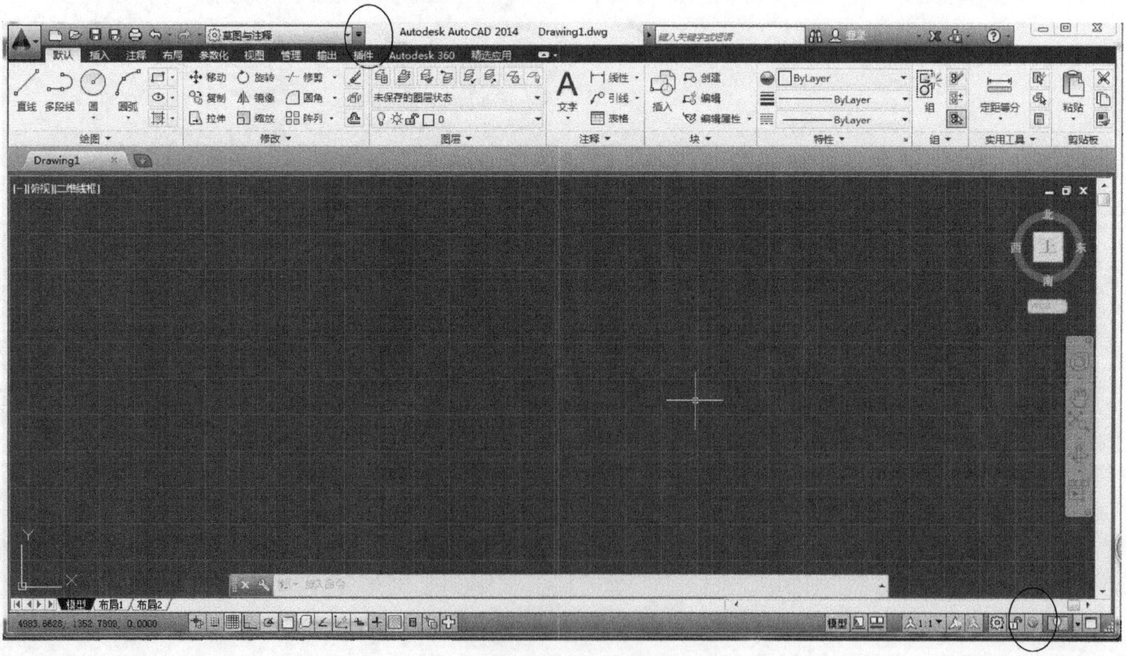


图 8-2　AutoCAD 2014 中文版的默认操作界面

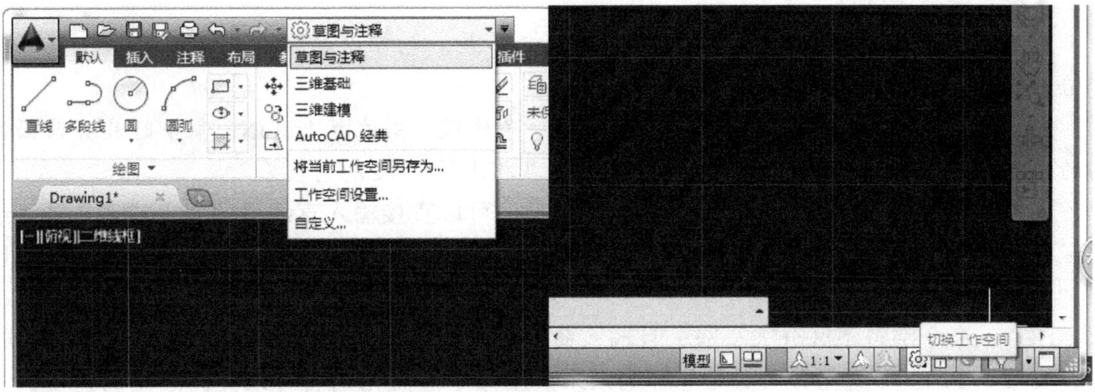


a)　　　　　　　　　　b)

图 8-3　AutoCAD 2014 中文版的工作空间切换

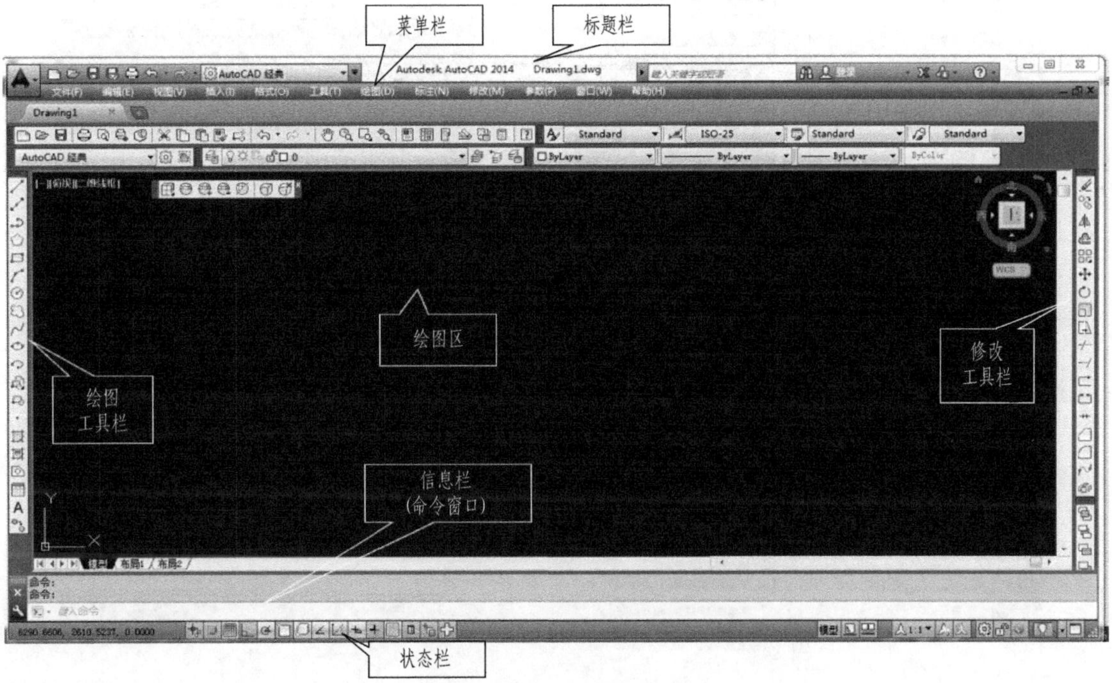


图 8-4　AutoCAD 2014 中文版的经典操作界面

# 8.2　基本输入操作

当 AutoCAD 2014 的命令窗口有“键入命令”提示时，用户可以输入需要进行的操作。基本的输入操作方法是利用 AutoCAD 进行绘图的前提。在 AutoCAD 中有多种输入方式可以输入必要的指令和参数（以绘制直线段为例）。

**1. 在命令窗口输入命令**

根据相应提示信息或参数在命令窗口输入命令，具体操作如下：

• 输入命令：LINE↙

• 指定第一点：（可以在绘图区用鼠标指定一点，也可以在命令行上输入一个点的坐标值）

• 指定下一点［或放弃（U）］：（完成第一条线段。若在执行 LINE 命令时放弃前面绘制的线段，请输入 U 或单击鼠标右键，选择工具栏上的“放弃”）

命令窗口提示选项中括号外面的是默认选项，可以直接输入直线段的起点或者在屏幕绘图区指定一点。如果要选择其他选项，则根据括号内提示的标识字符来输入相应数据即可，如“放弃”选项的标识字符是 U。

注意：命令字符不区分大小写，且输入命令可以用简化命令（又称命令别名）的方式，如直线命令 LINE 和简化命令 L 是一样的效果。用命令的简化别名可以提高绘图的速度，其他命令的别名可以查阅 acad. pgp 文件，具体操作为：下拉菜单“工具”→“自定义”→“编辑程序参数（acad. pgp）”，如图 8-5 所示。

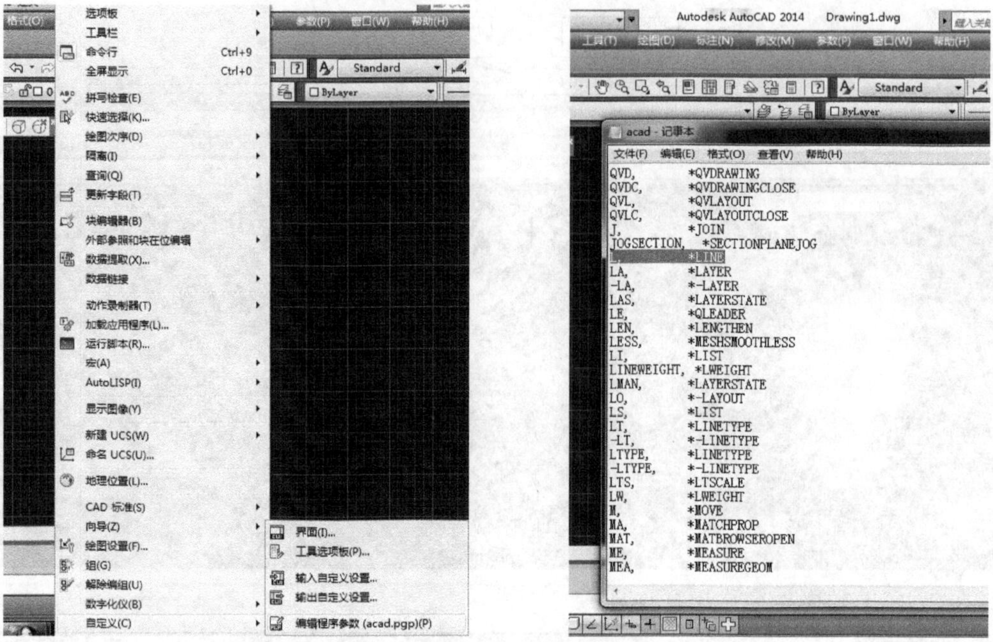


a)　　　　b)

图 8-5　调用“编辑程序参数（acad. pgp）”

**2. 下拉绘图菜单输入命令**

单击下拉菜单“绘图”→“直线”，之后，可以按照同上面命令行输入的方式绘制直线。同理，可绘制圆形、矩形、正多边形等其他图形。

**3. 工具栏图标输入命令**

单击工具栏中相应的图标，也可以开始图形绘制或者修改等操作。例如，单击绘图工具栏上的直线图标，也可以绘制直线。

**4. 在命令窗口用鼠标右键快捷菜单**

在命令窗口单击鼠标右键出现如图 8-6 所示的快捷菜单，在“最近使用的命令”子菜单中存储着最近使用的 6 个命令。

**5. 在绘图区用鼠标右键快捷菜单**

与上面方法类似，在绘图区也可以单击鼠标右键出现如图 8-7 所示的快捷菜单，来调用近期使用过的某条命令。

**6. 透明命令**

在 AutoCAD 2014 中，有些命令不仅可以直接在命令窗口中使用，还可以在其他命令执行过程中插入并执行，待该命令执行完毕后，系统继续执行原命令，这种命令称为透明命令。透明命令一般多为修改图形设置或打开辅助绘图工具的命令。例如：

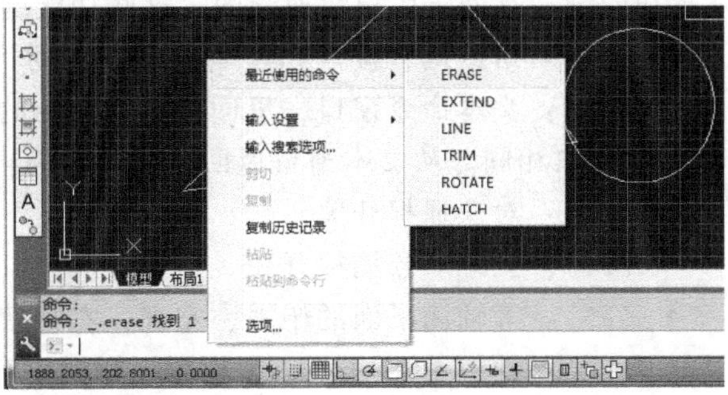


图 8-6 在命令窗口用鼠标右键快捷菜单

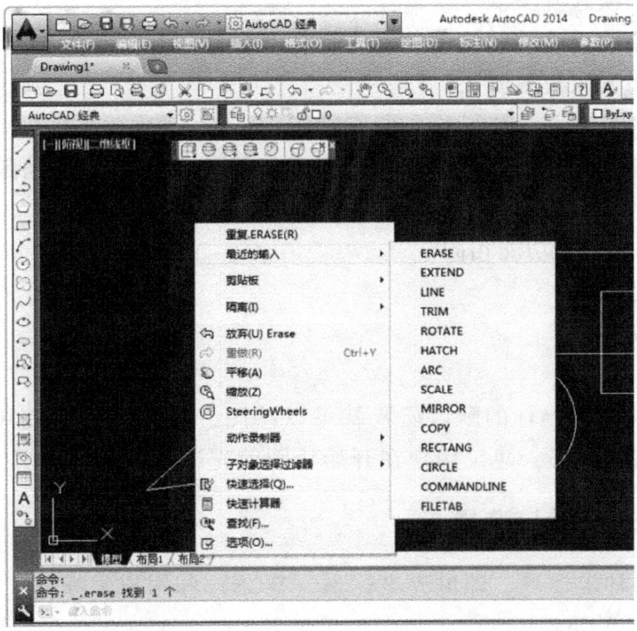


图 8-7 在绘图区用鼠标右键快捷菜单

- 输入命令：LINE↙
- 指定第一点：'ZOOM（一定要注意输入撇号“'”）
- 指定窗口的角点，输入比例因子（nX 或 nXP），或者［全部（A）/中心（C）/动态（D）/范围（E）/上一个（P）/比例（S）/窗口（W）/对象（O）］＜实时＞：a
- 正在恢复执行 LINE 命令。（回到 LINE 命令）
- 指定第一点：（指定点）
- 指定下一点或［放弃（U）］：（指定点）

## 8.3 常用的功能键

在使用 AutoCAD 进行绘图时，可以使用键盘上的〈F1〉～〈F12〉以及〈Esc〉、〈Ctrl +

Z〉等功能键，有助于用户快速绘图。这些功能键主要包括：

- 〈F1〉：帮助键，按〈F1〉键弹出帮助对话框。
- 〈F2〉：文本命令窗口，里面保留了命令的轨迹，也可以通过文本窗口来作图，其功能与命令窗口相同。从文本窗口返回绘图区只需再按一次〈F2〉键。
- 〈F3〉：对象捕捉开关。
- 〈F4〉：三维对象捕捉开关。
- 〈F5〉：等轴测平面的俯视、左视、右视切换。
- 〈F6〉：动态 UCS 开关，即绘图坐标显示开关。
- 〈F7〉：栅格模式开关。
- 〈F8〉：正交模式切换开关。
- 〈F9〉：捕捉模式开关。
- 〈F10〉：极轴模式开关。
- 〈F11〉：对象捕捉追踪模式开关。
- 〈F12〉：动态输入模式开关。
- 〈Esc〉：废除当前正在执行的命令或操作。

此外，〈Ctrl〉键和某些键可以组合使用，如按〈Ctrl + Z〉撤销最近一次的操作，按〈Ctrl + Y〉重复上次的操作，以及〈Ctrl + X〉、〈Ctrl + C〉、〈Ctrl + V〉、〈Ctrl + A〉等，其功能与 Microsoft Office 中的功能相同。

## 8.4 绘图环境

一般来说，使用 AutoCAD 的默认配置就可以绘图，但有时为了使用用户的定点设备或打印机，以提高绘图的效率，建议用户在开始绘图前先进行必要的设置。

### 8.4.1 坐标系统的设置与选择

AutoCAD 采用两种坐标系，即世界坐标系（WCS）和用户坐标系（UCS）。

**1. 世界坐标系**（WCS）

开始绘制一幅新图后，AutoCAD 默认将坐标系置于 WCS（世界坐标系）。WCS 包括 *X* 轴与 *Y* 轴（若在 3D 空间工作，还有 *Z* 轴）；一个点的坐标，即（*x*，*y*）。

**2. 用户坐标系**（UCS）

用 UCS 命令建立自己的坐标系，用户可将（0，0）原点定在任意位置，这样方便对用户希望的点进行操作。UCS 图标中没有“□”符号。二维制图中 UCS 最有用的应用之一是通过图形中的某一特征或对象调整 UCS，以模拟手工绘图中的移动或旋转绘图仪器。具体操作如下：

- 输入命令：UCS↙
- 指定 UCS 的原点或［面（F）命名（NA）对象（OB）上一个（P）视图（V）世界（W）　X Y Z Z 轴］<世界>：（“OB”选择 Object 项）
- 选择对齐 UCS 的对象：（选取某一直线或其他对象）

此时左下角图标已成为 UCS，表明已进入 UCS 坐标系。再次返回 WCS 时，则在运行

UCS 命令后输入 W。

### 8.4.2　绘图单位设置

AutoCAD 是一种适用于世界各地、各行各业绘图领域的软件，因此，它对长度单位、角度单位及单位变换提供了多种选择。每次绘图以前，可以根据需要设置绘图尺寸单位（如米、毫米、英寸等）、绘图尺寸精度等。执行方式有：

1）命令行：DDUNITES（或 UNITES）。

2）菜单栏："格式"→"单位"。

按照上面任一种方式执行后，系统会弹出"图形单位"对话框，如图 8-8 所示。可以对长度、角度单位以及对应的精度进行设置。

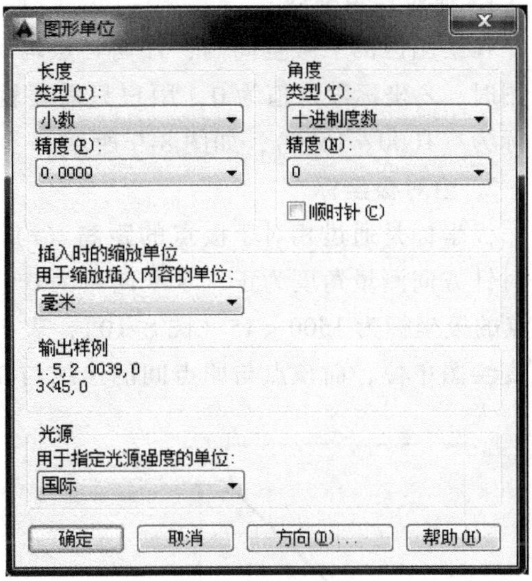


图 8-8　"图形单位"对话框

### 8.4.3　绘图范围设置

计算机绘图"图纸"边界可以在绘图前进行设置。执行方式有：

1）命令行：LIMITS。

2）菜单栏："格式"→"图形界限"。

---

**【例 8-1】**　设置一张大小为 A2（594mm × 420mm）幅面的图纸。具体操作步骤如下：

- 输入命令：LIMITS↙
- 重新设置模型空间界限：
- 指定左下角点或［开（ON）/关（OFF）］<0.0000，0.0000>：0，0（左下角坐标值默认为 0，0）
- 指定右上角点 <420.0000，297.0000>：594，420（右上角坐标值）

说明：

1）开（ON）：打开极限检查，拒绝接受超出"图纸"极限的输入点或实体。

2）关（OFF）：关闭极限检查，在边界之外可以进行绘制、拾取点或者实体。

---

## 8.5　点的坐标输入方法

在 AutoCAD 中，通用的坐标有两大类：绝对坐标和相对坐标。按照坐标的表示方法不同，又可以分为直角坐标和极坐标。

### 8.5.1　绝对坐标

绝对坐标是以坐标系的原点（0，0，0）为基点定位所有的点。一点的绝对坐标可以用绝对直角坐标或绝对极坐标表示法来表示。

**1. 绝对直角坐标**

在绘图区的三维空间内，任何一点均可以用（*x*，*y*，*z*）来表示。在 *XOY* 平面（二维）绘图时，*Z* 坐标默认值为 0，用户只需要输入 *X*、*Y* 坐标（*x*，*y*）即可。例如，*A* 点的直角坐标为（1000，1000），如图 8-9 所示。

**2. 绝对极坐标**

极坐标是通过相对于极点的距离（*r*）和角度（*θ*）来定义点的位置。默认的情况是以逆时针方向测量角度为正，水平向右为 0°。绝对极坐标的表示方法是：距离 < 角度。例如，*B* 点的极坐标为 1500 < 45（图 8-10），表示该点相对于坐标原点（极点）的距离为 1500 个长度绘图单位，而该点与原点间的连线与 0°方向之间的夹角为 45°。

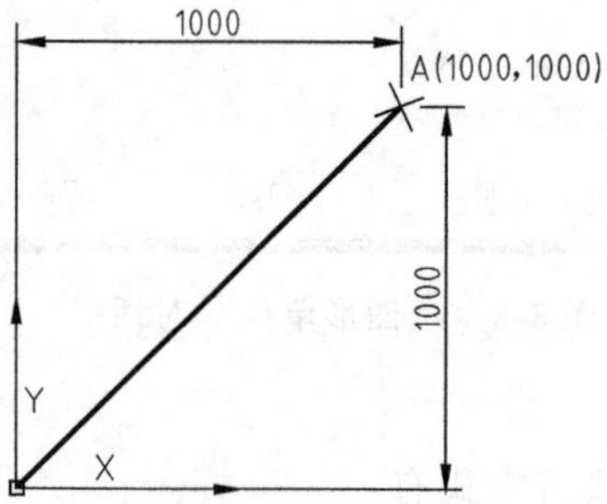

图 8-9 绝对直角坐标

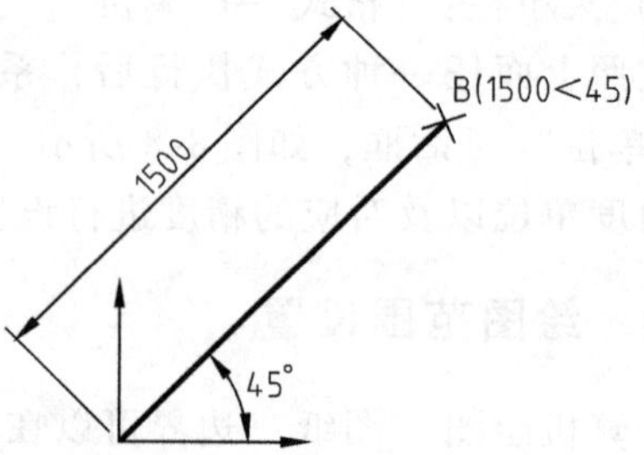

图 8-10 绝对极坐标

## 8.5.2 相对坐标

**1. 相对直角坐标**

相对直角坐标用相对于某一特定点在 *X* 轴和 *Y* 轴方向的偏移距离来表示。相对直角坐标的表示方法是：@ *x*，*y*。例如，在图 8-11 中，*C* 点（相对于 *A* 点）的相对直角坐标为（@ 500，－200）。

**2. 相对极坐标**

相对极坐标通过相对于某一特定点的距离和偏移角来表示。偏移角是要输入的点相对于特定点在水平方向的逆时针夹角。相对极坐标的表示方法是：@ 距离 < 角度。例如，图8-12 中的 *D* 点相对于上一操作点 *B* 的距离是 500 个长度绘图单位，偏移角是 75°，则 *D* 点（相对于 *B* 点）的相对极坐标表示为@ 500 < 75。

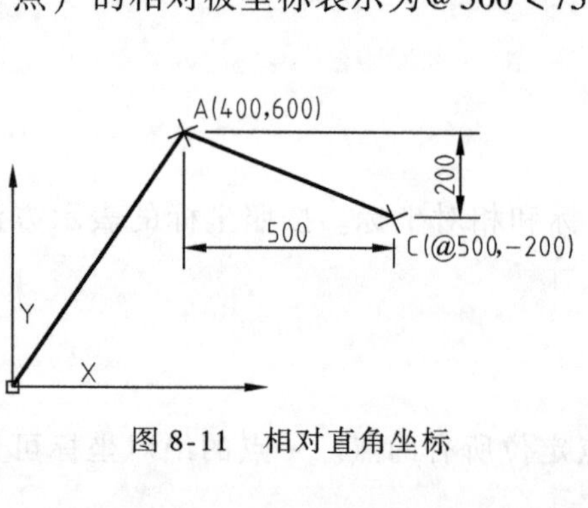

图 8-11 相对直角坐标

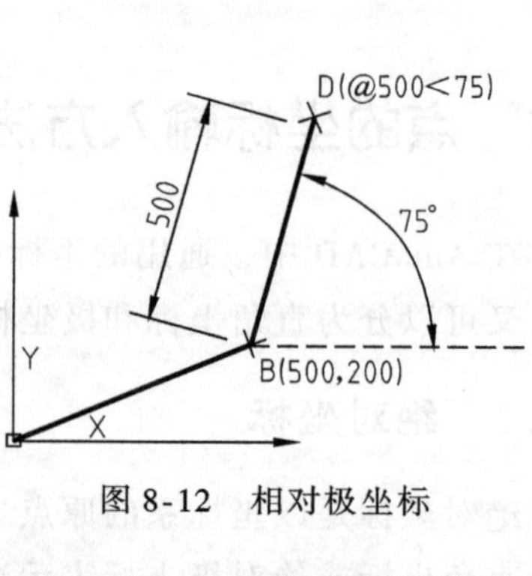

图 8-12 相对极坐标

# 8.6　图层、颜色、线型、线宽

## 8.6.1　图层的概念与特性

一张图包含了图框、标题栏、视图、尺寸标注、剖面线、中心线等众多信息，可以把不同的信息分类绘制在不同的透明纸上，重叠起来形成一张完整的图样。而 AutoCAD 的图层就相当于这一张张透明纸。同时，每一个图层上可以设定不同的颜色、线型和线宽这些基本属性。

用户若要在不同图层上绘图，需要先创建并命名一些图层。图层所包含的特性如下。

（1）图层名　每个图层都有自己的名称，用来区分不同图层。运行 AutoCAD 之后，系统会自动创建一个图层名为 0 的特殊图层。它不可以被删除，也不可重命名。一幅图样上的层数不限，每一层上的实体数也不受任何限制。

（2）颜色　将不同的图层设置成不同的颜色，以区分图形中不同性质的对象；也可以单独为图形中的某些对象指定颜色。

（3）图层的线型　将某些不同的图层设置成不同线型，可以表示图形中不同性质的对象；也可以单独为图形中的某些对象指定线型。

（4）图层的线宽　可以为不同图层设置线宽，也可以单独为图形中的某些对象指定线宽。在此设置的线宽控制的是图形对象打印到图纸上的宽度，而不是在计算机显示器上显示的宽度。

## 8.6.2　图层的设置

对于正式的工程图，在每次开始绘图以前必须预先设置好图层、颜色、线型和线宽。“图层特性管理器”对话框是用来创建和管理图层的工具，它可以为图层设置颜色、线型、线宽等特性。启动“图层特性管理器”的途径有如下几种：

1）命令行：LAYER。

2）菜单栏：“格式”→“图层”。

3）工具栏：“图层”→“图层特性管理器”，如图 8-13 所示。

图 8-13　“图层”工具栏

设置图层的具体操作步骤如下：

1）启动“图层特性管理器”对话框，如图 8-14 所示。

2）新建图层：单击对话框中的“新建”按钮，创建新图层，默认的图层名是“图层 1”，用户根据需要为其重新命名，如建筑施工图中的轴线层、墙线层、文字标注层等。

3）单击某图层的颜色名、线型名和线宽值，进行相应的设置。例如，为轴线层设置颜色为红色、线型为点画线（center）、线宽为 0.15mm。其中，线型管理器（图 8-15）界面上没有的线型，需要单击“加载”按钮来加载某些需要的线型（图 8-16）。

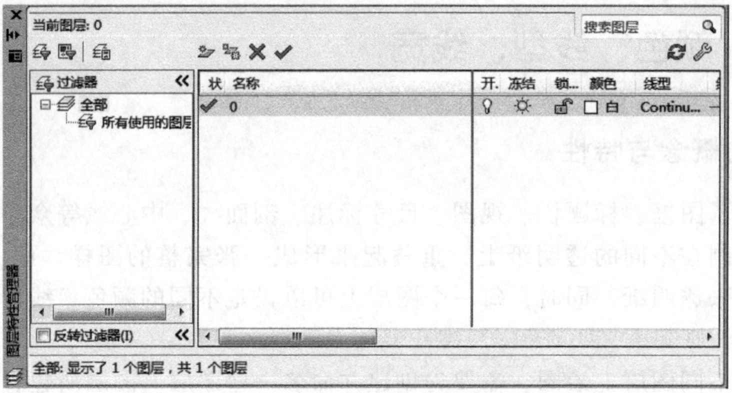


图 8-14 “图层特性管理器”对话框

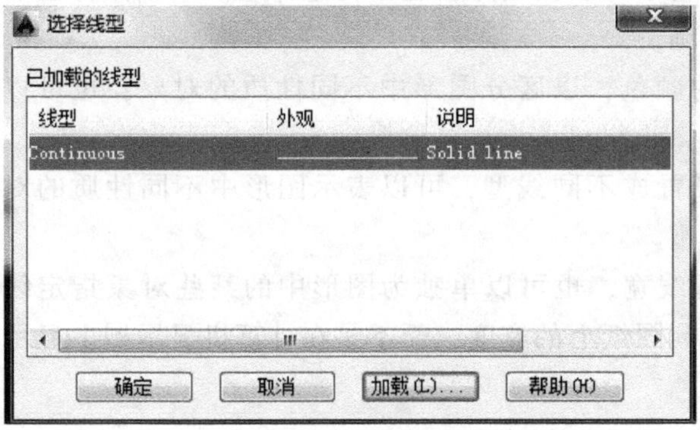


图 8-15 线型管理器

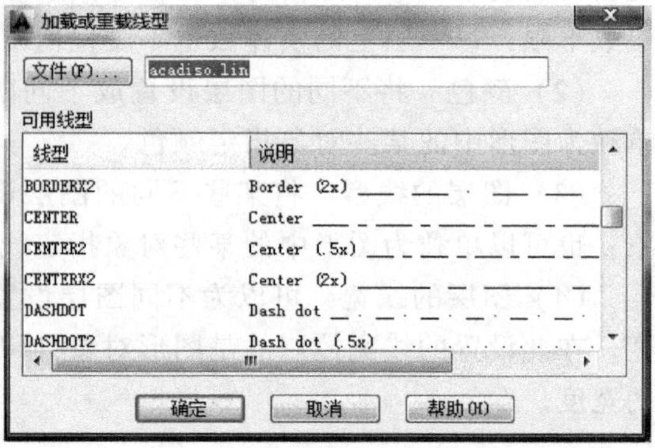


图 8-16 “加载或重载线型”对话框

4）重复 2）、3）步骤创建其他图层。

5）单击图 8-14 中左上角的 按钮，退出对话框。

图层设置完毕后，当需要用某个图层绘制某一类对象时，需要将该图层“置为当前”。在图层列表区有几个控制开关 分别控制图层的状态。其中，“打开/关闭”开关 用来控制所选图层的可见性。被关闭的图层不可见，但是可以打印出来；“冻结/解冻”开关 用来控制图层的解冻和解锁状态。被冻结的图层不可见，也不可以被打印出来；“锁定/解锁” 开关处于“锁定状态”时，该图层上的对象不能被编辑，但可以被参照。

## 8.7 绘图辅助工具

高效、精确地绘制图形有时需要借助一些辅助工具，如用于精确确定绘制位置的精确定位工具、调整图形显示范围与方式的显示工具和查询工具等。

### 8.7.1 精确定位工具

为了实现精确绘制图形，可以采用直角坐标和极坐标精确定位点。当获取这些坐标不方便时，还可以采用栅格、捕捉、极轴追踪、对象捕捉、对象捕捉追踪和正交绘图等辅助工具来提高绘图效率。

**1. 捕捉（SNAP）和栅格（GRID）**

捕捉（SNAP）是一些标定位置的小点，它可以使十字光标以设定的数值进行移动。捕捉可以通过按〈F9〉键打开或关闭捕捉显示，也可以用鼠标单击状态栏“捕捉”按钮打开或关闭捕捉。

栅格（GRID）是一定间距的点组成的方框，如同方格纸，每格之间的间距可以由用户自己根据具体要求进行设定。栅格可以通过按〈F7〉键打开或关闭栅格显示，也可以用鼠标单击状态栏“栅格”按钮打开或关闭栅格。

需要注意的是，捕捉和栅格两者经常配合使用，栅格不是图形的一部分，只是起视觉参考，不随图形输出。

设置捕捉和栅格参数的方式可以采用如下两种方式：

1）菜单栏：“工具”→“绘图设置”（以前版本在子菜单中为“草图设置”）。运行之后，弹出“草图设置”对话框，如图 8-17 所示。可以在其中设置捕捉、栅格间距，同时可勾选“启用捕捉”和“启用栅格”复选框。

2）命令行：SNAP 或 GRID。例如，运行捕捉命令如下：

- 输入命令：SNAP↙
- 指定捕捉间距或［打开（ON）/关闭（OFF）/纵横向间距（A）/传统（L）/样式（S）/类型（T）］<10.0000>：
- 指定水平间距 <10.0000>：
- 指定垂直间距 <10.0000>：

**2. 极轴追踪和对象捕捉追踪**

极轴追踪是指按照设定的极坐标角度增量来追踪特征点。在图 8-17 所示的“草图设置”对话框中单击“极轴追踪”选项卡，可以设置极轴追踪的增量角，还可以设置对象捕捉追踪的方式，如图 8-18 所示。在该选项卡中，勾选“启用极轴追踪”复选框，可以打开极轴追踪模式。当然也可以通过单击状态栏的极轴追踪按钮或按〈F10〉键控制极轴追踪功能开关。

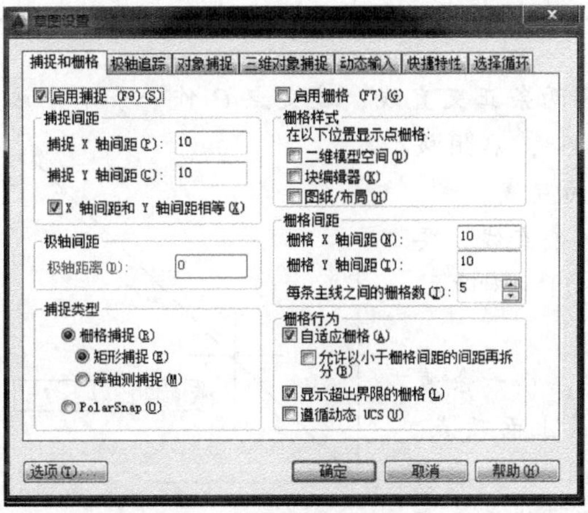

图 8-17 “草图设置”对话框

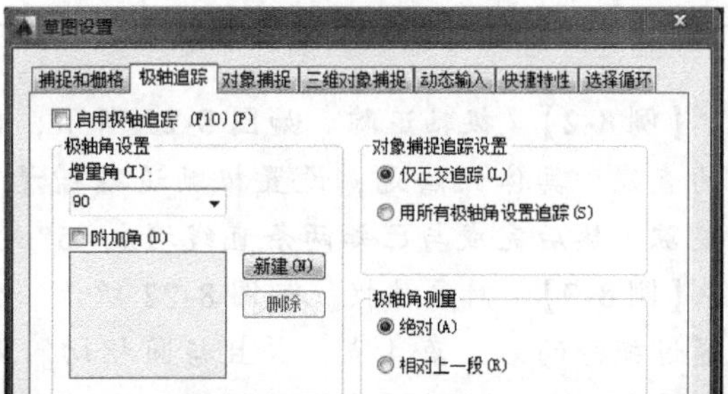

图 8-18 极轴追踪选项卡

### 3. 对象捕捉

执行对象捕捉设置（也称为对象捕捉），可以在对象上的精确位置指定捕捉点。在图 8-17 所示的“草图设置”对话框中单击“对象捕捉”选项卡（图 8-19），勾选多个特征点选项后，将应用选定的捕捉模式，在绘图区绘图时捕捉距离靶框中心最近的点。按〈Tab〉键以在这些特征点选项之间循环。

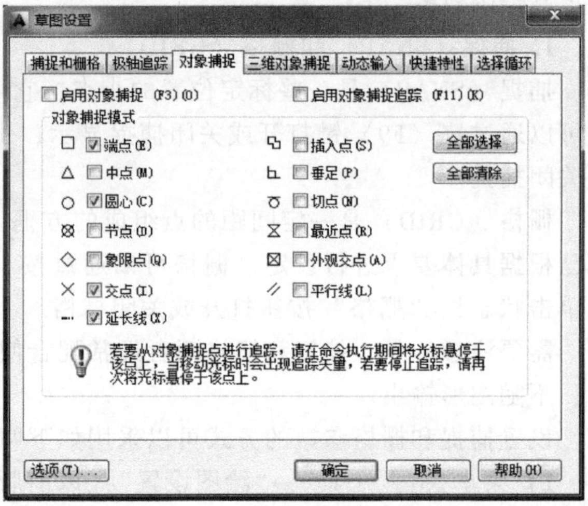


图8-19 “对象捕捉”选项卡

对象捕捉除了可以在“工具”→“草图设置”中进行调用外，还可以通过“对象捕捉”工具栏的方式（图 8-20）以及关键字母命令行方式进行调用。“草图设置”对话框中 13 种对象捕捉方式的关键字母和相应按钮图标见表 8-1。

需要说明的是，以上几项辅助工具往往会相互配合使用，都会采用下拉菜单“工具”中的“草图设置”。除此之外，还可以通过运行“DSETTINGS”命令来进行草图设置。

图 8-20 “对象捕捉”工具栏

**表 8-1 对象捕捉方式的关键字母与图标**

| 端点 | 中点 | 圆心 | 节点 | 象限点 | 交点 | 延伸 | 插入点 | 垂足 | 切点 | 最近点 | 外观交点 | 平行 |
|---|---|---|---|---|---|---|---|---|---|---|---|---|
| END | MID | CEN | NOD | QUA | INT | EXT | INS | PER | TAN | NEA | APP | PAR |

【例 8-2】 极轴追踪。如图 8-21 所示，已有两条正交直线，过交点 $O$ 作一条平分该直角的直线。具体做法是，设置极轴追踪增量角 45°，启用极轴追踪，然后完成与已知两条直线均成 45°夹角的直线。

【例 8-3】 对象捕捉。如图 8-22 所示，作一条直线，要求通过矩形的右上角 $A$ 点，并且与圆相切。需要用“对象捕捉”来拾取 $A$ 点和直线与圆的切点。

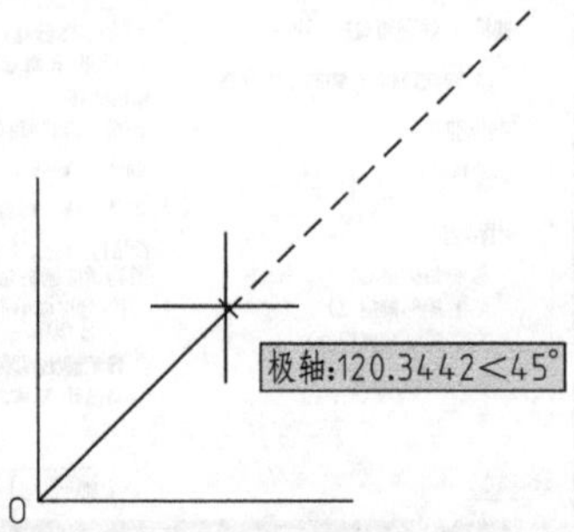


图 8-21 极轴追踪

【例 8-4】 对象捕捉追踪。如图 8-23 所示，作一条直线，要求通过两条直线交点 $B$，并且通过圆的最上面顶点。需要勾选“对象捕捉”选项卡中的“交点”“圆心”，启用“对象捕捉”和“对象捕捉追踪”。先拾取交点 $B$，然后悬空拾取圆心向上沿着垂直方向追踪到与圆的交点“×”，单击完成绘制。

**4. 正交绘图**

在正交绘图模式下，在执行绘图命令过程中，光标只能沿着 $X$ 轴或 $Y$ 轴的平行方向移动，因此它们相互垂直成 90°正交。这在土木工程图绘制时将会提供很大方便。设置正交绘图模式可以直接单击状态栏的“正交模式”按钮，或者按〈F8〉键，也可以在命令窗口中输入 ORTHO，开启或者关闭正交绘图。

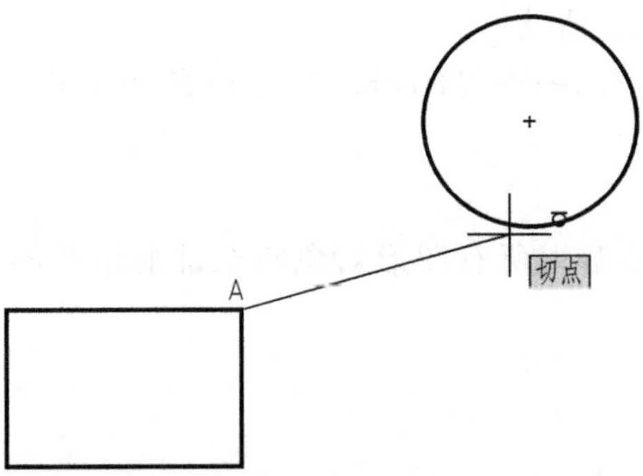


图 8-22　对象捕捉

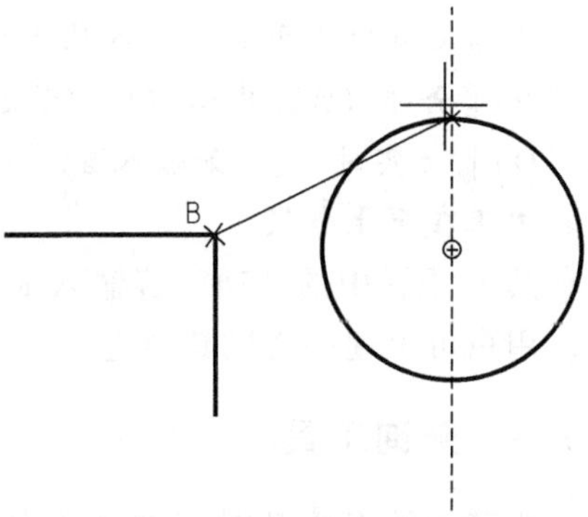


图 8-23　对象捕捉追踪

## 8.7.2　图形显示工具

对于较复杂的图形，在观察整幅图形时，往往无法对其局部细节进行查看和操作；而当在屏幕上显示一个细节时又看不到其他部分。为解决这类问题，AutoCAD 提供了平移、缩放、视图、鸟瞰视图和视口等一系列图形显示控制命令，可以用来任意放大、缩小或移动屏幕上的图形，还可以从不同角度、不同部位显示图形。AutoCAD 还提供了重画和重新生成命令来刷新屏幕、重新生成图形。

用户可以平移视图以重新确定其在绘图区域中的位置，或缩放视图以更改比例。平移和缩放是基于 AutoCAD 的产品中最常用的两个工具。通常通过使用鼠标滚轮来完成平移和缩放视图。使用滚轮缩放视图，同时按住滚轮并拖动可平移视图。

**1. 平移（PAN）**

使用 PAN“实时”选项，可以通过移动鼠标进行动态平移，它不会更改图形中的对象位置或比例，而只是更改视图。

1）命令行：PAN。

2）菜单栏：“视图”→“平移”。

3）工具栏：“标准”→“实时平移”。

4）快捷菜单：在绘图区单击鼠标右键，在弹出的快捷菜单中选择“平移”命令。

按以上任一种方法激活 PAN 命令后，光标将变成一只“小手”，可以在绘图区任意移动，表示当前处在平移模式。

**2. 缩放（ZOOM）**

它可以通过放大和缩小操作更改视图的比例，类似于使用相机进行缩放，而不更改图形中对象的绝对大小，只改变视图的放大比例。当在图形中进行局部特写时，可能经常需要将图形缩小以观察总体布局。使用“缩放到上一个”可以快速返回到上一个视图。执行图形缩放的方法如下：

1）命令行：ZOOM。

2）菜单栏：“视图”→“缩放”。

3）工具栏：“标准”→“实时缩放” 。

执行“ZOOM”命令后，系统出现如下提示：

• 指定窗口的角点，输入比例因子（nX 或 nXP），或者

• ［全部（A）/中心（C）/动态（D）/范围（E）/上一个（P）/比例（S）/窗口（W）/对象（O）］<实时>：（如输入 a）

• 正在重生成模型

其中［］中的选项，若输入 a，则会重新生成模型为所有图形对象将全部显示在绘图区。用户可以逐一尝试其他选项。

## 8.7.3 查询工具

为了方便用户及时了解图形信息，AutoCAD 提供了多种查询工具，包括距离、半径、角度、面积、体积、面域/质量特性、列表、点坐标、时间、状态和设置变量。下面主要介绍距离和面积查询工具，其他查询工具请用户在应用中自行练习。

通过 MEASUREGEOM 可以从对象中来获取如下几何信息：距离、面积、半径、角度和体积。

**1. 距离查询**

（1）命令调用方式

1）命令行：MEASUREGEOM（或 MEA）或 DIST（或 DI）。

2）菜单栏：“工具”→“查询”→“距离”。

3）“查询”工具栏：图标

（2）具体操作步骤

1）当用查询 MEASUREGEOM 命令时：

• 输入命令：MEASUREGEOM↙

• 输入选项［距离（D）/半径（R）/角度（A）/面积（AR）/体积（V）］<距离>：D↙

• 指定第一点：

• 指定第二个点或［多个点（M）］：

• 距离 = ，XY 平面中的倾角 = ， 与 XY 平面的夹角 = 0

• X 增量 = ， Y 增量 = ， Z 增量 = 0.0000

• 输入选项［距离（D）/半径（R）/角度（A）/面积（AR）/体积（V）/退出（X）］<距离>：*取消*

2）当用距离 DIST 命令时：

• 输入命令：DIST

• 指定第一点：（指定点）

●指定第二个点或 [多个点 (M)]：(本例指定第二个点，或者输入“多个点 M”量测多段距离总和。)

●距离 =，XY 平面中的倾角 =， 与 XY 平面的夹角 = 0

●X 增量 =， Y 增量 =， Z 增量 = 0.0000

**2. 面积查询**

(1) 命令调用方式

1) 命令行：MEASUREGEOM（或 MEA）或 AREA（或 AA）。

2) 菜单栏：“工具”→“查询”→“面积”。

(2) 具体操作步骤

1) 当用查询 MEASUREGEOM 命令时：

●输入命令：MEASUREGEOM↙

●输入选项 [距离 (D)/半径 (R)/角度 (A)/面积 (AR)/体积 (V)] <距离>：AR↙

●指定第一个角点或 [对象 (O)/增加面积 (A)/减少面积 (S)/退出 (X)] <对象 (O)>：(这里指定点，则可量测出至少指定三个点的闭合图形的面积。)

●指定下一个点或 [圆弧 (A)/长度 (L)/放弃 (U)]：

●指定下一个点或 [圆弧 (A)/长度 (L)/放弃 (U)/总计 (T)] <总计>：

●区域 =，周长 =

2) 当用面积查询 AREA 命令时：

●输入命令：AREA↙

●指定第一个角点或 [对象 (O)/增加面积 (A)/减少面积 (S)] <对象 (O)>：↙ (按〈Enter〉键，或者选择“增加面积 (A)”，或选择“减少面积 (S)”。)

●选择对象：(可选择闭合对象，如圆、矩形、多边形等)

●区域 =，周长 =

## 本章小结

本章主要介绍了 AutoCAD 2014 的基本入门知识，包括软件的启动与界面、命令的基本输入方法、常用的功能键、绘图环境、图层和辅助绘图工具等。

## 复习思考题

1. AutoCAD 2014 中常用的工具栏有哪些？如何调出或者关闭这些工具栏？
2. 以绘制直线为例，有哪些调用命令的方式？
3. 如何创建用户坐标系？在使用用户坐标系后如何返回到世界坐标系？
4. 分图层的绘制工程图有何必要性？
5. 绝对直角坐标和极坐标的输入格式是怎样的？相对直角坐标和极坐标的输入格式又是怎样的？
6. 精确绘制图形的辅助工具有哪些？分别如何使用？
7. 可以通过哪些方式实现视图的缩放和平移？
8. 常用的查询工具有哪些？如何使用这些命令？

# 第 9 章

## AutoCAD 2014 二维绘图技术

任何复杂的工程图都是由若干图形元素组成的，如直线、圆、圆弧、多边形、文字、尺寸等。因此，这些基本图形元素的绘制方法是整个绘图的基础。本章将逐一讲述这些基本元素的命令用法以及常用的编辑修改方法。

## 9.1 基本绘图命令

### 9.1.1 直线、射线和构造线

**1. 直线**

直线是图样中最常用、最简单的实体，其对应的命令是 LINE。执行一次该命令可以绘制一条直线段，也可以连续绘制多段线段（其中每一段都是独立的实体）。

（1）绘制直线的命令调用方式

1）命令行：LINE（或 L）。

2）菜单栏：“绘图”→“直线”。

3）“绘图”工具栏：图标。

（2）绘制直线的操作步骤　以图 9-1 为例，介绍 LINE 命令的操作步骤，具体如下：

- 输入命令：LINE↙（或者 L）
- 指定第一个点：100，100↙（指定 *A* 点坐标）
- 指定下一点或［放弃（U）］：　@600，0↙（指定 *B* 点坐标）
- 指定下一点或［放弃（U）］：　@0，390↙（指定 *C* 点坐标）
- 指定下一点或［闭合（C）/放弃（U）］：@－300，100↙（指定 *D* 点坐标）
- 指定下一点或［闭合（C）/放弃（U）］：@－300，－100↙（指定 *E* 点坐标）
- 指定下一点或［闭合（C）/放弃（U）］：C↙（Close，线段由 *E* 点向 *A* 点闭合）

**2. 射线**

射线是一种线性对象，它始于一点，通过第二个点，并且无限延伸。它不会受缩放的影响。一般用作绘图工程的辅助线。射线可以运行一次 RAY 命令经由指定多个通过点来绘制多条射线，这些射线具有相同的起点（图 9-2）。

（1）绘制射线的命令调用方式

1）命令行：RAY。

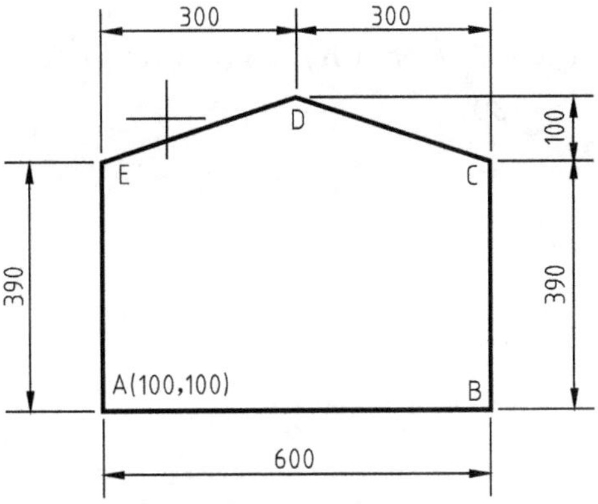


图 9-1　由直线段构成的二维图形

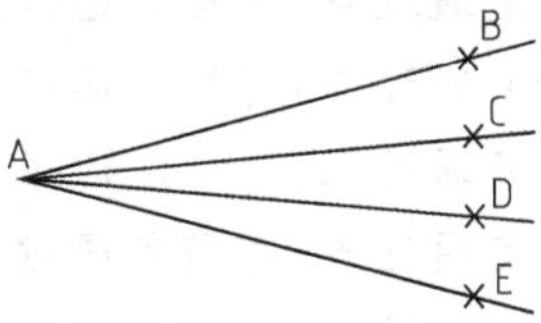


图 9-2　射线

2）菜单栏："绘图"→"射线"。

（2）绘制射线的操作步骤　以图 9-2 为例，介绍射线 RAY 命令的操作步骤，具体如下：

- 输入命令：RAY↙
- 指定起点：（指定起点 *A*）
- 指定通过点：（指定通过点 *B*）
- 指定通过点：（指定通过点 *C*）
- 指定通过点：（指定通过点 *D*）
- 指定通过点：（指定通过点 *E*）
- 指定通过点：↙（结束）

**3. 构造线**

构造线是一种线性对象，它通过两个点并向两个方向无限延伸，跟射线类似，也不会受缩放的影响，一般用作绘图工程的辅助线。构造线也可以运行一次 XLINE 命令来绘制多条构造线，如图 9-3、图 9-4 所示。

（1）绘制构造线的命令调用方式

1）命令行：XLINE（或 XL）。

2）菜单栏："绘图"→"构造线"。

3）"绘图"工具栏：图标 。

（2）绘制构造线的操作步骤　以图 9-3 为例，介绍经过同一个点 *A* 的系列构造线的操作步骤，具体如下：

- 输入命令：XLINE↙
- 指定点或［水平（H）/垂直（V）/角度（A）/二等分（B）/偏移（O）］：（指定点 *A*）
- 指定通过点：（指定通过点 *B*）
- 指定通过点：（指定通过点 *C*）
- 指定通过点：（指定通过点 *D*）
- 指定通过点：（指定通过点 *E*）
- 指定通过点：↙（结束）

以图 9-4 为例，介绍经过保持同一角度的系列构造线的操作步骤，具体如下：

- 输入命令：XLINE↙
- 指定点或［水平（H）/垂直（V）/角度（A）/二等分（B）/偏移（O）］：A
- 输入构造线的角度（0）或［参照（R）］： 30
- 指定通过点：（指定通过点 *B*）
- 指定通过点：（指定通过点 *C*）
- 指定通过点：（指定通过点 *D*）
- 指定通过点：（指定通过点 *E*）
- 指定通过点：↙（结束）

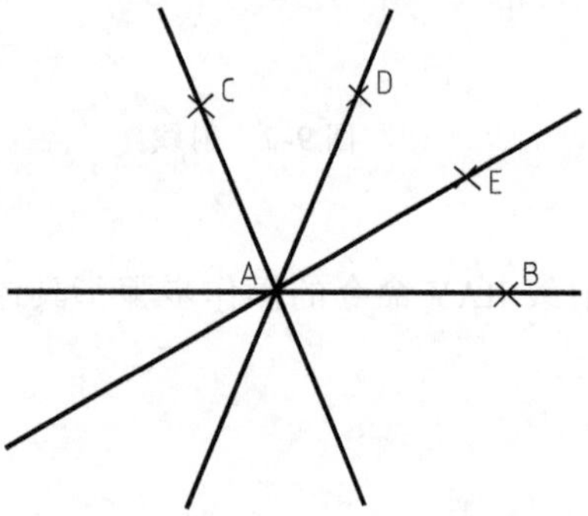


图 9-3 经过同一点的构造线

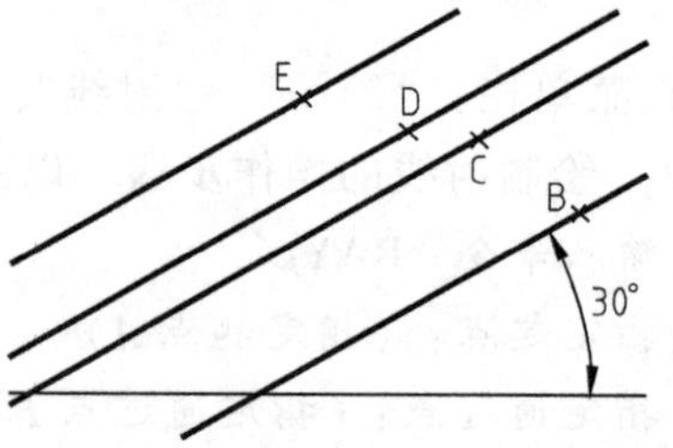


图 9-4 保持同一角度的平行构造线

### 9.1.2 圆、圆弧、椭圆和椭圆弧

**1. 圆**

（1）绘制圆的命令调用方式

1）命令行：CIRCLE（或 CI）。

2）菜单栏："绘图"→"圆"。

3）"绘图" 工具栏：图标 。

在 AutoCAD 中提供了 6 种绘制圆的方法，如图 9-5 的下拉菜单子菜单所示。

（2）绘制圆的操作步骤

1）圆心、半径法。图 9-6 所示的圆的画法采用圆心、半径法绘制而成，其操作步骤如下：

- 输入命令：CIRCLE↙
- 指定圆的圆心或［三点（3P）/两点（2P）/切点、切点、半径（T）］：（指定圆心 *O*）
- 指定圆的半径或［直径（D）］：500（指定半径）↙

2）圆心、直径法。圆心、直径法绘制圆的方法与圆心、半径法类似，绘制出如图 9-6 所示的圆的具体操作步骤如下：

- 输入命令：CIRCLE↙
- 指定圆的圆心或［三点（3P）/两点（2P）/切点、切点、半径（T）］：（指定圆心 *O*）
- 指定圆的半径或［直径（D）］：D↙
- 指定圆的直径：1000（指定直径）↙

3）三点法。三点法画圆是指用可以处在同一个圆上的三点去定位一个圆。若用户指定的三点不能绘制出一个圆，则系统会提示“无效”。用三点法绘制出如图 9-7 所示的圆的具体操作步骤如下：

- 输入命令：CIRCLE↙
- 指定圆的圆心或［三点（3P）/两点（2P）/切点、切点、半径（T）］：3P↙
- 指定圆上的第一个点：100，100↙
- 指定圆上的第二个点：300，300↙
- 指定圆上的第三个点：500，200↙

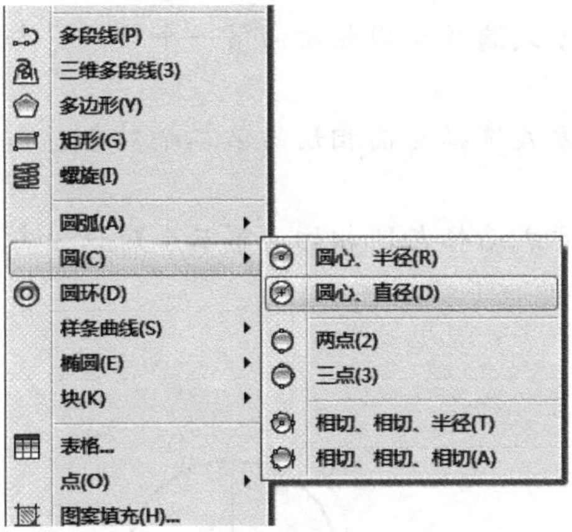


图 9-5 用“绘图”下拉菜单绘制圆

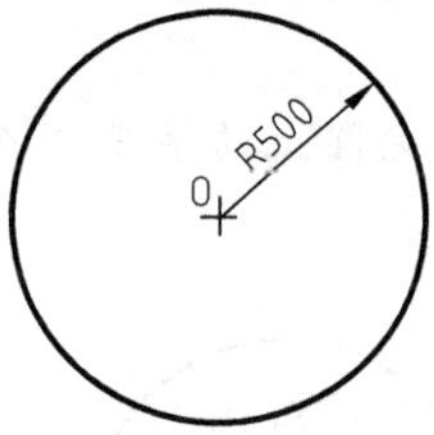


图 9-6 用圆心、半径法绘制圆

4）两点法。两点法画圆是指定圆的直径上的两点。用两点法绘制出如图 9-8 所示的圆的具体操作步骤如下：

- 输入命令：CIRCLE↙
- 指定圆的圆心或［三点（3P）/两点（2P）/切点、切点、半径（T）］：2P↙
- 指定圆直径的第一个端点：－100，－100↙
- 指定圆直径的第二个端点：500，200↙

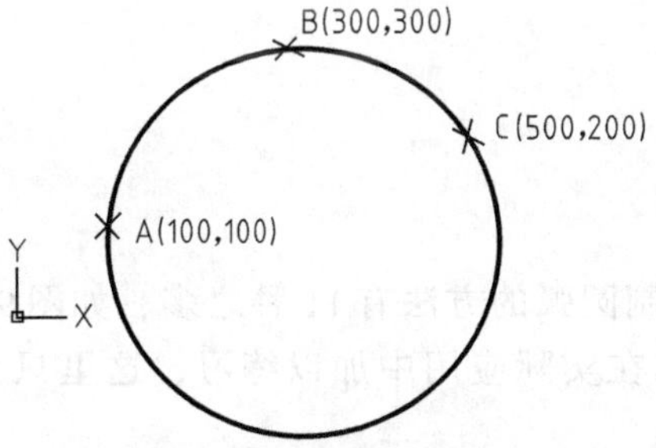


图 9-7 用三点法绘制圆

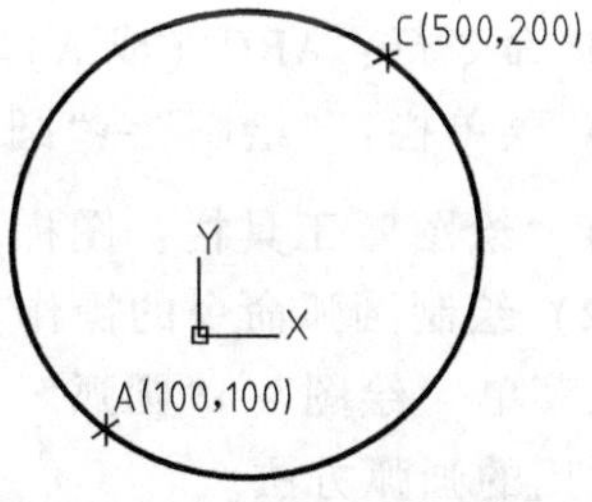


图 9-8 用两点法绘制圆

5）相切、相切、半径法。相切、相切、半径法画圆是指与已有的两个图形对象相切，且具有指定半径的绘制方式。用该方法绘制出如图 9-9 所示半径为 300 的圆 $O_3$ 的具体操作步骤如下：

- 输入命令：CIRCLE↙

- 指定圆的圆心或［三点（3P）/两点（2P）/切点、切点、半径（T）］：T↙
- 指定对象与圆的第一个切点：
- 指定对象与圆的第二个切点：
- 指定圆的半径＜50.0000＞：300↙

6）相切、相切、相切法。用该方法绘制出与已有三个对象相切的圆。用此方法可以作出如图 9-10 中的圆 $O_3$，它与已有圆 $O_1$、圆 $O_2$ 以及直线相切。具体操作步骤如下：

- 输入命令：CIRCLE↙
- 指定圆的圆心或［三点（3P）/两点（2P）/切点、切点、半径（T）］：3P↙
- 指定圆上的第一个点：_ tan 到（用对象捕捉方式选择与圆相切的第一个对象，本例中的 $O_1$）
- 指定圆上的第二个点：_ tan 到（用对象捕捉方式选择与圆相切的第二个对象，本例中的 $O_2$）
- 指定圆上的第三个点：_ tan 到（用对象捕捉方式选择与圆相切的第三个对象，本例中的直线）

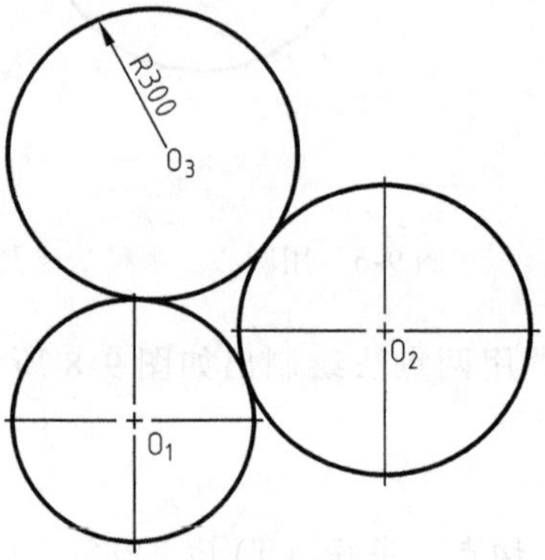

图 9-9　用“相切、相切、半径法”绘制圆

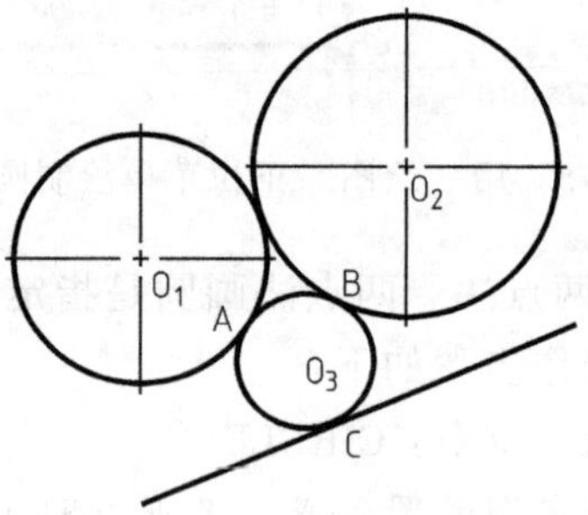

图 9-10　用“相切、相切、相切法”绘制圆

**2. 圆弧**

（1）绘制圆弧的命令调用方式

1）命令行：ARC（或 A）。

2）菜单栏：“绘图”→“圆弧”。

3）“绘图”工具栏：图标。

（2）绘制圆弧命令的操作步骤　AutoCAD 中绘制圆弧的方法有 11 种之多，如图 9-11 所示下拉菜单“绘图”→“圆弧”的子菜单。用户可以在实际应用中加以练习，这里只介绍三种较常用的画弧方法。

1）三点法。如图 9-12 所示为三点法绘制的圆弧。具体步骤如下：

- 输入命令：ARC↙
- 圆弧创建方向：逆时针（按住〈Ctrl〉键可切换方向）
- 指定圆弧的起点或［圆心（C）］：0，400↙
- 指定圆弧的第二个点或［圆心（C）/端点（E）］：300，200↙
- 指定圆弧的端点：50，50↙

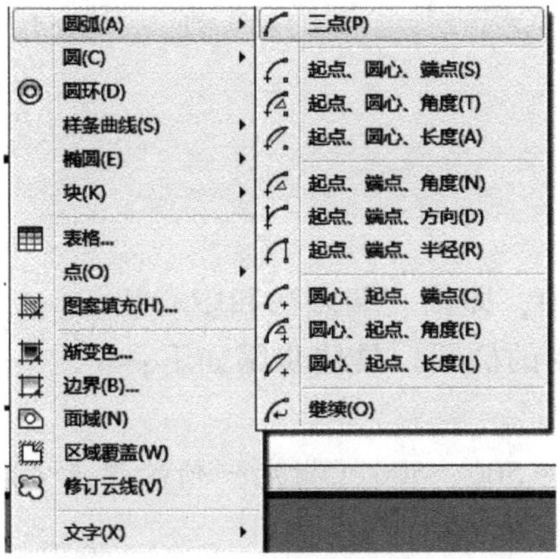


图9-11 用“绘图”下拉菜单绘制圆弧

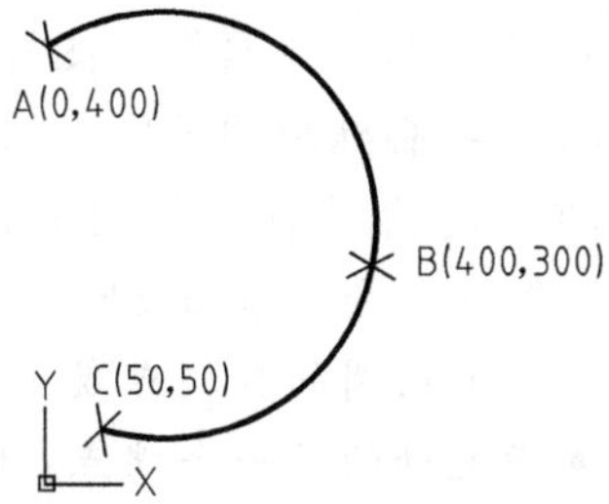


图9-12 三点法绘制圆弧

2）起点、端点、角度法。如图9-13所示为起点、端点、角度法绘制的圆弧。具体步骤如下：

- 输入命令：ARC↙
- 圆弧创建方向：逆时针（按住〈Ctrl〉键可切换方向）
- 指定圆弧的起点或［圆心（C）］：0，350↙
- 指定圆弧的第二个点或［圆心（C）/端点（E）］：E↙
- 指定圆弧的端点：270，290↙
- 指定圆弧的圆心或［角度（A）/方向（D）/半径（R）］：A↙
- 指定包含角：30

3）圆心、起点、端点法。如图9-14所示为圆心、起点、端点法绘制的圆弧。具体步骤如下：

- 输入命令：ARC↙
- 圆弧创建方向：逆时针（按住〈Ctrl〉键可切换方向）
- 指定圆弧的起点或［圆心（C）］：C↙
- 指定圆弧的圆心：150，150↙
- 指定圆弧的起点：550，400↙
- 指定圆弧的端点或［角度（A）/弦长（L）］：20，580↙

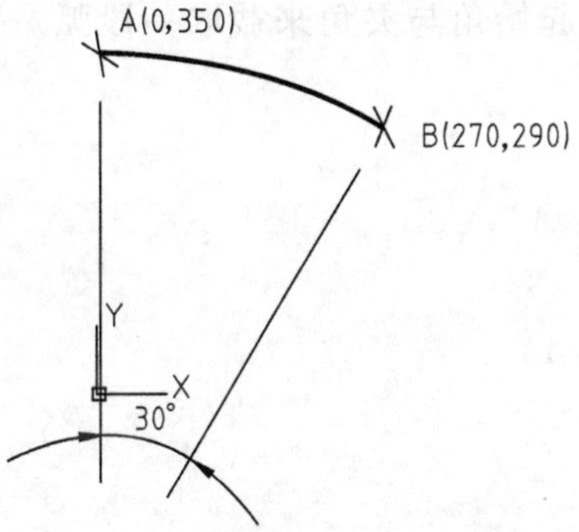


图9-13 “起点、端点、角度法”绘制圆弧

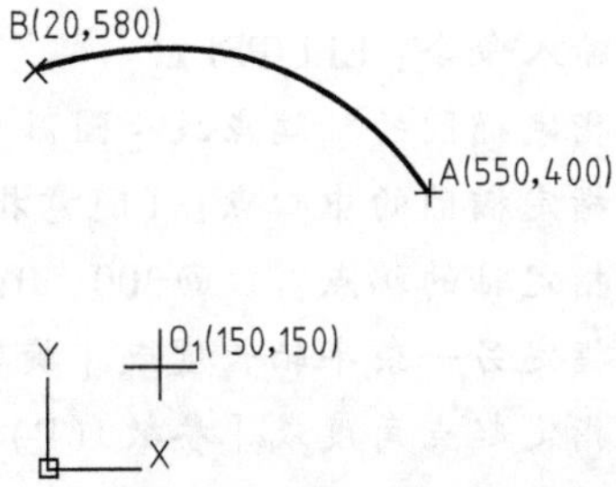


图9-14 “圆心、起点、端点法”绘制圆弧

**3. 椭圆**

(1) 绘制椭圆的命令调用方式

1) 命令行：ELLIPSE（或EL）。

2) 菜单栏："绘图"→"椭圆"。

3) "绘图" 工具栏：图标 。

(2) 绘制椭圆的操作步骤　椭圆的绘制方法有两种，即轴、端点法和中心法。

1) 轴、端点法。如图9-15所示为轴、端点法绘制的椭圆。具体步骤如下：

- 输入命令：ELLIPSE↙
- 指定椭圆的轴端点或［圆弧（A）/中心点（C）］：500，500（指定一轴的端点A）
- 指定轴的另一个端点：1100，500（指定该轴另一端点B）
- 指定另一条半轴长度或［旋转（R）］：200

2) 中心法。如图9-16所示为中心法绘制的椭圆。具体步骤如下：

- 输入命令：ELLIPSE↙
- 指定椭圆的轴端点或［圆弧（A）/中心点（C）］：C↙
- 指定椭圆的中心点：（根据需要指定中心点O）
- 指定轴的端点：@300，0↙（指定一轴的端点A）
- 指定另一条半轴长度或［旋转（R）］：200↙

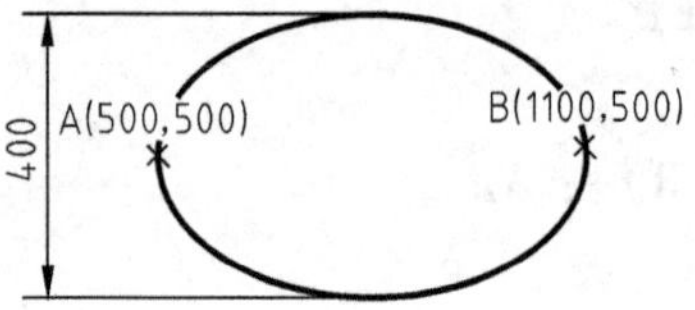

图9-15 "轴、端点法"绘制椭圆

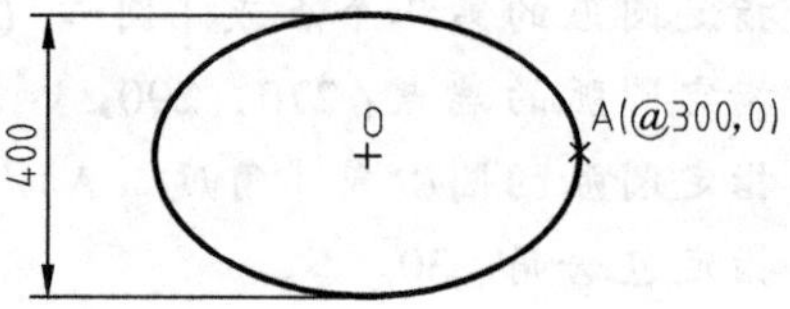

图9-16 "中心法"绘制椭圆

**4. 椭圆弧**

(1) 绘制椭圆弧的命令调用方式

1) 命令行：ELLIPSE（或EL）。

2) 菜单栏："绘图"→"椭圆"→"圆弧（或A）"。

3) "绘图" 工具栏：图标 。

(2) 绘制椭圆弧的操作步骤　椭圆弧的绘制方法与绘制椭圆大体相同。其生成过程相当于先画出一个椭圆，然后在指定起始角和终止角或者起始角与夹角来截取一段弧。下面以图9-17为例来介绍绘制椭圆弧的具体步骤。

- 输入命令：ELLIPSE↙
- 指定椭圆的轴端点或［圆弧（A）/中心点（C）］：A
- 指定椭圆的中心点：（随意指定中心点O）
- 指定轴的端点：　@300，0↙（指定一轴的端点A）
- 指定另一条半轴长度或［旋转（R）］：200↙
- 指定起点角度或［参数（P）］：30↙
- 指定端点角度或［参数（P）/包含角度（I）］：210↙

**5. 圆环**

（1）绘制圆环的命令调用方式

1）命令行：DONUT（或 DO）。

2）菜单栏："绘图"→"圆环"。

（2）绘制圆环的操作步骤　如图 9-18a 所示圆环的绘制步骤如下：

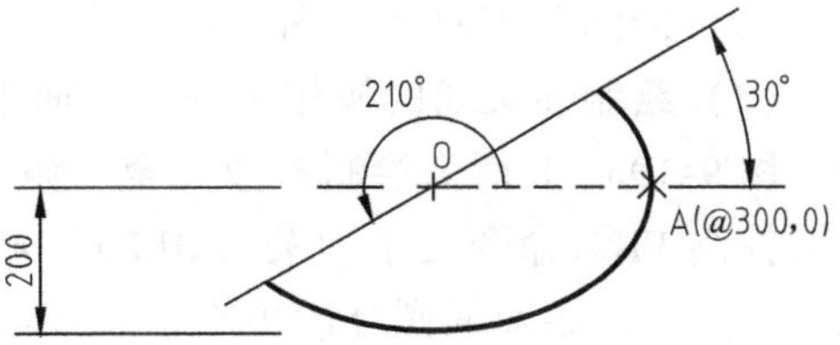


图 9-17　绘制椭圆弧

● 输入命令：DONUT↙

● 指定圆环的内径 <0.5000>：400↙（若此处输入 0，则产生填充好的实心圆，如图 9-18b所示）

● 指定圆环的外径 <1.0000>：500↙（若此处依旧输入 400，则产生如图 9-18c 所示的常规圆）

● 指定圆环的中心点或 <退出>：（根据需要的位置指定中心点）

● 指定圆环的中心点或 <退出>：↙（按〈Enter〉键退出。此时可以继续给定其他位置作中心点，连续画出多个圆环，直到按〈Enter〉键退出圆环绘制命令。）

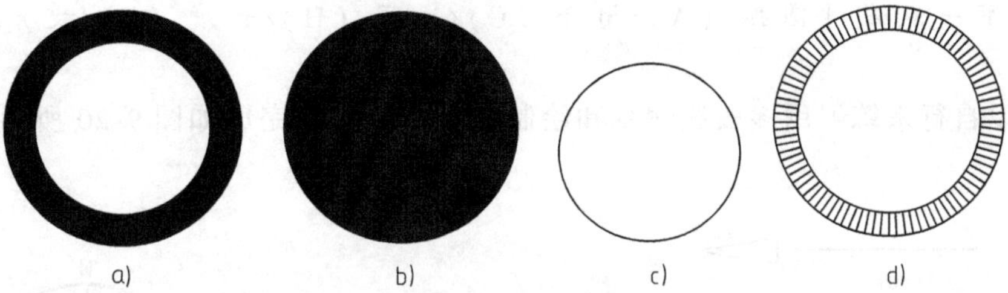


图 9-18　圆环的绘制

值得说明的是，如果用户不希望所绘制的圆环有纯色填充，则可以通过预先将 FILL 命令调至"关（OFF）"状态。出现图 9-18d 效果的圆环的具体操作步骤为：

● 输入命令：FILL↙

● 输入模式 [开（ON）/关（OFF）] <开>：OFF↙

● 命令：DONUT↙

● 指定圆环的内径 <0.0000>：400↙

● 指定圆环的外径 <500.0000>：↙

● 指定圆环的中心点或 <退出>：（根据需要的位置指定中心点）

● 指定圆环的中心点或 <退出>：↙

## 9.1.3　多段线、多线、样条曲线

**1. 多段线**

多段线又称多义线。使用该命令可以绘制任意宽度的直线、任意宽度任意形状的曲线或者直线与曲线的任意组合。

（1）绘制多义线的命令调用方式

1）命令行：PLINE（或 PL）。

2）菜单栏："绘图"→"多段线"。

3）“绘图”工具栏：图标 。

（2）绘制多义线的操作步骤　下面来用多段线命令绘制各种箭头，如图9-19所示。其中，图9-19a、b箭头绘制参数完全一致，c和d的也完全一致。所不同的是，a、c是填充状态控制FILL命令处于“关（OFF）”状态绘制的，而b、d是处于“开（ON）”的状态绘制的。这一点跟前面圆环的填充状态控制一样。图9-19a、b箭头具体绘制步骤如下：

- 输入命令：PLINE↙
- 指定起点：（根据需要的位置指定起点）
- 当前线宽为0.0000↙
- 指定下一个点或［圆弧（A）/半宽（H）/长度（L）/放弃（U）/宽度（W）］：（根据需要的位置指定一点）
- 指定下一点或［圆弧（A）/闭合（C）/半宽（H）/长度（L）/放弃（U）/宽度（W）］：W↙
- 指定起点宽度<0.0000>：40↙
- 指定端点宽度<40.0000>：0↙
- 指定下一点或［圆弧（A）/闭合（C）/半宽（H）/长度（L）/放弃（U）/宽度（W）］：↙

读者可以自行来练习用多段线命令和绘制圆的命令共同完成如图9-20所示的指北针的绘制。

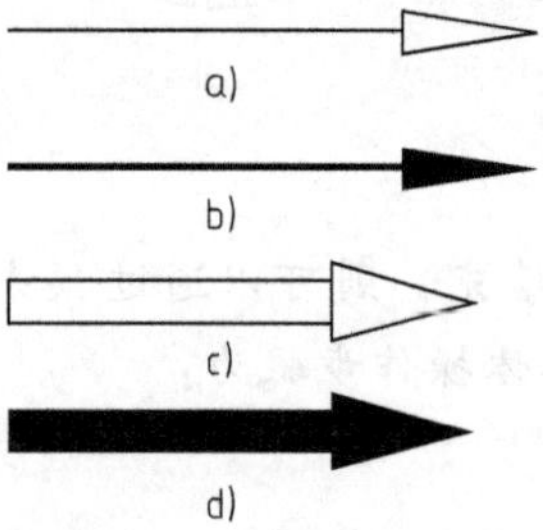


图9-19　多段线绘制箭头

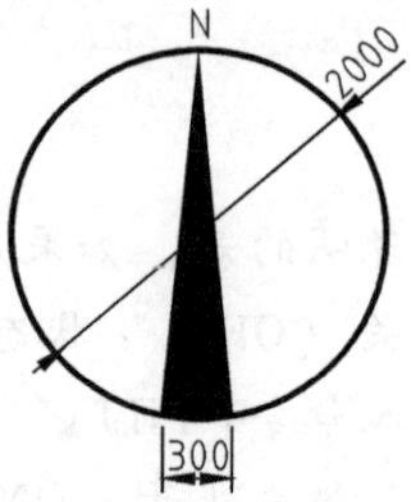


图9-20　指北针

**2. 多线**

多线是指由多条平行线构成的直线组。连续绘制的多线是一个图形元素。相互平行的多线中的直线线型可以不同，如图9-21所示。多线常常同于建筑图的绘制。在绘制之前，应先进行多线样式的定义，然后再用定义的样式绘制多线。

（1）定义多线样式　执行命令的方式有：

1）命令行：MLSTYLE（或MLS）。

2）菜单栏：“格式”→“多线样式”。

具体操作步骤如下：执行MLSTYLE命令后，弹出如图9-22所示的“多线样式”对话框。在该对话框中，用户可对多线样式进行定新建、修改、保存和加载等操作。根据图9-23中各项提示完成新建多线样式的操作。

（2）绘制多线　执行命令的方式有：

1）命令行：MLINE（或ML）。

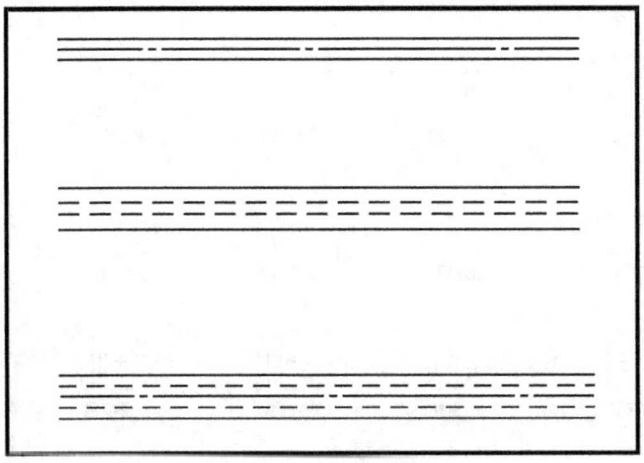

图 9-21　不同样式的多线

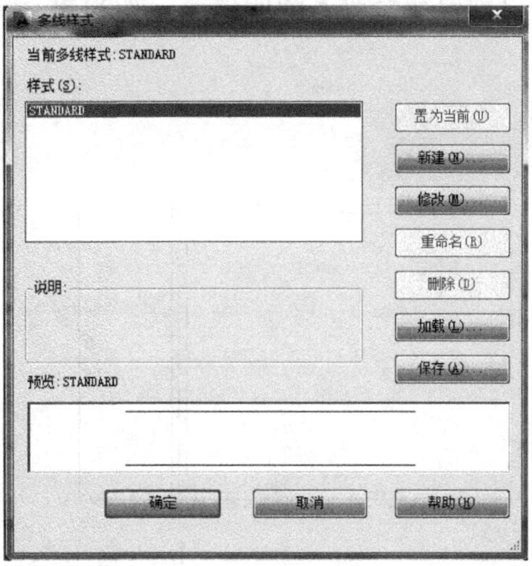


图 9-22　“多线样式”对话框

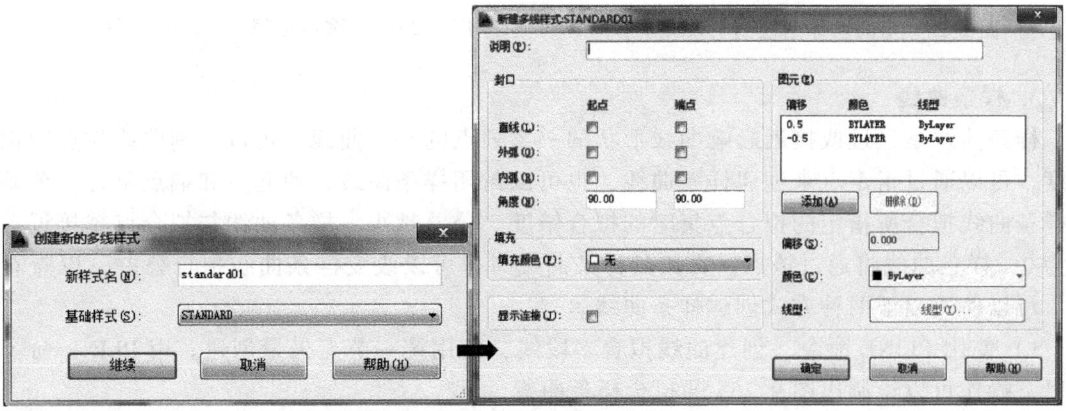


图 9-23　定义多线样式

2）菜单栏：“绘图”→“多线”。

绘制一个如图 9-24 所示的房间墙体的具体操作步骤如下：

- 输入命令：MLINE↙
- 当前设置：对正 = 上，比例 = 240.00，样式 = standard01
- 指定起点或［对正（J）/比例（S）/样式（ST）］：
- 指定下一点：　@4800，0↙
- 指定下一点或［放弃（U）］：　@0，4200↙
- 指定下一点或［闭合（C）/放弃（U）］：　@ -4800，0↙
- 指定下一点或［闭合（C）/放弃（U）］：　C↙

（3）编辑多线　执行命令的方式有：

1）命令行：MLEDIT。

2）菜单栏：“修改”→“对象”→“多线”。

执行 MLEDIT 命令后，弹出“多线编辑工具”对话框，如图 9-25 所示。利用该对话框可以创建或修改多线的模式，如拐角、多线相交的节点模式等。

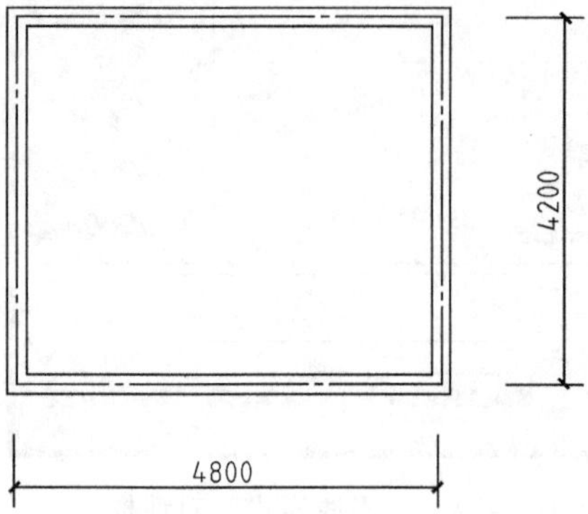


图 9-24 房间墙体的绘制

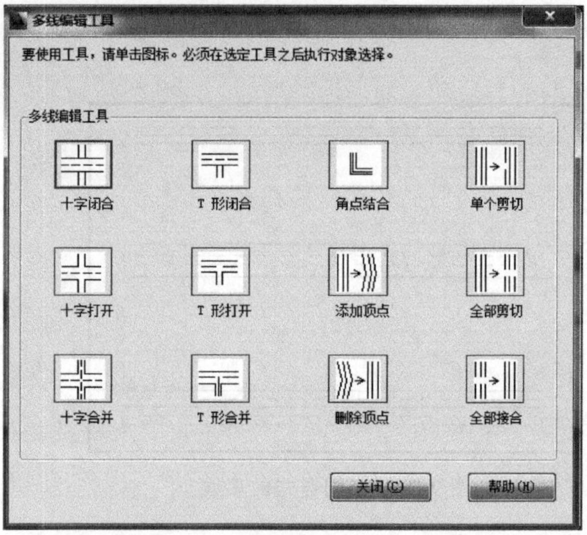


图 9-25 “多线编辑工具”对话框

**3. 样条曲线**

样条曲线是经过或接近影响曲线形状的一系列点的平滑曲线，可以控制曲线与点的拟合程度，可以通过指定点来创建样条曲线，也可以封闭样条曲线，使起点和端点重合。公差表示样条曲线拟合所指定的拟合点集时的拟合精度。公差越小，样条曲线与拟合点越接近；公差为 0，样条曲线将通过该点。在绘制样条曲线时，可以改变样条曲线拟合公差，以查看效果。可以使用以下两种方式创建样条曲线。

1）使用 PLINE 命令，创建曲线拟合多段线，使用统一节点矢量创建。用 PLINE 命令经由以下操作可以绘制出图 9-26a 的拟合样条曲线。

- 输入命令：PLINE↙
- 指定起点：（指定点）
- 当前线宽为 0.0000
- 指定下一个点或［圆弧（A）/半宽（H）/长度（L）/放弃（U）/宽度（W）］：（指定点）
- 指定下一个点或［圆弧（A）/闭合（C）/半宽（H）/长度（L）/放弃（U）/宽度（W）］：A（转圆弧）
- 指定圆弧的端点或［角度（A）/圆心（CE）/闭合（CL）/方向（D）/半宽（H）/直线（L）/半径（R）/第二个点（S）/放弃（U）/宽度（W）］：（指定点）
- 指定圆弧的端点或［角度（A）/圆心（CE）/闭合（CL）/方向（D）/半宽（H）/直线（L）/半径（R）/第二个点（S）/放弃（U）/宽度（W）］：（指定点）
- 指定圆弧的端点或［角度（A）/圆心（CE）/闭合（CL）/方向（D）/半宽（H）/直线（L）/半径（R）/第二个点（S）/放弃（U）/宽度（W）］：（指定点）
- 指定圆弧的端点或［角度（A）/圆心（CE）/闭合（CL）/方向（D）/半宽（H）/直线（L）/半径（R）/第二个点（S）/放弃（U）/宽度（W）］：L（转直线）

● 指定下一个点或［圆弧（A）/闭合（C）/半宽（H）/长度（L）/放弃（U）/宽度（W）］：（指定点）

● 指定下一个点或［圆弧（A）/闭合（C）/半宽（H）/长度（L）/放弃（U）/宽度（W）］：↙

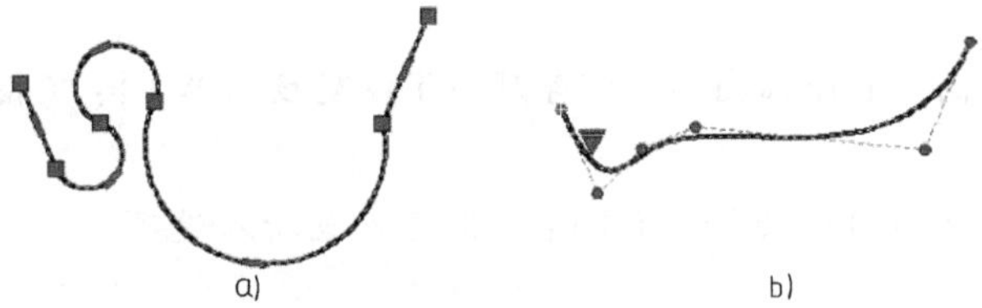


图 9-26　样条曲线拟合多段线和样条曲线图

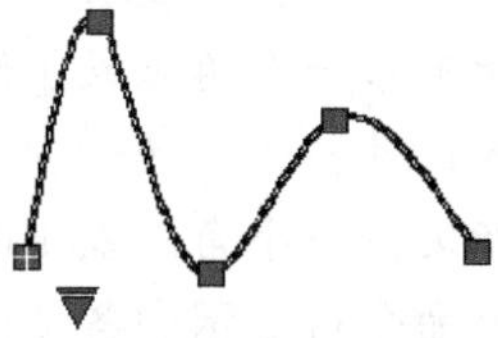

图 9-27　直接绘制样条曲线

2）使用 SPLINE 或 SPL 命令，可以很容易得到样条曲线或拟合多段线，转换为真正的样条曲线。其命令调用方式有：

① 命令行：SPLINE（或 SPL）。

② 菜单栏："绘图"→"样条曲线"。

3）"绘图" 工具栏：图标 。

① 使用 SPLINE 命令直接绘制样条曲线，如图 9-27 所示。其操作步骤如下：

● 输入命令：SPLINE↙

● 当前设置：方式 = 拟合　节点 = 弦

● 指定第一个点或［方式（M）/节点（K）/对象（O）］：（指定点）

● 输入下一个点：（指定点）

● 输入下一个点或［放弃（U）］：（指定点）

● 输入下一个点或［闭合（C）/放弃（U）］：（指定点）

● 输入下一个点或［闭合（C）/放弃（U）］：（指定点）

● 输入下一个点或［闭合（C）/放弃（U）］：↙

② 执行下面的操作步骤后，可以将图 9-26a 中的拟合样条曲线转化为图 9-26b 所示的样条曲线。

● 输入命令：SPLINE

● 当前设置：方式 = 控制点　阶数 = 3

● 指定第一个点或［方式（M）/阶数（D）/对象（O）］：O↙

● 选择多段线：找到 1 个

● 选择多段线：

说明：通过命令 PLINEDIT 来修改定义样条曲线的数据，如控制点的编号和权值、拟合公差以及起点和终点的切线。注意：即使在选择样条曲线拟合多段线之后立即退出 SPLINEDIT，SPLINEDIT 仍会自动将样条曲线拟合多段线转换为样条曲线。

## 9.1.4　矩形和正多边形

### 1. 矩形

（1）绘制矩形的命令调用方式

1）命令行：RECTANG（或 REC）。

2）菜单栏：“绘图”→“矩形”。

3）“绘图”工具栏：图标。

（2）绘制矩形的操作步骤

• 输入命令：RECTANG↙

• 指定第一个角点或［倒角（C）/标高（E）/圆角（F）/厚度（T）/宽度（W）］：（指定点或输入选项）

• 指定另一个角点或［面积（A）/尺寸（D）/旋转（R）］：（指定点或输入选项）

以上命令行提示中各项的含义如下：

① 第一个角点：指定矩形的一个角点。

② 另一个角点：使用指定的点作为对角点创建矩形。

③ 面积（A）：使用面积创建矩形，给定面积 $A$ 后会提示输入矩形的长 $L$ 或宽 $W$，其中 $L$ 是横向，$W$ 是竖向。

④ 尺寸（D）：用长 $L$、宽 $W$ 的尺寸来创建矩形。

⑤ 旋转（R）：按指定的旋转角度创建矩形，指的是将要绘制的矩形 $L$ 方向与 $x$ 轴的夹角。

⑥ 倒角（C）：设置矩形的倒角距离，指定矩形的第一个倒角距离和第二个倒角距离，以后执行 RECTANG 命令时，此值将成为当前倒角距离。

⑦ 标高（E）：指定矩形的标高，以后执行 RECTANG 命令时，此值将成为当前标高。

⑧ 圆角（F）：指定矩形的圆角半径，以后执行 RECTANG 命令时，此值将成为当前圆角半径。

⑨ 厚度（T）：指定矩形的厚度，以后执行 RECTANG 命令时，此值将成为当前厚度。

⑩ 宽度（W）：为要绘制的矩形指定多段线的宽度，指定矩形的线宽后，以后执行 RECTANG 命令时，此值将成为当前多段线宽度。

根据以上的提示，利用矩形命令可以绘制出的矩形种类如图 9-28 所示。

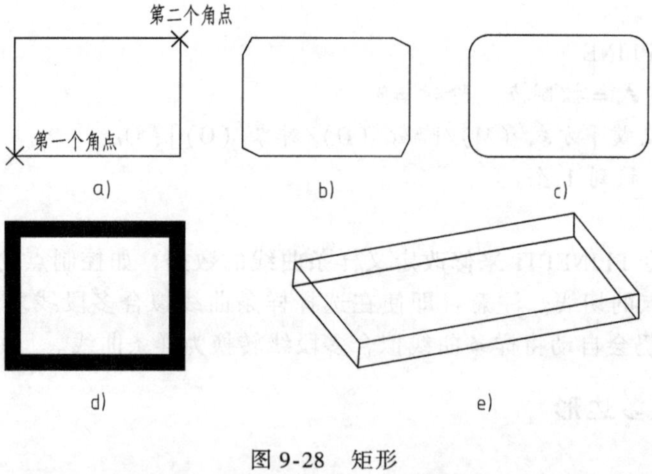


图 9-28　矩形

a）常规矩形　b）倒角矩形　c）圆角矩形　d）有线宽度矩形　e）有厚度矩形

**2. 正多边形**

AutoCAD中的多边形命令可以绘制出3～1024条边的正多边形，可以由与其内接、外切圆的半径或者以边的长度来确定。

（1）绘制正多边形的命令调用方式

1）命令行：POLYGON（或POL）。

2）菜单栏："绘图"→"多边形"。

3）"绘图"工具栏：图标 。

（2）绘制正多边形的操作步骤

1）"内接于圆或者外切于圆"的画法如图9-29a、b所示。

- 输入命令：POLYGON↙
- 输入侧面数 <4>：（指定边数目3～1024）
- 指定正多边形的中心点或［边（E）］：（指定中心点）
- 输入选项［内接于圆（I）/外切于圆（C）］<I>：（选择"内接于圆（I）"，则做法如图9-29a所示；选择"外切于圆（C）"，则做法如图9-29b所示。其中虚线所示的圆是假想存在的，不会真正出现在绘制过程中）

2）"指定某一边的两个端点"的画法，绘制正五边形，结果如图9-29c所示。

- 输入命令：POLYGON↙
- 输入侧面数 <4>：5↙
- 指定正多边形的中心点或［边（E）］：E↙
- 指定边的第一个端点：（指定点）
- 指定边的第二个端点：（指定点）

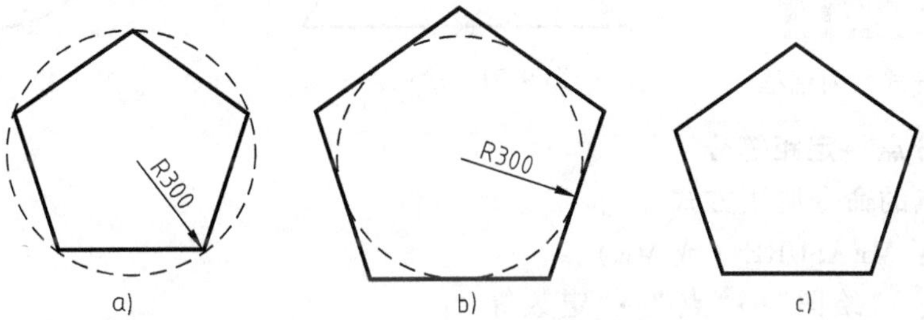


图9-29　多边形

## 9.1.5　点

**1. 绘制点**

（1）绘制点的命令调用方式

1）命令行：POINT（或PO）。

2）菜单栏："绘图"→"点"。

3）"绘图"工具栏：图标 。

（2）绘制点的命令调用方式

- 输入命令：POINT↙

- 当前点模式： PDMODE = 3 PDSIZE = -4.0000
- 指定点：

说明：可以先执行 DDPTYPE 命令，弹出“点样式”对话框（图 9-30），设定点的大小，然后选定点的样式。或者执行 PDMODE 命令设定点样式，执行 PDSIZE 命令设定点标记的尺寸，然后再执行 POINT 命令绘制“点”。例如，在图 9-31 所示的三角形上，标定各边的中点（同时打开对象捕捉模式→中点捕捉）。

**2. 绘制等分点→定数等分**

（1）绘制点的命令调用方式

1）命令行：DIVIDE（或 DIV）。

2）菜单栏：“绘图”→“点”→“定数等分”。

（2）定数等分点的操作步骤

- 输入命令：DIVIDE↙
- 选择要定数等分的对象：（如图 9-32 所示，选择对象“圆”）
- 输入线段数目或 [块（B）]：10

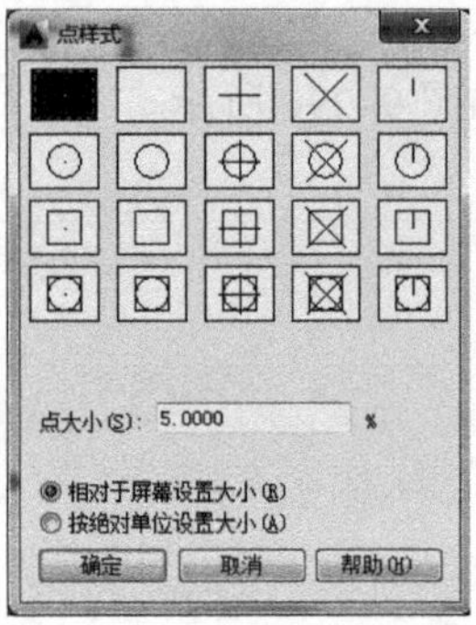

图 9-30 “点样式”对话框

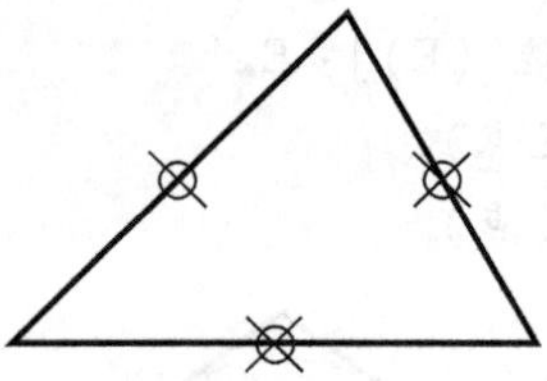
图 9-31 绘制点

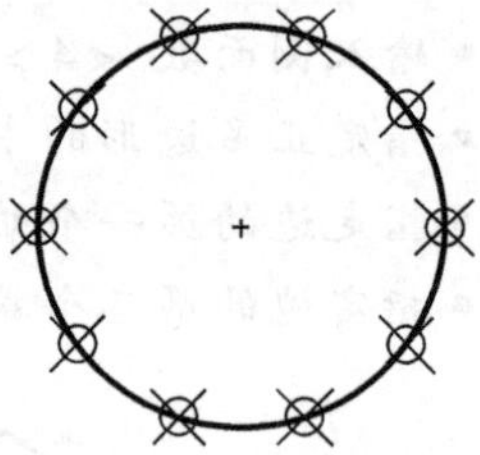
图 9-32 定数等分点

**3. 绘制等分点→定距等分**

（1）绘制点的命令调用方式

1）命令行：MEASURE（或 ME）。

2）菜单栏：“绘图”→“点”→“定数等分”。

（2）定数等分点的操作步骤 图 9-33 中的直线段长度为 1040 绘图单位，用“点→定距等分”以 300 绘图单位的等间距标出等分点。

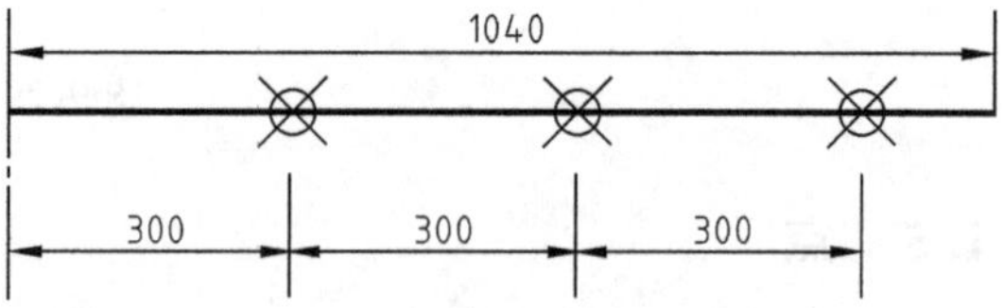

图 9-33 定距等分点的标定

- 输入命令：MEASURE↙
- 选择要定距等分的对象：（选择图 9-33 中的直线段）
- 指定线段长度或 [块（B）]：300↙

## 9.1.6 文字标注

完整的建筑施工图除了要有表明建筑物状况的图形外，还要有足够的文字说明，才能够真正表达建筑设计师的设计意图。同时图样的其他相关设计信息也要通过图样中标题栏的文字表达出来。因此，在 AutoCAD 2014 绘制建筑图时，文字输入是非常重要的一部分，本节将对其相关命令进行介绍。

**1. 文字样式**

图样的文字样式既应符合国家制图标准的要求，又要根据实际情况来设置文字的大小、方向等。所以，在绘图时要对文字样式进行设置。“文字样式”可以创建、修改或指定文字样式。

（1）调用命令的方式

1）命令行：STYLE（或 ST）。

2）菜单栏：“格式”→“文字样式”。

3）工具栏：图标。

执行命令后，弹出“文字样式”对话框，如图 9-34 所示。

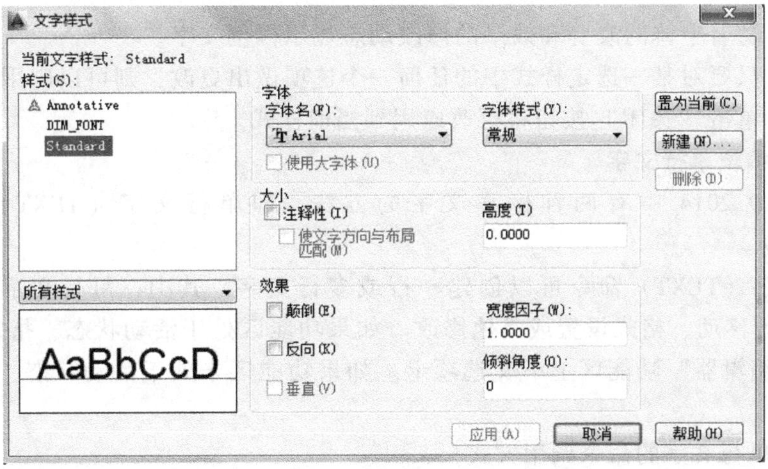


图 9-34　“文字样式”对话框

（2）选项说明　在“文字样式”对话框中，可以创建、修改或设置命名文字样式。各选项功能如下：

1）样式名：该选项用于显示文字样式名、添加新样式以及重命名和删除现有样式。列表中包括已定义的样式名并默认显示当前样式。若要更改当前样式，可从列表中选择另一种样式，或选择“新建”以创建新样式。

2）新建：单击此按钮将弹出“新建文字样式”对话框并为当前设置自动提供“样式”名称，如图 9-35 所示。可以采用默认值或在该框中输入名称，然后单击“确定”按钮使新样式名使用当前样式设置。

3）删除：单击此按钮将删除未使用的文字样式。

4）字体：该选项用于更改样式的字体，如改变现有文字样式的方向或字体文件。当图形重新生成时，所有具有该样式的文字对象都

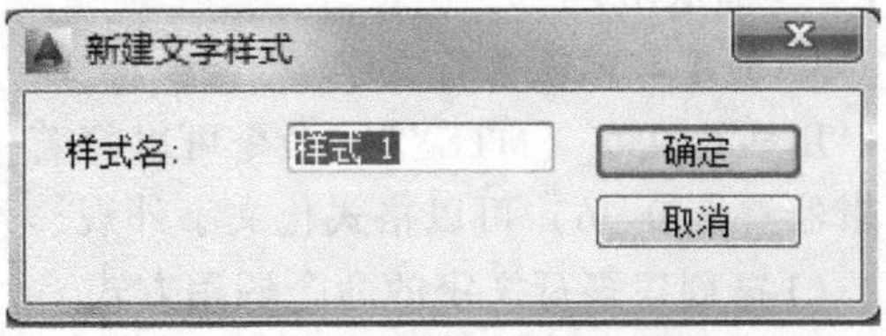


图 9-35　“新建文字样式”对话框

将使用新值。

① 字体名：此处将列出所有注册的TrueType字体和Fonts文件夹中编译的SHX字体的字体族名。从列表中选择名称后，该程序将读取指定字体的文件。除非文件已经由另一个文字样式使用，否则将自动加载该文件的字符定义。可以定义使用同样字体的多个样式。

② 字体样式：此处将指定字体格式，如斜体、粗体或者常规字体。选定“使用大字体”后，该选项变为“大字体”，用于选择大字体文件。使用大字体是指定亚洲语言的大字体文件；只有在“字体名”中指定SHX文件，才能使用“大字体”；只有SHX文件可以创建“大字体”。

5）大小：高度是将根据输入的值设置文字高度。如果输入“0.0”，每次用该样式输入文字时，系统都将提示输入文字高度。输入大于“0.0”的高度值则为该样式设置固定的文字高度。在相同的高度设置下，TrueType字体显示的高度要小于SHX字体。

6）效果：该选项用于修改字体的特性，如宽度比例、倾斜角以及是否颠倒显示、反向或垂直对齐。

7）预览：随着字体的改变和效果的修改动态显示样例文字。

8）应用：只要对某一选定样式中的任何一个选项做出更改，则可以应用保存。

9）关闭：单击“关闭”按钮将更改应用到当前样式。

**2. 创建与编辑单行文字**

在AutoCAD 2014中有两种标注文字的方法，即单行文字（TEXT）和多行文字（MTEXT）命令。

用单行文字（TEXT）命令可以创建一行或多行文字，其中，每行文字都是独立的对象，可对其进行移动、格式设置或其他修改。如果功能区处于活动状态，指定对角点之后，将显示“文字编辑器”功能区上下文选项卡。如果功能区未处于活动状态，则将显示在位文字编辑器。

（1）创建单行文字的命令调用方式

1）命令行：TEXT或DTEXT（或DT）。

2）菜单栏：“绘图”→“单行文字”。

（2）具体操作步骤

- 输入命令：DTEXT↙
- 命令提示 TEXT
- 当前文字样式：“STANDARD” 文字高度：2.5 注释性：否 对正：左
- 指定文字的起点 或［对正（J）/样式（S）］：
- 指定文字的旋转角度 <0>：

此版本的AutoCAD指定完文字的旋转角度后，直接输入文字即可。输入完毕可以按<Esc>键退出。

**3. 创建与编辑多行文字**

用多行文字（MTEXT）命令可以将若干文字段落创建为单个多行文字对象，使用内置编辑器（图9-36）可以格式化文字外观、列和边界等。

（1）创建多行文字的命令调用方式

1）命令行：MTEXT（或T，或MT）。

2）菜单栏："绘图"→"多行文字"。

3）"绘图" 工具栏：图标 A。

(2) 具体操作步骤

- 输入命令：MTEXT↙
- 当前文字样式："STANDARD"　文字高度：2.5　注释性：否
- 指定第一角点：
- 指定对角点或 [高度(H)/对正(J)/行距(L)/旋转(R)/样式(S)/宽度(W)/栏(C)]：

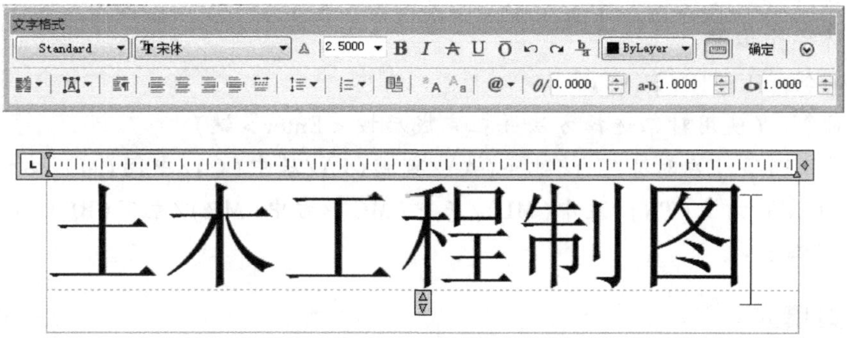


图 9-36　内置编辑器

**4. 编辑文字内容**

在绘图过程中，如果文字标准不符合要求，可以通过编辑文字命令进行修改。

(1) 命令调用方式

1）命令行：DDEDIT。

2）菜单栏："修改"→"对象"→"文字"→"编辑"。

3）定点设备：双击文字对象。

4）快捷菜单：选择文字对象，在绘图区中单击鼠标右键，然后选择 "编辑" 选项。

(2) 具体操作步骤

- 输入命令：DDEDIT↙
- 选择注释对象或 [放弃 (U)] <当前值>：(选择注释对象)

**5. 改变文字的比例**

增大或缩小选定文字对象而不改变其位置。

(1) 缩放文字比例的命令调用方式

1）命令行：SCALETEXT。

2）菜单栏："修改"→"对象"→"文字"→"比例"。

(2) 具体操作步骤

- 输入命令：SCALETEXT
- 选择对象：(使用对象选择方法并在完成后按 <Enter> 键)
- 输入缩放的基点比例 [现有(E)/左(L)/中心(C)/中间(M)/右(R)/左上(TL)/中上(TC)/右上(TR)/左中(ML)/正中(MC)/右中(MR)/左下(BL)/中下(BC)/右下(BR)] <现有>：(指定一个位置作为缩放基点)

按照基点提示，可以选择某个位置作为缩放基点，供每个选定的文字对象单独使用。缩放基点位于文字选项的一个插入点处，但是即使选项与选择插入点时的选项相同，文字对象的对正也不受影响。

**6. 改变文字的对正方式**

改变选定文字对象的对齐点而不改变其位置。该命令适用于单行文字对象、多行文字对象、引线文字对象和属性对象。

（1）命令调用方式

1）命令行：JUSTIFYTEXT。

2）菜单栏："修改"→"对象"→"文字"→"对正"。

（2）具体操作步骤

- 输入命令：JUSTIFYTEXT↙
- 选择对象：（使用对象选择方法并在完成后按 < Enter > 键）
- 输入对正选项［左对齐(L)/对齐(A)/布满(F)/居中(C)/中间(M)/右对齐(R)/左上(TL)/中上(TC)/右上(TR)/左中(ML)/正中(MC)/右中(MR)/左下(BL)/中下(BC)/右下(BR)］< 布满 >：

## 9.1.7 图案填充

**1. 创建图案填充**

创建图案填充就是使用填充图案、实体填充或渐变填充来填充封闭区域或选定对象。

（1）命令调用方式

1）命令行：HATCH（弹出如图 9-37 所示的对话框包括两个选项卡，其中图案填充可直接用 BHATCH 命令，渐变色可以用 GRADIENT 命令）。

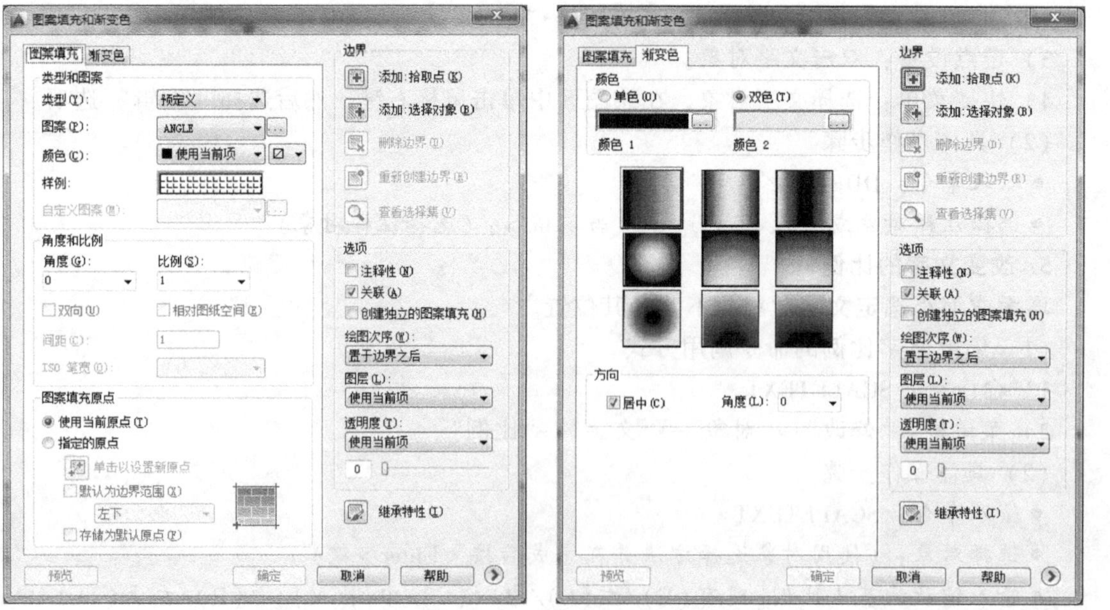


图 9-37 "图案填充和渐变色"对话框

a）"图案填充"选项卡 b）"渐变色"选项卡

2）菜单栏：“绘图”→“图案填充。

3）“绘图”工具栏：图标（图案）或（渐变色）。

（2）具体操作步骤

• 输入命令：HATCH↙

• 拾取内部点或［选择对象（S）/删除边界（B）］：

图 9-38b、c 分别给出了用特定图案和渐变色填充选定区域后的结果。

（3）几个对话框选项功能说明

1）“图案填充”选项卡。该选项卡用于进行与填充图案相关的设置，如图 9-37a 所示。其中：

①“类型和图案”指定图案填充的类型和图案。

②“角度和比例”指定选定填充图案的角度和比例。其中，角度是指要求指定填充图案的角度（相对当前坐标系的 $X$ 轴）；比例是指此处通过设置比例系数放大或缩小预定义或自定义图案。

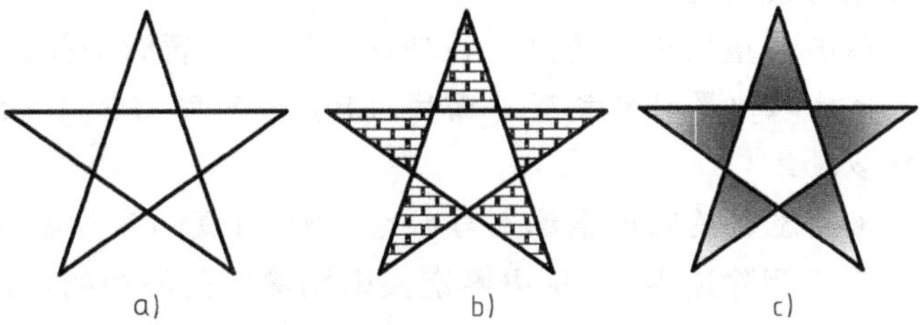


图 9-38　图案填充和渐变色

a）未填充原图　b）图案填充　c）渐变色

2）“渐变色”选项卡。该选项卡用于以渐变色的方式填充颜色，如图 9-37b 所示。

①“单色”将指定使用从较深着色到较浅色调平滑过渡的单色填充。选择“单色”时，将显示带有浏览按钮和“着色”与“渐浅”滑块的颜色样本。

②“双色”将指定在两种颜色之间平滑过渡的双色渐变填充。选择“双色”时，将分别为颜色 1 和颜色 2 显示带有浏览按钮的颜色样本。

3）填充边界。以上两个选项卡中均需要确定填充的边界（图 9-37a、b），可以通过以下多个方法进行选择以指定图案填充的边界：指定对象封闭的区域中的点；选择封闭区域的对象；将填充图案从工具选项板或设计中心拖动到封闭区域。

填充图形时，将忽略不在对象边界内的整个对象或局部对象。但如果填充线遇到对象（如文本、属性）或实体填充对象，并且该对象被选为边界集的一部分，则将填充该对象的四周。其相关设置可在“图案填充和渐变色”对话框中两个选项卡的右侧选项进行。具体解释如下：

①“添加：拾取点”：根据围绕指定点构成封闭区域的现有对象确定边界。对话框将暂时关闭，系统将会提示拾取一个点。

• 拾取内部点或［选择对象（S）/删除边界（B）］：（在要进行图案填充或填充的区域内单击鼠标右键，或者指定选项、输入 U 或 UNDO 放弃上一个选择，或按 <Enter> 键返回对话框。拾取内部点时，可以随时在绘图区域单击鼠标右键以显示包含多个选项的快捷菜单）

②“添加：选择对象”：根据构成封闭区域的选定对象确定边界。对话框将暂时关闭，系统将会提示选择对象。

• 选择对象或［拾取内部点（K）/删除边界（B）］：（选择定义图案填充或填充区域的对象，或者指定选项、输入 U 或 UNDO 放弃上一个选择，或按 <Enter> 键返回对话框）

使用“选择对象”选项时，HATCH不会自动检测内部对象。用户必须选择选定边界内的对象，以按照当前的孤岛检测样式填充那些对象。每次单击“选择对象”选项时，HATCH都会清除上一个选择集。选择对象时，可以随时在绘图区域单击鼠标右键以显示快捷菜单。可以利用此快捷菜单放弃最后一个或所定对象、更改选择方式、更改孤岛检测样式、预览图案填充、渐变填充。

③“重新创建边界”：围绕选定的图案填充或填充对象创建多段线或面域，并使其与图案填充对象相关联（可选）。

单击“重新创建边界”按钮时，对话框暂时关闭，命令行将显示如下提示：

• 输入边界对象类型［面域（R）/多段线（P）］<当前>：（输入R创建面域或输入P创建多段线）

• 要重新关联图案填充与新边界吗？［是（Y）/否（N）］<当前>：（输入Y或N）

④“删除边界”：从边界定义中删除以前添加的任何对象。

单击“删除边界”按钮时，对话柜将暂时关闭，命令行将显示如下提示：

• 选择对象或［添加边界（A）］：（选择要从边界定义中删除的对象、指定选项或按<Enter>键返回对话框）

选择对象——选择图案填充或填充的临时边界对象将它们删除。

添加边界——选择图案填充或填充的临时边界对象添加它们。

⑤“查看选择集”：暂时关闭对话框，并使用当前的图案填充或填充设置显示当前定义的边界。如果未定义边界，则此选项不可用。

4）选项。在选项区域中可控制几个常用的图案填充或填充选项。

① 关联：此选项将控制图案填充或填充的关联。关联的图案填充或填充在用户修改其边界时将会更新。

② 创建独立的图案填充：此选项将控制当指定了几个独立的闭合边界时，是创建单个图案填充对象，还是创建多个图案填充对象。

③ 绘图次序：此选项为图案填充或填充指定绘图次序。图案填充可以放在所有其他对象之后、所有其他对象之前、图案填充边界之后或图案填充边界之前。

④ 继承特性：此按钮将使用选定图案填充对象的图案填充或填充特性对指定的边界进行图案填充或填充。

在选定图案填充要继承其特性的图案填充对象之后，可以在绘图区域中单击鼠标右键，并使用快捷菜单在“选择对象”和“拾取内部点”选项之间进行切换以创建边界。

单击“继承特性”按钮时，对话框将暂时关闭，命令行将显示如下提示：

• 选择图案填充对象：（在某个图案填充或填充区域内单击，以选择新的图案填充对象要使用其特性的图案填充）

**2. 编辑图案填充**

可以用HATCHEDIT修改现有的图案填充或填充。

（1）命令调用方式

1）命令行：HATCHEDIT。

2）菜单栏：“修改”→“对象”→“图案填充”。

3）“修改Ⅱ”工具栏：图标。

(2) 具体操作步骤

- 输入命令：HATCHEDIT↙
- 选择图案填充对象：(使用对象选择方法)

在绘图窗口中单击需要编辑的图案填充，这时将弹出“图案填充编辑”对话框，如图 9-39 所示。从图中可以看出，“图案填充编辑”对话框与“图案填充和渐变色”对话框内容相同。在此编辑图案填充可以修改图案、比例、旋转角度、关联性和边界等。

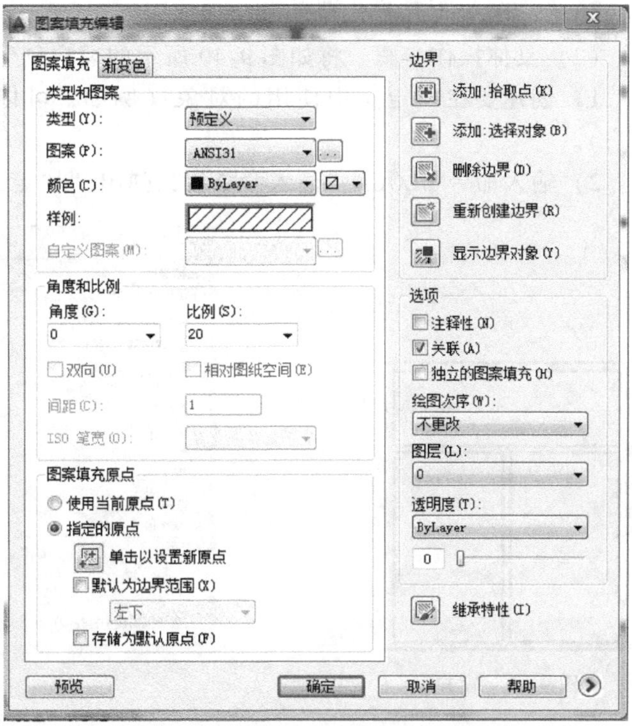

图 9-39 “图案填充编辑”对话框

## 9.1.8 块与属性

### 1. 块的概念、特点及功能

在实际的工程图当中，总会遇到一些需要反复使用的标准化图形，如标高符号、门、窗、家具等。这些标准图形可以被定义为图块，保存在模板文件或者单独的图形文件中。因此，块是由一组图形对象构成并被赋予名称的一个整体。AutoCAD 2014 能把几个分解的图形创建成单一的实体图块来使用，利用这个功能，可以将一图多用或多图常用的一组（也可是一个）实体定义为图块，绘图时根据需要将制作的图块插入到图中任意指定的位置，插入时可以指定不同的比例因子和旋转角。用户可以根据作图需要按不同的比例和旋转角度将其插入到相关图形中任意指定的位置。图块具有以下主要特点及功能：

(1) 建立图形库　将重复出现的部件图形（如建筑设计中的门、窗、机械设计中的螺栓等）定义成块，构成专用部件图形库，可以避免大量的重复工作，提高绘图速度与质量。

(2) 节省存储空间　每一个绘图对象的构造信息（如图层、线型、颜色及其位置、类型等）都要保存在图形文件中，因此要占用一定的磁盘空间。当一个图块被定义后，其全部图形信息在当前图形中只记录一次，当将其插入到当前图形中时，系统只需记录块的有关信息（如块名、插入点坐标、插入比例），从而节省了磁盘空间。对于比较复杂的图形，使用图块越多，这一优点越显著。

(3) 便于修改图形　图形中含有多个同一部件时，若需逐一修改则会带来相当大的工作量，但是如果这些部件是以块的插入形式出现的，就可以通过块的重定义操作，使之自动更新。

### 2. 块定义→创建块

获得图块有两种途径：第一是创建块，即块定义（BLOCK）；第二是块文件的存盘，即写块（WBLOCK）。下面介绍块定义。

（1）块定义命令的调用方式

1）命令行：BLOCK（或 B）。

2）菜单栏："绘图"→"块"→"创建"。

3）"绘图"工具栏：图标。

（2）具体操作步骤　将如图 9-40 所示的窗户创建成块，具体步骤如下：

1）创建要在块定义中使用的对象（例如，可以用 4 个矩形绘制出如图 9-40 所示的窗户）。

2）输入命令 BLOCK：输入命令后，弹出"块定义"对话框，如图 9-41 所示。

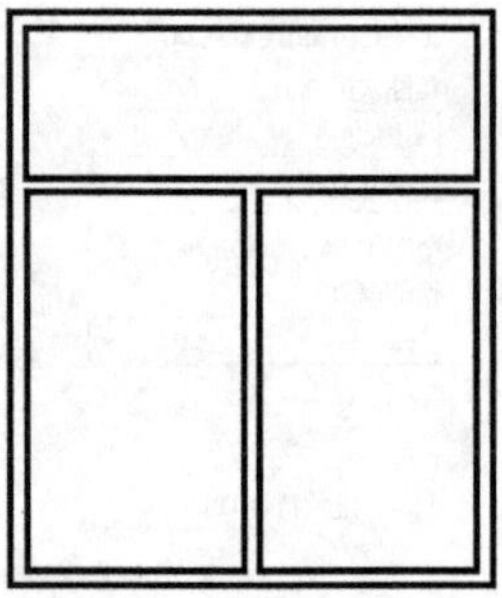

图 9-40　窗户

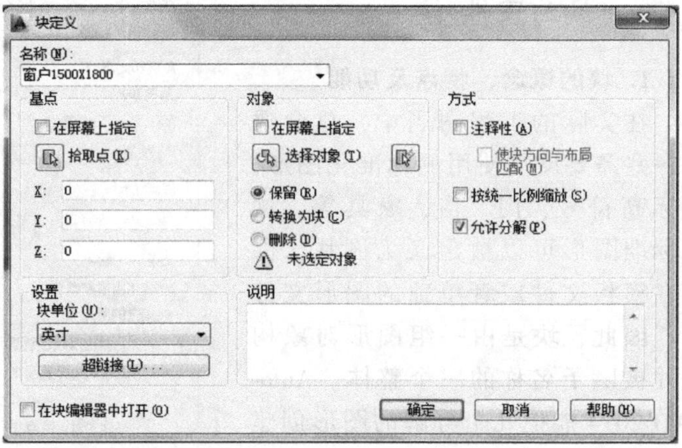


图 9-41　"块定义"对话框

3）在"块定义"对话框中的"名称"框中输入块名。

4）在"对象"下选择"保留""转换为块"或"删除"。

①"保留"选项：在图形屏幕上保留原图。

②"转换为块"选项：在图形屏幕上保留原图，并将其转换为插入块的形式。

③"删除"选项：在图形屏幕上保留原图。

5）单击"选择对象"按钮，回到绘图区，用定点设备（如鼠标）选择要包括在块定义中的对象，按 <Enter> 键完成对象选择。

6）在"块定义"对话框的"基点"下，使用以下方法之一指定块插入点：

① 单击"拾取点"按钮，使用定点设备指定一个点。例如，可以选择图 9-40 中窗户的左下角点为基点。

② 输入该点的 $X$、$Y$、$Z$ 坐标值。

7）在"说明"框中输入块定义的说明。

8）单击"确定"按钮，完成一个块的创建。在当前图形中定义块，可以将其随时通过 INSERT 命令插入。

**3. 写块→块存盘**

上面所述的块定义方法创建的图块只能由其所在图形文件使用。使用写块命令（WBLOCK）可以将当前已定义的块或某一部分图形或全部图形以指定的文件形式保存一个独立的图形文件，以便其他图形文件调用。

执行 WBLOCK（或 W）命令，弹出“写块”对话框（图 9-42），对话框各主要功能如下：

（1）确定写入磁盘文件的图形对象　“源”区域提供了三种方式确定写入磁盘文件的图形对象：

1）“块（B）”：可在下拉列表框中选择一个图块写入磁盘。

2）“整个图形”：将当前图形文件中全部图形写入磁盘，但此时并不是将当前图形所有信息全部存盘，如未使用的块定义和未使用的层、线型、文字样式等信息都将被除去。

3）“对象”：将指定对象存盘。选择该选项后，“基点”区域及“对象”区域变为操作的实体，其操作方法与“块定义”框中相应区域的操作方法完全相同。

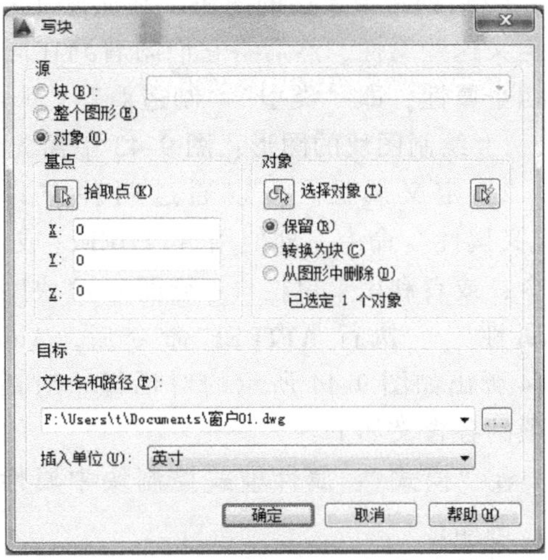


图 9-42　“写块”对话框

（2）确定写入磁盘文件的名称及位置　通过目标区域中的“文件”编辑框输入拟写入磁盘的图形文件名称；通过“位置”下拉列表框确定该文件的保存位置；通过“插入单位”下拉列表框可确定当从 AutoCAD 设计中心中拖动块时的单位。

需要说明的是，用 WBLOCK 命令建立的图形文件中的对象，并没有定义成块，可以对其各图形对象进行单独处理，只有在它被以块的形式调用后，才是一个整体。以“块”的形式建立的图形文件的坐标原点就是块定义时的插入基点。

**4. 定义和附着块属性**

（1）属性的定义　属性是将数据附着到块上的标签或标记。属性中可能包含的数据有零件编号、价格、注释和物主的名称等信息。在创建存储属性特征的属性定义后，可以将其附着到块中。

例如，图 9-43 显示了具有四种属性（类型、制造商、型号和成本）的 CHAIR 块。由于属性标记被设置为变量，可以为每个插入的块参照添加有关每个实例的特定信息。

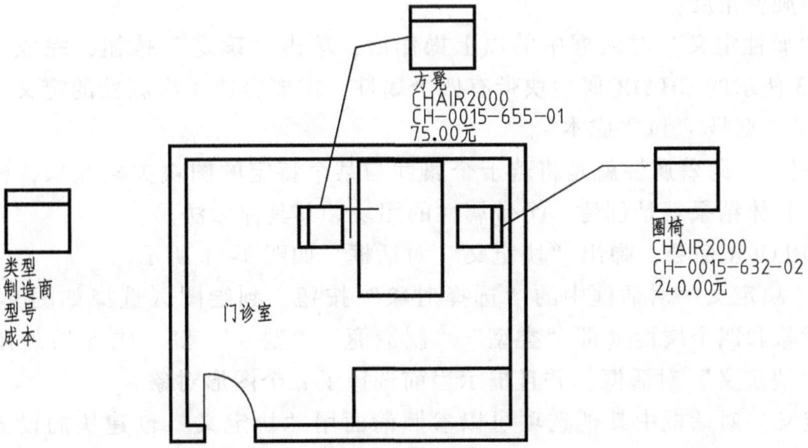


图 9-43　带有特定属性的图块

（2）创建带属性的图块　在实际工程图应用中，有的图形要同时使用几个属性，需要先定义这些属性，然后将它们附着到在同一个块中。例如，图 9-43 中使用的图块 CHAIR 带着四个属性，即“类型”“制造商”“型号”和“成本”。创建带属性的图块具体步骤如下：

1）绘制图块的图形：图 9-43 中需先绘制椅子的基本图形。

2）定义属性。可以通过两种方式调用“定义属性”命令，即使用 ATTDEF（或 ATT）命令，或者利用菜单栏（“绘图”→“块”→“定义属性”）。执行 ATTDEF 命令后，AutoCAD 2014 弹出如图 9-44 所示的对话框。对话框中选项的各含义如下：

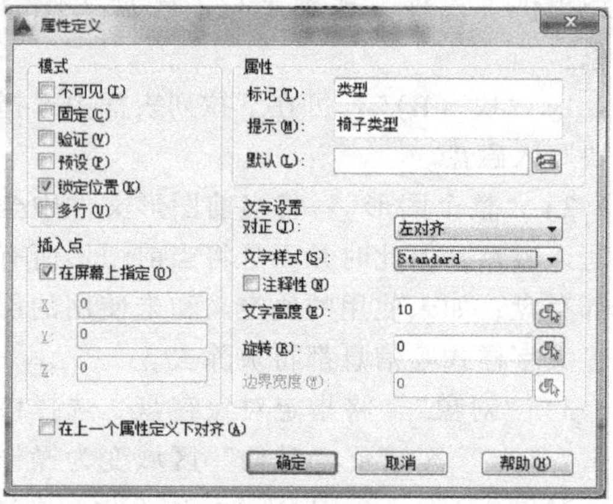


图 9-44　“属性定义”对话框

①“模式”：属性模式控制块中属性的行为。例如：

a. 可以控制属性在图形中是否可见。不可见属性不能显示和打印，但其属性信息存储在图形文件中，并且可以写入提取文件供数据库程序使用。

b. 属性是否是常量或变量。插入带有变量属性的块时，会提示用户输入要与块一同存储的数据。块也可以使用常量属性（即属性值不变的属性）。常量属性在插入块时不提示输入值。

c. 属性是否可以相对于块的其余部分移动。可以使用夹点更改属性的位置，无须重新定义块。要防止发生这种移动，可以锁定属性相对于块中其他对象的位置。

d. 属性是单行文字属性还是多行文字属性。与单行文字属性（限制为 255 个字符）不同，多行文字属性提供增强的格式选项。

②“属性”：在该设置区域，可以利用“标记”文本框输入属性的标识；利用“提示”文本框输入属性提示；利用“值”文本框输入属性的默认值。

③“插入点”：利用该选项区域确定属性文本插入时的基点。

④“文字选项”：利用该选项区域确定属性文本的格式，包括对正方式、文字样式、文字高度和文字旋转角度。

执行完“属性定义”对话框中的以上操作后，单击“确定”按钮，完成一次属性的定义。如图 9-43 所示的 CHAIR 属性块带有四个属性，需要完成 4 次属性的定义，依次为“类型”“制造商”“型号”和“成本”。

3）附着属性。附着属性就是将若干个属性与某个特定的图块关联起来，使之成为特定图块的属性。具体结果就是创建一个带属性的图块。其具体做法是：

① 使用 BLOCK 命令，弹出“块定义”对话框，如图 9-41 所示。

② 单击“块定义”对话框中的“选择对象”按钮，到绘图区选择如图 9-43 左侧所示的椅子图形对象和四个属性（即“类型”“制造商”“型号”和“成本”）。按下 <Enter> 键系统返回“块定义”对话框，并且提示当前选择了 $n$ 个图形对象。

③“块定义”对话框中其他选项可以参照前面用“块定义”创建块的设置完成，单击“确定”按钮。

④ 完成图块的定义之后，使用“插入（INSERT）”命令在图形文件中插入该图块 CHAIR，根据命令行提示输入相应的参数即可。这些参数就是每次属性定义时的“提示值”，如图 9-43 中右侧椅子块的四个属性依次赋值为“类型：圈椅”“制造商：CHAIR2000”“型号：CH-0015-632-02”和“成本：240.00 元”。

**5. 用 INSERT 命令插入块**

将已经创建完成的图块插入当前图形中。

（1）插入命令的调用方法

1）命令行：INSERT。

2）菜单栏：“插入”→“块”。

3）“绘图”工具栏：图标。

（2）具体操作步骤

● 输入命令：INSERT↙（弹出如图 9-45 所示的“插入”对话框）

● 指定插入点或［基点（B）/比例（S）/旋转（R）］：（指定点或者执行其他选项）

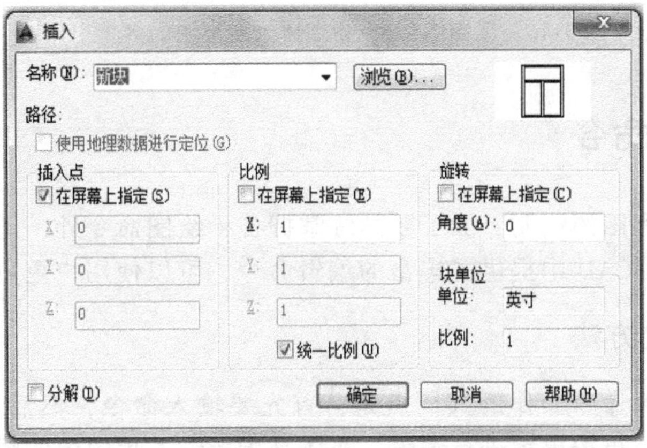


图 9-45 “插入”对话框

在“插入”对话框中，将要插入的图块的“名称”用下拉箭头可以选择插入本图形文件中自己的块；用户也可以使用设计中心或工具选项板中提供的块，这时需要单击“浏览”按钮找到所要插入的块或者图形文件。

**6. 用 MINSERT 命令插入块的多个引用**

用 MINSERT 命令可以以矩形阵列的方式插入一个块的多个引用。多重插入命令通过命令行 MINSERT 来调用。下面以图 9-46 所示的窗户阵列（3 行 5 列，行间距 3300，列间距 4200）为例，介绍 MINSERT 命令的具体操作步骤：

● 输入命令：MINSERT↙

● 输入块名或［?］< 窗户 1500X1800 >：↙

● 单位：毫米　转换：　1.0000

● 指定插入点或［基点（B）/比例（S）/X/Y/Z/旋转（R）］：（到绘图区指定插入点）

● 输入 X 比例因子，指定对角点，或［角点（C）/XYZ（XYZ）］<1 >：↙

● 输入 Y 比例因子或 < 使用 X 比例因子 >：↙

● 指定旋转角度 <0 >：↙

● 输入行数 (---) <1>: 3↙
● 输入列数 (|||) <1>: 5↙
● 输入行间距或指定单位单元 (---): 3300↙
● 指定列间距 (|||): 4200↙

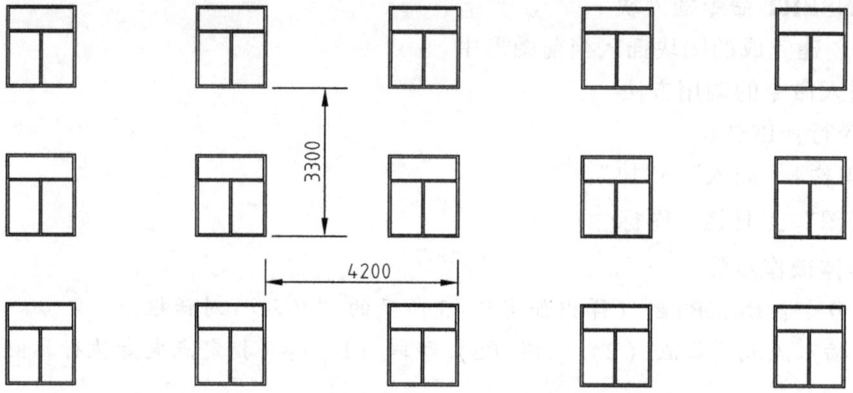


图 9-46 用 MINSERT 命令插入窗户块的多重引用

## 9.2 基本编辑命令

要完成完整的工程图的绘制，除了要熟练掌握各种绘图命令外，还要熟练利用编辑命令对图形进行修改。AutoCAD 中提供了丰富的编辑命令，可以使用户更方便地修改图形。

### 9.2.1 选择对象的方法

AutoCAD 系列编辑命令操作的共同点是：首先要输入命令，然后选择单个或多个要编辑的实体，选择实体后再按提示进行编辑。实体是指所绘工程图中的图形、文字、尺寸、剖面线等。用一个命令画出的图形或注写的文字，可能是一个实体，也可能是多个实体。AutoCAD 在进行每一个编辑操作时都需要确定操作对象，也就是要明确对哪一个或哪一些实体进行编辑，此时，命令行提示如下：

● 选择对象：(选择需编辑的实体)

选择了对象之后，这些实体将会以虚线显示。选定对象后，重复出现，直至按 <Enter> 键或单击鼠标右键才能结束选择。

下面介绍一些常用的选择对象的方法。

**1. 直接点取方法**

这是一种默认选择方式，提示“选择对象”时，移动光标，当光标压住所选择的对象时，单击鼠标左键，该对象变为虚线，表示该对象被选中，可以连续选择其他对象。

**2. 全部方式** (All)

当提示“选择对象”时，输入 All 命令时按 <Enter> 键，即选中绘图区中的所有对象，或者直接按键盘上的 <CTRL + A> 键。

**3. 窗口方式** (Window)

在绘图区按住鼠标左键，从左至右拉出选择窗口，则被窗口完全包围的所有对象将被选中，某个图形对象有任何一部分在窗口外都不能被选中。

**4. 窗交方式**（Crossing）

窗交方式又称窗口交叉方式，是指在绘图区按住鼠标左键，从右至左拉出选择窗口，则被窗口完全包围的或者被窗口边框接触到的所有对象均被选中。

除了以上常用方法外，在绘图中也可能会用到自动（Auto）、添加（Add）、窗选（Box）、栏选（Fence）、围圈（WPolygon）、圈交（CPolygon）、最后（Last）、前一个（Previews）、撤除（Remove）、单选（Single）、多次（Multiple）、放弃（Undo）、编组（Group）等方式。用户可以根据情况去自学尝试。需要提醒的是，不论用哪个命令发起“选择对象：”这一提示，都可以用上述的方法来选择对象。在“选择对象：”的提示下，在命令行中输入“？”可查阅所有选项。

## 9.2.2　删除、取消和重做

**1. 删除命令**

该功能可以删除图形中被选定的对象。

（1）删除命令的调用方式

1）命令行：ERASE（或 E）。

2）菜单栏：“修改”→“删除”。

3）“修改”工具栏：图标。

4）快捷菜单：选择要删除的对象，在绘图区域中单击鼠标右键，然后选择“删除”选项。

（2）具体操作步骤

- 输入命令：ERASE↙
- 选择对象：（选择需要删除的图形）
- 选择对象：找到 n 个，总计 m 个。（提示已经选中的图形数目）
- 选择对象：（选择结束后按 <Enter> 键确定）

**2. 取消命令**

该功能逐步取消本次进入绘图状态后的操作。

（1）取消命令的调用方式

1）命令行：UNDO。

2）菜单栏：“编辑”→“放弃”。

3）工具栏：图标。

4）快捷菜单：在绘图区域中单击鼠标右键，选择放弃刚才的操作。

（2）具体操作步骤

- 输入命令：UNDO↙
- 当前设置：自动 = 开，控制 = 全部，合并 = 是，图层 = 是
- 输入要放弃的操作数目或［自动(A)/控制(C)/开始(BE)/结束(E)/标记(M)/后退(B)］<1>：(输入数目)

注意：可以在命令行输入 U，U 命令是 UNDO 命令的单个使用方式，没有命令选项，它

只撤销上一次的操作。

**3. 重做命令**

该功能可以恢复使用 UNDO 命令或 U 命令撤销的操作。REDO 命令必须紧跟在 UNDO 命令后面执行，且只能对最近执行的 UNDO 命令起作用。

（1）命令的调用方式

1）命令行：REDO。

2）菜单栏："编辑"→"重做"。

3）工具栏：图标。

4）快捷菜单：在绘图区域中单击鼠标右键，选择重做刚才的操作。

（2）具体操作步骤

- 输入命令：REDO↙

## 9.2.3 复制、镜像、偏移和阵列

**1. 复制命令**

使用该命令不仅可以在当前图形中复制单个或者多个对象，还可以在图形文件间或者图形与其他 Windows 应用程序间进行复制。图 9-47 为完成复制的过程。

（1）复制命令的调用方式

1）命令行：COPY（或 CO）。

2）菜单栏："修改"→"复制"。

3）"修改"工具栏：图标。

（2）具体操作步骤

- 输入命令：COPY↙
- 选择对象：找到 n 个
- 当前设置：　复制模式 = 多个(此命令执行一次，可以进行多次复制粘贴)
- 指定基点或［位移(D)/模式(O)］＜位移＞：(指定方便的基点，便于后续放置在精确的粘贴位置)
- 指定第二个点或［阵列(A)］＜使用第一个点作为位移＞：
- 指定第二个点或［阵列(A)/退出(E)/放弃(U)］＜退出＞：
- …(此命令执行一次，可以进行多次粘贴)
- 指定第二个点或［阵列(A)/退出(E)/放弃(U)］＜退出＞：＊取消＊

图 9-47　完成复制的过程

**2. 镜像命令**

工程图中经常会遇到对称图形，可以只画出其中对称部分的二分之一的图形，再使用镜

像命令复制得到完整图形，达到事半功倍的目的。

（1）命令的调用方式

1）命令行：MIRROR。

2）菜单栏："修改"→"镜像"。

3）"修改"工具栏：图标。

（2）具体操作步骤　图 9-48a 中的楼梯是双向楼梯的一部分，将其用镜像命令操作后变成完整楼梯，如图 9-48b 所示。具体步骤如下：

- 输入命令：MIRROR↙
- 选择对象：指定对角点：找到 39 个
- 选择对象：↙
- 指定镜像线的第一点：
- 指定镜像线的第二点：
- 要删除源对象吗？［是（Y）/否（N）］＜N＞：N

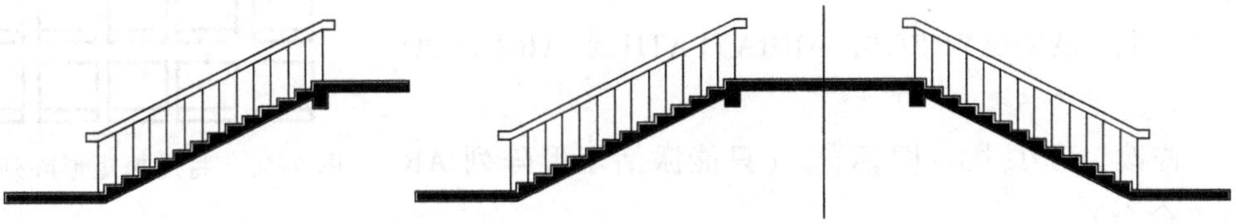

a)　　　　b)

图 9-48　用镜像命令绘制图形

a）镜像前的图形　b）镜像后的图形

**3. 偏移命令**

使用偏移命令可以对直线、二维多段线、圆弧、圆和椭圆等对象做偏移一定距离的多次复制，从而生成同心圆（圆弧、椭圆、椭圆弧等）、平行线、平行曲线。

（1）命令的调用方式

1）命令行：OFFSET（或 O）。

2）菜单栏："修改"→"偏移"。

3）"修改"工具栏：图标。

（2）具体操作步骤　图 9-49a 经过偏移命令多次复制后，成为如图 9-49b 所示的图形。具体步骤如下：

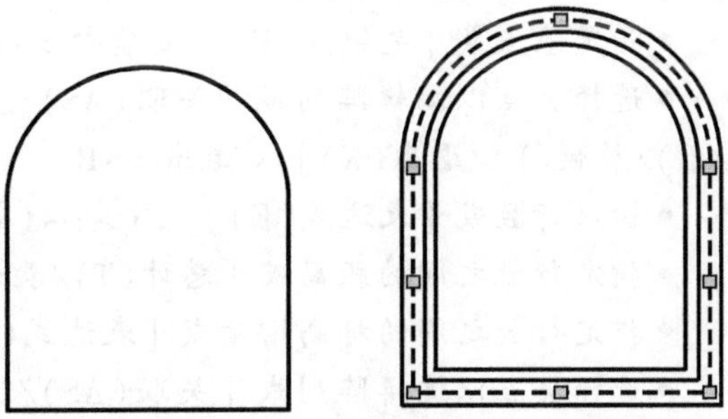

a)　　　　b)

图 9-49　用偏移命令编辑图形

a）偏移前的图形　b）偏移后的图形

- 输入命令：OFFSET↙
- 当前设置：删除源＝否　图层＝源　OFFSETGAPTYPE＝0
- 指定偏移距离或［通过(T)/删除(E)/图层(L)］：(输入数值)
- 指定要偏移的那一侧上的点，或［退出(E)/多个(M)/放弃(U)］＜退出＞：(指定外侧)
- 选择要偏移的对象，或［退出(E)/放弃(U)］＜退出＞：找到 1 个对象

- 选择要偏移的对象,或［退出(E)/放弃(U)］<退出>:↙
- 指定要偏移的那一侧上的点,或［退出(E)/多个(M)/放弃(U)］<退出>:(指定内侧)
- 选择要偏移的对象,或［退出(E)/放弃(U)］<退出>:↙
- 指定要偏移的那一侧上的点,或［退出(E)/多个(M)/放弃(U)］<退出>:(指定内侧)
- 选择要偏移的对象,或［退出(E)/放弃(U)］<退出>: *取消*

**4. 阵列命令**

在 AutoCAD 2014 中可以提供三种阵列方式，能完成按照矩形、曲线路径或者环形方式多重复制对象，从而大大提高绘图效率。这三种阵列可以单独由各自的命令发起，也可以由阵列 ARRAY 命令发起。

（1）阵列命令的调用方式

1）命令行：ARRAY（或 AR)→[矩形(R)/路径(PA)/极轴(PO)]。

2）菜单栏："修改"→"阵列"→"矩形"（或"路径"，或"环形"）。

3）命令行：ARRAYRECT，ARRAYPATH 或 ARRAYPOLAR。

4）"修改"工具栏：图标（只能激活矩形阵列 ARRAYRECT 命令）

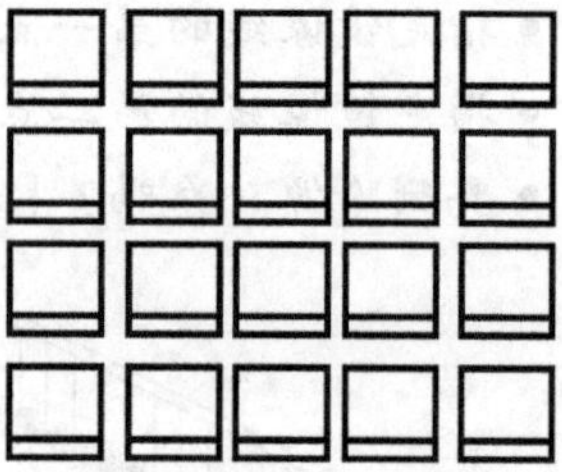

图 9-50　将座椅矩形阵列示例

（2）具体操作步骤　下面介绍通过图 9-50 中的单个座椅简图逐一生成三种阵列的步骤。

1）矩形阵列（获得如图 9-50 所示结果所需的步骤）：

- 输入命令：ARRAYRECT↙
- 选择对象：指定对角点：找到 2 个(因为图 9-50 中单个座椅简图源对象由 2 个对象构成)
- 选择对象：↙
- 类型 = 矩形　关联 = 是
- 选择夹点以编辑阵列或［关联(AS)/基点(B)/计数(COU)/间距(S)/列数(COL)/行数(R)/层数(L)/退出(X)］<退出>：B
- 指定基点或［关键点(K)］<质心>:(指定基点)
- 选择夹点以编辑阵列或［关联(AS)/基点(B)/计数(COU)/间距(S)/列数(COL)/行数(R)/层数(L)/退出(X)］<退出>:R
- 输入行数或［表达式(E)］<3>：4(指定行数)
- 指定行数之间的距离或［总计(T)/表达式(E)］<99.8215>：90(指定行间距)
- 指定行数之间的标高增量或［表达式(E)］<0>:↙
- 选择夹点以编辑阵列或［关联(AS)/基点(B)/计数(COU)/间距(S)/列数(COL)/行数(R)/层数(L)/退出(X)］<退出>：COL
- 输入列数或［表达式(E)］<4>：5(指定列数)
- 指定列数之间的距离或［总计(T)/表达式(E)］<99.8215>：85(指定列间距)
- 选择夹点以编辑阵列或［关联(AS)/基点(B)/计数(COU)/间距(S)/列数(COL)/行数(R)/层数(L)/退出(X)］<退出>:(按 <Enter> 键退出)

2）环形阵列（获得如图 9-51 所示结果所需的步骤）：

- 输入命令：ARRAYPOLAR↙
- 选择对象：指定对角点：找到 2 个(因为图 9-51 中单个座椅简图源对象由 2 个对象构成)
- 选择对象：↙
- 类型 = 极轴　关联 = 是
- 指定阵列的中心点或 [基点(B)/旋转轴(A)]：(指定了环形阵列的中心，即圆心)
- 选择夹点以编辑阵列或 [关联(AS)/基点(B)/项目(I)/项目间角度(A)/填充角度(F)/行(ROW)/层(L)/旋转项目(ROT)/退出(X)] <退出>：A↙
- 指定项目间的角度或 [表达式(EX)]：60↙
- 指定阵列的中心点或 [基点(B)/旋转轴(A)]：(指定了基点，在单个座椅简图源对象上)
- 选择夹点以编辑阵列或 [关联(AS)/基点(B)/项目(I)/项目间角度(A)/填充角度(F)/行(ROW)/层(L)/旋转项目(ROT)/退出(X)] <退出>：ROW↙
- 输入行数或 [表达式(E)] <1>：↙
- 指定行数之间的距离或 [总计(T)/表达式(E)] <99.8215>：↙
- 指定行数之间的标高增量或 [表达式(E)] <0.0000>：↙
- 选择夹点以编辑阵列或 [关联(AS)/基点(B)/项目(I)/项目间角度(A)/填充角度(F)/行(ROW)/层(L)/旋转项目(ROT)/退出(X)] <退出>：ROT
- 是否旋转阵列项目？[是(Y)/否(N)] <是>：↙
- 选择夹点以编辑阵列或 [关联(AS)/基点(B)/项目(I)/项目间角度(A)/填充角度(F)/行(ROW)/层(L)/旋转项目(ROT)/退出(X)] <退出>：(按 <Enter> 键退出)

3) 路径阵列（获得如图 9-52b 所示结果所需的步骤）：

- 输入命令：ARRAYPATH↙
- 选择对象：指定对角点：找到 2 个(因为图 9-52a 中座椅简图由 2 个对象构成)
- 选择对象：↙
- 类型 = 路径　关联 = 是
- 选择路径曲线：(选择图 9-52b 中的样条曲线)

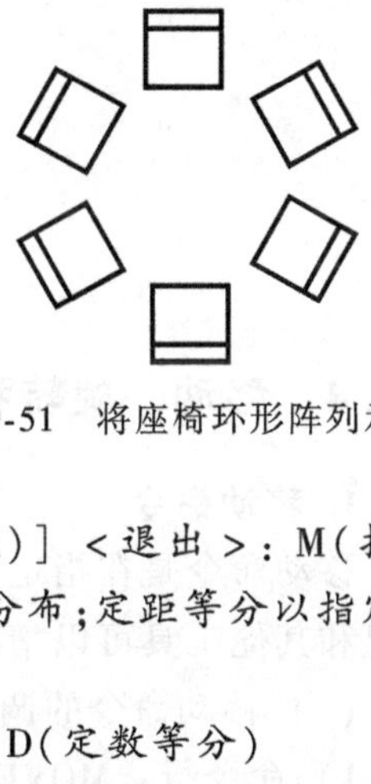

图 9-51　将座椅环形阵列示例

- 选择夹点以编辑阵列或 [关联(AS)/方法(M)/基点(B)/切向(T)/项目(I)/行(R)/层(L)/对齐项目(A)/Z 方向(Z)/退出(X)] <退出>：M(控制如何沿路径分布项目：定数等分将指定数量的项目沿路径的长度均匀分布；定距等分以指定的间隔沿路径分布项目)
- 输入路径方法 [定数等分(D)/定距等分(M)] <定距等分>：D(定数等分)
- 选择夹点以编辑阵列或 [关联(AS)/方法(M)/基点(B)/切向(T)/项目(I)/行(R)/层(L)/对齐项目(A)/Z 方向(Z)/退出(X)] <退出>：B↙
- 指定基点或 [关键点(K)] <路径曲线的终点>：
- 选择夹点以编辑阵列或 [关联(AS)/方法(M)/基点(B)/切向(T)/项目(I)/行(R)/层(L)/对齐项目(A)/Z 方向(Z)/退出(X)] <退出>：T(指定阵列中的项目如何相对于路径的起始方向对齐。本例是切向，即拾取图 9-52a 中的从 *A* 到 *B* 的假想线段与样条曲线切向对齐)
- 指定切向矢量的第一个点或 [法线(N)]：(拾取图 9-45a 中的 *A* 点)

●指定切向矢量的第二个点：(拾取图 9-45a 中的 *B* 点)

●选择夹点以编辑阵列或［关联(AS)/方法(M)/基点(B)/切向(T)/项目(I)/行(R)/层(L)/对齐项目(A)/Z 方向(Z)/退出(X)］<退出>：I↙

●输入沿路径的项目数或［表达式(E)］<18>：7(定数等分的数目)

●选择夹点以编辑阵列或［关联(AS)/方法(M)/基点(B)/切向(T)/项目(I)/行(R)/层(L)/对齐项目(A)/Z 方向(Z)/退出(X)］<退出>：R↙

●输入行数或［表达式(E)］<1>：2↙

●指定行数之间的距离或［总计(T)/表达式(E)］：200↙

●指定行数之间的标高增量或［表达式(E)］<0.0000>：↙

●选择夹点以编辑阵列或［关联(AS)/方法(M)/基点(B)/切向(T)/项目(I)/行(R)/层(L)/对齐项目(A)/Z 方向(Z)/退出(X)］<退出>：A↙

●是否将阵列项目与路径对齐？［是(Y)/否(N)］<是>：↙

●选择夹点以编辑阵列或［关联(AS)/方法(M)/基点(B)/切向(T)/项目(I)/行(R)/层(L)/对齐项目(A)/Z 方向(Z)/退出(X)］<退出>：↙(按<Enter>键退出)

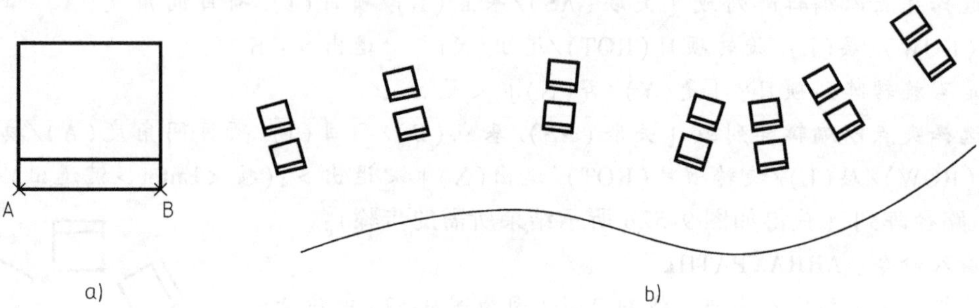


图 9-52 沿路径阵列示例

a）座椅简图 b）将座椅沿样条曲线排列两行

## 9.2.4 移动、旋转和对齐

### 1. 移动命令

移动命令是在指定方向上按指定距离移动一个或多个对象。使用坐标、栅格捕捉、对象捕捉和其他工具可以精确移动对象。

（1）移动命令的调用方式

1）命令行：MOVE（或 M）。

2）菜单栏："修改"→"移动"。

3）"修改"工具栏：图标 。

（2）具体操作步骤 图 9-53a 中的"床"经过移动命令的操作之后，成为如图 9-53b 所示的图形。具体步骤如下：

●输入命令：MOVE↙

●选择对象：指定对角点：找到 6 个（本例中，用窗交方式 Crossing 选定图中床的全部）

- 选择对象：↙
- 指定基点或［位移（D）］＜位移＞：指定第二个点或 ＜使用第一个点作为位移＞：（指定床的右边中点为基点）
- 指定第二个点或 ＜使用第一个点作为位移＞：（指定卧室右边的中部附近一点）

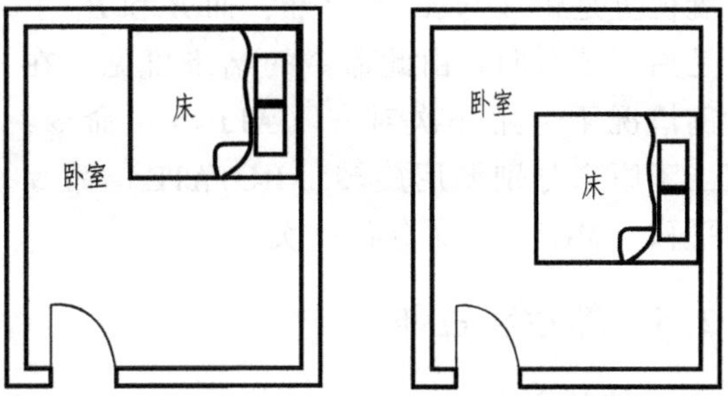


a)　　b)

图 9-53　移动命令示例

a）移动前的图形　b）移动后的图形

**2. 旋转命令**

旋转是指绕基点旋转对象。

（1）旋转命令的调用方式

1）命令行：ROTATE（或 RO）。

2）菜单栏："修改"→"旋转"。

3）"修改" 工具栏：图标。

（2）具体操作步骤　图 9-54a 中的 "床" 经过旋转命令的操作之后成为如图 9-54b 所示的图形。具体步骤如下：

- 输入命令：ROTATE ↙
- UCS 当前的正角方向：　ANGDIR = 逆时针　ANGBASE = 0
- 选择对象：找到 5 个
- 选择对象：指定基点：（指定床中一点为基点）
- 指定旋转角度，或［复制（C）/参照（R）］＜90＞：－90↙

**3. 对齐命令**

在二维和三维空间中将对象与其他对象对齐，即可以通过移动、旋转或倾斜对象来使该对象与另一个对象对齐。

（1）对齐命令的调用方式　命令行：ALIGN（或 AL）。在 AutoCAD 2014 中，对其命令仅可以利用命令行调用。

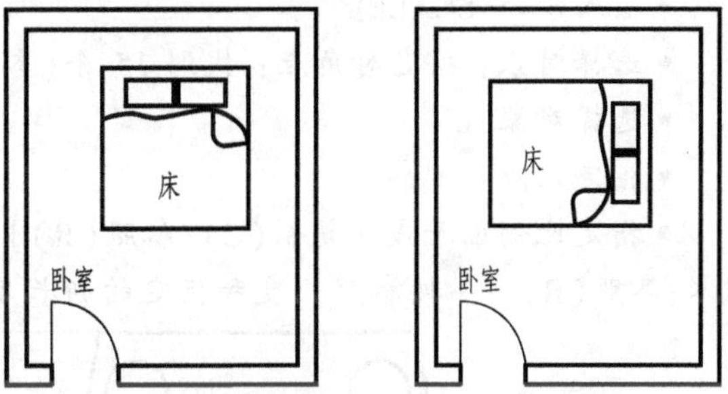


a)　　b)

图 9-54　旋转命令示例

a）旋转前的图形　b）旋转后的图形

（2）具体操作步骤　图 9-55a 中的 "床" 经过对齐命令的操作之后成为如图 9-55b所示的图形。具体步骤如下：

- 输入命令：ALIGN↙
- 选择对象：指定对角点：找到 5 个
- 选择对象：↙
- 指定第一个源点：（指定图 9-55a 中的床上边 $A$ 点）
- 指定第一个目标点：（指定图 9-55a 中的墙线上边 $A_1$ 点）
- 指定第二个源点：（指定图 9-55a 中的床上边 $B$ 点）
- 指定第二个目标点：（指定图 9-55a 中的墙线上边 $B_1$ 点）
- 指定第三个源点或 ＜继续＞：↙
- 是否基于对齐点缩放对象？［是（Y）/否（N）］＜否＞：（（默认，否）

说明：图 9-55a 中的床边 $AB$ 间距离和墙线上的 $A_1$ $B_1$ 间距离可以不相等，"床" 最终的

放置位置是将 $A$ 与 $A_1$ 点对准，而 $B$ 和 $B_1$ 主要是指明了方向。由此命令的结果可见，在本例情况下，用一次对齐（ALIGN）命令，相当于原来分别调用旋转（ROTATE）命令和平移（MOVE）命令各一次。

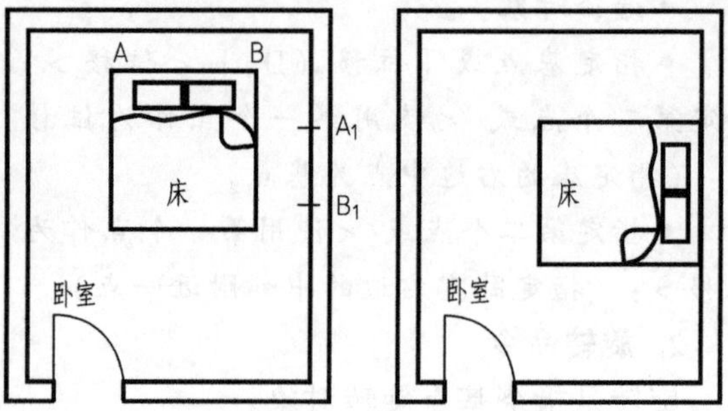


a) b)

图 9-55 对齐命令示例

a）对齐前的图形 b）对齐后的图形

## 9.2.5 缩放和拉伸

### 1. 缩放命令

缩放命令用于放大或缩小选定对象，使缩放后对象的形状保持不变。要缩放对象，应指定基点和比例因子。基点将作为缩放操作的中心，并保持静止。比例因子大于 1 时将放大对象，比例因子介于 0 和 1 之间时将缩小对象。

（1）缩放命令的调用方式

1）命令行：SCALE（或 SC）。

2）菜单栏："修改"→"缩放"。

3）"修改" 工具栏：图标。

（2）具体操作步骤 图 9-56a 中的图形经过缩放命令的操作之后成为如图 9-56b 所示的图形。具体步骤如下：

- 输入命令：SCALE↙
- 选择对象：指定对角点：找到 15 个（本例图 9-56a 中的图形由 15 个对象构成）
- 选择对象：↙
- 指定基点：
- 指定比例因子或［复制(C)/参照(R)］：0.6（复制(C)——创建要缩放的选定对象的副本；参照(R)——按参照长度和指定的新长度缩放所选对象。）

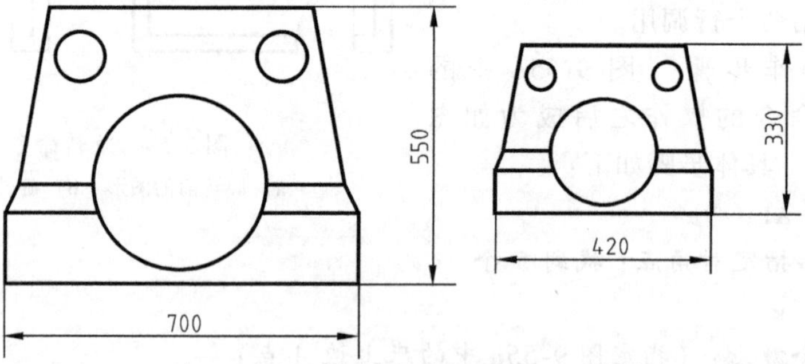


a) b)

图 9-56 缩放命令示例

a）缩放前的图形 b）缩放后的图形

### 2. 拉伸命令

拉伸命令用于拉伸与选择窗口交叉或多边形交叉的对象。该命令可以将拉伸窗交窗口部分包围的对象，或者将移动（而并不拉伸）完全包含在窗交窗口中的对象或单独选定的对象。某些对象类型（例如圆、椭圆和块）无法拉伸。

（1）拉伸命令的调用方式

1）命令行：STRETCH（或 S）。

2）菜单栏：“修改”→“拉伸”。

3）“修改”工具栏：图标。

（2）具体操作步骤　图 9-57a 中的图形经过拉伸命令的操作之后成为如图 9-57b 所示的图形。具体步骤如下：

● 输入命令：STRETCH↙

● 拉伸由最后一个窗口选定的对象... 找到 10 个（用窗交方式选择到如图 9-57a 阴影区所示位置）

● 指定基点或［位移（D）］<位移>：（指定一点）

● 指定第二个点或 <使用第一个点作为位移>：（指定另一点）

说明：图示窗交选定的对象中，“矩形 1、直线 2～5、圆 1”这 6 个对象被完全圈在了阴影交叉窗口中，执行结果是被移动，未被改变大小；“直线 1、直线 6、直线 7 和矩形 2”这 4 个对象是被交叉窗口边界接触，因此它们都被拉伸改变了尺寸。

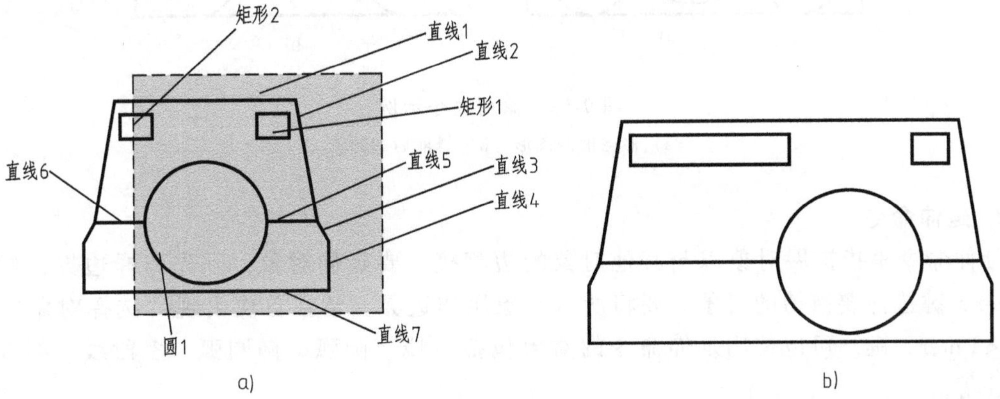


图 9-57　拉伸命令示例

a）拉伸前的图形　b）拉伸后的图形

## 9.2.6　修剪和延伸

### 1. 修剪命令

修剪命令可以将与其他相连接的对象切除一部分。要修剪对象，须先选择边界，然后按 <Enter> 键选择要修剪的对象。要将所有对象用作边界，请在首次出现“选择对象”提示时按 <Enter> 键。

（1）修剪命令的调用方式

1）命令行：TRIM（或 TR）。

2）菜单栏：“修改”→“修剪”。

3）“修改”工具栏：图标。

（2）具体操作步骤　图 9-58a 中的图形经过修剪命令的操作之后成为如图 9-58b 所示的

图形。具体步骤如下：

- 输入命令：TRIM↙
- 当前设置：投影 = UCS，边 = 无
- 选择剪切边...
- 选择对象或 <全部选择>：(选择边界)
- 选择对象：↙
- 选择要修剪的对象，或按住 Shift 键选择要延伸的对象，或[栏选(F)/窗交(C)/投影(P)/边(E)/删除(R)/放弃(U)]：
- …
- 选择要修剪的对象，或按住 Shift 键选择要延伸的对象，或[栏选(F)/窗交(C)/投影(P)/边(E)/删除(R)/放弃(U)]：↙

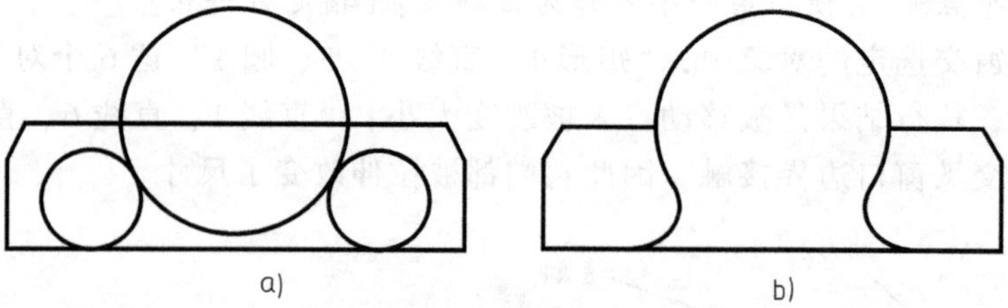


图 9-58 修剪命令示例

a) 修剪前的图形 b) 修前后的图形

**2. 延伸命令**

延伸命令是指扩展对象以与其他对象的边相接。要延伸对象，须先选择边界，然后按 <Enter> 键选择要修剪的对象。要将所有对象用作边界，请在首次出现“选择对象”提示时按 <Enter> 键。可以使用延伸命令的对象包括直线、圆弧、椭圆弧、多段线、射线、尺寸标注等。

(1) 延伸命令的调用方式

1) 命令行：EXTEND（或 EX）。

2) 菜单栏：“修改”→“延伸”。

3) “修改”工具栏：图标--/。

(2) 具体操作步骤 图 9-59a 中的图形经过延伸命令的操作之后成为如图 9-59b 所示的图形。具体步骤如下：

- 输入命令：EXTEND↙
- 当前设置：投影 = UCS，边 = 无
- 选择边界的边...
- 选择对象或 <全部选择>：找到 1 个(即图 9-59a 中的竖向直线)
- 选择对象：↙
- 选择要延伸的对象，或按住 Shift 键选择要修剪的对象，或[栏选(F)/窗交(C)/投影(P)/边(E)/放弃(U)]：(鼠标点选直线 2 左端)

● 选择要延伸的对象,或按住 Shift 键选择要修剪的对象,或[栏选(F)/窗交(C)/投影(P)/边(E)/放弃(U)]:(鼠标点选样条曲线左端)

● 选择要延伸的对象,或按住 Shift 键选择要修剪的对象,或[栏选(F)/窗交(C)/投影(P)/边(E)/放弃(U)]:(鼠标点选圆弧左端)

● 选择要延伸的对象,或按住 Shift 键选择要修剪的对象,或[栏选(F)/窗交(C)/投影(P)/边(E)/放弃(U)]:(鼠标点选"标注尺寸"的左端)

● 选择要延伸的对象,或按住 Shift 键选择要修剪的对象,或[栏选(F)/窗交(C)/投影(P)/边(E)/放弃(U)]:↙

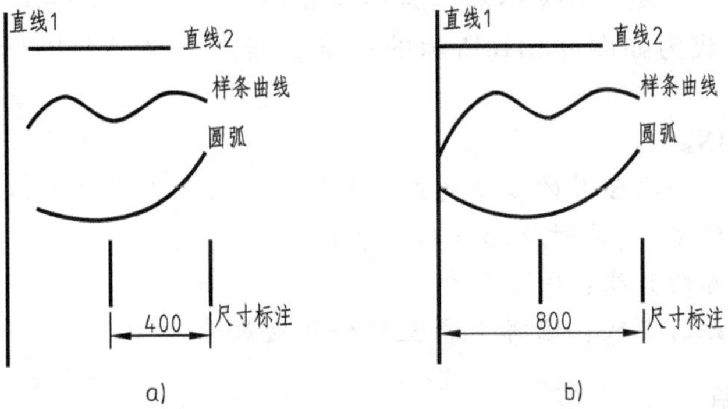


图 9-59　延伸命令示例

a) 延伸前的图形　b) 延伸后的图形

## 9.2.7　打断和合并

### 1. 打断命令

打断命令用于在两点之间打断选定对象。可以在对象上的两个指定点之间创建间隔，从而将对象打断为两个对象。如果这些点不在对象上，则会自动投影到该对象上。打断命令通常用于为块或文字创建空间。该命令对直线、圆弧、圆、构造线、圆环等有效。

（1）打断命令的调用方式

1）命令行：BREAK（或 BR）。

2）菜单栏："修改"→"打断"。

3）"修改"工具栏：图标。

（2）具体操作步骤　图 9-60a 中的源直线经过打断命令的操作之后成为如图 9-60b 所示的两段直线。具体步骤如下：

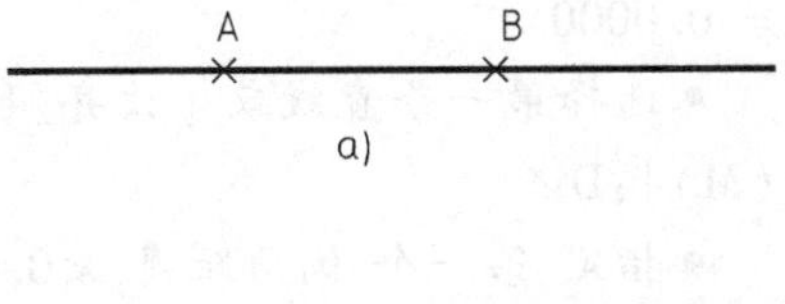


图 9-60　打断命令示例

a) 打断前的图形　b) 打断后的图形

● 输入命令：BREAK↙

● 选择对象:(此时点选拾取对象,并且此点被作为第一打断点)

● 指定第二个打断点 或 [第一点(F)]:↙(此时若输入 F,则需要重新确定第一打断点,以及后续的"指定第二打断点"操作)

**2. 合并命令**

合并命令适用于合并线性和弯曲对象的端点，使两个对象转换成单个对象。该命令对直线、多段线、三维多段线、圆弧、椭圆弧、螺旋或样条曲线有效。

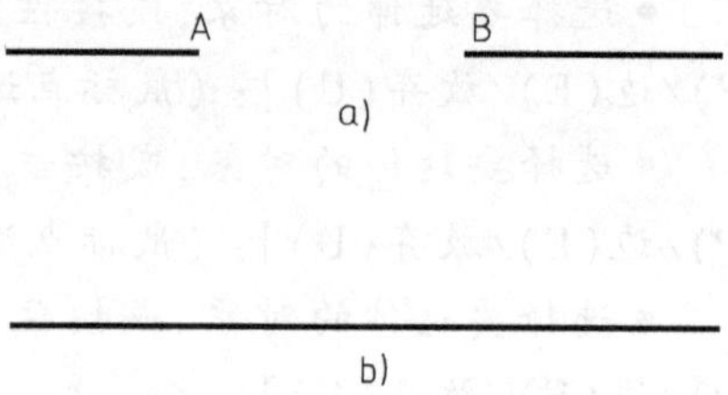


图 9-61 合并命令示例
a）合并前的图形 b）合并后的图形

（1）合并命令的调用方式

1）命令行：JOIN（或 J）。

2）菜单栏：“修改”→“合并”。

3）“修改”工具栏：图标→←。

（2）具体操作步骤 图 9-61a 中的两条源直线经过合并命令的操作之后成为如图 9-61b 所示的一条直线。具体步骤如下：

- 输入命令：JOIN↙
- 选择源对象或要一次合并的多个对象：找到 1 个（此时点选拾取源对象）
- 选择要合并的对象：（此时点选拾取对象）
- 选择要合并到源的直线：找到 1 个
- 选择要合并到源的直线：已将 1 条直线合并到源

## 9.2.8 倒角和圆角

**1. 倒角命令**

倒角命令可以给对象加倒角，将按用户选择对象的次序应用指定的距离和角度，可以倒角直线、多段线、射线和构造线。

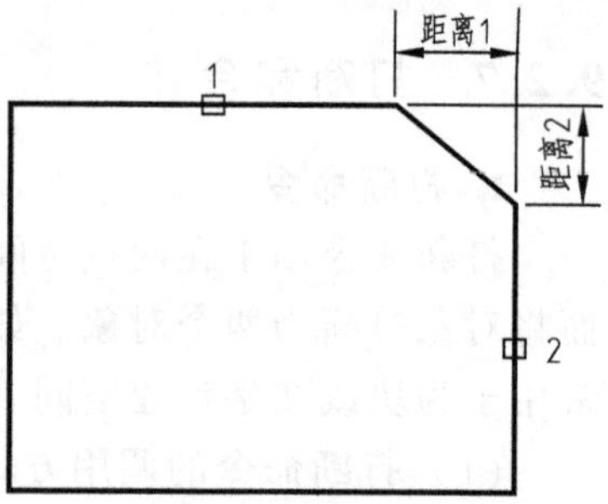


图 9-62 倒角命令示例

（1）倒角命令的调用方式

1）命令行：CHAMFER（或 CHA）。

2）菜单栏：“修改”→“倒角”。

3）“修改”工具栏：图标。

（2）具体操作步骤 如图 9-62 所示的倒角命令操作步骤如下：

- 输入命令：CHAMFER↙
- （“修剪”模式）当前倒角距离 1 = 0.0000，距离 2 = 0.0000
- 选择第一条直线或［放弃(U)/多段线(P)/距离(D)/角度(A)/修剪(T)/方式(E)/多个(M)］：D↙
- 指定 第一个 倒角距离 <0.0000>：（距离 1）
- 指定 第二个 倒角距离 <距离 1>：（距离 2）
- 选择第一条直线或［放弃(U)/多段线(P)/距离(D)/角度(A)/修剪(T)/方式(E)/多个(M)］：（选择矩形的直角边 1）
- 选择第二条直线，或按住 Shift 键选择直线以应用角点或［距离(D)/角度(A)/方法(M)］：（选择矩形的直角边 2）

其中，选项中的“修剪（T）”修剪模式选项分为“修剪模式（T）”和“不修剪模式（N）”，如图 9-63 所示。

**2. 圆角命令**

圆角命令可以给对象加圆角，即用一段圆弧来光滑地连接两个对象。在图 9-64 中，创建的圆弧与选定的两条直线均相切。要创建一个尖角转角，则需输入“0”作为半径。可以对圆弧、圆、椭圆、椭圆弧、直线、多段线、射线、样条曲线和构造线执行圆角操作。

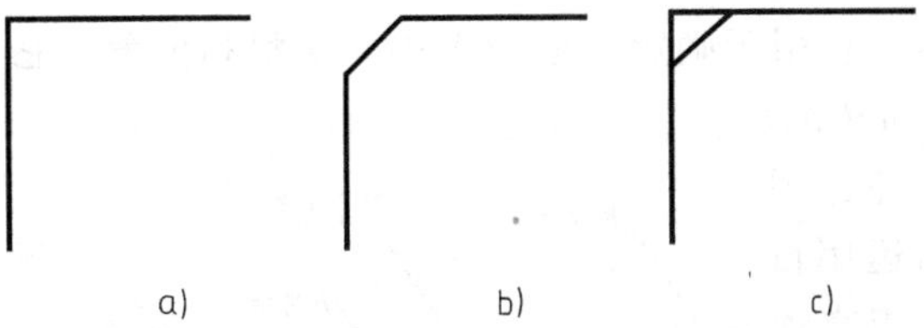


图 9-63　倒角修剪模式与不修剪模式对比
a）倒角之前　b）修剪模式　c）不修剪模式

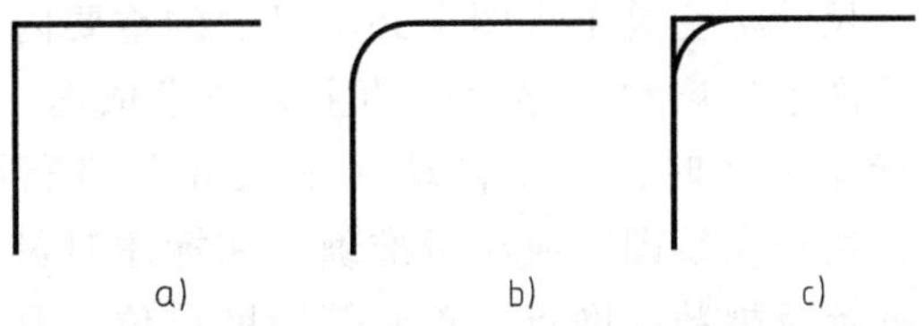


图 9-64　圆角命令中修剪模式与不修剪模式对比
a）圆角操作前　b）修剪模式　c）不修剪模式

（1）圆角命令的调用方式

1）命令行：FILLET（或 F）。

2）菜单栏：“修改”→“圆角”。

3）“修改”工具栏：图标。

（2）具体操作步骤　圆角命令的具体操作步骤如下：

- 输入命令：FILLET↙
- 当前设置：模式 = 不修剪，半径 = 0.0000
- 选择第一个对象或［放弃(U)/多段线(P)/半径(R)/修剪(T)/多个(M)］：r
- 指定圆角半径 <0.0000>：
- 选择第一个对象或［放弃（U）/多段线（P）/半径（R）/修剪（T）/多个（M）］：
- 选择第二个对象，或按住 Shift 键选择对象以应用角点或［半径（R）］：

两点说明：①在圆之间和圆弧之间可以有多个圆角存在，每类操作需选择靠近期望的圆角端点的对角（图 9-65）；②FILLET 不修剪圆，圆角圆弧与圆平滑地相连（图 9-66）。

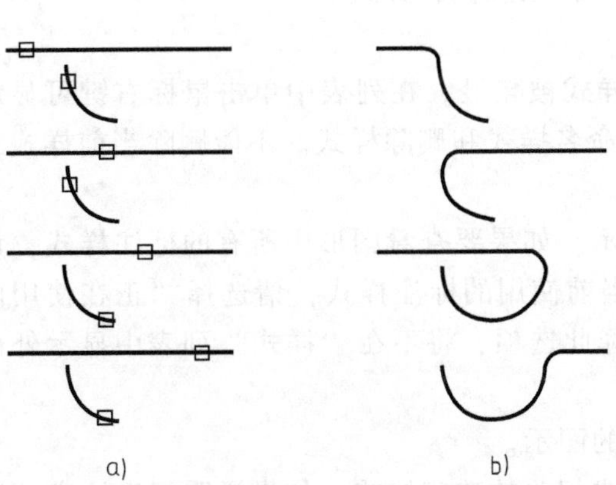


图 9-65　直线和圆弧之间可能的圆角
a）选择点　b）结果（半径大于0）

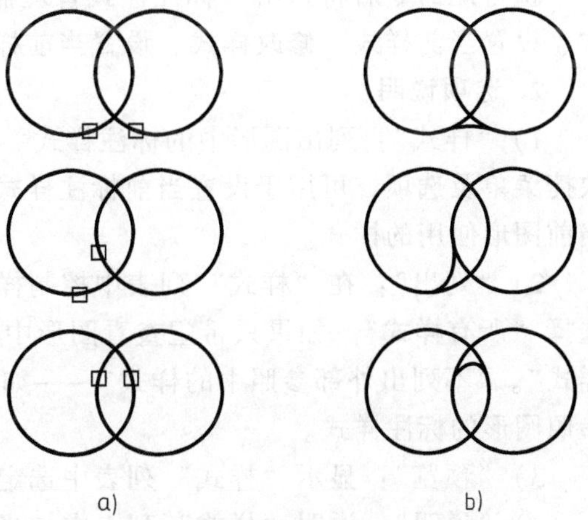


图 9-66　圆之间可能的多个圆角
a）选择点　b）结果（半径大于0）

## 9.3 尺寸标注

### 9.3.1 概述

尺寸标注是工程图中必不可少的重要内容，它用于确定图形的大小、形状和位置，它是进行图形识读和指导生产的主要技术依据。AotuCAD 在标注尺寸时，可以自动测量尺寸并进行标注，因此，用户在绘图时应尽量准确，在标注时灵活运用目标捕捉及模数、网点、正交等辅助定位工具，提高作图的准确性和工作效率。

一般说来，一个完整的尺寸标注是由尺寸线、尺寸界线、尺寸箭头（又称尺寸起止符号）、尺寸文字四部分组成的（图 9-67）。它们表现为“一个整体”，是一个特殊的块，可以用 Explode 命令对其分解。

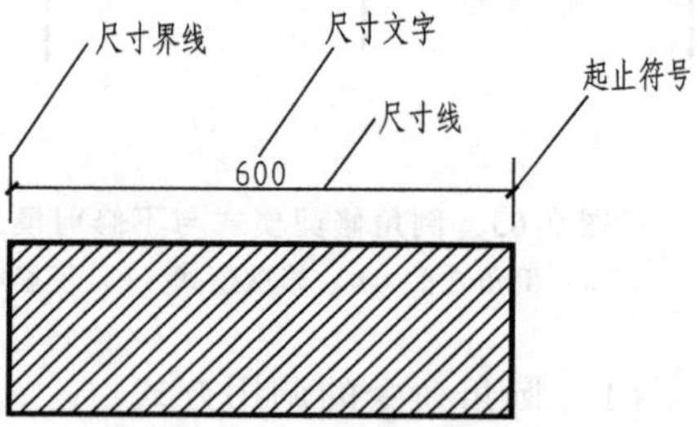


图 9-67 尺寸标注的组成

### 9.3.2 标注样式

工程图中的尺寸标注必须符合制图标准。目前，各国制图标准有许多不同之处，我国各行业制图标准中对尺寸标注的要求也不完全相同。AutoCAD 是一个通用的绘图软件，它允许用户根据需要自行创建尺寸标准样式。因此，在 AutoCAD 中标注尺寸时，首先应根据制图标准创建所需要的尺寸标注样式。

**1. 标注样式命令的调用方式**

1）命令行：DIMSTYLE（或 DST）。

2）菜单栏：“格式”→“标注样式”，或者“标注”→“标注样式”。

3）“样式”工具栏：图标。

执行此命令后将弹出“标注样式管理器”对话框，如图 9-68 所示。可在其中创建新样式、设置当前样式、修改样式、设置当前样式的替代以及比较样式。

**2. 选项说明**

1）“样式”：列出图形中的标注样式。当前样式被亮显。在列表中单击鼠标右键可显示快捷菜单及选项，可用于设置当前标注样式、重命名样式和删除样式。不能删除当前样式或当前图形使用的样式。

2）“列出”：在“样式”列表中控制样式显示。如果要查看图形中所有的标注样式，请选择“所有样式”。如果只希望查看图形中标注当前使用的标注样式，请选择“正在使用的样式”。“不列出外部参照中的样式”——如果选择此选项，将不在“样式”列表中显示外部参照图形的标注样式。

3）“预览”：显示“样式”列表中选定样式的图示。

4）“说明”：说明“样式”列表中与当前样式相关的选定样式。如果说明超出给定的空间，可以单击窗格并使用箭头键向下滚动。

5）“置为当前”：将在“样式”下选定的标注样式设置为当前标注样式。当前样式将应

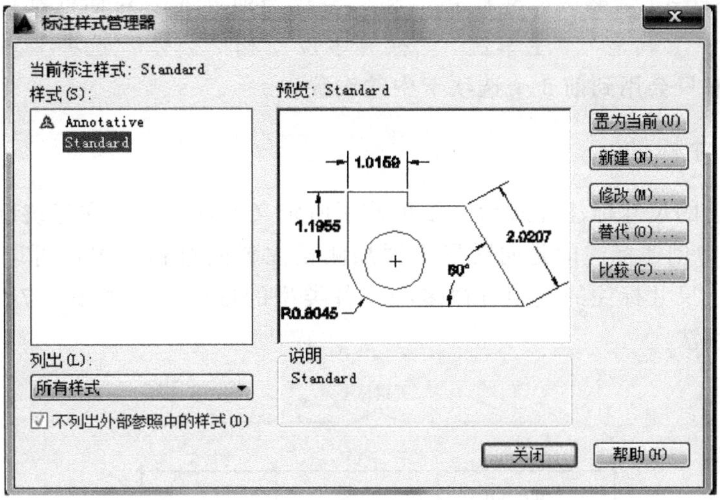


图 9-68 “标注样式管理器”对话框

用于所创建的标注。

6）“新建”：显示“创建新标注样式”对话框（图 9-69），从中可以定义新的标注样式，如图 9-70 所示。

7）“修改”：显示“修改标注样式”对话框，从中可以修改标注样式。对话框选项与“新建标注样式”对话框中的选项相同。

8）“替代”：显示“替代当前样式”对话框，从中可以设置标注样式的临时替代。对话框选项与“新建标注样式”对话框中的选项相同。替代将作为未保存的更改结果显示在“样式”列表中的标注样式下。

9）“比较”：显示“比较标注样式”对话框，从中可以比较两个标注样式或列出一个标注样式的所有特性。

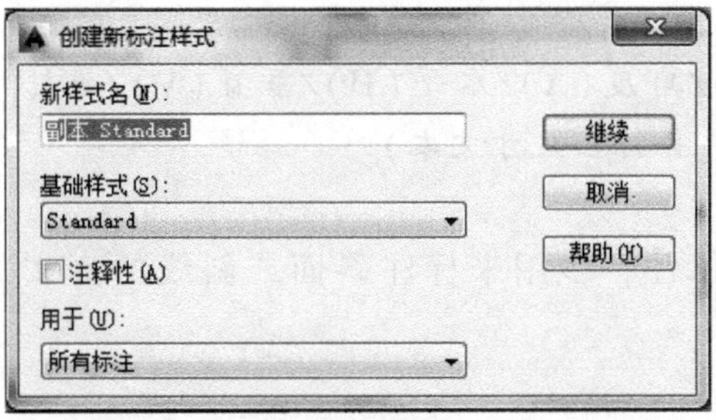


图 9-69 “创建新标注样式”对话框

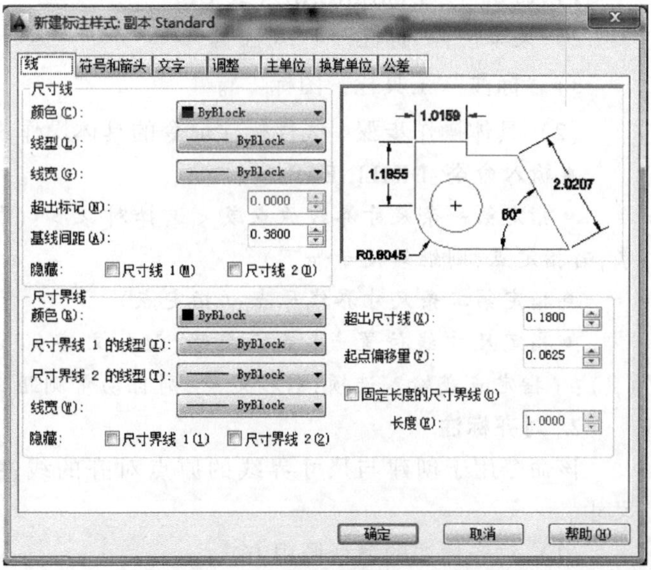


图 9-70 “新建标注样式”对话框

“创建新标注样式”“修改标注样式”和“替代当前样式”对话框都包含“直线”“符号和箭头”“文字”“调整”“主单位”“换算单位”和“公差”选项卡。而在土建制图的尺寸标准中，一般只会用到前 5 个选项卡中的设置。

## 9.3.3 创建尺寸标注

在定义完所需的尺寸标注样式后，便可使用所定义的标注样式在建筑制图中创建尺寸标注。在 AutoCAD 中创建标注即是向图形中添加测量注释的过程。用户可以为各种对象沿各个方向创建标注。尺寸标注的类型有很多种，各类型的标注示例如图 9-71 所示。下面逐一介绍每种标注的用法。

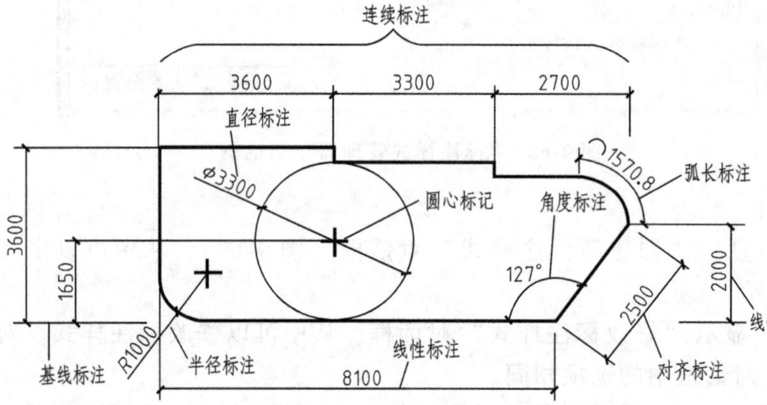


图 9-71 各类型尺寸标注示例

**1. 线性标注**

该命令用于创建线性标注，即长度型尺寸。

(1) 线性标注的命令调用方式

1) 命令行：DIMLINEAR（或 DLI）。

2) 菜单栏：“标注”→“线性”。

3) “标注”工具栏：图标⊢⊣。

(2) 具体操作步骤 线性标注命令的具体操作步骤如下：

- 输入命令：DIMLINEAR↙
- 指定第一条尺寸界线原点或 <选择对象>：（指定点或按 <Enter> 键选择要标注的对象；若指定点，则继续提示如下）
- 指定第二条尺寸界线原点：（指定点）
- 指定尺寸线位置或[多行文字(M)/文字(T)/角度(A)/水平(H)/垂直(V)/旋转(R)：（指定点或输入选项；若指定点，则自动量测距离，并标出尺寸文本）

**2. 对齐标注**

该命令用于创建与尺寸界线的原点对齐的线性标注，多用来标注斜面或斜线的真实尺寸。

(1) 对齐标注的命令调用方式

1) 命令行：DIMALIGNED（或 DAL）。

2）菜单栏：“标注”→“对齐”。

3）“标注”工具栏：图标。

（2）具体操作步骤　对齐标注命令的具体操作步骤如下：

• 输入命令：DIMALIGNED ↙

• 指定第一条尺寸界线原点或 <选择对象>：（指定点或按 <Enter> 键选择要标注的对象；若指定点，则继续提示如下）

• 指定第二条尺寸界线原点：（指定点）

• 指定尺寸线位置或[多行文字(M)/文字(T)/角度(A)]：（指定点或输入选项；若指定点，则自动量测距离，并标出尺寸文本）

**3. 基线标注**

该命令用于从上一个标注或选定标注的基线处创建线性标注、角度标注或坐标标注。

（1）基线标注的命令调用方式

1）命令行：DIMBASELINE（或 DBA）。

2）菜单栏：“标注”→“基线”。

3）“标注”工具栏：图标。

（2）从上一个标注创建基线标注的具体操作步骤　其具体操作步骤如下：

• 输入命令：DIMBASELINE↙（会自动选中上一个标注的第一条尺寸界线为起始基准线）

• 指定第二条尺寸界线原点或［放弃(U)/选择(S)］<选择>：（指定点或输入选项；若指定点，则自动量测距离，并标出尺寸文本）

• 标注文字 =（自动测出长度尺寸）

• 指定第二条尺寸界线原点或［放弃(U)/选择(S)］<选择>：*取消*（按 <Esc> 键退出，或继续进行基线标注）

（3）从选定的标注创建基线标注的具体操作步骤　其具体操作步骤如下：

• 输入命令：DIMBASELINE↙

• 指定第二条尺寸界线原点或［放弃(U)/选择(S)］<选择>：↙（按 <Enter> 键）

• 选择基准标注：（选择一个已经存在的标注的某一条界线为起始界线）

• 指定第二条尺寸界线原点或［放弃(U)/选择(S)］<选择>：（指定点或输入选项；若指定点，则自动量测距离，并标出尺寸文本）

• 标注文字 =（自动测出长度尺寸）

• 指定第二条尺寸界线原点或［放弃(U)/选择(S)］<选择>：*取消*（按 <Esc> 键退出，或继续进行基线标注）

**4. 连续标注**

该命令用于创建从上一个标注或选定标注的尺寸界线开始的标注。

（1）连续标注的命令调用方式

1）命令行：DIMCONTINUE（或 DCO）。

2）菜单栏：“标注”→“连续”。

3）“标注”工具栏：图标。

（2）从上一个标注创建连续标注的具体操作步骤　其具体操作步骤如下：

• 输入命令:DIMCONTINUE↙(会自动选中上一个标注的第二条尺寸界线为起始线)

• 指定第二条尺寸界线原点或 [放弃(U)/选择(S)] <选择>:(指定点或输入选项;若指定点,则自动量测距离,并标出尺寸文本)

• 标注文字 =(自动测出长度尺寸)

• 指定第二条尺寸界线原点或 [放弃(U)/选择(S)] <选择>: * 取消 * (按 <Esc> 键退出,或继续进行连续标注)

(3) 从选定的标注创建连续标注的具体操作步骤 其具体操作步骤如下:

• 输入命令:DIMCONTINUE↙

• 指定第二条尺寸界线原点或 [放弃(U)/选择(S)] <选择>:↙(按 <Enter> 键)

• 选择连续标注:(选择一个已经存在的标注的某一条界线为起始界线)

• 指定第二条尺寸界线原点或 [放弃(U)/选择(S)] <选择>:(指定点或输入选项;若指定点,则自动量测距离,并标出尺寸文本)

• 标注文字 =(自动测出长度尺寸)

• 指定第二条尺寸界线原点或 [放弃(U)/选择(S)] <选择>: * 取消 * (按 <Esc> 键退出,或继续进行连续标注)

**5. 半径标注**

该命令为圆或圆弧创建半径标注。

(1) 半径标注的命令调用方式

1) 命令行:DIMRADIUS (或 DRA)。

2) 菜单栏:"标注"→"半径"。

3) "标注" 工具栏:图标。

(2) 从上一个标注创建连续标注的具体操作步骤 其具体操作步骤如下:

• 输入命令:DIMRADIUS↙

• 选择圆弧或圆:(选中圆弧或圆)

• 标注文字 = (自动测出半径尺寸)

• 指定尺寸线位置或 [多行文字(M)/文字(T)/角度(A)]:(指定尺寸线的位置或者执行其他选项)

**6. 直径标注**

该命令为圆或圆弧创建直径标注。

(1) 直径标注的命令调用方式

1) 命令行:DIMDIAMETER (或 DDI)。

2) 菜单栏:"标注"→"直径"。

3) "标注" 工具栏:图标。

(2) 具体操作步骤 其具体操作步骤如下:

• 输入命令:DIMDIAMETER↙

• 选择圆弧或圆:(选中圆弧或圆)

• 标注文字 = (自动测出直径尺寸)

• 指定尺寸线位置或 [多行文字(M)/文字(T)/角度(A)]:(指定尺寸线的位置或者执

行其他选项)

**7. 弧长标注**

该命令为弧线或多段线中的弧线段创建弧长标注。弧长标注的尺寸界线可以正交或径向。在标注文字的上方或前面将显示圆弧符号。

(1) 弧长标注的命令调用方式

1) 命令行：DIMARC (或 DAR)。

2) 菜单栏："标注"→"弧长"。

3) "标注" 工具栏：图标。

(2) 具体操作步骤 其具体操作步骤如下：

- 输入命令：DIMARC↙
- 选择弧线段或多段线圆弧段：(选中弧线段或圆弧段)
- 指定弧长标注位置或 [多行文字(M)/文字(T)/角度(A)/部分(P)/引线(L)]：(指定弧长标注位置或者执行其他选项)
- 标注文字 =(自动测出弧长值)

**8. 角度标注**

角度标注测量选定的几何对象或 3 个点之间的角度。该命令适用于圆弧、圆和直线。

(1) 角度标注的命令调用方式

1) 命令行：DIMANGULAR (或 DAN)。

2) 菜单栏："标注"→"角度"。

3) "标注" 工具栏：图标。

(2) 具体操作步骤 对于两直线间夹角和圆弧的角度标注比较简单，下面以三点间角度来介绍。

- 输入命令：DIMANGULAR↙
- 选择圆弧、圆、直线或 <指定顶点>：↙(指定一点作为角度的顶点，或者选择其他选项)
- 指定角的顶点：
- 指定角的第一个端点：(指定第二点作为角度的一个端点)
- 指定角的第二个端点：(指定第三点作为角度的另一个端点)
- 指定标注弧线位置或 [多行文字(M)/文字(T)/角度(A)/象限点(Q)]：(指定弧线标注位置或者执行其他选项)
- 标注文字 =(自动测出角度值)

**9. 圆心标注**

该命令可以创建圆心标记或者中心线。可以通过标注样式管理器、"符号和箭头" 选项卡和 "圆心标记" (或用命令行设置 DIMCEN 系统变量) 设定圆心标记组件的默认大小。当 "DIMCEN = 正数" 时，执行该命令会做圆心标记；当 "DIMCEN = 负数" 时，会标记圆的十字交叉中心线。DIMCEN 的绝对值等于圆心标记长度的一半，如图 9-72 所示。

(1) 圆心标注的命令调用方式

1) 命令行：DIMCENTER (或 DCE)。

2）菜单栏："标注"→"圆心标记"。

3）"标注"工具栏：图标⊕。

（2）具体操作步骤　其具体操作步骤如下：

● 输入命令：DIMCENTER↙

● 选择圆弧或圆：

图 9-72 的示例中，a 中圆心标记所用的 DIMCEN = 250，而当 DIMCEN = －250 时，标注完成后得到如图 9-72b 所示圆的中心线。

**10. 坐标标注**

该命令可以创建坐标标注。坐标标注用于测量从原点（称为基准）到要素（如部件上的一个孔）的水平或垂直距离。执行一次该命令，可以标注一个点的 $X$ 坐标或者 $Y$ 坐标。使用点坐标和引线端点的坐标差可确定它是 $X$ 坐标标注还是 $Y$ 坐标标注。如果 $Y$ 坐标的坐标差较大，标注就测量 $X$ 坐标；否则就测量 $Y$ 坐标。

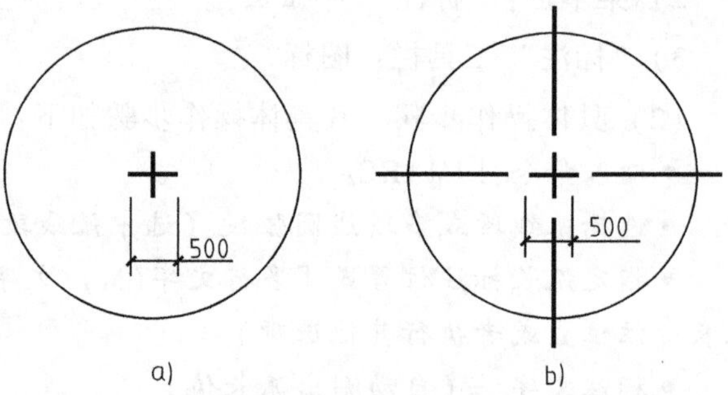


图 9-72 "圆心标记"标注

a）DIMCEN = 250　b）DIMCEN = －250

（1）坐标标注的命令调用方式

1）命令行：DIMORDINATE（或 DOR）。

2）菜单栏："标注"→"坐标"。

3）"标注"工具栏：图标。

（2）具体操作步骤　其具体操作步骤如下：

● 输入命令：DIMORDINATE ↙

● 指定点坐标：（指定所要标注的点）

● 指定引线端点或［X 基准（X）/Y 基准（Y）/多行文字（M）/文字（T）/角度（A）］：（指定引线的端点或执行其他选项）

● 标注文字 =（自动量测、给出点的 $X$ 或 $Y$ 坐标值）

**11. 多重引线标注**

该命令可以创建多重引线对象。多重引线对象通常包含箭头、水平基线、引线或曲线、多行文字对象或块。多重引线可创建为箭头优先、引线基线优先或内容优先。如果已使用多重引线样式，则可以从该指定样式创建多重引线。

（1）多重引线标注的命令调用方式

1）命令行：MLEADER（或 MLD）。

2）菜单栏："标注"→"多重引线"。

3）"多重引线"工具栏：图标。"多重引线"工具栏如图 9-73 所示。五个图标依次为"多重引线""添加引线""删除引线""多重引线对齐"和"多重引线合并"。

（2）具体操作步骤　其具体操作步骤如下：

● 输入命令：MLEADER↙

● 指定引线箭头的位置或［引线基线优先（L）/内容优先（C）/选项（O）］＜选项＞：（指

定引线箭头的位置)

● 指定引线基线的位置:(指定引线基线的位置后,会出现多行文字编辑器,输入文字后,单击“确定”按钮)

(3) 几点说明

1) 此命令执行一次后出现一条引线标注,需要多重引线时,再单击图 9-73 中第二个“添加引线”按钮。

2) 引线标注还可以用 QLEADER 命令创建引线和引线注释、用 LEADER 命令创建连接注释与特征的线。

3) 多重引线标注的样式可以通过“格式”下拉菜单中的“多重引线样式管理器”来创建或修改。

图 9-73　“多重引线”工具栏

**12. 快速标注**

该命令可以从选定对象快速创建一系列标注。创建系列基线或连续标注,或者为一系列圆或圆弧创建标注时,此命令特别有用。

(1) 快速标注的命令调用方式

1) 命令行:QDIM。

2) 菜单栏:“标注”→“快速标注”。

3) “标注”工具栏:图标。

(2) 具体操作步骤　其具体操作步骤如下:

● 输入命令:QDIM↙

● 关联标注优先级 = 端点

● 选择要标注的几何图形:指定对角点:找到 n 个

● 选择要标注的几何图形:↙

● 指定尺寸线位置或 [连续(C)/并列(S)/基线(B)/坐标(O)/半径(R)/直径(D)/基准点(P)/编辑(E)/设置(T)] <连续>:(指定尺寸线的位置或执行其他选项)

## 9.3.4　编辑尺寸标注

### 1. 用 DIMEDIT 命令编辑尺寸标注

用 DIMEDIT 命令可以旋转、修改或恢复标注文字,更改尺寸界线的倾斜角。

(1) DIMEDIT 命令的调用方式

1) 命令行:DIMEDIT (或 DIMED)。

2) 菜单栏:“标注”→“编辑标注”。

3) “标注”工具栏:图标。

(2) 具体操作步骤　其具体操作步骤如下:

● 输入命令:DIMEDIT↙

● 输入标注编辑类型[默认(H)/新建(N)/旋转(R)/倾斜(O)]<默认>:(输入选项或

按 < Enter > 键）

（3） 命令提示行含义

1）“默认”：此提示项将旋转标注文字移回默认位置。在输入 H 或者直接按 < Enter > 键后，命令行提示如下：

• 选择对象：（选择标注对象。选中的标注文字移回到由标注样式指定的默认位置和旋转角）

2）“新建”：此提示项将使用在位文字编辑器更改标注文字。

3）“旋转”：此提示项将旋转标注文字。在输入 R 后，命令行提示如下：

• 输入标注文字的角度：（如果输入 0，会将标注文字按默认方向放置。默认方向由“新建标注样式”对话框、“修改标注样式”对话框和“替代当前样式”对话框中的“文字”选项卡上的垂直和水平文字设置进行设置）

• 选择对象：（选择标注对象）

4）“倾斜”：此提示项将调整线性标注尺寸界线的倾斜角度。将创建线性标注，其尺寸界线与尺寸线方向垂直。当尺寸界线与图形的其他部件冲突时，“倾斜”选项将很有用处。在输入 O 后，命令行提示如下：

• 选择对象：（选择标注对象）

• 输入倾斜角度：（输入角度或按 < Enter > 键）

**2. 编辑标注文字**

根据绘图需要，使用 DIMTEDIT 命令可以对标注文字进行移动和旋转。

（1） DIMTEDIT 命令的调用方式

1） 命令行：DIMTEDIT （或 DIMTED）。

2） 菜单栏：“标注”→“对齐文字”。

3）“标注” 工具栏：图标。

（2） 具体操作步骤　其具体操作步骤如下：

• 输入命令：DIMTEDIT↙

• 选择标注：（选择标注对象，将提示用户指定标注文字的新位置）

• 指定标注文字的新位置或[左(L)/右(R)/中心(C)/默认(H)/角度(A)]：（指定点或输入选项）

（3） 命令提示行含义

1）“标注文字的新位置”：此提示项将在拖曳时动态更新标注文字的位置。要确定文字显示在尺寸线的上方、下方还是中间，需使用“新建/修改/替代标注样式”对话框中的“文字” 选项卡。

2）“右”：此提示项将沿尺寸线右对正标注文字。本选项只适用于线性、直径和半径标注。

3）“中心”：此提示项将标注文字放在尺寸线的中间。

4）“默认”：此提示项将标注文字移回默认位置。

5）“角度”：此提示项将修改标注文字的角度。在输入 A 后，命令行提示如下：

• 输入标注文字的角度：（文字的中心点并没有改变。如果移动了文字或重生成了标注，由文字角度设置的方向将保持不变。输入 0°角将使标注文字以默认方向放置。）

## 本章小结

本章主要介绍了 AutoCAD 2014 的二维绘图技术，包括基本的绘图命令、编辑命令和尺寸标注等内容。用户需要上机练习各命令的用法，并在实际操作过程中思考、总结提高绘图效率的各种方法和技巧。

## 复习思考题

1. 绘制圆有几种方式？如何实现？

2. 绘制椭圆的主要参数包括什么？

3. 绘制矩形有几种方式？如何实现？

4. 多线和多段线的含义各自是什么？分别用在哪些情况下？

5. 多线绘制中的几种对正方式如何区别？

6. 如何用间距为 1 的双线多线来获得间距为 240 的双线墙线？

7. 用 DDPTYPE 命令激活的点样式对话框中有 20 种点样式，在一个图形文件中可以创建几种点样式？

8. 用哪些方法可以修改文字的内容与属性？

9. 如何将一部分图形创建成为块？如何给块加属性？

10. 如何由一级台阶“┌─”用矩形阵列获得整个梯段（图 9-74）的台阶？

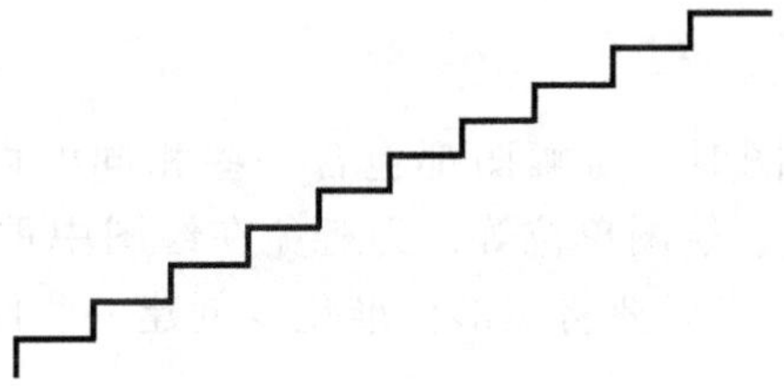

图 9-74　梯段

11. 偏移命令对哪些图形对象有效？各自会产生什么样的结果？

12. 执行拉伸命令时，采用不同选择对象的方式各自会有什么结果？

13. 尺寸标注样式中，起点偏移量和基线间距分别是什么含义？

# 第10章

# 用 AutoCAD 绘制建筑施工图

## 10.1 概述

建筑工程设计包括建筑设计、结构设计、设备设计三个方面的内容，设计成果均需用施工图和文件的形式表示出来。建筑施工图由基本图和详图两部分构成，基本图包括总平面图、平面图和剖面图等。结构施工图包括结构布置平面图、构件详图等。设备施工图包括电气工程图、管道安装工程图、通风空调安装工程图等。

各类工程图的绘制方法相互之间有很多相同之处，下面以房屋建筑的平面、立面、剖面图为例介绍用 AutoCAD 绘制基本图样的过程和方法。

## 10.2 建立图纸样板

在用 AutoCAD 绘制工程图时，每幅图都包含一些相同的内容，如图层（颜色、线型、线宽）、文字样式、标注样式、绘图单位等，为避免在绘图中重复设置这些内容，且便于不同的设计者之间的沟通交流，有必要将图形标准化，创建一些标准样图。下面介绍通过新建图形来创建样图的一般步骤。

**1. 绘图比例、图幅与绘图单位**

在 AutoCAD 绘制工程图的时候可以不换算比例直接按照 1:1 绘制而在输出图形时再考虑比例。图幅的大小与所绘制对象的规模和根据有关制图标准确定的绘图比例有关，可以在必要时进行设置。建议以公制样板“acadiso. dwt”新建图形，绘图单位默认采用公制单位，符合我国的各行业标准。

**2. 图层**（颜色、线型、线宽）

新建必要数目的图层，并为不同的图层设置易于辨识的名称、不同的颜色和适合的线型、线宽。对于线宽，可以暂不设定，取为“默认”值。最终输出图形时，可以在打印样式中按照颜色控制线宽。图层设置示例如图 10-1 所示。

**3. 文字样式和尺寸标注样式**

普通说明性文字、轴线、图名、标题栏等文字的字体、字高以及尺寸标注样式中除文字外的其他参数及设置应参照《房屋建筑制图统一标准》（GB/T 50001—2017）设置，做到统一、协调、美观。尺寸标注样式在 ISO-25 的线性标注样式基础上修改建立一个子样式。

**4. 保存样板文件**

将完成的样板图形文件通过下拉菜单（“文件” → “另存为”）的命令存储成为“Auto-

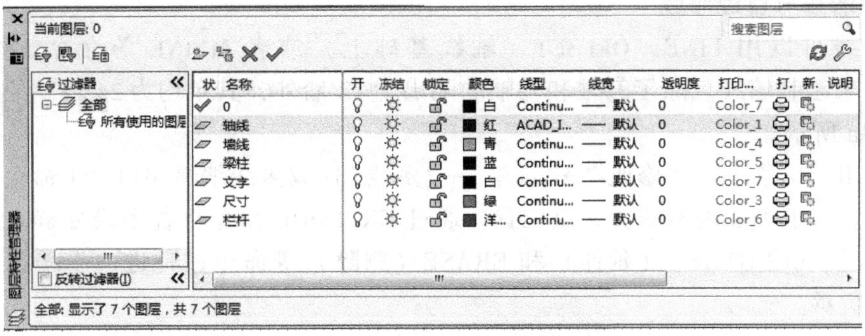

图 10-1　图层设置示例

CAD 图形样板文件（ * . dwt）”，命名为容易识别的如“建筑图样板”。

# 10.3　绘制建筑施工图

## 10.3.1　绘制建筑平面图

在上节图形样板的基础上绘制建筑平面图的一般步骤是：定位轴线、墙体、门窗、楼梯等，标注文字、尺寸、轴号等。以第 3 章图 3-7 所示的某别墅底层平面图为例介绍绘图步骤。

**1. 以“建筑图样板”开始绘制新图定位轴线**

先用 LINE 命令绘制出①和Ⓐ两条轴线，再按照各轴线之间的间距多次使用 OFFSET 命令，绘制出所有轴线，如图 10-2a 所示；按照图 3-7 所示的图样初步整理轴线，如图 10-2b 所示。

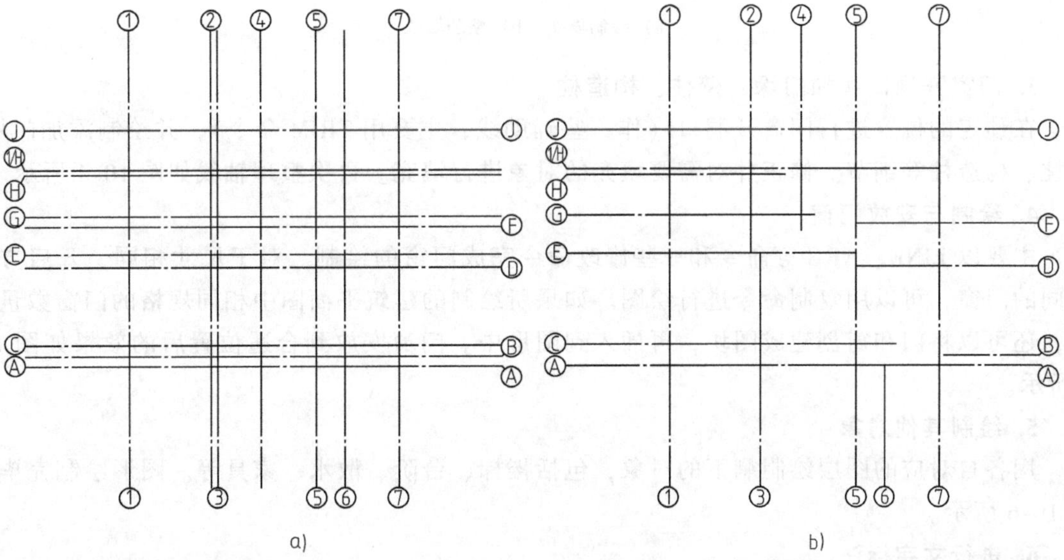

图 10-2　绘制与整理轴线

a）绘制轴线　b）整理轴线

**2. 绘制墙线与整理墙线**

绘制墙线可以用LINE、OFFSET（轴线基础上）或者MLINE等命令。本例以多线MLINE命令来绘制墙线。除了Ⓓ轴和⑥轴的隔墙为12墙外，其余均为24墙。绘制完毕的墙线如图10-3a所示。

接下来用下拉菜单（“修改”→“对象”→“多线”）或多线编辑MLEDIT命令对墙体交叉点进行编辑。对于不能编辑的交叉点位置，通过EXPLODE命令将各多线分解之后，再利用TRIM（修剪）、LENGTHEN（延伸）和ERASE（删除）等命令进行进一步编辑。编辑完毕如图10-3b所示。

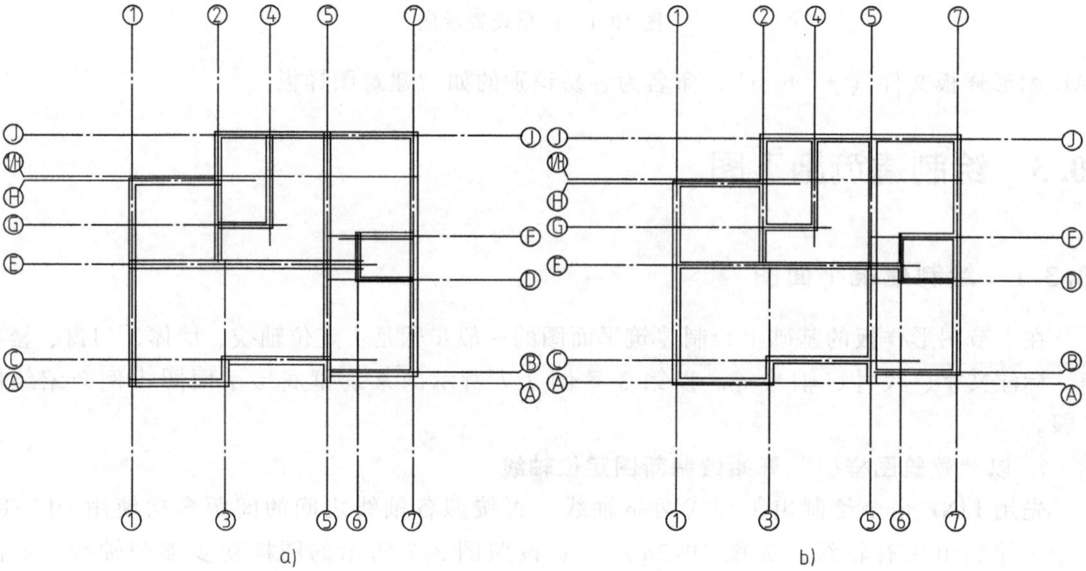


图10-3 绘制墙线与整理墙线

a）绘制墙线 b）整理墙线

**3. 门窗开洞口和加门垛、壁柱、构造柱**

在预定的位置进行门窗开洞口（作一些辅助线，主要用TRIM命令），并绘制添加门垛、壁柱、构造柱等细节。修正并对需要填充的对象进行填充。再次整理轴线如图10-4所示。

**4. 绘制与安放门窗**

主要以LINE、ARC等命令和一些修改命令完成门窗的绘制。对于尺寸相同、开启方式相同的门窗，可以用复制命令进行绘图。如果所绘制的建筑平面图中相同规格的门窗数量众多，还可以将门和窗创建成图块，再插入到图形中。门窗安放到合适位置后的效果如图10-5所示。

**5. 绘制其他对象**

用各自对应的图层绘制剩下的对象，包括楼梯、台阶、散水、家具等。图形绘制完毕如图10-6所示。

**6. 进行文字标注**

将“文字”图层置为当前，利用DTEXT（单行文字）或者MTEXT（多行文字）命令注写相关文字，包括门窗编号、房间功能等。注意选择合适的“文字样式”和“字高”，并

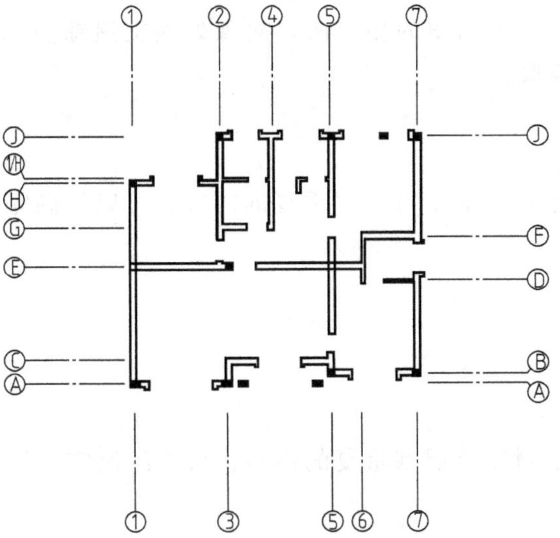

图 10-4　门窗开洞口和加门垛、壁柱、构造柱

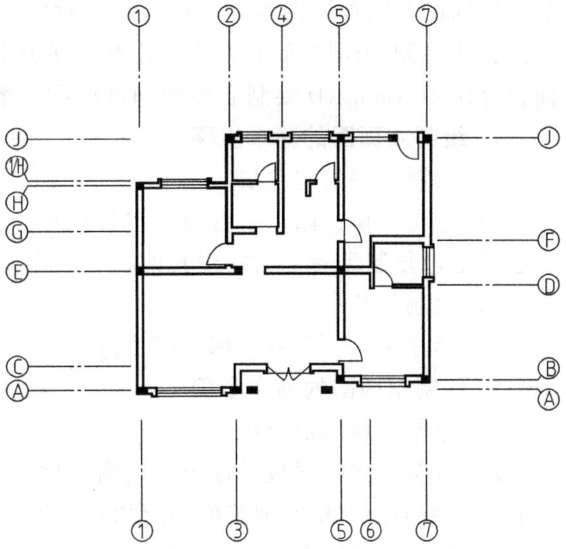

图 10-5　绘制与安放门窗

灵活运用适当的“对正”方式将文字放置在相应位置，如图 10-7 所示。

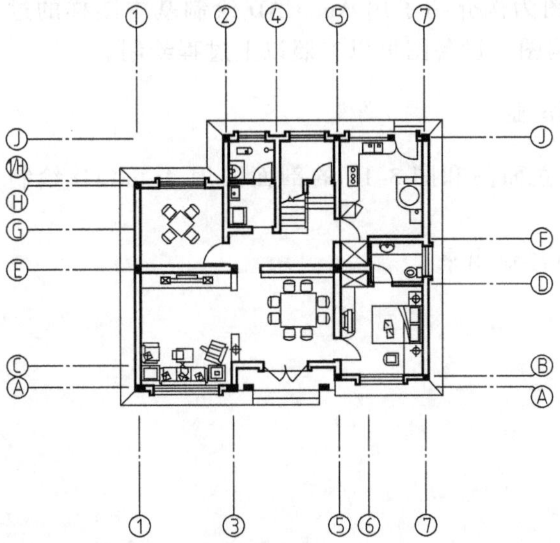

图 10-6　绘制楼梯、台阶、散水、家具等

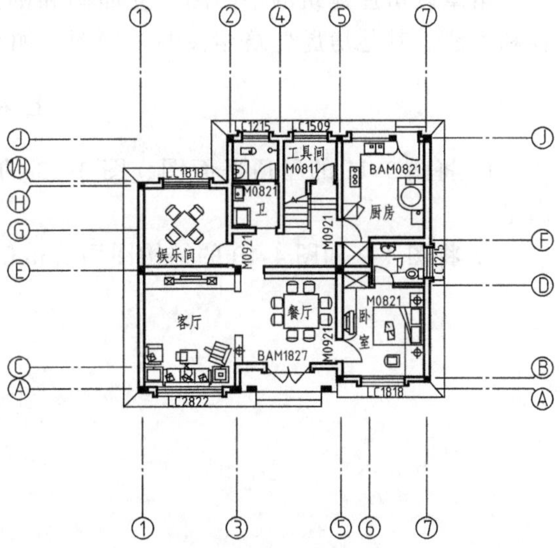


图 10-7　标注文字信息

**7. 进行尺寸标注**

将“尺寸”图层和预先设置好的尺寸“标注样式”置为当前，利用各类尺寸标注命令进行尺寸线的标注。最终绘制完成完整的别墅底层平面图如图 3-7 所示。

需要说明的是，门窗、标高标记、指北针、轴线号等对象在各图样中会反复用到，因此可以将每类相同的对象创建成图块或者是带有属性的图块，这样会大大提高绘图效率。

## 10.3.2　绘制建筑立面、剖面图

绘制房屋建筑立面图、剖面图的过程和方法跟平面图类似，这里不再详述。需要注意的

是，立面图和剖面图的绘制，位置相互对应的对象可以使用共同的定位线，可以互为参照，例如，在绘制剖面图时可以用“对象捕捉追踪”从平面图的相应图形对象处捕捉追踪。下面仅介绍用 AutoCAD 绘制立面图和剖面图一般步骤。

**1. 绘制立面图的基本步骤**

1）绘制每层的定位线。

2）绘制门窗、阳台、台阶、室外栏杆、雨篷等。对于每层都重复的内容，可以绘制完一层后通过复制类命令粘贴到其他各层指定位置。

3）绘制外轮廓。

4）标注尺寸、文字、标高等信息。

**2. 绘制剖面图的基本步骤**

1）绘制每层的定位线。

2）绘制墙体、梁板、柱子、门窗、楼梯等。对于每层都重复的内容，可以绘制完一层后通过复制类命令粘贴到其他各层指定位置。

3）标注尺寸、文字、标高等信息。

## 本章小结

本章以房屋建筑的平面图、立面图和剖面图为例介绍了用 AutoCAD 绘制基本图样的过程和方法。其他房屋建筑相关的工程图，如结构图、设备图可以参照以上过程绘制。

## 上机作业

1. 将图 3-11 的屋顶平面图、图 3-13 的背立面图和图 3-18 的剖面图用 AutoCAD 绘制出来。

2. 将图 4-9 和图 4-10 的结构图用 AutoCAD 绘制出来。

# 参考文献


[1] 纪花，邵文明，于春艳，等．土木工程制图［M］．北京：中国电力出版社，2012.

[2] 杜廷娜，蔡建平．土木工程制图［M］．2版．北京：机械工业出版社，2009.

[3] 魏秀婷，刘桂凤．土木工程制图与CAD［M］．徐州：中国矿业大学出版社，2008.

[4] 朱育万，卢传贤．画法几何及土木工程制图［M］．4版．北京：高等教育出版社，2012.

[5] 范小舰．浅析从“手工制图”到“CAD计算机绘图”的学习［J］．学术论坛，2006，9：115-115.

[6] 田希杰，刘召国．图学基础与土木工程制图［M］．2版．北京：机械工业出版社，2011.

[7] 冯小平，王俭，郭全花．土工工程制图与CAD［M］．北京：人民交通出版社，2011.

[8] 张爽，丁江．土木工程制图［M］．北京：机械工业出版社，2012.

[9] 尹宁，陈振宇．土木工程制图［M］．北京：中国水利水电出版社，2012.

[10] 鲁彩凤，贾福萍，常虹．土木工程制图与计算机绘图［M］．徐州：中国矿业大学出版社，2007.

[11] 於辉，张琳．土建工程制图［M］．北京：中国电力出版社，2009.

[12] 张郁，岳亚峰．土木工程制图［M］．2版．北京：北京理工大学出版社，2011.

[13] 张英，谭海洋．土木工程制图［M］．北京：人民交通出版社，2007.

[14] 王娟玲，张圣敏，侯卫周．道路工程制图［M］．2版．北京：中国水利水电出版社，2014.

[15] 谢步瀛．土木工程制图［M］．上海：同济大学出版社，2010.

[16] 贺子奇．土木工程制图与CAD结合教学的研究［J］．高校理科研究，2011（22）：100-101.

[17] 王强，张小平．建筑工程制图与识图［M］．北京：机械工业出版社，2003.

[18] 中华人民共和国住房和城乡建设部．GB/T 50104—2010 建筑制图标准［S］．北京：中国建筑工业出版社，2011.

[19] 中华人民共和国住房和城乡建设部．GB/T 50105—2010 建筑结构制图标准［S］．北京：中国建筑工业出版社，2011.

[20] 中华人民共和国住房和城乡建设部．GB/T 50001—2017 房屋建筑制图统一标准［S］．北京：中国建筑工业出版社，2017.

[21] 中华人民共和国住房和城乡建设部．GB/T 50103—2010 总图制图标准［S］．北京：中国建筑工业出版社，2011.

[22] 中南建筑设计院．建筑工程设计文件编制深度规定（2008年版）［C］．北京：中国建筑标准设计研究院，2009.

[23] CAD/CAM/CAE技术联盟．AutoCAD2012建筑设计从入门到精通［M］．北京：清华大学出版社，2012.

[24] 王涛．土木工程CAD［M］．北京：中国水利水电出版社，2012.

[25] 李丹，王琦．土木工程CAD实例教程［M］．北京：冶金工业出版社，2013.